高等职业教育"十三五"规划教材
四川省精品资源共享课配套教材

建筑工程力学

主　编　尹析明　赵春玲
副主编　肖华彪　高汉君　刘　洋
　　　　杨静深　孙作凤
主　审　穆能伶

西南交通大学出版社
·成都·

内容提要

本书对传统静力学、材料力学和结构力学的经典内容进行了精选和重组,在注重力学知识学以致用,讲究力学知识阐述符合学生学习行为的基础上,力求使力学知识更贴近工程常规设计的思路,以有助于学生智力和能力的增强。全书文字表述精炼严谨,深入浅出,论据鲜明,重点突出。另外,为扩大学生力学知识面,提高学生学习力学的兴趣,每章之后还选编了一些辅助学习材料。

全书共 13 章,分为 6 部分:① 物体的受力分析与力系的平衡(第一、二章);② 结构体系的几何组成分析(第三章);③ 静定结构杆件的内力分析(第四章);④ 杆件的强度、刚度、稳定性计算(第五、六、七、八章);⑤ 结构的位移计算及超静定结构的内力分析(第九、十、十一、十二章);⑥ 移动载荷作用下结构内力的变化规律(第十三章)。

本书可作为高等院校土建类及相近各专业的教材,也可供有关工程技术人员参考。

图书在版编目(CIP)数据

建筑工程力学/尹析明,赵春玲主编. —成都:
西南交通大学出版社,2016.9
高等职业教育"十三五"规划教材
ISBN 978-7-5643-4971-4

Ⅰ. ①建… Ⅱ. ①尹… ②赵… Ⅲ. ①建筑科学 – 力学 – 高等职业教育 – 教材 Ⅳ. ①TU311

中国版本图书馆 CIP 数据核字(2016)第 205512 号

高等职业教育"十三五"规划教材

建筑工程力学

主编 尹析明 赵春玲

责任编辑	姜锡伟
封面设计	何东琳设计工作室
出版发行	西南交通大学出版社 (四川省成都市二环路北一段 111 号 西南交通大学创新大厦 21 楼)
发行部电话	028-87600564　028-87600533
邮政编码	610031
网　　址	http://www.xnjdcbs.com
印　　刷	四川煤田地质制图印刷厂
成品尺寸	185 mm × 260 mm
印　　张	21.5
字　　数	537 千
版　　次	2016 年 9 月第 1 版
印　　次	2016 年 9 月第 1 次
书　　号	ISBN 978-7-5643-4971-4
定　　价	49.80 元

课件咨询电话:028-87600533
图书如有印装质量问题　本社负责退换
版权所有　盗版必究　举报电话:028-87600562

序

　　建筑工程力学俗称建筑力学，是中外高校土木工程专业中不可缺少的一门重要课程，它在人才培养的教学任务中担负着基础知识与专业知识的链接作用。但是，这门课程在知识的描述和表现上，具有十分明显的使形象思维向抽象思维过渡、转化的特征，这无疑给学生增加了一定的学习与掌握的难度。作为师者，为学生授业解惑是义不容辞的神圣职责。但须指出：老师与学生在教与学的双边活动中，最终所依据的是课程教材。教材乃知识的载体，教材又言教本，教本教本教学之本。在现代教育中，一门课程教学的起始，正是通过教材来使学生与教师实现知识的接力。由此可见，教材在人才的培养中至关重要。当今，对于一个以传统教材为训导工具，又长期从事该课程教学的领路人来说，要推出一本好书，并非轻而易举的。一本好的力学教材，应该是一本向学生展示或传达科学理论的指导书，而不是一个简单的知识堆累的储物。对于工程专业的学生，在学校所需求的正是丰富多彩且实惠实用的，能指导自己应对工程类工作的知识。这些知识在以文字表述出来时，一定要正确、合理。特别是在分析解释某些基本理论时，更得要讲究行文了。多年前，本人曾在核心期刊《力学与实践》上发文中，即在《高职力学教本编撰的严谨与规范》（参见本书尾声）中就强调了著书行文的基本原则。否则，就无法不说编书者误人子弟了。

　　另外，教材在文字的编写上，还得要追求有利于学生学习的理解，并通俗易懂。基于此，该教材在编写时就注意到了向学生学习的有效性倾斜：

（1）对教材的知识结构及力学内涵，通常都采用了由表及里、由浅入深等符合学生认知规律的描述。在心理学上，学习是个通过事物认识，而在大脑中形成完善的经验系统的过程。所以在作者笔下推出的很多全新内容，都借助工程或身边的力学实例，来阐述欲定义的基本概念和基本原理，从而让学生通过情景认知，使力学知识的学习变得更轻松了。

（2）对教材中力学知识演绎的相关词语，应用了适合学生学习心理的连接理论。一经定义的词语，基本上是从前到后一用到底。

（3）对教材力学知识的阐释，也很讲究紧扣要点，造成启发式的文字结构形式，最大限度地为学生提供一个增强注意力、记忆力、想象力及创造力的空间。

（4）对教材力学知识实用性的特点，特别关注到了撰写文字的规范与严谨，真正有利于学生建立起"学有所用，用有所学"的长久思维理念。

总之，本书在编写中确实是留心了文字上的遣词造句，并追求学生学习行为的心理学取向，竭力实现力学教本的知识结构上乘。这样的教科书，在当今过于追求编写的实用主义而浅尝辄止的态势中，是很值得推荐的。

穆能伶
2016 年 6 月

前 言

本书系普通高等教育土建学科专业"十三五"规划教材，是适应21世纪高等教育课程内容改革，培养学生在工程中认识、应用力学知识，并提高分析、解决问题能力的教学用书。本书在编写过程中力求基本概念、基本原理的表述准确严谨，深入浅出，启发思维，重点突出。全书在内容的安排和选取上，重视形成教材的知识结构，以利于学生智力的提升和能力的强化。本书在编写时，广泛吸取了编者们多年来从事建筑工程力学的教学实践经验和教学研究成果，并对经典内容予以整合、精选、贯通、重组，使静力学、材料力学和结构力学在知识体系上有机地融为一体，从而优化了教学时效，加强了课程与实际的密切联系。

本书设计的内容和知识结构，突出针对性、适用性和实用性，立足于工程技术人才的培养目标，以有助学生多种能力的培养。本书通过对综合物体的受力分析、力系的简化与物体的平衡，集中了各基本变形的内力、变形和位移分析，再结合体系的几何组成分析与构件的失效规律，最终给出强度、刚度和稳定性计算方法，使学生建立起工程常规设计的思路。本书注重知识的启发性、趣味性和实用性，在每一章后面附有课外辅助学习材料，用以扩充学生力学知识面，增加学生学习力学的兴趣。

参加本书编写工作及其分工的是成都纺织高等专科学校尹析明（绪论、第五章、第六章），成都师范学院物理与工程技术学院肖莘彪（第三章、第十一章、第十二章），四川省城市职业学院刘洋（第四章），成都纺织高等专科学校赵春玲（第一章、第二章、第七章、

第八章），成都纺织高等专科学校高汉君（第九章），成都农业科技职业学院杨静深（第十章），成都纺织高等专科学校孙作凤（第十三章）。全书编写工作的策划与统稿由赵春玲负责。

本书由尹析明、赵春玲担任主编，肖莘彪、高汉君、刘洋、杨静深、孙作凤担任副主编。

成都航空职业技术学院穆能伶担任本书的主审，在对全书反复认真、仔细审阅修订的基础上，保证了书本知识的严谨与实用，这对本书的定稿起到了很重要的作用，在此谨表示诚挚而衷心的感谢。

由于编者水平所限，书中难免有不足之处，欢迎读者批评指正。

编　者
2016年6月

主要符号表

A	面积	h	高度
b	宽度	i	线刚度
C	弯矩传递系数	I	惯性矩
c	支座广义位移	I_P	极惯性矩
D	直径	L, l	长度，跨度
d	直径，力臂，节间长度	$M、M_B、M_O、M_x、M_y$	力矩，力偶矩，弯矩
E	弹性模量	M_n	扭矩
F	力	M^F	固端弯矩
F_P	载荷，作用力	m	质量
F_{Pcr}	临界载荷，临界力	n	转速，安全因数
F_H	水平推力	n_{st}	稳定安全因数
$F_{Ax}、F_{Ay}$	支座 A 约束反力	P	功率
F_N	轴力	p	应力
$F_N^L、F_N^R$	截面左、右的轴力	q	均布载荷集度
F_Q	剪力	$r、R$	半径
$F_Q^L、F_Q^R$	截面左、右的剪力	S	转动刚度，影响线量值
F_Q^F	固端剪力	t	摄氏温度
F_R	合力，主矢	T	外力偶矩，转矩
F_T	拉力	u	水平位移
F_x, F_y, F_z	力在轴 $x、y、z$ 上的投影	v	竖向位移
f	拱高	V	虚应变能
G	重量，切变模量	W	功，虚功，弯曲截面系数

W_P	扭转截面系数	σ_c	挤压应力
w	挠度	σ_{cr}	临界应力
α	角度，线膨胀系数	σ_e	弹性极限
β	角度	σ_p	比例极限
γ	切应变	$\sigma_{0.2}$	名义屈服极限
δ、Δ	延伸率，广义位移	σ_s	屈服极限
ε	线应变	σ_u	极限应力
θ	转角，单位长度相对扭转角，角位移	σ^+	拉应力
		σ^-	压应力
κ	曲率	$[\sigma]$	许用正应力
λ	柔度，长细比	$[\sigma]_{st}$	稳定许用应力
μ	力矩分配系数，长度因数	τ	切应力
ν	泊松比	τ_b	剪切强度极限
ρ	密度，曲率半径	$[\tau]$	许用切应力
σ	正应力	φ	角度，相对扭转角，折减系数
σ_b	强度极限	ψ	断面收缩率

目　录

绪　论 ·· 1
    思考题 ·· 4
    [辅助学习材料]　中国古建筑的木结构及其结点联结 ······························· 5

第一章　静力学的基本概念与物体的受力分析 ··· 6
    第一节　静力学基本概念 ··· 6
    第二节　静力学基本公理 ·· 11
    第三节　物体的联结方式理想化 ··· 14
    第四节　物体的受力分析 ·· 17
    思考题 ··· 19
    习　题 ··· 21
    [辅助学习材料]　力学大事年表 ·· 23

第二章　力系的简化与力系的平衡 ·· 25
    第一节　力系简化与平衡的解析法基础 ··· 25
    第二节　平面一般力系的简化 ··· 29
    第三节　平面一般力系的平衡方程 ··· 32
    第四节　平面一般力系平衡方程的应用 ··· 33
    第五节　空间一般力系的简化及其平衡方程的应用 ······························· 40
    思考题 ··· 45
    习　题 ··· 47
    [辅助学习材料]　重心及形心 ··· 53

第三章　平面结构体系的几何组成分析 ··· 55
    第一节　平面结构体系几何组成分析的几个重要概念 ··························· 55
    第二节　平面几何不变体系的几何组成规则 ·· 59
    第三节　平面结构体系的几何组成分析示例 ·· 61
    思考题 ··· 64
    习　题 ··· 65
    [辅助学习材料]　钞票上的力学巨匠 ··· 66

第四章　静定结构杆件的内力分析······68
第一节　弹性体及其理想化······68
第二节　直杆轴向拉伸或压缩时的轴力······70
第三节　静定平面桁架各杆件的轴力······73
第四节　圆轴扭转时的扭矩······79
第五节　直梁弯曲时的剪力和弯矩······81
第六节　直梁剪力图和弯矩图的简捷画法······89
第七节　多跨静定梁与静定平面刚架的内力······93
第八节　斜梁与三铰拱的内力······97
思考题······103
习　题······105
[辅助学习材料]　郑玄-胡克定律······112

第五章　杆件的应力计算与强度设计准则······113
第一节　应力、应变及其相互关系······113
第二节　直杆轴向拉伸或压缩时的正应力······115
第三节　圆轴扭转时的切应力······118
第四节　直梁弯曲时的正应力与切应力······121
第五节　应力状态分析······129
第六节　材料在轴向载荷作用下的力学行为······134
第七节　杆件的强度设计准则······139
思考题······142
习　题······144
[辅助学习材料]　杰出的力学家与力学教育家铁木辛柯······147

第六章　杆件的强度设计······148
第一节　直杆轴向拉伸或压缩时的强度计算······148
第二节　圆轴扭转时的强度计算······152
第三节　直梁弯曲时的强度计算······154
第四节　联结件剪切与挤压时的强度计算······159
第五节　杆件组合变形时的强度计算······164
思考题······170
习　题······172
[辅助学习材料]　双切应力强度理论······177

第七章　杆件的刚度设计······178
第一节　直杆轴向拉伸或压缩时的刚度计算······178
第二节　圆轴扭转时的刚度计算······181
第三节　直梁弯曲时的刚度计算······182
第四节　杆件承载能力提高的方法······188

思考题 ……………………………………………………………………192
习　题 ……………………………………………………………………194
[辅助学习材料]　国际土木工程历史上的里程碑 ………………………198

第八章　压杆的稳定性设计 …………………………………………199
第一节　压杆的稳定性概念 …………………………………………199
第二节　两端铰支细长压杆的临界力 ………………………………201
第三节　压杆的临界应力与欧拉公式的适用范围 …………………203
第四节　压杆的稳定性计算 …………………………………………208
第五节　提高压杆稳定性的措施 ……………………………………211
思考题 ……………………………………………………………………213
习　题 ……………………………………………………………………215
[辅助学习材料]　压杆稳定与实际工程结构的关联 ……………………217

第九章　静定结构的位移计算 ………………………………………218
第一节　结构位移计算的基本概念 …………………………………218
第二节　结构位移计算的一般公式 …………………………………220
第三节　静定结构在载荷作用下的位移计算 ………………………223
第四节　图乘法计算位移 ……………………………………………226
第五节　静定结构在支座移动、温度改变时的位移计算 …………231
第六节　互等定理 ……………………………………………………234
思考题 ……………………………………………………………………237
习　题 ……………………………………………………………………238
[辅助学习材料]　计算梁变形的方法知多少 ……………………………240

第十章　力　法 …………………………………………………………242
第一节　力法基本原理 ………………………………………………242
第二节　结构超静定次数的确定 ……………………………………246
第三节　力法典型方程 ………………………………………………249
第四节　力法计算超静定结构示例 …………………………………250
第五节　等截面单跨超静定梁的杆端内力计算 ……………………254
思考题 ……………………………………………………………………260
习　题 ……………………………………………………………………260
[辅助学习材料]　力学趣闻集锦 …………………………………………262

第十一章　位移法 ………………………………………………………263
第一节　位移法基本原理 ……………………………………………263
第二节　位移法基本未知量数目的确定 ……………………………265
第三节　位移法典型方程 ……………………………………………267
第四节　位移法计算超静定结构示例 ………………………………271

思考题 273
习　题 274
[辅助学习材料] "千钧一发"的力学量化 276

第十二章　力矩分配法 277
第一节　力矩分配法基本原理 277
第二节　用力矩分配法计算连续梁 281
第三节　用力矩分配法计算无结点线位移刚架 287
第四节　计算超静定结构的其他渐进法简介 288
思考题 290
习　题 290
[辅助学习材料] 混凝土的发展与力学 291

第十三章　结构的影响线与梁的内力包络图 293
第一节　影响线的概念 293
第二节　用静力法作简支梁的影响线 294
第三节　影响线的应用 299
第四节　梁的内力包络图 303
思考题 307
习　题 308
[辅助学习材料] 来自身边的影响线的最直接应用 310

尾声　力学教本图文编撰的严谨与规范 311

参考文献 317

附录A　常见截面几何性质 318

附录B　型钢表 320

绪 论

一、力 学

力学乃研究物质机械运动的科学也。大千世界充满了物质，而物质无时无刻不在运动，这些运动如移动、转动、位移、变形等，可以说运动无处不在。这些运动在力学中统称为机械运动，物质静止属于运动的特例。一方面，运动是有规律的，这种规律也正是力学要研究、要揭示、要阐释、要归纳的，因此力学是一门基础科学。另一方面，力学这一自然科学所给出的理论，要在推动物质世界发展的工程技术中应用，要服务于工程，因此力学又是应用科学。力学应用、服务于工程，使之不断进步；反过来，工程不断给力学提出新的问题，相应地促进了力学的不断进步。

力学是最古老的物理学科之一。中国战国末期成书的《墨经》里就有关于力的概念和力的应用的记载。古希腊哲学家亚里士多德（公元前384—前322）在其著作里也有关于运动的见解。古希腊科学家阿基米德（公元前287—前212）发现浮力原理，以及斜面、杠杆的省力规律，他是静力学的奠基人。中国东汉时期，郑玄（公元127—200）所注的《考工记·弓人》中就有了力与变形成正比的描述。意大利人伽利略（1564—1624）就用实验验证了物体在重力作用下的运动快慢与其质量无关，另外，他还阐明了自由落体运动定律，定义了匀速运动和匀加速运动。到1687年，牛顿在其不朽的著作《自然哲学的数学原理》里给出了运动三定律，由此奠定了经典力学的基础。从17世纪初到18世纪末，经典力学不断地完善与发展，无疑这一时期力学在自然科学中占据了中心地位。众多最伟大的科学家，几乎都集中在这一学科，如伽利略、惠更斯、牛顿、胡克、伯努利、莱布尼茨、达朗贝尔、欧拉、拉格朗日等。正是这些科学家的杰出努力，加速了数学与力学的结合、应用，从而加快了欧洲工业革命的进程。

工业革命中大机器的生产对力学提出了更新更广的要求。建筑、制造业中大量强度、刚度问题的解决，造就了力学中材料力学、结构力学等分支学科体系的形成。

进入20世纪，以航空业为代表的近代工程技术的发展，拓宽并深化了力学。为了实现飞行器的制造与航行，空气动力学、塑性力学、黏弹性力学等分支学科又应运而生。20世纪60年代以来，力学与计算机的密切结合，开创了现代力学的蓬勃发展时代。计算机在自然科学等领域内的普遍深入推广，促进了力学理论在实验研究上的深化，于是便有了计算力学、实验力学的问世。力学研究手段的更新，使力学向其他自然科学渗透，又催生了生物力学。现代工业新产品的不断涌现，无不与新材料的发明相关。而力学家对玻璃材料低应力脆断的研究，很自然地又促使了断裂力学的形成。力学在其应用中又不断创新，委实是层出不穷。

总之，力学发展的历史，就是人们由自然现象中认识，到在生产实践中应用，继而再发现，并不断掌握物质机械运动规律的历史。人类史有多久，力学史也就有多久。

二、力学与工程

力学与工程紧密相连。工程的再发展，总不断为力学提出新问题；力学的深入研究、发展，不可避免地要应用于工程而又使之不断进步。力学与工程的关系总是相辅相成的。在工程史上，蒸汽机、电动机、内燃机等动力装置的应用，完全是为了适应人类改造物质世界之生产实践的需要。100多年来，人类让飞行器不断突破飞行速度、高度，充分发挥了空气动力学等力学分支学科的指导作用。超音速飞行器不断推陈出新的研究，囿于机件裂纹而引发的空难，使断裂力学、疲劳理论不得不由此被引入飞机的设计。可见，工程技术的进步不断为力学增加新的课题，新课题的完结又使力学自身得以丰富与生长。10多年前，美国的30多个工程协会评出了20世纪对人类进步影响最大的20项技术，其中力学对多项技术的发展起着重要的甚至是关键性的作用。

排在首位的是电力系统技术。目前，所有输入电网的电力都是通过叶轮机带动发电机产生的，而叶轮机、电动机及输入电网线路等的设计都离不开力学。

排在第2位的是汽车制造技术。半个世纪以来，力学支持着汽车的不断进步，大约使发动机的效率提高了1/3。

排在第3位的航空技术和排在第12位的航天技术的突破性进展，则更是离不开力学。可以认为，在未来的科技发展中，力学将展示出强大的生命力并继续爆发出巨大的影响力。

三、建筑工程力学

建筑这一常见的矗立于地面的组合体，在成就它的工程前后，显然是离不开力学的。建筑工程中的各类建筑物，要按照一定的组合方式形成结构。结构在建造和使用中，所有结构元件，如基础、屋架、梁、柱等，都要承担传递载荷的作用。要知道，无论是工业厂房或是民用建筑（图0-1），它们的结构及组成结构的各构件，始终都相对于地面保持着静止状态，这种状态称为**平衡状态**。建筑工程力学首先要进行的是对构件和结构在受力平衡状态下的静力学分析，即对构件和结构进行受力情况的分析简化和设计计算等。

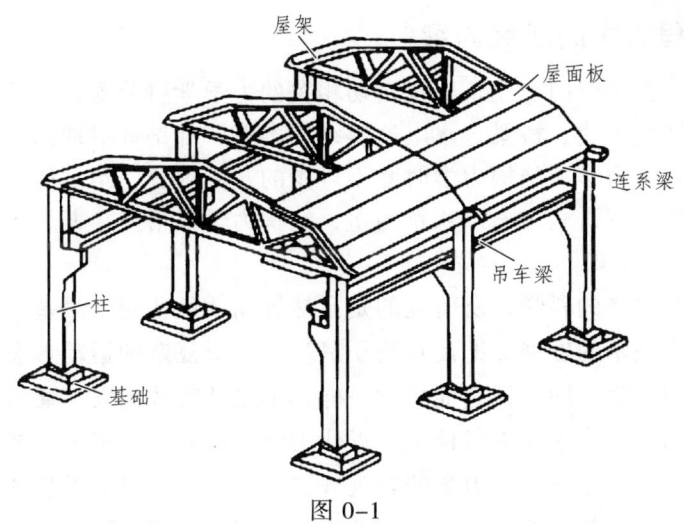

图 0-1

在载荷的作用下，承受传递载荷的结构元件简称**构件**。构件会引起周围物体对它们的反作用，同时构件本身因受载荷作用而将产生变形，并且存在着失效或破坏的可能性。为了保证整个结构的正常使用，就要求构件和结构有一定的承受载荷的能力。这种要求给力学提出的问题就是：

强度问题：研究材料、构件和结构抵抗破坏断裂或过量塑性变形的能力。例如吊车起吊重物时，吊车梁可能因某种原因而失效，在设计梁时就要保证它在载荷的作用下，能正常工作而不会发生破坏。

刚度问题：研究构件和结构抵抗变形的能力。例如吊车梁或楼板梁在载荷等因素的作用下，虽然满足强度要求而不致破坏或产生过量塑性变形，但梁的变形过大，超出所规定的范围，也会影响正常使用。

稳定性问题：研究构件（细长压杆）和结构在外力作用下，保持原有平衡状态的能力。对于比较细长的中心受压杆，当压力超过某一特定值时，杆就不能保持直线形状，而突然从原来的直线形状变成曲线形状，于是它原来受压的工作性质就会发生变化，这称为**丧失稳定**或简称**失稳**。例如房屋承重的柱子，如果过细、过高，就可能由于柱子的失稳而导致整个房屋的突然倒塌。

另外，建筑工程力学还要讨论结构的几何组成特性。对结构这一体系进行几何组成规则性的讨论，正是为了保证结构各部分不致发生相对运动，进而进行内力、应力、位移和变形的计算，为进行结构设计打下基础。

构件承受载荷能力的大小与构件的材料性质、截面的几何尺寸和形状、受力状态、工作条件等因素有关。在结构设计中，当其他条件一定时，如果构件的截面设计得过小，当构件所受的载荷大于构件的承载能力时，结构会因变形过大而影响正常工作，乃至因强度不足而发生破坏；但若构件的承载能力过大，则要多用材料而造成浪费。因此，**建筑工程力学的任务，就是研究使建筑结构及构件在载荷或其他因素如支座移动、温度变化等的作用下能安全、正确地工作，并且符合经济要求的理论和计算方法。**

四、建筑工程力学的研究内容

建筑工程力学包揽了三门与建筑工程密切相关的力学学科分支，即静力学、材料力学及结构力学。如前所述的土建、桥梁、水电站等结构类型，都是针对地面静止的结构，因此静力学也就成了学习材料力学、结构力学时必不可少的基础内容。本书静力学以第一、二章为主，材料力学以第四、五、六、七、八章为主，结构力学以第三、九、十、十一、十二、十三章为主。

总之，力学这门古老的科学，所研究的是自然界物质最普遍、最基本的运动形态。但多少年来，伴随着工程技术的发展，即使在物质最高级、最复杂的运动形态中，也无不包含力学的内容。人类认识力学，同认识其他科学一样，都是从实践出发，通过分析研究，上升为理性认识，而后再回到实践中去进行检验。近代力学的研究，历来都需要科学实验、数学计算和理论分析三方面的工作。探索力学的客观规律，缺少不了对力学量的测量和描述，也就不可避免地密切了力学与数学的关系，力学的许多客观规律都要通过一定的数学定理或公式表达。但是否正确，还有待实验的验证，最后应用到工程上，经受实践的检验。

工程实际中遇到的研究对象往往是很复杂的，但力学的理论分析通常要抓住一些根本性的主要因素，而忽略一些影响不大的次要因素，然后经过合理的简化，得出缩小了比例的模型来代替真实的原型。例如，当物体的运动范围比它自身的尺寸大得多时，我们就把**物体抽象为一个只有质量而没有大小的点即质点**；又如，任何固体在受到外界因素的影响时都要发生变形，若这种变形在我们所研究的问题中可以不考虑或暂时不考虑，则我们就把该**物体抽象为一个受外力作用后不变形的物体即刚体**；还有，如果在所研究的问题中要**考虑物体的变形，而且变形是弹性变形**，这时我们就可以把物体抽象为弹性体。质点、刚体和弹性体是本书中要用到的三种最基本的力学模型。用力学模型代替工程实际物体会使所研究的问题变得更简便。

我们学习本书，就要注意不要把这些知识看成是单纯的理论推演，而应充分认识到这些知识无一不来源于实践，其实力学就在身边。学习力学要特别注意贴近实践来学习，要明确这些理论对实践的指导作用。工程上比较常见的一些力学问题，在本书的思考题或习题中均有体现。因此，学习本书要全面地、深入地阅读，同时还要认真完成题目，这样就会使自己的认知水平在求知的过程中得到进一步的提高。

另外，本书中还简编了一些中外力学史知识、力学家生平介绍、力学知识应用的工程实例和力学发展的前沿等等。这些可以让读者在获取力学知识的同时，进一步拓宽力学科学视野，提高自身的力学文化素养。

思 考 题

0-1 建筑工程力学的研究对象和任务是什么？

0-2 何谓刚体？何谓变形固体？建筑工程力学中，什么情况下将所研究的对象看作是刚体？什么情况下将所研究的对象看作是变形固体？

0-3 建筑工程力学所研究构件的材料（变形固体）有哪些假设？为什么要作这些假设？

0-4 杆件变形的基本形式有哪些？举例说明。

[辅助学习材料]

中国古建筑的木结构及其结点联结

中国古建筑以木材、砖瓦为主要的建筑材料，以木结构为主要的结构方式。中国古建筑多用木材，首先是因为木材结构性能优良，在环境未被破坏的古代又便于就地取材，其次是因为木结构的承重与围护分工明确，屋顶重量由木构架来承担，外墙起遮挡阳光、隔热防寒的作用，内墙起分割室内空间的作用，所以被广泛应用，而墙壁则不承重。这种结构赋予建筑物以极大的灵活性。

木结构主要由立柱、横梁、顺檩等主要构件建造而成，各个构件之间的结点采用榫卯相结合，与如今的钢筋混凝土结构结点相比，这种结点可简化为铰结点和半刚结点，刚度没有刚结点的大，这样由木材建造的梁柱式结构，是一个富有弹性的框架，这就使它还具有一个突出的优点即抗震性能强：它可以把巨大的震动能量消耗在弹性很强的结点上，这对于多地震的中国来说，是极为有利的。

中国古代的木结构有抬梁、穿斗、井干式三种不同的结构方式。"穿斗式"结构是用穿枋、柱子相穿通结斗而成，便于施工，抗震性能好，但较难建成大型殿阁楼台。我国南方民居和较小的殿堂楼阁多采用这种形式。"抬梁式"（也称为叠梁式）结构即在柱上抬梁，梁上安柱（短柱），柱上又抬梁。这种结构方式的特点是可以使建筑物的开间和进深加大，以满足扩大室内空间的要求，成了大型宫殿、坛庙、寺观、王府、宅第等豪华壮丽建筑物所采取的主要结构形式。有些建筑物还采用了抬梁与穿斗相结合的形式，更为灵活多样。井干式即以圆木或方木四边重叠，结构如井字形，这是一种最原始而简单的结构，现在除山区林地之外，已很少见到了。

在汶川地震的震害调查中发现，年代较久的穿斗木结构房屋破坏严重，但少有全部倒塌的，这也印证了木结构有利于防震、抗震的特性，木结构所用斗拱和榫卯结点形式具有若干伸缩余地，因此在一定限度内可减少由地震对结构所引起的危害。"墙倒屋不塌"，即形象地表达了这种结构的特点。

木结构的耐久性差，再考虑到节约能源等因素，木结构这种结构形式在现代社会已不多见。但是，我国劳动人民在木结构中所折射的可贵的力学概念、抗震理念等，却值得学习和借鉴。

第一章

静力学的基本概念与物体的受力分析

学习静力学，首先要学会对物体进行受力分析。力学研究必须首先建立**静力学基本概念**，然后再对实际物体进行受力分析。与此同时，还要应用**静力学基本公理**，亦即受力物体应遵循的一般规律，并将物体的**联结方式理想化**，也就是明确物体的约束与约束反力，这样就可以以此为基础而进行**物体的受力分析**。

第一节 静力学基本概念

一、工程实际对象的力学分析程序

对工程实际对象（如汽车、房屋、船舶、卫星等）进行力学研究时，首先要建立合理的力学模型，以便于进行数学描述。**建立力学模型的过程简称为建模**，建模之后就是计算，一般使用电子计算机予以数值求解。最后对得出的结果加以分析，特别要与实验结果相比较。若二者误差符合要求，则结束分析；若二者误差较大，则需要修改力学模型再进行计算、分析，直到将误差减到最小。由此可见，建立着力学模型的合理与否直接决定力学计算与分析结果的正确性，它是力学研究的基础，十分重要。

二、物体的力学模型——刚体

刚体静力学对物体进行力学计算分析所采用的力学模型就是刚体。实际物体在受力作用时，其内部各质点间的相对距离总要发生一定的伸长或缩短，也就是要产生变形。而**所谓刚体，即指在力作用下不变形的物体**。实际物体能否视为刚体，主要取决于所研究问题的性质。如图 1-1 所示为桥式起重机大梁，在起吊重物时大梁必然要发生变形，而变形的最大量比起大梁自身的最小尺寸要小很多，而且也不影响大梁的平衡，因此在研究大梁的平衡问题时，变形就不予以考虑。在工程实际中，大多数结构受力作用后总有变形，但通常都被限制在一个很微小的范围之内。例如，一般的公路桥梁或厂房吊车梁，在自重或载荷的作用下，其最大的向下变形量 ε_{max} 不允许超过梁跨度 l 的 1/700～1/500。而另一方

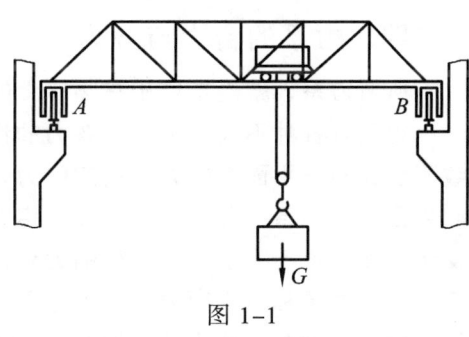

图 1-1

面，若要求该例中梁的变形量 ε_{max} 与梁的变形曲线，以及与梁变形相关的截面内力等，即使梁的变形很小，这时都必须采用考虑变形的物体的另一力学模型，也就是**弹性体模型**。

三、力的概念

力的概念是人们在长期的生产劳动和生活实践中逐渐形成的。如人在拉车、弯钢筋、拧螺丝帽时，由于肌肉的紧张，因此就感觉到了力；还有机器的运行，如起重机吊起构件，牵引车拉动大平板车，打夯机夯实地面等，也都能联想到有力的作用。事实说明，力的概念来源于实践。

力作用于小车，可以使小车由静到动，并使之速度增减，而与此同时，车也有力作用于人。再如力作用于钢筋，可以使钢筋由直变弯，反过来钢筋也有力作用于施力者。由此可以定义，**力是物体间的一种相互的机械作用**。这种机械作用的效果，既能使物体的运动状态发生改变，又能使物体产生变形。

这里所说的运动状态改变，包括了物体运动快慢和运动方向的变化。物体相对于地球处于静止或作匀速直线运动时，我们认为物体处在受力的平衡状态。所谓**物体产生变形，是指物体的体积或形状出现了变化**。力的作用方式是多种多样的。物体相互接触时，可以产生相互的拉、压、挤、剪等作用；而物体不接触时，也能产生相互的吸引或排斥。众所周知，地球对一悬挂的小球有吸引力，此力作用于小球的重心上，也就是我们常说的重力。在同样的场景下，小球对地球也有吸引力作用于地球的中心上。反过来说，物体间有相互作用也就是力。可见，力是不可能脱离物体而单独存在的，只要存在着受力的一方物体，就必然存在着施力的另一方物体。

大量实践证明，力对物体的作用效果取决于**力的三要素**，亦即：**力的大小、力的方向和力的作用点**。力的大小表明物体间相互作用程度的强弱。**因力有三要素，故定义力为矢量**。基于这一点，力就可以用一有向的线段来表示（图 1-2），其中线段的长度

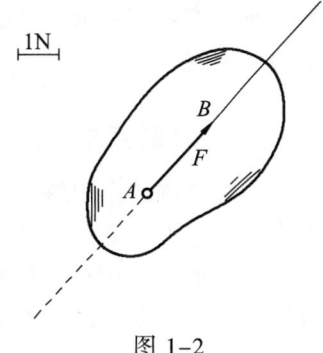

图 1-2

按一定比例来表示力的大小，线段的箭头指向表示力的方向，而该线段的起点或终点所在位置，即表示力的作用点。**通过力的作用点沿力的方向的直线，称为力的作用线**。表示力矢量的字母符号，国家标准规定用黑体字符 $\boldsymbol{F}_{Ax}$ 表示，而白体字符 F_{Ax} 则只表示力矢量的大小。在国际单位制中，力的度量单位名称是牛[顿]或千牛[顿]，符号为 N 或 kN。

四、力系的合力与分力

所谓力系，就是指作用在物体上的一群力，用字母符号表示，即记为 $(F_1, F_2, \cdots, F_n)$。

力系有各种不同的类型：各力的作用线均在同一平面内的力系叫平面力系；各力的作用线不全在同一平面内的力系叫空间力系。在平面力系中，各力的作用线都汇交于一点的力系，叫平面汇交力系；各力的作用线都相互平行的力系，叫平面平行力系；各力的作用线不全汇交于一点，也不完全相互平行的力系，叫平面一般力系。若物体在一力系作用下处于平衡状态，则此力系称为平衡力系。若作用于物体上的一个力和一个力系的作用效果相同或者说作用等效，则这个力称为力系的合力，而这个力系中的每一个力则称为这个力系的分力。一个力系等效地转化为一个力的过程，称为力系的合成；反过来，则称为力系的分解。有时候，只是将一个复杂的力系等效地转化为一个简单的力系，即称为力系的简化。

五、分布力与集中力

作用在物体上某一点的力，称为集中力。在工程上，**常将作用于物体上已知的力称为载荷或荷载**。因此，集中力这时即可称为**集中载荷**。实际中，力的作用区域不可能是一个点，但当力的作用面积不大时，可将其近似地看成为集中力。如果**力的作用区域是一有限的体积、面积或长度**，则其称为**分布力**或称为**分布载荷**，如风载、雪载、构件整体重量等。分布载荷又分为**均布载荷**和**非均布载荷**。分布载荷作用程度的强弱，可用它在**单位体积或单位面积或单位长度上分布的密集程度即集度**来表示。如图 1-3a 所示梁上的分布力，所注符号 q 表示的就是沿梁轴线方向的均布载荷集度，q 的单位为 N/m 或 kN/m。同样图 1-3b 所示梁上的分布

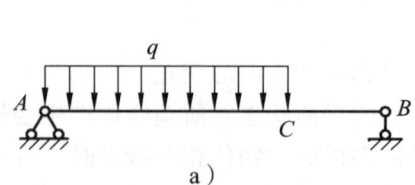
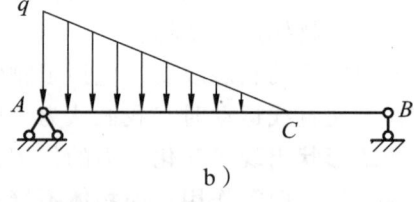

a） b）

图 1-3

力，所注符号 q 表示的就是沿梁轴线方向的非均布载荷集度，而通常给出的数据是指左侧集度的最大值。

六、力对点之矩

力对物体的作用效应除使物体产生移动外，还能使物体绕某点产生转动。力对物体的转动效应用力矩来度量。如图 1-4 所示，用扳手拧螺帽就是力矩效应的典型实例。可以看出，一方面，当手施加在扳手上的力 F 越大时，其

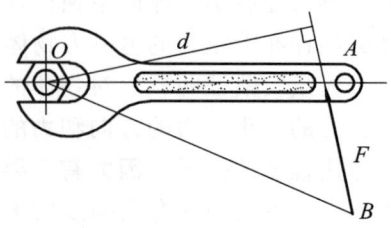

图 1-4

转动效应就会越明显;而另一方面,当力 F 的作用线离转动中心 O 点越远时,其转动效应也会越明显。还有,当力的大小和作用线不变而指向相反时,必将使物体产生相反方向的转动。由此可得出结论:力使物体绕某点产生的转动效应,既与力的大小成正比,也与转动中心 O 到力 F 的作用线的垂直距离 d 成正比。这个**垂直距离 d 称为力臂,转动中心 O 称为力矩中心,简称矩心。力的大小与力臂的乘积,称为力 F 对矩心 O 点之矩**,简称力矩,记作为 $M_O(F)$,用下式表达出来,即

$$M_O(F) = \pm Fd \tag{1-1}$$

上式表明,力对点之矩所度量的物体的转动效应,取决于力矩的大小和其正负号。由此可知,在此所定义力矩是一代数量。力矩代数量的正负号规定:**力使物体绕矩心作逆时针转动时力矩为正;反之,力使物体绕矩心作顺时针转动时力矩为负**。在国际单位制中,力矩的单位名称及符号为牛[顿]米(N·m)或千牛[顿]米(kN·m)。

由力矩的定义还可知,若力的大小为零,则力矩的大小为零;若力臂的长短为零,则力矩的大小也为零。当力沿其作用线移动时,因为力的大小、方向和力臂均没有改变,所以力矩的大小不变。

【**例 1-1**】 分别计算图 1-5 中所示作用力 F_1 和 F_2 对直杆上的一点 O 之矩。已知二作用力大小为 $F_1 = 50$ N,$F_2 = 15$ N。

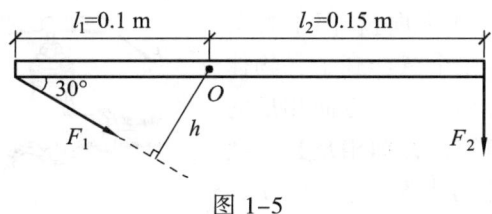

图 1-5

【**解**】 由图可知,作用力 F_1 和 F_2 的作用线到点 O 的垂直距离,亦即力臂分别为 h 和 l_2,于是有

$$M_O(F_1) = F_1 h = F_1 l_1 \sin 30° = 50 \times 0.1 \times 0.5 \text{ N·m} = 2.5 \text{ N·m} \ (\curvearrowleft)$$

$$M_O(F_2) = -F_2 l_2 = -15 \times 0.15 \text{ N·m} = -2.25 \text{ N·m} \ (\curvearrowright)$$

七、合力矩定理

在平面力系中,一作用于物体上的由 n 个力所组成的力系,可以用它们的合力来代替,那么,这一平面力系中的各分力对其平面内任意一点之矩的和,也可以用它们的合力对该点之矩来代替。由此给出结论:**平面力系的合力对平面内任意一点之矩,等于力系中各分力对同一点之矩的代数和**,亦即

$$M_O(F) = M_O(F_1) + M_O(F_2) + \cdots + M_O(F_n) = \sum M_O(F) \tag{1-2}$$

这就是**合力矩定理**。合力矩定理有时可用来简化力矩的计算,例如计算力对某点之矩,当力臂不易求出时,就可以将此力分解成相互垂直的两个分力,而这两个分力对该点之矩的力臂是很容易求出的。于是,先求出两个分力对该点之矩,然后再求出其代数和,最后就能很容易得出已知力对该点之矩。

【例 1-2】 计算图 1-6 中所示折杆上力 F 对 O 点之矩。

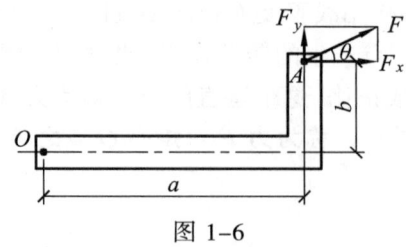

图 1-6

【解】 计算力 F 对 O 点之矩时,因为力臂不容易求出,所以将 F 先分解成相互垂直的两个分力 F_x、F_y,它们对 O 点之矩很容易计算,分别为

$$M_O(F_x) = -F_x b = -Fb\cos\theta, \quad M_O(F_y) = F_y a = Fa\sin\theta$$

再由合力矩定理求出其代数和,即得

$$M_O(F) = M_O(F_x) + M_O(F_y) = -Fb\cos\theta + Fa\sin\theta$$

八、平面力偶的基本概念与基本性质

1. 基本概念 人们在日常生活或生产劳动中时常会遇到这样的情况,如用手拧动水龙头开关(图 1-7a),或者用手转动汽车方向盘(图 1-7b),等等。在这些实例中,人们完全意会到了,物体在转动时,一定受有两个大小相等、方向相反的平行力。这种**由两个大小相等、方向相反且不共线的平行力所组成的力系**称为**力偶**,记为(F,F')。在这里,两个平行力 F 和 F' 之间的垂直距离称为**力偶的力偶臂**,力偶的两个平行力所在的平面称为**力偶的作用面**。力偶使物体转动的方向称为**力偶的转向**。

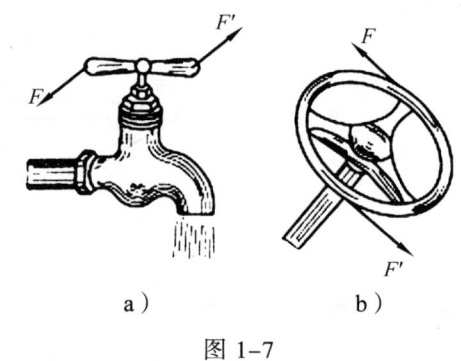

图 1-7

力偶对物体的作用效应只有转动。力偶对物体的转动效应用力偶矩来度量,力偶矩的大小就是两个平行力对平面内任意一点之矩的代数和。读者试借助图 1-8 分析之,已知物体受力偶(F,F')的作用,今在这两个平行力作用点 A、B 的连线上取任意一点 O 为矩心,这时各度量力偶对已知物体转动效应的强弱,显然应当是这两个平行力 F 和 F' 对矩心 O 点之矩的代数和,亦即

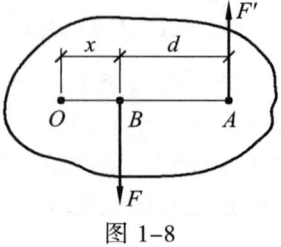

图 1-8

$$M_O(F) + M_O(F') = -Fx + F'(x+d)$$
$$= -Fx + F'x + F'd = -Fx + Fx + F'd = F'd$$

这样一来,度量力偶对物体转动效应的力偶矩大小,也就可表述为力偶两平行力的大小 F 或 F' 与其力偶臂 d 的乘积,同时冠以正负号来表示两平行力在其作用面内所具有的两种转向。

综上所述,度量平面力偶对物体转动效应的力偶矩也是一代数量,以符号 $M(F, F')$ 或简写为 M 记之,即

$$M(\boldsymbol{F}, \boldsymbol{F}') = M = \pm Fd \tag{1-3}$$

式中，正负号表示力偶的转向，其规定是：**逆时针转向时取为正，反之为负**。力偶矩的单位与力矩的单位相同。

2. 基本性质 鉴于力偶的构成特点，可归纳出它的基本性质如下：

性质一 力偶的两平行力不能合成为一个力，或者说力偶二力不能用一个力等效替换。这一性质表明，力偶不能与一个力相平衡，只能与一个力偶相平衡。

性质二 只要保持力偶的大小和转向不变，力偶可以在其作用平面内任意移动和转动，而不改变它对刚体的作用效应。这一性质表明，力偶对刚体的作用与力偶在其作用面内的位置无关。

性质三 只要保持力偶的大小和转向不变，可以同时改变力偶中力的大小和力偶臂的长短，而不会改变力偶对刚体的作用效应。这一性质表明，组成力偶的力和力偶臂都不是力偶的特征量，只有力和力偶臂的乘积即力偶矩才是力偶对刚体作用效应强弱的唯一度量。力偶通常用图 1-9 所示的图形与符号来表示。

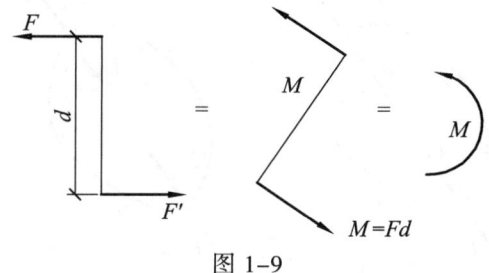

图 1-9

第二节 静力学基本公理

公理是指人们从生产劳动和生活实践中提炼出来的，并为实践所证实，而且被认为是完全符合客观实际的普遍真理。静力学基本公理有以下几个，它们分别是：

公理一 力的平行四边形法则

作用在物体上同一点的两个力，可以合成为一个合力，合力的作用点仍在这一点，合力的大小和方向，由这两个力为邻边所构成的平行四边形的对角线确定。求二汇交力合力的表示方法如图 1-10a 所示，图中 F_R 表示合力，F_1 和 F_2 表示作用于物体上点 A 的两个分力。力的平行四边形法则指出，合力 F_R 即为两个分力 F_1 和 F_2 的矢量和，或写成

$$\boldsymbol{F}_R = \boldsymbol{F}_1 + \boldsymbol{F}_2 \tag{1-4}$$

须注意，上式若使用白体字符写成 $F_R = F_1 + F_2$，则表示合力大小 F_R 等于两个分力的大小 F_1 和 F_2 的代数和。

为简便起见，用平行四边形法则求二汇交力的合力，其实只需要画出平行四边形中的一个三角形（图 1-10 b、c）就可以了。即首先过点 A 沿 AB 作分力矢量 F_1，然后再过点 B，沿 BC 作分力矢量 F_2。最后，过点 A 沿 AC 作矢量 F_R，即为要求的合力。这一**通过画三角形求合力的方法，称为力的三角形法则**。

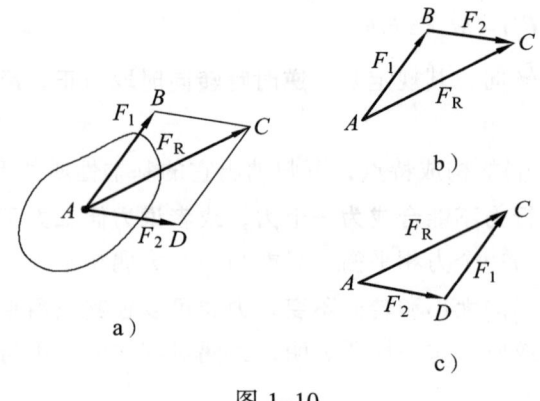

图 1-10

公理二　二力平衡条件

作用于刚体上的两个力，使刚体保持平衡的充分必要条件是：这两个力的大小相等，方向相反，并且作用在同一直线上（图 1-11）。写出两个力矢量平衡的表达式，即

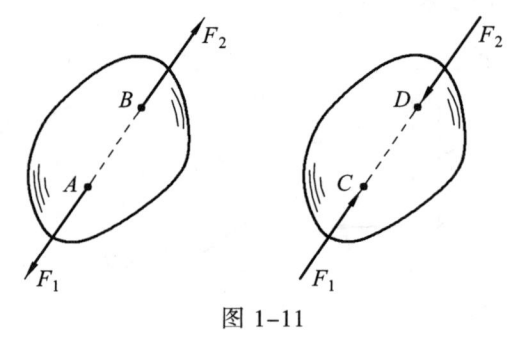

图 1-11

$$F_1 = -F_2 \tag{1-5}$$

此公理表明了作用于刚体上最简单力系平衡时应满足的条件，它对刚体而言是一个必要和充分条件，但是对变形体而言，则只是必要条件而不是充分条件。试想取一段绳索，在施以等值、反向、共线的拉力时，绳索必然平衡。但当施以等值、反向、共线的压力时，绳索就无法平衡了。

公理三　加减平衡力系原理

在作用于刚体的已知力系中加上或减去任意的平衡力系，并不会改变原力系对刚体的作用效应。根据加减平衡力系原理，我们进一步可以得出以下推论：

推论 1　力的可传性

作用于刚体上某点的力，可沿其作用线移至刚体上任意一点，而不会改变力对刚体的作用效应。

证明：已知一力 F 作用于刚体上点 A 处（图 1-12a）。由加减平衡力系公理，今在力 F 的作用线上的任意一点 B 处，加上两个相互平衡的力 F_1 和 F_2，并使 $F = -F_2 = F_1$（图 1-12b）。因 F 和 F_1 等值、反向、共线，故也是一对平衡力，于是予以减去。这样在原刚体上就只剩下一个力 F_2（图 1-12c），即原来作用于刚体上点 A 处的力 F 沿其作用线移到了点 B 处。

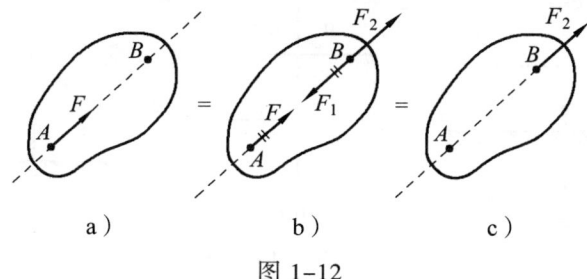

图 1-12

基于以上推论，对刚体而言，**力的三要素还可以表述为：力的大小、力的方向和力的作用线**。在生产实际中，常有保持力的大小和作用线不变，而使作用力移动的情形。因此，力这种矢量又被认为是一种**滑移矢量**。在这里，读者试联想或实验一下，取一变形体如一绳索，如果作用在其上的力沿其作用线移动后，对它的作用效应会改变吗？

推论 2 三力平衡汇交条件

作用于刚体同一平面上不平行的三力在平衡时，若其中两个力的作用线汇交于一点，则第三个力的作用线必然通过其汇交点（图 1-13a）。换言之，作用于刚体同一平面上不平行的三力平衡条件是：三力的作用线必交于一点，三力矢量首尾相连成一个自行封闭的三角形（图 1-13b）。

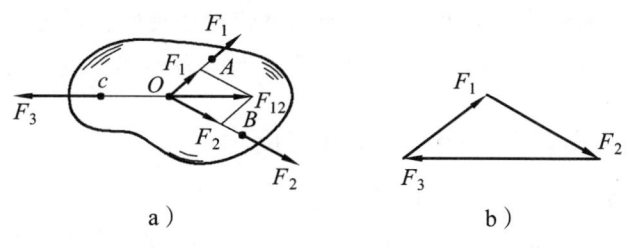

图 1-13

证明：如图 1-13a 所示，在刚体同一平面的 A、B、C 三点处，分别作用有三个相互不平行的平衡力 F_1、F_2、F_3。首先由力的可传性，使力 F_1 和 F_2 沿其作用线移至二力的汇交点 O，然后由力的平行四边形法则合成这两个力 F_1 和 F_2 得合力 F_{12}，第三个力 F_3 即与合力 F_{12} 平衡。因为二力平衡，其作用线必然在同一直线上，所以力 F_3 一定通过力 F_1 和 F_2 的汇交点 O。

公理四 作用与反作用定律

任何两个物体相互作用的作用力与反作用力，总是大小相等，方向相反，沿着同一直线，并且分别作用在两个物体上。

如图 1-14a 所示地面上的一物体，在自身重力 W 和地面支持力 F_N 的相互作用下处于平衡状态（图 1-14b）。由此可见，物体自身重力 W 和地面支持力 F_N 是一对平衡力，即有 $W = -F_N$。而地面对物体的支持力 F_N 与物体对地面的压力 F'_N（图 1-14c），则是一对作用力与反作用力，同样有 $F_N = -F'_N$，但它们分别作用在不同的物体上。在这里，读者一定要注意公理二和公理四的相同点和不同点。

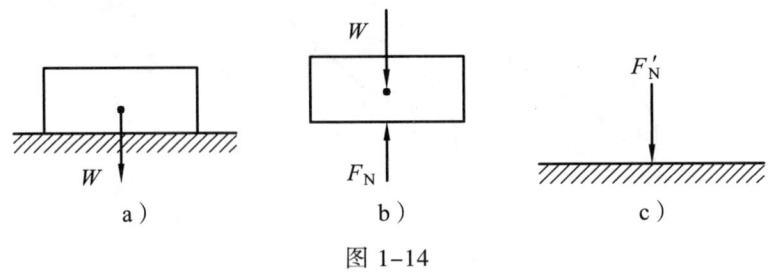

图 1-14

第三节　物体的联结方式理想化

一、约束与约束反力的概念

自然界里有各种各样的物体，有**运动不受限制的物体称为自由体**，也有**运动受限制的物体称为非自由体**。在建筑物中，有很多物体就是非自由体，例如，基础受地面的限制，立柱受基础的限制，而横梁又受立柱的限制，等等。可以说，自由体和非自由体在自然界里随处可见。

限制物体运动的其他物体在固体力学中统称为约束。约束对于物体的作用，即称为**约束反力或约束力或反力**。因约束反力是受限制物体作用而引起的，故约束反力又可称为被动力。而与被动力对应的那些通常是已知的，并**有使物体运动或使物体具备运动趋势的力**，则称为**主动力**，例如，物体的重力，结构体承受的载荷、土压力等都是主动力。

二、工程中常见类型的约束及其约束反力

1. 柔性约束　例如，在工程中较广泛应用的钢丝绳、绳索、链条、皮带等，在它们不计自重时，都属于柔性约束，简称柔索。由于柔索只是限制物体沿柔索伸长方向的运动，因此它只能承受拉力。这样，**柔索给所系物体的约束反力，就要通过物体的联结点，其方向沿柔索中心线而背离物体指向**。柔索约束反力通常用字符 F_T 表示。如图 1-15a 所示的用于悬挂物体的柔索，该柔索对物体的约束反力均通过悬挂物体的联结点，并沿柔索中心线而背离物体指向，如图 1-15b 中所画的力矢量 F_T、F_{T1}、F_{T2} 等，就是对应柔索的约束反力。

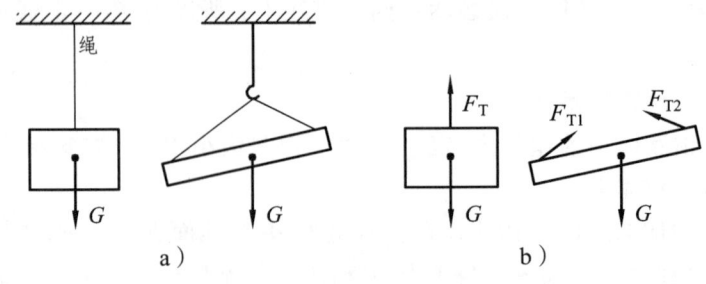

图 1-15

2. 光滑接触面约束　当两物体接触面上的摩擦力可以忽略不计时，即看作为光滑接触面约束。这类约束不论接触面形状如何，总是限制物体沿通过接触点的公法线方向运动，所以

光滑接触面约束对物体的约束反力,是通过接触点,并沿接触面的公法线而指向物体的。如图 1-16a、b 所示,圆球或直杆这些物体在与地面的接触点处就受到约束反力,在相应各点处

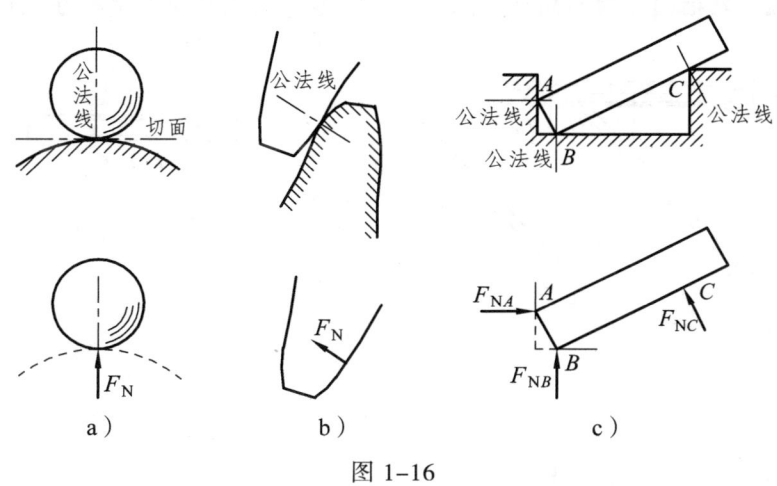

图 1-16

分别用 F_N、F_{NA}、F_{NB} 等表示之。

3. 光滑圆柱铰链约束 光滑圆柱铰链约束,是指具有圆孔的两个物体,通过安装上柱形销钉,并且不计销钉与圆孔之间的摩擦的联结而形成的约束(图 1-17a)。它在工程结构中有许多具体应用形式,如螺栓、合页、铆接等都是这种约束。圆柱铰链约束不能限制物体绕销钉转动,只能限制物体在垂直于销钉轴线的平面内沿任何方向运动。当联结的两个物体有相对运动的趋势时,销钉与圆孔壁必然在某一点处接触,两者的相互约束反力一定通过这个接触点。由于接触点在接触圆弧面的位置无法预知,因此约束反力的方向也就不便确定。这样一来,光滑圆柱铰链的约束反力,就用一通过铰链中心的正交二分力 F_x 和 F_y(图 1-17b)来表示。画出光滑圆柱铰链联结两个杆件,以及每一个杆件的约束反力简图如图 1-17 b 所示,

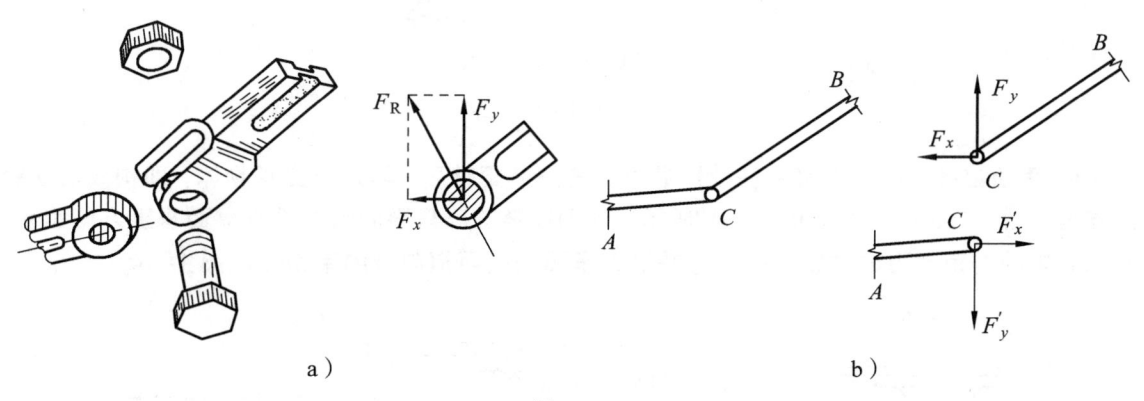

图 1-17

约束反力的指向可任意假设。

4. 链杆约束 链杆是指只有两端用光滑圆柱铰链与物体相联结,而且不计其自重,或者在其中间不受力作用的杆件,如图 1-18a 所示三角架里的斜杆 CD 即为链杆,图中横梁 AB 的左端用铰链与墙联结,右端用铰链与链杆 CD 联结。在这里,链杆 CD 是横梁 AB 的约束。由

链杆的定义可知，它只是在光滑圆柱铰的两端受到了二力作用而平衡的，故又将其称为**二力杆或二力体或二力构件**。链杆有时受拉，而有时受压。所以**链杆两端的约束反力方向，总沿着两端点的连线**，其指向可相向而指（图1-18b），也可背离而指。链杆在结构中应用时，其

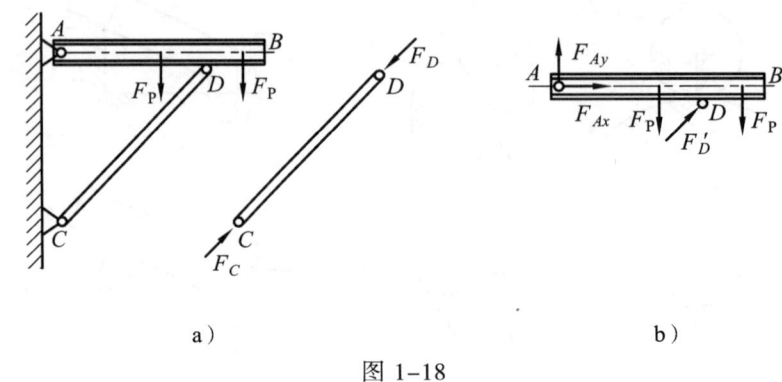

图 1-18

形体不一定是直杆，也可以是曲杆。

5. 固定铰链支座 光滑圆柱铰链通过支座与地面、墙体等支承物相联结在一起，即构成为固定铰链支座（图1-19a），其简图如图1-19b所示。可以看出，**固定铰链支座可限制物体在垂直于销钉轴线的平面内运动，它对物体的约束反力通过铰链中心**。因约束反力的方向无法预先确定，故用正交的二分力 F_{Ax} 和 F_{Ay}（图1-19c）来表示，其指向通常都是任意假设。

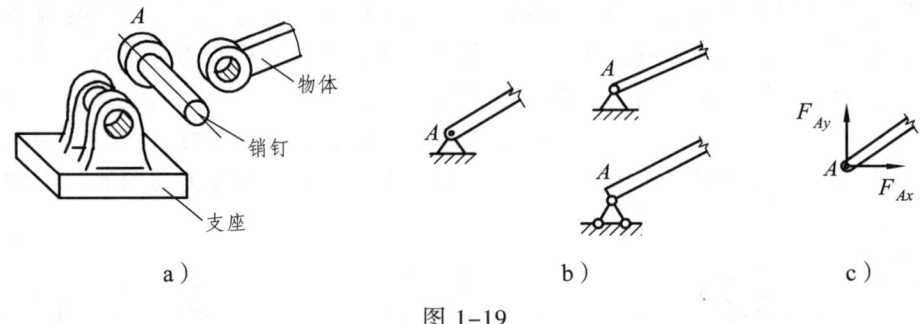

图 1-19

6. 活动铰链支座 光滑圆柱铰链通过支座安装辊轴后，再用于支承物体，即构成活动铰链支座（图1-20a），其简如图1-20b所示。**活动铰链支座只限制物体沿支撑面垂直方向运动，它对物体的约束反力通过铰链中心，并沿支承面法线而指向被约束物体**（图1-20c）。

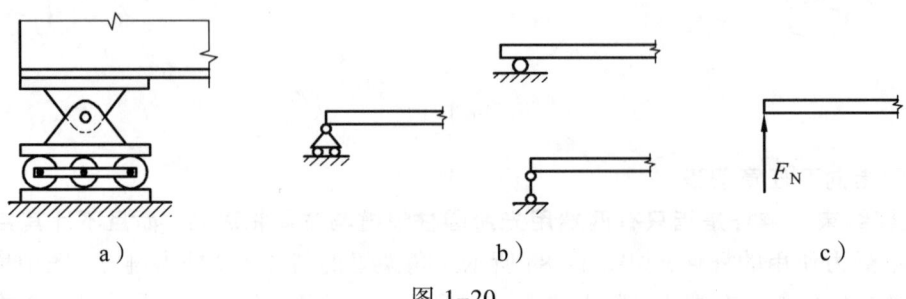

图 1-20

7. 固定端支座 房屋建筑里楼房的阳台或雨篷（图 1-21a），都是的**一端完全镶嵌在墙体中的**，这类支座就属于固定端支座。固定端支座除限制物体向空间内沿任何方向移动外，还限制物体绕固定端支座的一端作任何方向转动，物体被这种支座约束后，其约束端就完全固定不动。固定端支座在平面内的简化图形如图 1-21b、c 所示，因支座的约束反力无法

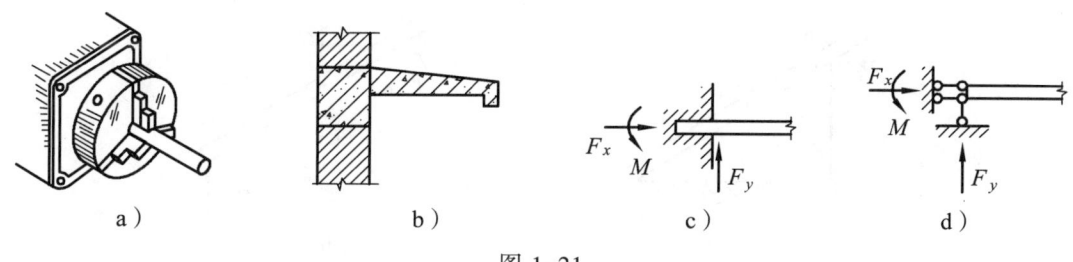

图 1-21

预先确定方向，故**用正交的二分力 F_{Ax} 和 F_{Ay} 和一力偶矩为 M_A 的力偶来表示**，其指向通常都是假设。

第四节 物体的受力分析

在工程实际中，为了确定结构或构件等物体的未知的约束反力，必须根据作用在物体上已知的主动力，再应用约束反力和主动力之间的平衡关系来进行求解。在此之前，就得要**弄清楚物体究竟受到了多少个力，还有每个力的作用位置和方向，这种明确物体受力的过程即称为物体的受力分析**。

对物体进行受力分析时，首先就要把要研究的结构或构件从周围与它有联系的物体中分离出来，并单独画出它的简图，也就是取分离体；然后再在分离体上画出它所受的全部主动力和约束反力。由此所得到的**表示物体受力情况的简明图形，即称为受力图**。画物体的受力图是解决其静力学问题的第一步，也是关键的一步。画受力图具体步骤如下：

（1）按题意去掉约束，取出分离体，并将其单独画出。
（2）画出作用在分离体上的全部主动力。
（3）在分离体上的每一约束处，画出相应的约束反力。

在画受力图时，如果所取分离体是由若干个物体组成的系统，那么**系统之外的物体作用于系统的力称为外力**；而**系统之内的各个物体之间的相互作用力称为内力**。若画的是由物体组成的系统又称整体的受力图，则只画系统的外力而不画内力。但画系统之内各个物体的受力图时，一定要注意到相邻两个部分间的相互作用力总是反向的。只要其中一个力的方向已经在图中明确或假设了，那么另一个力的方向也就随之而定；另外，还得注意不要凭主观想象去画力，切忌多画或少画或任意地移动力；特别是画约束反力时，一定要按照前一节所讲的约束反力的画法去画；最后，在画出每一个力矢量后，还要给这些力矢量命名，即用常规符号显示在所画的力矢量旁。下面举例说明：

【例 1-3】 重量为 G 的均质直杆 AB，其 B 端靠在光滑铅垂墙的顶角处，A 端放在光滑的水平面上，直杆的 D 处系一水平拉索（图 1-22a），试画出直杆 AB 的受力图。

【解】 取直杆 AB 为分离体,在直杆 AB 的点 C 处画出已知的主动力 G。因直杆 AB 在 A、B 处为光滑接触面约束,故可分别画出沿接触点公法线方向,而指向直杆 AB 的约束反力 F_{NA} 和 F_{NB}。在直杆上的点 D 处沿拉索画出水平拉力 F_T,沿柔索中心线而背离直杆 AB 指向。最后即得到直杆 AB 的受力图,如图1-22b 所示。

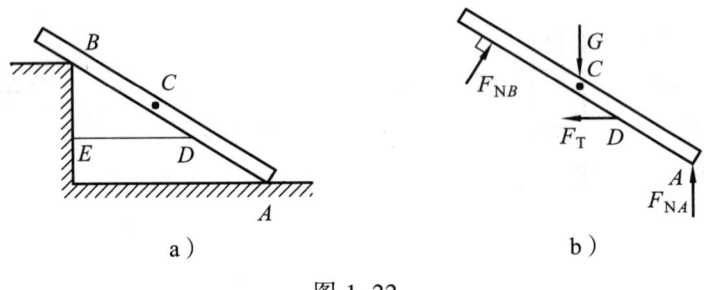

图 1-22

【例 1-4】 图 1-23a 为一起重设备简图。其中,梁 AB 一端为固定铰链,另一端为柔索系于墙上。已知有一重物吊在梁 AB 上的 D 处,其重量为 G,梁 AB 的自重不计。试画出梁 AB 的受力图。

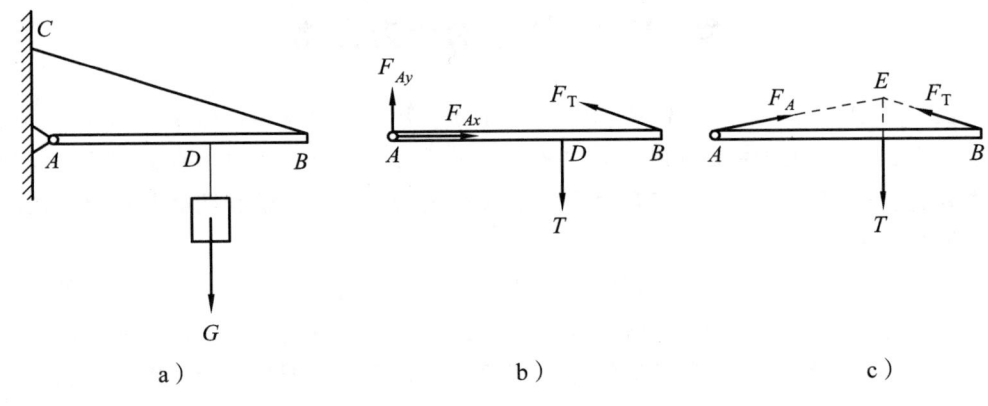

图 1-23

【解】 取梁 AB 为分离体,因梁 AB 的自重不计,故梁没有重力的作用。由梁简图可以看出,梁上三处有约束。其中,梁的点 A 处为固定铰链支座,其约束反力为二正交分力 F_{Ax} 和 F_{Ay};梁的点 B 处为柔性约束,其约束反力为拉力 F_T,方向沿柔索中心线而背离梁的点 B 指向;梁的点 D 处也为柔性约束,其约束反力为拉力 T,结合重物的受力分析,可知拉力 T 沿柔索中心线而背离梁的点 D 指向,而且 $T = -T' = G$。最后,画出梁 AB 的受力图,如图1-23b 所示。

在此也可对梁 AB 的受力作进一步的分析:由于梁 AB 只在其上的点 A、B、D 三处受力而平衡,因此运用三力平衡汇交定理,就可以确定点 A 处的约束反力的真实方向。梁上点 D 处的拉力 T 和点 B 处的拉力 F_T 方向均已确定,其作用线汇交于点 E,而位于点 A 处的第三个力即约束反力 F_A 必然通过汇交点 E。于是,将 A、E 两点连线,即得出约束反力 F_A 的真实方向。由此画出的梁 AB 三处的约束反力均为真实方向的受力图,即如图1-23c 所示。

【例 1-5】 图 1-24a 所示的三铰拱,由左、右两拱通过三个圆柱铰链 A、B、C 联结而成。今不计两拱自重,在左拱上已知作用有载荷 F_P。试画出左拱 AC、右拱 BC,以及三铰拱 ABC 整体的受力图。

【解】 （1）取右拱 BC 为分离体。因右拱 BC 自重不计，且右拱只在点 B、C 两处有光滑圆柱铰链约束反力，故为二力构件。再由经验判断，在铰链 B、C 两处受到的是沿 BC 连线的压力 F_B 和 F_C，且 $F_B = -F_C$，由此画出 BC 的受力图如图 1-24b 所示。

（2）取左拱 AC 为分离体。因左拱 AC 自重不计，故作用于左拱的主动力只有载荷 F_P。而左拱 AC 在铰链 C 处，受到右拱 BC 的约束反力 F'_C 作用，由作用力与反作用力定律可知 $F'_C = -F_C$。左拱 AC 的 A 端为固定铰链支座，其约束反力为正交二分力 F_{Ax} 和 F_{Ay}（图 1-24c）。再进一步分析可知，左拱 AC 在不平行的三力作用下平衡，因载荷 F_P 和约束反力 F'_C 的作用线汇交于点 D，故由三力平衡汇交定理可知，在固定铰链支座 A 处具有真实方向的第三个力，亦即约束反力 F_A 的作用线必然通过另二力的汇交点 D，最后画出左拱 AC 的受力图如图 1-24d 所示。

（3）取三铰拱整体为分离体。所受到的主动力只有载荷 F_P，根据以上分析获知的右拱 B 处铰链的约束反力 F_B，再由三力平衡汇交定理分析可画出固定铰链支座 A 处的约束反力 F_A，最后即得三铰拱整体的受力图如图 1-24e 所示。

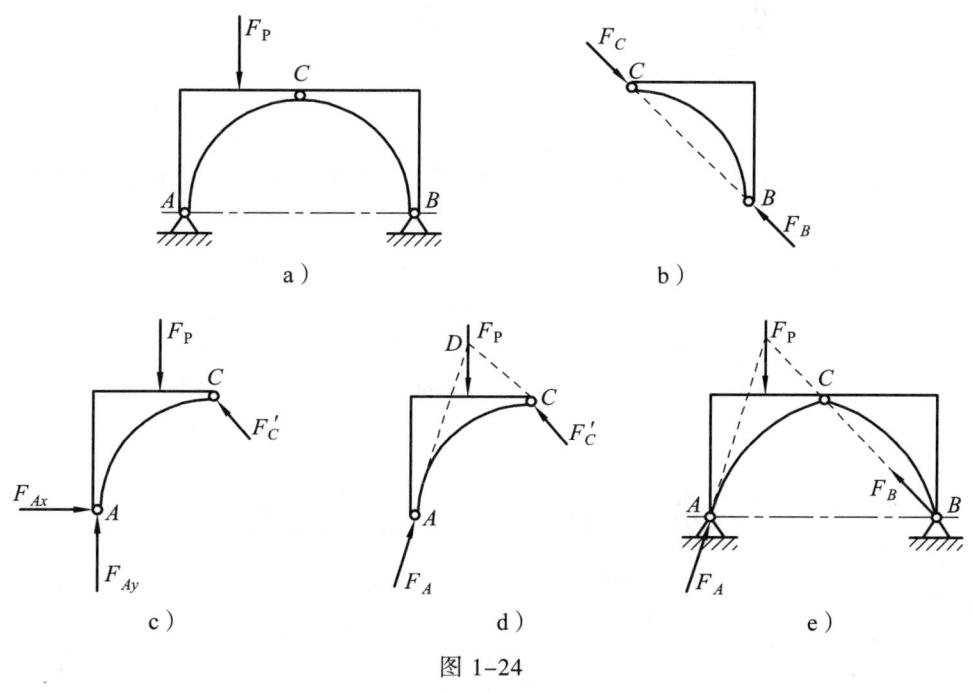

图 1-24

思 考 题

1-1 什么是平衡力系？何谓合力与分力？

1-2 在公理二"二力平衡条件"和公理四"作用与反作用定律"中，均有两个力"等值、反向、共线"之意，试说明它们的区别何在。

1-3 试比较力矩和力偶矩度量物体转动效应的不同。

1-4 在力的作用下大小和形状都保持不变的物体称为_____。

1-5 在本书的静力学中，将限制物体运动的其他物体称为_____。

1-6 对于图 1-25 所示三铰拱上的作用力 F，可否应用力的可传性原理，而使力 F 沿其作用线从 E 点移到 D 点？为什么？

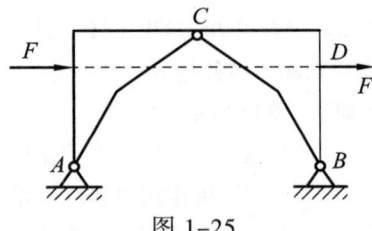

图 1-25

1-7 对于图 1-26 所示的两个结构,当其在结构右端 B 施以同一方向,且为同样大小的集中力 F 时,试分析二者的约束反力是否相同？为什么？

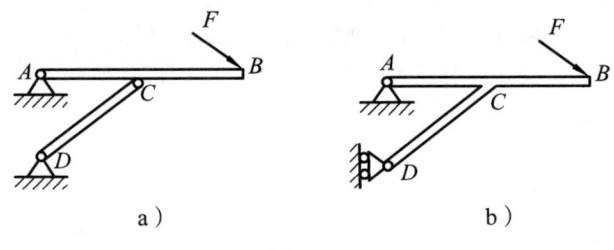

图 1-26

1-8 已知图 1-27 中所示二力 F_1 和 F_2 的大小分别为 3 N 和 4 N,请求出图示几种情况下的合力大小与方向。

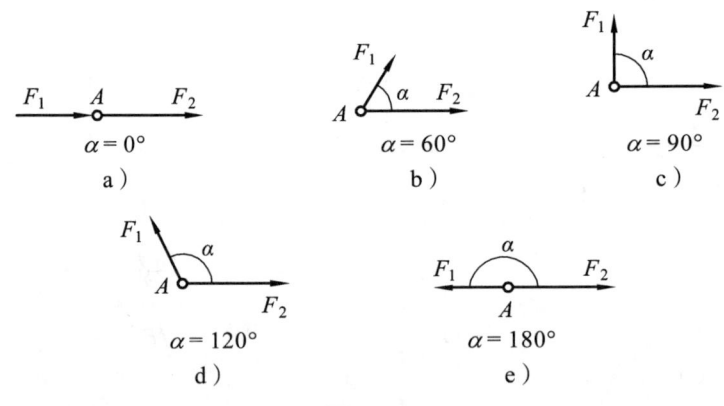

图 1-27

1-9 如图 1-28 所示,在刚体上的 A、B、C 三点分别作用有力 F,试问该刚体此时是否处于平衡状态？为什么？

1-10 单项选择题（将符合题意的一个答案选项代号填入题文的括号中）：

（1）汇交二力,其大小相等且与其合力大小一样,这时它们之间的夹角应为（　　）。

    A. 0°　　　　　B. 90°
    C. 120°　　　　D. 180°

（2）有一物体受到两个共点力的作用,无论在什么情况下,它的合力（　　）。

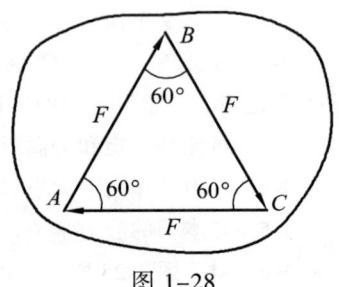

图 1-28

A. 一定大于任意一个分力
B. 至少比一个分力大
C. 不大于两个分力大小的和，也不小于两个分力大小的差
D. 随两个分力夹角的增大而增大

（3）已知滑轮与轮轴的接触是光滑的，该滑轮在绳索拉力 F_1、F_2 和转轴支持力 F_R 的共同作用下平衡（图 1-29）。今不计滑轮以及绳索的重量，试说明绳索拉力 F_1、F_2 的大小关系应为（　　）。

A. $F_1 = F_2$　　　B. $F_1 > F_2$　　　C. $F_1 < F_2$

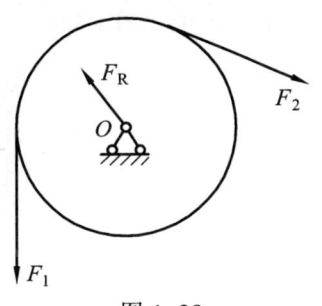

图 1-29

习　题

1-1　试计算图 1-30 所示杆件上作用的分布力的合力，同时指出合力作用线到支座 A 点的距离。图中 q、l、a 均已知。

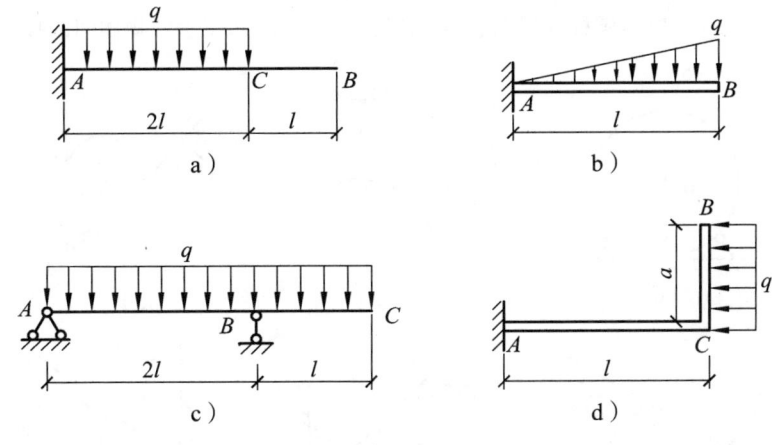

图 1-30

1-2　计算图 1-31 所示杆件上的力 F 对点 O 之矩为多少。（答：a. $M_O = 0$；b. $M_O = Fl\sin\beta$；c. $M_O = Fl\sin\beta$；d. $M_O = -Fa$；e. $M_O = Fl$；f. $M_O = F\sin\alpha\sqrt{a^2+b^2}$）

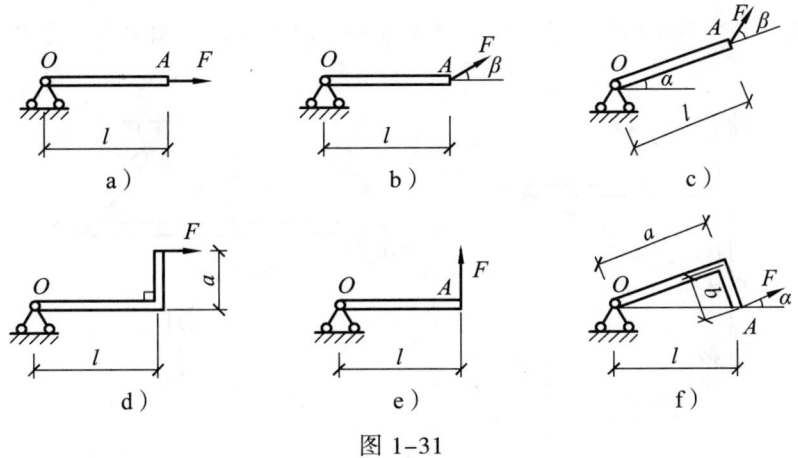

图 1-31

1-3 试指出图 1-32 所示各结构中哪些构件为二力杆。已知构件的自重均不计。

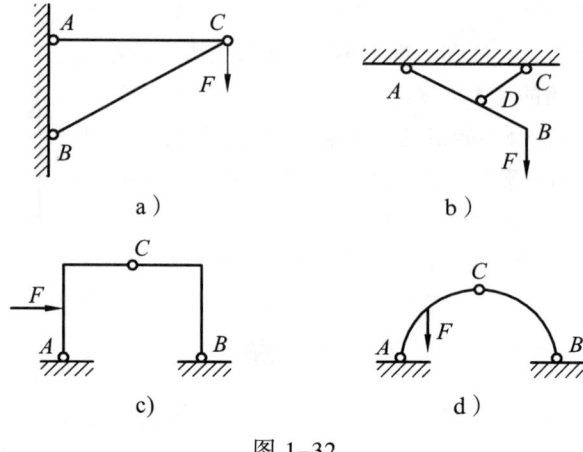

图 1-32

1-4 试画出图 1-33 中所示圆柱 A 以及直杆 AB 的受力图。已知图示各物体间的接触面均为光滑面。

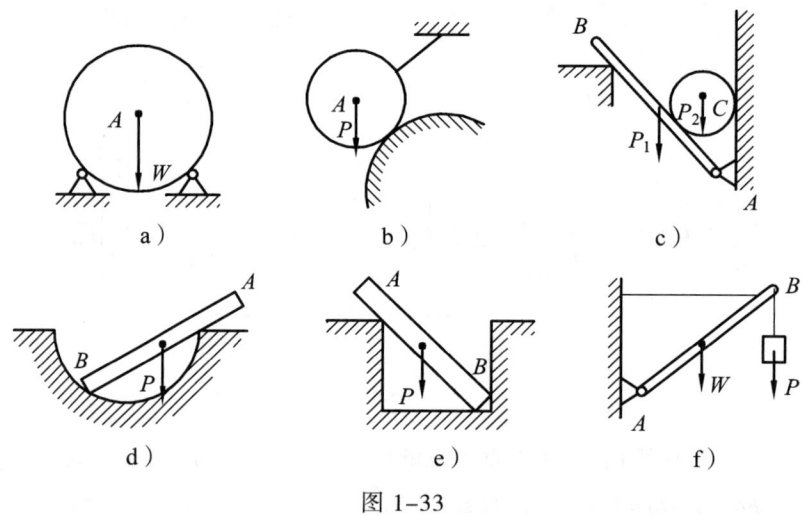

图 1-33

1-5 试画出图 1-34 所示结构中各构件，以及结构整体的受力图。已知各构件之间的接触面均为光滑面。

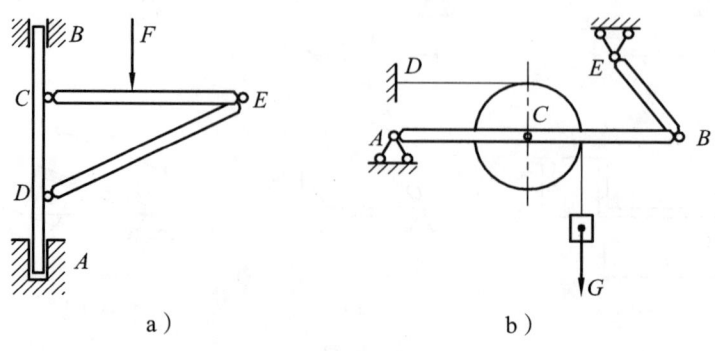

图 1-34

1-6　试画出图 1-35 所示结构的左部分、右部分，以及结构整体的受力图。

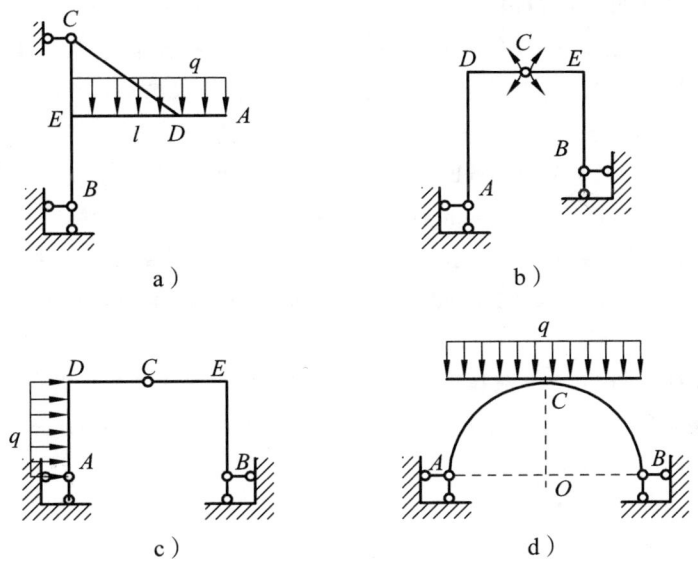

图 1-35

[辅助学习材料]

力学大事年表

公元前 5 世纪至公元 14 世纪，中国春秋末期墨翟的《墨经》、宋代沈括的《梦溪笔谈》等书中有一些力学的论述和记载。

公元前 287 年至公元前 212 年，古希腊人阿基米德（Archimedes）发现了水的浮力原理，以及斜面、杠杆、滑轮的原理。

127 年—200 年，中国东汉时期的郑玄在《考工记·弓人》中表述了力与变形成正比的线性关系。

1564 年—1642 年，意大利人伽利略（F.Galileo）最早确认了物体在重力作用下的运动快慢与其重量无关，后又阐明了运动的相对性原理、惯性原理、自由落体定律，并定义了匀速运动和匀加速运动。

1653 年，法国人帕斯卡（B.Pascal）发现在静止流体中压力传递的原理——帕斯卡定律。

1662 年，英国人波意耳（R.Boyle）发现了在等温条件下气体体积与压力的关系——波意耳定律。

1678 年，英国人胡克（R.Hooke）精确地表达了物体在弹性范围内力与变形成正比的规律——胡克定律。

1687 年，英国人牛顿（I.Newton）在《自然哲学的数学原理》中阐明了物体的运动定律（牛顿三定律）和万有引力定律，由此奠定了经典力学的基础。

1743 年，法国人达朗贝尔（J.le.R.d'Alembert）提出了用静力学的方法求解动力学问题的动静法——达朗贝尔原理。

1738 年，瑞士人伯努利（D.Bernoulli）给出了流体稳定流动的基本方程——伯努利方程。

1755 年，瑞士人欧拉（L.Euler）建立了无黏性流动的基本方程——欧拉方程，他也被誉为理论流体力学创始人。

1834 年，英国人哈密顿（W.R.Hamilton）建立了分析力学的变分原理（哈密顿原理），以及表达运动定律的正则运动方程。

1902年，美国人吉布斯（J.W.Gibbs）的《统计力学基本原理》出版。

1905年，德国人爱因斯坦（A.Einstein）发表《论动体的电动力学》，提出狭义相对论的基本原理及质能转换关系，否定了经典力学的绝对时空观，对时空概念予以了革命性的变革。以后又进一步提出了广义相对论、引力场理论，同时预言了引力将使光线弯曲。

1925年，德国人海森伯（W.K.Heisenberg）提出量子理论的矩阵力学，获1932年诺贝尔物理学奖。

1926年，奥地利人薛定谔（E.Schrödinger）创立量子理论的波动力学并证明与矩阵力学形式等价，提出相对论的波动方程，获1933年诺贝尔物理学奖，系量子力学的奠基人之一。

1935年，美籍德国人伦敦兄弟（F.London和J.London）发表超导现象的宏观电动力学理论，建立伦敦方程。

1957年，欧文（G. R. Irwin）首先提出应力强度因子概念，建立了裂纹失稳扩展的脆性断裂准则。

1968年，在断裂力学中，围绕裂纹顶端的一个与路径无关的回路积分——J积分由顿斯（J. R. Rice）提出。

第二章

力系的简化
与
力系的平衡

在掌握了静力学的基本概念与物体的受力分析后，我们就可应用解析法来讨论力系的平衡问题了。应用解析法的第一步，必须首先了解**力系简化与平衡的解析法基础**，然后再从**平面一般力系**的简化入手，最终明确平面一般力系简化结果为零力系的情形即力系的平衡，从而给出**平面一般力系的平衡方程**。对于力系平衡问题，着重要讨论的是**平面一般力系平衡方程的应用**，包括在单杆结构中的应用，以及在多杆结构中的应用。最后还要讨论空间一般力系的简化及其平衡方程的应用。

第一节　力系简化与平衡的解析法基础

一、平面汇交力系的合成

由力的平行四边形法则，我们可以将作用于物体同一点的两个力合成为一个力。这也就是对力系进行简化最简单的情形。设在同一平面内有四个力 F_1、F_2、F_3 和 F_4 组成平面汇交力系，其作用线汇交于一点 O（图 2-1a）。今利用力的三角形法则合成该力系，即先将 F_1 和 F_2 合成为 F_{R1}，再将 F_{R1} 与 F_3 合成为 F_{R2}，最后将 F_{R2} 与 F_4 合成为 F_R，即得到该平面汇交力系的合力 F_R（图 2-1b）。

由图 2-1b 可以看出，在对该汇交力系的合成过程中，合力 F_{R1} 和 F_{R2} 可不必画出。于是为了确定合力 F_R，可以从任意一点 a 开始，依次将各分力矢量首尾相连，也就是使各分力 F_1、F_2、F_3 和 F_4 构成折线 $abcde$。最后，从第一个分力 F_1 的始端 a，向最后一个分力 F_4 的末端 e 作一矢量，而这一矢量就和这 4 个分力的力矢量构成一完全封闭的力多边形，其中封闭边就是力系的合力 F_R（图 2-1c）。

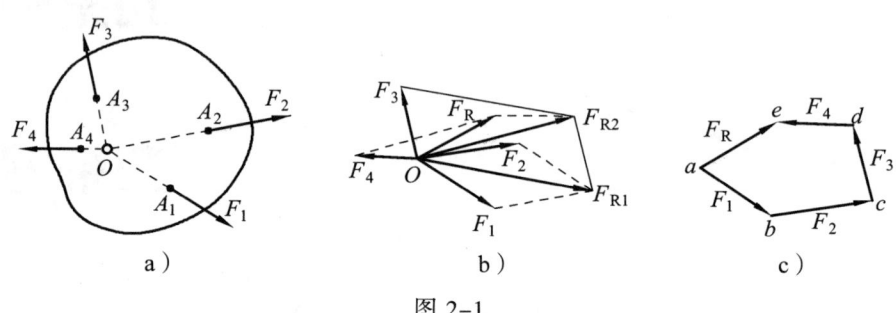

图 2-1

上述把力系分力矢量首尾相连而画出力多边形来求力系合力的方法，称为**力多边形法**或**几何法**。由矢量相加的交换律可知，若任意变换分力矢量作图的先后顺序，则会得到形状各不相同的力多边形，但其合力矢量始终不会改变。因此，对于由 n 个力组成的汇交力系 F_1、F_2、$\cdots$、F_n，欲将其合成为一合力 F_R，其合力应等于各分力的矢量和，合力的作用线通过力系的汇交点，也就是

$$F_R = F_1 + F_2 + \cdots + F_n = \sum_{i=1}^{n} F_i = \sum F \qquad (2-1)$$

可以看出，用几何法求力系的合力，其过程简洁直观，清晰明了。但它的作图精确度，往往对所求结果的影响较大。为了避免这一方法的缺陷，我们更多的是采用解析法来求力系的合力。

二、力在平面直角坐标轴上的投影

已知平面内有一力 F，今在该 F 所在的平面内，建立平面直角坐标系 Oxy（图 2-2）。先后过力 F 的起点 A 和终点 B，分别向 x 轴作垂线，得垂足 a 和 b，相应地在 x 轴上就有线段 ab。将线段 ab 的长度冠以适当的正负号，即为力 F 在 x 轴上的投影，用 F_x 表示。用同样的方法，也可以确定力 F 在 y 轴上的投影，并用 F_y 表示。这里规定：当其投影的起点到终点的指向与坐标轴的正向一致时，投影取正号；反之投影取负号。进而写出力 F 在 x、y 轴上的投影，即为

$$\left. \begin{array}{l} F_x = \pm F\cos\alpha \\ F_y = \pm F\sin\alpha \end{array} \right\} \qquad (2-2)$$

上式中，α 为力 F 与 x 轴所夹锐角。若已知 F 在

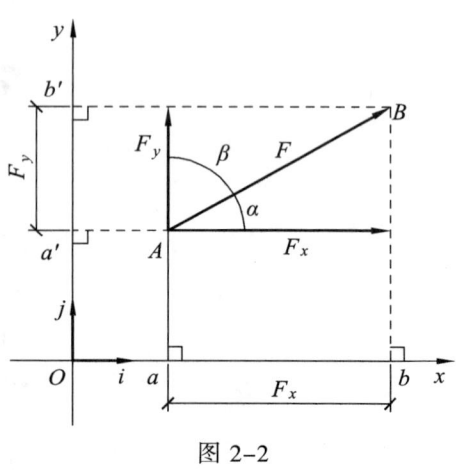

图 2-2

x 轴和 y 轴上的投影 F_x 和 F_y，则力 F 的大小和方向可由下式确定，亦即

$$\left.\begin{array}{l} F = \sqrt{F_x^2 + F_y^2} \\ \tan\alpha = \dfrac{|F_y|}{|F_x|} \end{array}\right\} \tag{2-3}$$

上式中力 F 的方向由投影 F_x 和 F_y 的正负号确定，式中的 α 角为力 F 与 x 轴所夹锐角。这里，当力 F 与 x 轴（或 y 轴）平行，亦即力与 y 轴（或 x 轴）垂直时，其投影 F_y（或 F_x）为零，而投影 F_x（或 F_y）则与 F 的大小相等。

此外，从图 2-2 中可以看出，力 F 的分力 F_x 和 F_y 的大小，与 F 在对应的坐标轴上的投影的绝对值是相等的。但须指出，分力 F_x 和 F_y 是矢量，投影 F_x 和 F_y 是代数量，切勿将二者的含义混淆。

三、合力投影定理

设一平面汇交力系 F_1、F_2、$\cdots$、F_n 作用于刚体上点 O，其合力为 F_R（图 2-3）。现将力系分力与合力分别投影到直角坐标系的轴 x、y 上。根据合矢量投影定理，由式（2-1）即得各分力与合力间的投影关系为

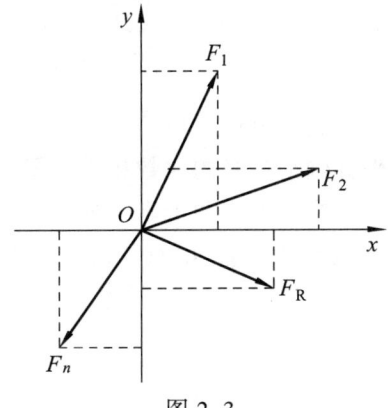

图 2-3

$$\left.\begin{array}{l} F_{Rx} = F_{1x} + F_{2x} + \cdots + F_{nx} = \sum\limits_{i=1}^{n} F_{ix} = \sum F_x \\ F_{Ry} = F_{1y} + F_{2y} + \cdots + F_{ny} = \sum\limits_{i=1}^{n} F_{iy} = \sum F_y \end{array}\right\} \tag{2-4}$$

上式表明，平面汇交力系的合力在某一轴上的投影，等于各分力在同一轴上投影的代数和。这就是**合力投影定理**。

四、平面汇交力系合成与平衡的解析法

已知在平面内有一由 n 个力 F_1、F_2、$\cdots$、F_n 组成的平面汇交力系，利用合力投影定理，即可求出该力系的合力在平面直角坐标轴 x、y 上的投影 F_{Rx}、F_{Ry}。进而由下式得到平面汇交力系合力的大小和方向为

$$\left.\begin{array}{l} F_R = \sqrt{F_{Rx}^2 + F_{Ry}^2} = \sqrt{\left(\sum F_x\right)^2 + \left(\sum F_y\right)^2} \\ \tan\alpha = \dfrac{|F_{Ry}|}{|F_{Rx}|} = \dfrac{|\sum F_y|}{|\sum F_x|} \end{array}\right\} \tag{2-5}$$

式中，α 为合力 F_R 作用线与 x 轴之间所夹的锐角。

可见，平面汇交力系的合成结果是一个合力，合力的作用线通过力系的汇交点，合力的指向由 $\sum F_y$ 和 $\sum F_x$ 的正负号决定。

上述方法就是平面汇交力系合成的解析法。

合力与力系是等效的。若合力等于零，则该力系作用下的物体必然处于平衡。反过来，物体若在平面汇交力系的作用下平衡，则力系合力一定等于零。因此，**平面汇交力系平衡的充分和必要条件就是力系的合力为零**。用求合力的解析式表达，即为

$$F_R = \sqrt{F_{Rx}^2 + F_{Ry}^2} = \sqrt{\left(\sum F_x\right)^2 + \left(\sum F_y\right)^2} = 0$$

显然，要满足上式，必须同时有

$$\left.\begin{array}{l}\sum F_x = 0 \\ \sum F_y = 0\end{array}\right\} \tag{2-6}$$

至此可以得出结论，平面汇交力系平衡的充分和必要的解析条件是：**力系中各力在两个坐标轴上投影的代数和均为零**。上式又称为平面汇交力系的平衡方程，是两个相互独立的方程，可以求出两个未知量。

【例 2-1】 用解析法求图 2-4 所示平面汇交力系的合力。

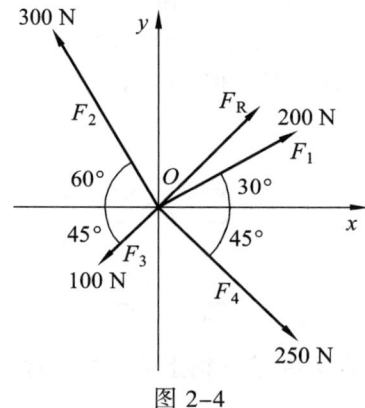

图 2-4

【解】 由式（2-4）计算，得

$$F_{Rx} = \sum F_x = F_1\cos 30° + F_2\cos 120° + F_3\cos 135° + F_4\cos 45°$$
$$= (200 \times 0.866 - 300 \times 0.5 - 100 \times 0.707 + 250 \times 0.707)\,\text{N} = 129.3\,\text{N}$$

$$F_{Ry} = \sum F_y = F_1\cos 60° + F_2\cos 30° + F_3\cos 135° + F_4\cos 135°$$
$$= (200 \times 0.5 + 300 \times 0.866 - 100 \times 0.707 - 250 \times 0.707)\,\text{N} = 112.3\,\text{N}$$

再由式（2-5）计算，得

$$F_R = \sqrt{F_{Rx}^2 + F_{Ry}^2} = 171.3\,\text{N}$$

$$\cos\alpha = \frac{F_{Rx}}{F_R} = 0.755，\quad \cos\beta = \frac{F_{Ry}}{F_R} = 0.656$$

合力 F_R 的作用点即为各分力的汇交点，F_R 作用线与平面直角坐标轴 x、y 之间的方向角分别为 $\alpha = 40.99°$，$\beta = 49.01°$。另，计算出正切值 $\tan\alpha = F_{Ry}/F_{Rx} = 112.3/129.3 = 0.869$，也可求得合力 F_R 作用

线与轴 x 之间的方向角，其意义也是相同的。

【例 2-2】 三角架两直杆的一端用铰 O 相联结，另一端 A 和 B 均用铰联结于墙上。已知铰 O 处挂一重物的重量 $G = 50$ kN（图 2-5a）。试求两直杆所受的力。

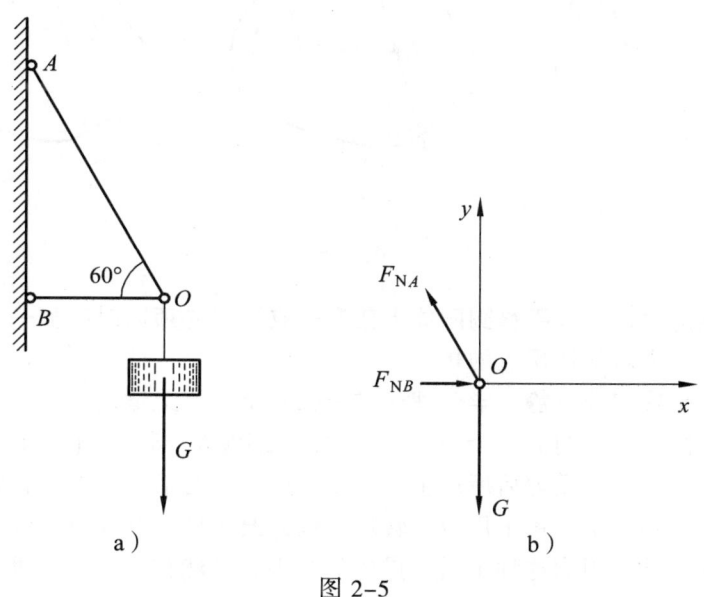

图 2-5

【解】 取铰 O 为分离体，画出其受力图如图 2-5b 所示。因为直杆 AO 和直杆 BO 都是二力杆，所以 F_{NA} 和 F_{NB} 两个力的作用线都沿杆件轴线方向，其指向可任意假设。F_{NA}、F_{NB} 和 G 三个力汇交于 O 点，铰 O 处于平衡状态。以 O 点为原点建立直角坐标系 xOy，列平衡方程

$$\sum F_x = 0, \qquad F_{NB} - F_{NA}\cos 60° = 0$$

$$\sum F_y = 0, \qquad F_{NA}\sin 60° - G = 0$$

求解以上方程，得 $F_{NA} = G/\sin 60° = 57.74$ kN，$F_{NB} = F_{NA}\cos 60° = 28.87$ kN。求出的结果均为正值，说明图中假设的两直杆在铰 O 处的约束反力的指向，与真实方向一致。

第二节　平面一般力系的简化

一、力的平移定理

设在刚体上点 A 处作用有一力 F，现要将其平行移动到刚体上任意一点 B（图 2-6a），但又不能改变力 F 对刚体的作用效应。为此，由加减平衡力系公理，在 B 点加上一对平衡力 F' 和 F''，并使它们的作用线与原力 F 的作用线相平行，其大小有 $F = F' = F''$（图 2-6b）。显然，此时这三个力对刚体的作用与原有一个力对刚体的作用是等效的，其中的力 F 和 F'' 组成一个力偶，其力偶矩等于原力 F 对 B 点之矩，亦即

$$M_B(\boldsymbol{F}) = Fd \tag{2-7}$$

这样看来，也就相当于把作用于刚体上点 A 处的力 F 平移到了刚体上的任意一点 B，但

必须同时附加一个力偶或称为附加力偶（图 2-6c）。于是，由此就可得出**力的平移定理**：作

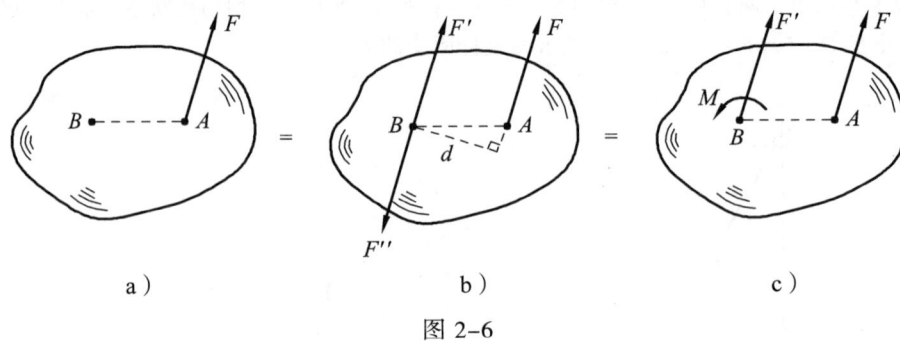

图 2-6

用于刚体上某一点的力，可以平移到刚体上任意一点，但必须同时附加一个力偶，这个附加力偶的力偶矩等于原力对新作用点的矩。

须指出，**力的平移定理与静力学公理一样只在一个刚体上适用**。另外，由该定理的逆过程，还可以看到，同一平面内的一个力和一个力偶是能够合成为一个力的。

在工程上，一些物体在受力后所产生的作用效应，有时借助力的平移定理，可得到很圆满的阐释。如在机械加工中，钳工用扳手转动丝锥而给零件的圆孔攻螺纹时，总是忌讳用一只手握扳手而使其转动。因为这种不适当操作的结果，虽然在一方面提供了使丝锥转动的力偶矩，但是在另一方面又给出了一作用于丝锥的集中力，这一位于丝锥顶部方位的集中力，极易使丝锥折断而酿成事故。接下来，读者不妨借助力的平移定理，说明乒乓球竞赛中为什么打弧圈球会有较强的杀伤力。

二、平面一般力系向一点的简化

在工程上，作用于物体上的力系常常被简化为平面力系。例如，图 2-7 所示的屋架，受

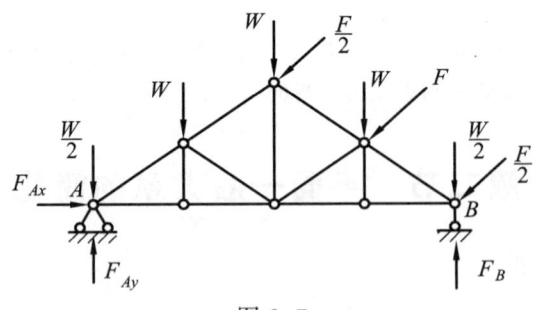

图 2-7

到的力有屋面自重和积雪载荷 W、风力 F，还有支座约束反力 F_{Ax}、F_{Ay}、F_B 等。这些力的作用线在同一平面内，即组成一个平面力系。有时候，对于物体本身以及作用在上面的很多力，若都对称于某一平面，则这些作用力，也就可简化为该对称平面内的平面力系。

为了更清楚地分析平面力系对刚体的作用效果，必须将它向一点进行简化。设在刚体上作用有由几个力 F_1、F_2、…、F_n 组成的平面一般力系，各力的作用点分别为 A_1、A_2、…、A_n（图 2-8a）。今在平面内任意取一点 O 作为简化中心，用力的平移定理，将各个力都向 O

点平移，即得到一个汇交于 O 点的平面汇交力系和一个附加平面力偶系（图 2-8b）。这一附加力偶系的各附加力偶的力偶矩，分别等于原力系中的各力对 O 点之矩，即

$$M_1 = M_O(F_1), \quad M_2 = M_O(F_2), \quad \cdots, \quad M_n = M_O(F_n)$$

以上得到的平面汇交力系 F_1、F_2、$\cdots$、F_n，可以用力的平行四边形法则，将其合成为一个作用于简化中心 O 点的合力 F'_R（图 2-8c），合力 F'_R 等于原平面一般力系各力的矢量和，即

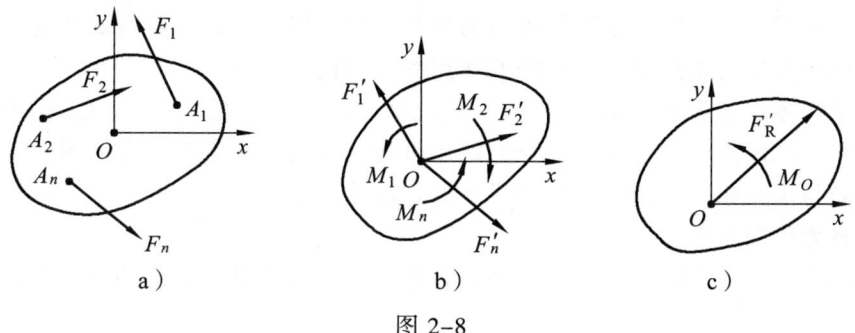

图 2-8

$$F'_R = \sum F' = F'_1 + F'_2 + \ldots + F'_n = F_1 + F_2 + \cdots + F_n = \sum F \tag{2-8}$$

上式中的 F'_R 为原力系中各力的矢量和，称为**原力系的主矢**。显然，这一主矢完全取决于原力系中各力的大小和方向，而**主矢与简化中心位置的选择无关**。

而以上得到的附加平面力偶系也可以合成为一个力偶，这个力偶的力偶矩等于各附加力偶的力偶矩的代数和，即

$$M_O = M_1 + M_2 + \cdots + M_n = M_O(F_1) + M_O(F_2) + \cdots + M_O(F_n) = \sum M_O(F_i) \tag{2-9}$$

式中的力偶矩 M_O 称为**原力系对简化中心 O 点的主矩**。因为它等于力系中各力对简化中心 O 点之矩的代数和，所以当选择不同的点作为简化中心时，各力对简化中心之矩将会不同，亦即**主矩与简化中心位置的选择有关**。

采用力系合成的解析法，将式（2-8）中的各力矢量与主矢分别投影到平面直角坐标系的轴 x、y 上，即得

$$\left.\begin{array}{l}\sum F'_{Rx} = \sum F_x \\ \sum F'_{Ry} = \sum F_y\end{array}\right\} \tag{2-10}$$

然后，由式（2-5）就可确定原力系主矢的大小和方向分别为

$$\left.\begin{array}{l}F'_R = \sqrt{F'^2_{Rx} + F'^2_{Ry}} = \sqrt{\left(\sum F_x\right)^2 + \left(\sum F_y\right)^2} \\ \tan\alpha = \left|\dfrac{\sum F_y}{\sum F_x}\right|\end{array}\right\} \tag{2-11}$$

式中，α 为主矢 F'_R 与 x 轴之间所夹的锐角。

三、平面一般力系的简化结果讨论

平面一般力系向平面内任意一点的简化所得到的主矢和主矩，通常有以下三种不同的情形：

（1）**力系简化为一个合力偶。**

当主矢为零，而主矩不为零时，说明力系与一个力偶等效，即力系可简化为一个合力偶。这时合力偶的力偶矩与主矩相同，主矩与简化中心位置的选择无关。

（2）**力系简化为一个合力。**

当主矢不为零，而主矩为零时，说明力系与一个力等效，即力系可简化为一个合力。这时合力的大小和方向与主矢相同，合力的作用线通过简化中心。

当主矢不为零，而主矩也不为零时，力系也可以简化为一个合力。以上讲到的力的平移定理的逆过程，正好显示一个力和一个力偶还可合成或简化为一个合力（图2-6）。这时合力的大小、方向与主矢相同，合力的作用线不通过简化中心。

（3）**力系为平衡力系。**

当主矢和主矩都为零时，力系处于平衡状态，说明力系具有平衡的充分和必要条件。

第三节 平面一般力系的平衡方程

平面一般力系简化后主矢和主矩都为零的情形，也就是有 $F'_R = 0$ 和 $M_O = 0$。主矢 F'_R 为零，说明作用于简化中心 O 点的平面汇交力系为平衡力系；而主矩 M_O 为零，说明附加的力偶系也为平衡力系。由此看来，$F'_R = 0$ 和 $M_O = 0$ 无疑是平面一般力系平衡的充分条件。而 $M_O \neq 0$ 或者 $F'_R \neq 0$ 都表明力系并没有平衡。力系要平衡，必须同时有 $F'_R = 0$ 和 $M_O = 0$，这从另一个方面说明了此情形是一般力系平衡的必要条件。

平面一般力系平衡的这一充分和必要条件，若展开为解析式的表达，即得到平面一般力系的平衡方程。平衡力系简化在选择不同的简化中心时，会有不同的解析表达式，相应的平衡方程也就有以下几种不同的表达式。

一、基本式

这种形式又称一矩式。当平面一般力系简化后的主矢大小和主矩大小为零时，亦即

$$\left. \begin{array}{l} \sum F_x = 0 \\ \sum F_y = 0 \\ \sum M_O = 0 \end{array} \right\} \tag{2-12}$$

基本式中的前两式称为**投影平衡方程**，表示力系中所有各力在两个坐标轴上投影的代数和分别等于零；基本形式中的后一式称为**力矩方程**，表示力系中所有各力对任意一点之矩的代数和等于零。

二、二矩式

二矩式由一个投影平衡方程和两个力矩方程组成，亦即

$$\left.\begin{array}{l}\sum F_x = 0 \quad (\text{或} \sum F_y = 0)\\ \sum M_A = 0\\ \sum M_B = 0\end{array}\right\} \quad (2\text{-}13)$$

其中，两个力矩方程的矩心 A、B 两点的连线不得与 x 轴（或 y 轴）垂直。

三、三矩式

三矩式由三个力矩方程组成，亦即

$$\left.\begin{array}{l}\sum M_A = 0\\ \sum M_B = 0\\ \sum M_C = 0\end{array}\right\} \quad (2\text{-}14)$$

其中，三个力矩方程的矩心 A、B、C 三点不得共线。

平面一般力系有三种不同形式的方程，在解题时可以根据具体情况选取其中的某一种形式。列平衡方程可以列多个，但属于各自独立的方程只有三个，可以求解三个未知量。力系只要满足三个独立的平衡方程就一定平衡，而任何第四个方程都是力系平衡的必然结果，只与已列出的某个平衡方程是线性相关，不再参与构成力系平衡的条件，但可以用它来校核计算结果。

应用平面一般力系的平衡方程来求解平衡问题的步骤如下：

（1）**取研究对象**。根据平衡问题的已知条件和待求量确定分离体。

（2）**画受力图**。画出所有作用于分离体上的外力。

（3）**选适当的坐标轴**。

（4）**列平衡方程**。列平衡方程时，尽可能使更多的未知力的作用线与投影轴平行或垂直；列力矩方程时，尽可能使矩心选在两个未知力的交点上，力求做到所列的方程只含有一个未知量。

（5）**解平衡方程**。

（6）**校核**。

第四节 平面一般力系平衡方程的应用

一、平面一般力系平衡方程在单杆结构中的应用

当结构中某一构件或结构整体在力系作用下时，将其取为分离体来研究它的平衡问题，即属于平面一般力系平衡方程在单杆结构中的应用。

【**例 2-3**】 一悬臂刚架上作用的载荷如图 2-9a 所示。已知 $F = 10 \text{ kN}$，$q = 2 \text{ kN/m}$。试求刚架固定端 A 处的约束反力。

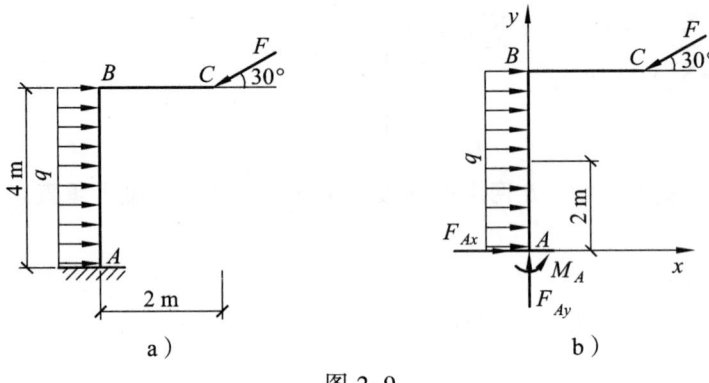

图 2-9

【解】 （1）取刚架 ABC 为研究对象，画出其受力图（图 2-9b）。画受力图时，可先画刚架所受的集中载荷与均布载荷，再画固定端 A 的约束反力 F_{Ax}、F_{Ay} 和力偶矩为 M_A 的约束反力偶。

（2）选直角坐标系 xAy，列平衡方程求解。在此列一矩式平衡方程并解之，得

$$\sum F_x = 0, \quad F_{Ax} + 4q - F\cos 30° = 0, \quad F_{Ax} = 0.66 \text{ kN}$$

$$\sum F_y = 0, \quad F_{Ay} - F\sin 30° = 0, \quad F_{Ay} = 5 \text{ kN}$$

$$\sum M_A = 0, \quad M_A - q \times 4 \times 2 + F\cos 30° \times 4 - F\sin 30° \times 2 = 0, \quad M_A = -8.64 \text{ kN} \cdot \text{m}$$

以上所述约束反力 F_{Ax} 和 F_{Ay} 的值为正，表示假设约束反力的方向与实际方向相同。M_A 的值为负，表示约束反力偶的假设方向与实际方向相反，即应为顺时针转向。

（3）校核。将以上计算得到的结果代入力矩方程 $\sum M_C = 0$，即

$$F_{Ax} \times 4 + M_A + q \times 4 \times 2 - F_{Ay} \times 2 = [0.66 \times 4 + (-8.64) + 2 \times 4 \times 2 - 5 \times 2] \text{ N} \cdot \text{m} = 0$$

结论：计算结果正确。

【例 2-4】 悬臂吊车如图 2-10a 所示。已知吊车梁 AB 重 $W_1 = 4$ kN，起吊重物重量 $W = 20$ kN，梁长 $l = 2$ m，重物到固定铰链支座 A 的距离 $x = 1.5$ m，拉杆 CD 的倾角 $\theta = 30°$。试求拉杆 CD 所受的力，以及固定铰链支座 A 的约束反力。

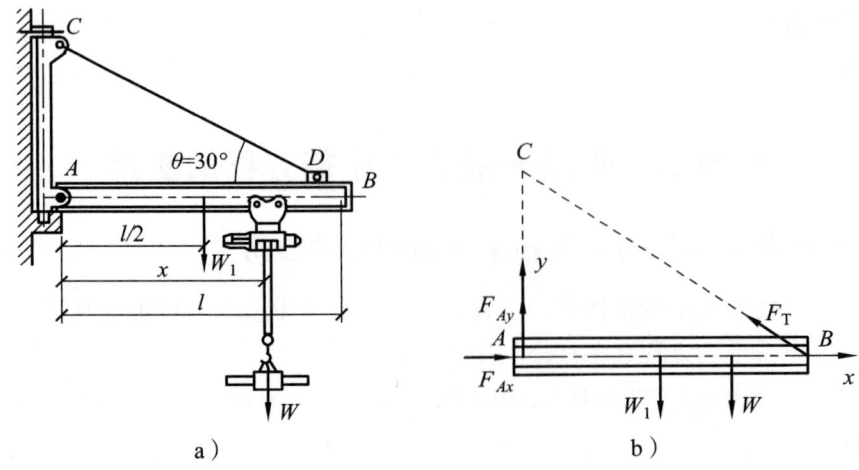

图 2-10

【解】 （1）取梁 AB 为研究对象，画出其受力图（图 2-10b）。在受力图中，作用于梁 AB 上的力有重力 W_1、W，另还有拉杆 CD 的拉力 F_T 和固定铰链支座 A 的约束反力 F_{Ax}、F_{Ay}，指向可任意假设。

（2）列平衡方程并求解。列一矩式平衡方程并解之，得

$$\sum M_B = 0, \quad -F_{Ay}l + W_1 \times \frac{l}{2} + W(l-x) = 0, \quad F_{Ay} = 7 \times 10^3 \text{ N} = 7 \text{ kN}$$

$$\sum F_y = 0, \quad F_{Ay} - W_1 - W + F_T \sin\theta = 0, \quad F_T = 34 \times 10^3 \text{ N} = 34 \text{ kN}$$

$$\sum F_x = 0, \quad F_{Ax} - F_T \cos\theta = 0, \quad F_{Ax} = 29.44 \times 10^3 \text{ N} = 29.44 \text{ kN}$$

以上所求约束反力 F_{Ax}、F_{Ay} 的值为正，表示假设约束反力的方向与实际方向相同。

（3）校核。读者可任意列一平衡方程检验计算结果的正确性。

（4）讨论。本题也可列二矩式平衡方程求解，即

$$\sum M_A = 0, \quad -W_1 \times \frac{l}{2} - Wx + F_T l \sin\theta = 0$$

$$\sum M_B = 0, \quad -F_{Ay}l + W_1 \times \frac{l}{2} + W(l-x) = 0$$

$$\sum F_x = 0, \quad F_{Ax} - F_T \cos\theta = 0$$

同样可以得到所要求的未知力。本题还可列三矩式平衡方程求解，即

$$\sum M_A = 0, \quad -W_1 \times \frac{l}{2} - Wx + F_T l \sin\theta = 0$$

$$\sum M_B = 0, \quad -F_{Ay}l + W_1 \times \frac{l}{2} + W(l-x) = 0$$

$$\sum M_C = 0, \quad F_{Ax}l \tan\theta - W_1 \times \frac{l}{2} - Wx = 0$$

读者自行完成以上的具体计算过程，并比较三种解法的优缺点。

以上给出的几种不同的平衡形式，仅是平面力系在一般情形时的平衡方程。另还有一些是属于特殊情形时的平衡方程，在此介绍如下：

1. 平面汇交力系

对于平面汇交力系，因力系各力对汇交点之矩都为零，也就是 $\sum M_O \equiv 0$，故力系只有两个独立的投影方程，即

$$\left.\begin{array}{l} \sum F_x = 0 \\ \sum F_y = 0 \end{array}\right\} \quad (2\text{-}15)$$

【例 2-5】 桁架的一个结点由四根角钢杆件在连接板上铆接而成（图 2-11a）。已知杆件 A 端和 C 端的受力分别是 $F_A = 4 \text{ kN}$ 和 $F_C = 2 \text{ kN}$，试求杆件 B 端和 D 端的受力 F_B 和 F_D 为多少？

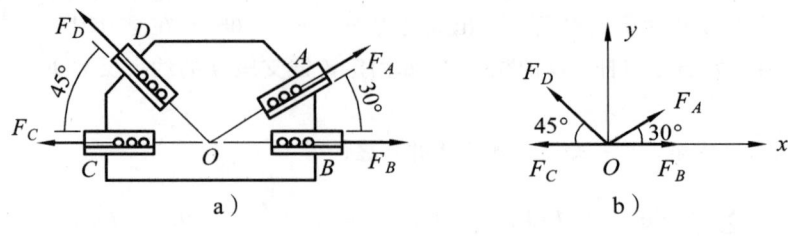

图 2-11

【解】 取形成桁架结点的连接板为研究对象，画出其受力图（图 2-11b）。选直角坐标系 Oxy，列投影方程并解之，得

$$\sum F_x = 0, \quad -F_C - F_D\cos 45° + F_A\cos 30° + F_B = 0, \quad F_B = -3.46 \text{ kN}$$

$$\sum F_y = 0, \quad F_D\sin 45° + F_A\sin 30° = 0, \quad F_D = -2.82 \text{ kN}$$

所得结果都为负值，表示假设的杆件 B 端和杆件 D 端的受力方向与实际方向相反，亦即杆件 B 端和杆件 D 端的受力均为压力。

2. 平面力偶系

对于平面力偶系，因为平面力偶系的每个力偶在任何一个坐标轴上的投影都为零，故该力系只有一个独立的力矩方程，即

$$\sum M_O = 0 \tag{2-16}$$

【例 2-6】 图 2-12a 所示的梁 AB 受到一力偶的作用。已知力偶的力偶矩 $M = 2 \text{ kN·m}$，梁 AB 的跨长 $l = 5 \text{ m}$，梁 B 端联结地面的倾角 $\alpha = 30°$。试求支座 A、B 处的约束反力。梁的自重不计。

图 2-12

【解】 取梁 AB 为研究对象。梁在力偶矩为 M 的一力偶和 A、B 两处支座约束反力 F_A、F_B 的作用下处于平衡。因力偶只能与力偶平衡，故可知 F_A 和 F_B 构成一个力偶。画出其受力图（图 2-12b）。列力矩方程，即

$$\sum M_A = 0, \quad F_B \times l \times \cos\alpha - M = 0$$

解之，得

$$F_B = \frac{M}{l\cos\alpha} = \frac{20 \times 10^3}{5 \times \cos 30°} \text{N} = 4.62 \times 10^3 \text{ N} = 4.62 \text{ kN}$$

3. 平面平行力系

设平面平行力系中各力作用线与平面直角坐标系的轴 y 平行或与轴 x 垂直，因每个力在

轴 x 上的投影都为零，也就是 $\sum F_x \equiv 0$，故力系只有两个独立的平衡方程，即

$$\left.\begin{array}{l}\sum F_y = 0 \\ \sum M_O = 0\end{array}\right\} \quad (2\text{-}17)$$

上式可称为平面平行力系的基本式或一矩式。若写成二矩式，则为

$$\left.\begin{array}{l}\sum M_A = 0 \\ \sum M_B = 0\end{array}\right\} \quad (2\text{-}18)$$

其中，两个力矩方程的矩心 A、B 两点的连线不得与力系各力的作用线平行。

【例 2-7】 一可沿路轨移动的塔式起重机如图 2-13a 所示，机架自重为 G_1，平衡锤配重为 G_2，最大起吊重量为 G_3。已知各个重力和轨道的约束反力之间的距离为 a、b、e、l，今欲使起重机在满载和空载时均不致翻倒，试求平衡锤配重 G_2 的取值范围是多少。

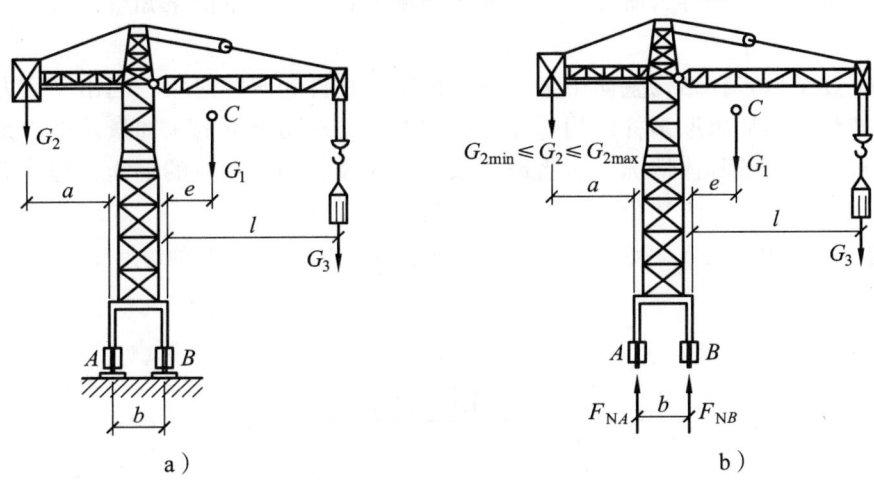

图 2-13

【解】 取起重机为研究对象。作用于起重机上的外力有重力 $\boldsymbol{G}_1$、$\boldsymbol{G}_2$、$\boldsymbol{G}_3$，还有轨道对起重机轮子的约束反力 $\boldsymbol{F}_A$、$\boldsymbol{F}_B$，这些力组成一个平面平行力系。当起重机满载翻倒时会绕 B 点转动，在绕 B 点转动的初瞬时即有 $\boldsymbol{F}_{NA}=0$。于是，余下的各力会处于平衡临界状态，平衡锤配重就有了允许的最小值 $G_{2\min}$（图 2-13b）的条件。为此，列平衡方程，即

$$\sum M_B = 0, \quad G_{2\min}(a+b) - G_1 e - G_3 l = 0$$

解之，得

$$G_{2\min} = \frac{G_1 e + G_3 l}{a+b}$$

当起重机空载翻倒时会绕 A 点转动，在绕 A 点转动的初瞬时即有 $\boldsymbol{F}_{NB}=0$。于是，余下的各力又会处于平衡临界状态，平衡锤配重也就有了允许的最大值 $G_{2\max}$ 的条件。为此，列平衡方程

$$\sum M_A = 0, \quad G_{2\max} a - G_1(e+b) = 0$$

解之，得

$$G_{2\max} = \frac{G_1(e+b)}{a}$$

可见，欲使起重机在满载和空载时均不致翻倒，平衡锤配重 G_2 应满足的取值范围为

$$\frac{G_1 e + G_3 l}{a+b} \leqslant G_2 \leqslant \frac{G_1(e+b)}{a}$$

二、平面一般力系平衡方程在多杆结构中的应用

由多个杆件通过约束相互联结而成的结构称为多杆结构。多杆结构的平衡问题，实际上就是要经过先后取两次以上分离体来求解其中的约束反力。研究多杆结构的平衡问题，通常按以下两种方法进行：

第一种，先取多杆结构整体为研究对象，列出平衡方程，求出一部分未知量；然后再取整体中某个部分或一个杆件为研究对象，列出平衡方程求出余下的未知量，直至求出全部未知量。

第二种，逐个取多杆结构整体中某个部分或某个杆件为研究对象，列出平衡方程，求出所要求的未知量；然后再取多杆结构整体为研究对象，求出余下的未知量。至于采用何种方法求解，应根据问题的具体情况，恰当地选取研究对象，列出相应的平衡方程，而且尽量使每一个方程中只包含一个未知量，以使计算简便。

【**例 2-8**】 复合梁的载荷及尺寸如图 2-14a 所示，试求支座 A、C 处的约束反力，以及铰链 B 处的约束反力。

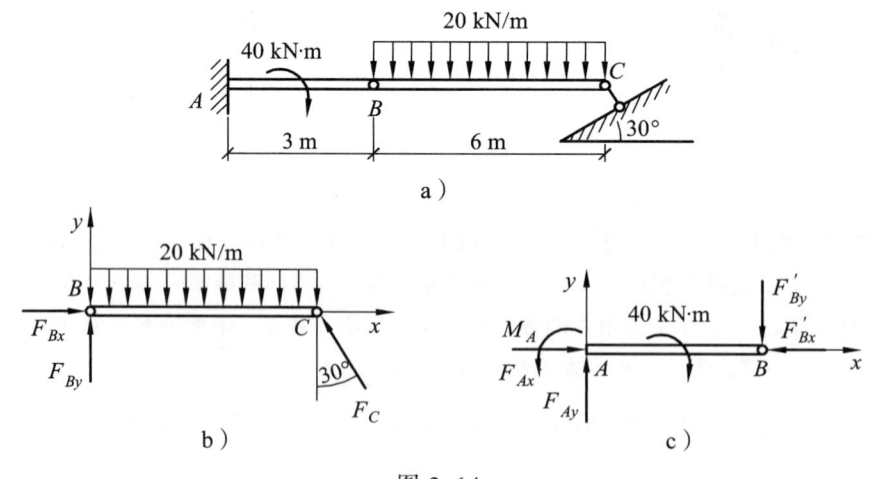

图 2-14

【**解**】 取复合梁右段 BC 为研究对象，画出其受力图如图 2-14b 所示。列平衡方程并解之，得

$$\sum M_B = 0, \quad F_C \cos 30° \times 6 - 20 \times 10^3 \times 6 \times 3 = 0, \quad F_C = 69.28 \times 10^3 \text{ N} = 69.28 \text{ kN}$$

$$\sum F_x = 0, \quad F_{Bx} - F_C \sin 30° = 0, \quad F_{Bx} = 34.64 \times 10^3 \text{ N} = 34.64 \text{ kN}$$

$$\sum F_y = 0, \quad F_{By} + F_C \cos 30° - 20 \times 10^3 \times 6 = 0, \quad F_{By} = 60 \times 10^3 \text{ N} = 60 \text{ kN}$$

再取复合梁左段 AB 为研究对象，画出其受力图如图 2-14c 所示。列平衡方程并解之，得

$$\sum F_x = 0, \quad F_{Ax} - F'_{Bx} = 0, \quad F_{Ax} = F'_{Bx} = F_{Bx} = 34.64 \times 10^3 \text{ N} = 34.64 \text{ kN}$$

$$\sum F_y = 0, \quad F_{Ay} - F'_{By} = 0, \quad F_{Ay} = F'_{By} = F_{By} = 60 \times 10^3 \text{ N} = 60 \text{ kN}$$

$$\sum M_A = 0, \quad M_A - 40 - F'_{By} \times 3 = 0, \quad M_A = 220 \times 10^3 \text{ N} \cdot \text{m} = 220 \text{ kN} \cdot \text{m}$$

【例 2-9】 三铰刚架受到水平力 F 和集度为 q 的竖向均布载荷的作用（图 2-15a）。试求固定铰链支座 A、B 和铰 C 的约束反力。

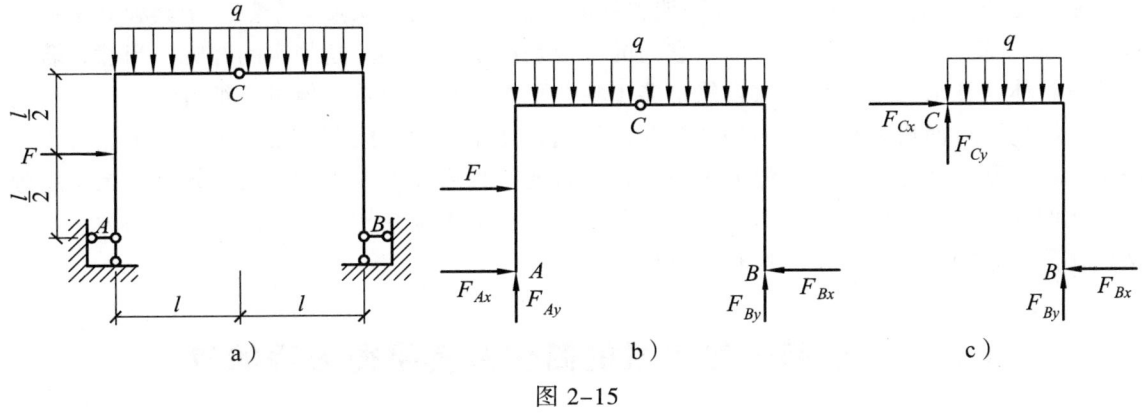

图 2-15

【解】（1）取三铰刚架整体为研究对象，画出其受力图如图 2-15b 所示，列平衡方程并解之，得

$$\sum M_B = 0, \quad -F_{Ay} \times 2l - F \times \frac{l}{2} + q \times 2l \times l = 0, \quad F_{Ay} = ql - \frac{F}{4}$$

$$\sum M_A = 0, \quad F_{By} \times 2l - F \times \frac{l}{2} - q \times 2l \times l = 0, \quad F_{By} = ql + \frac{F}{4}$$

（2）取右半刚架 BC 为研究对象，画出其受力图如图 2-15c 所示，列平衡方程并解之，得

$$\sum M_C = 0, \quad F_{By} \times l - F_{Bx} \times l - q \times l \times \frac{l}{2} = 0, \quad F_{Bx} = \frac{ql}{2} + \frac{F}{4}$$

$$\sum F_x = 0, \quad F_{Cx} - F_{Bx} = 0, \quad F_{Cx} = F_{Bx} = \frac{ql}{2} + \frac{F}{4}$$

$$\sum F_y = 0, \quad F_{Cy} + F_{By} - ql = 0, \quad F_{Cy} = -\frac{F}{4}$$

以上所求约束反力 F_{Cy} 的值为负，表示假设约束反力的方向与实际方向相反。

（3）取三铰刚架整体为研究对象，列平衡方程并解之，得

$$\sum F_x = 0, \quad F_{Ax} - F_{Bx} + F = 0, \quad F_{Ax} = \frac{ql}{2} - \frac{3F}{4}$$

（4）校核。对三铰刚架整体可列出一个未曾列过的平衡方程，如投影方程进行验算，即

$$\sum F_y = 0, \quad F_{Ay} + F_{By} - 2ql = ql - \frac{F}{4} + ql + \frac{F}{4} - 2ql = 0$$

结论：计算结果正确。

可见，对多杆结构平衡问题的求解，其研究对象的选取可以是多种多样的，但都以解题便捷为原则。也就是尽量选取使所列平衡方程较简单的杆件、部分或整体为研究对象。而对所取的研究对象，可采用任何一种不同形式的平衡方程组去选列相应的独立平衡方程。选列的独立平衡方程个数最多为三个，要采用的平衡方程或方程组形式可以不一样，但独立的平衡方程个数始终都一定。在对所取研究对象的平衡方程进行求解时，**如果欲求未知量的数目恰好等于所列独立的平衡方程个数，那么这些未知量就可全部由静力平衡方程求得，这类问题即称为静定问题；如果欲求未知量的数目多于所列的平衡方程个数，那么这类问题即称为超静定问题**。与以上两类平衡问题相应的结构即称为**静定结构**或**超静定结构**。至此，试看图 2-14 所示复合梁和图 2-15 所示三铰刚架整体的平衡，二者的约束反力个数多于其独立平衡方程的个数。鉴于此，不妨再问一下：它们的平衡是静定问题还是超静定问题呢？当然，若单一地看整体，欲求的未知量个数自然是多于独立平衡方程的个数。但再一细看，这两个结构是多杆结构，进而再分析它们的平衡是静定问题，还是超静定问题也就迎刃而解了。对于超静定问题，则须补充并不属于静力平衡方程的其他方程后才能求得欲求的未知量。至于超静定问题的求解，此后将有专门的章节予以介绍。工程上大量结构都是超静定的，因为超静定结构比静定结构更能经济合理地利用材料。

第五节　空间一般力系的简化及其平衡方程的应用

一、力对轴之矩

在日常生活或生产实际中，物体绕一固定轴转动的情形并不少见，例如门窗的开关、发动机转子的旋转等。在图 2-16a 所示的门上，已知作用有一力 F 而使门绕固定轴 z 转动。现将力 F 分解为平行于轴 z 的分力 F_z 和垂直于轴 z 的分力 F_{xy}。由经验可知，分力 F_z 不能使门绕轴 z 转动，只有分力 F_{xy} 才能使门绕轴 z 转动。力 F 对门的转动效应，我们用分力 F_{xy} 对轴 z 之矩，也就是分力 F_{xy} 在平面 xOy 内对该平面与轴 z 的交点 O 之矩来度量。设 h 为交点 O 到分力 F_{xy} 作用线的距离。于是力 F 对轴 z 之矩，即分力 F_{xy} 对点 O 之矩，同时赋予正负号以表示转向，即有

$$M_z(\boldsymbol{F}) = M_O(\boldsymbol{F}_{xy}) = M_z = \pm F_{xy}h$$

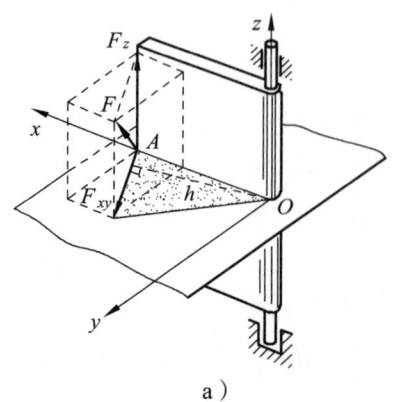

a)　　　　　b)

图 2-16

可以看出，力对轴之矩是代数量。力对轴之矩的正负号按以下方法来确定：从轴 z 正向的一端看去，若力使物体绕该轴按逆时针方向转动，则取正号，反之取负号。力对轴之矩的正负号也可以按右手螺旋规则来确定：用右手四指握轴并使四指的握向与力 F 使物体绕轴 z 转动的转向一致，若伸直的大拇指指向与轴 z 的正向相同，则取正号（图 2-16b），反之取负号。

力对轴之矩的度量单位，与力在平面内对点之矩的度量单位相同，名称是牛［顿］米，符号为 N·m。由力对轴之矩的定义也可分析并推断出，当力 F 的作用线与轴相交或平行时，力对轴之矩为零，请问：这个结论对否？回答：是对的。这是因为力 F 的作用线与轴相交时，其分力也与轴相交，亦即 $h = 0$。由此归纳成一句话，就是当力作用线与轴在同一平面内时，力对轴之矩为零。

一般情况下，一个力对空间直角坐标系的三个轴都可以求出力对轴之矩的大小。但在计算时，通常采用力对轴之矩的解析表达式较为方便。设力 F 的作用点 A 在直角坐标系 $O\text{-}xyz$ 中的坐标为 x、y、z（图 2-17a），力 F 沿三个坐标轴的分力为 F_x、F_y、F_z。如果要计算力 F 对轴 x 之矩，可以先将力 F 投影到平面 yOz 上得 F_{yz}，然后再将 F_{yz} 分解为 F_y、F_z（图 2-17b）。

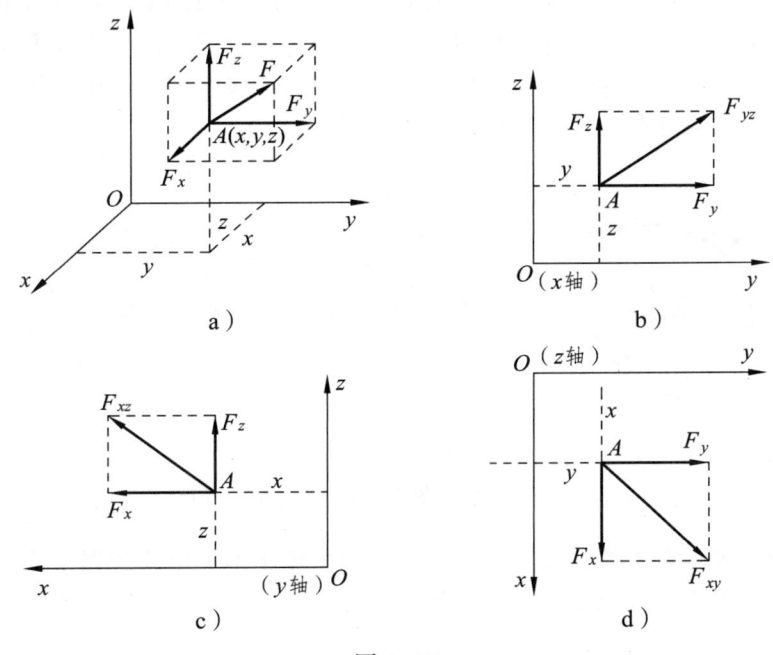

图 2-17

最后由合力矩定理，即得

$$M_x(F) = M_O(F_{yz}) = M_O(F_y) + M_O(F_z) = M_x = yF_z - zF_y$$

同理，也可以得到力 F 对轴 y、z 之矩（图 2-17c、d）。最后，将力 F 对三个坐标轴 x、y、z 之矩的计算式合并写出，即有

$$\left.\begin{aligned} M_x &= yF_z - zF_y \\ M_y &= zF_x - xF_z \\ M_z &= xF_y - yF_x \end{aligned}\right\} \quad (2\text{-}19)$$

式（2-19）就是计算力对轴之矩的解析表达式。在推导此式时，为方便起见，而把力 F 作用点的坐标和力 F 的投影都取为正值。如果把力 F 作用点的坐标和力 F 的投影取为负值并以负值带入式（2-19），那么式（2-19）仍然成立。

二、空间一般力系的简化

空间一般力系的简化与平面一般力系的简化相似，也就是利用力的平移定理，将作用于刚体上的力系中的各力 F_1、F_2、$\cdots$、F_n（图 2-18a）向简化中心 O 平移，并附加一个力偶。这样一来，原来空间一般力系即被一个空间汇交力系和一个附加的空间力偶系（图 2-18b）所等效替换。其中，汇交于简化中心 O 的空间汇交力系，可合成为一个力矢量 F_R，其方向和大小等于原力系的**主矢**，即

$$F_R = F_R' = \sum_{i=1}^{n} F_i = \sum F \tag{2-20}$$

而附加的空间力偶系也可合成为一个力偶。但是，空间力偶系的合成与平面力偶系的合成不尽相同。因为空间力偶对刚体的作用效应不只取决于力偶矩的大小和方向，而且还与空间力偶作用面的方位有关。所以空间力偶系的合成，只能将空间力偶用矢量来表示，通常称为**力偶矩矢**，然后再对这些力偶矩矢进行合成（图 2-18c）。

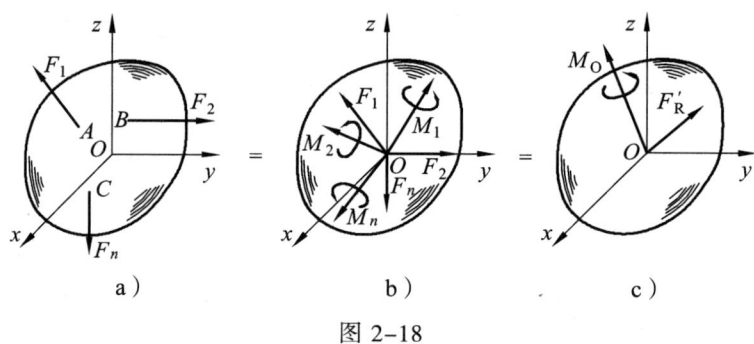

图 2-18

现以矢量 M_O 表示**合力偶矩矢**，这一合力偶矩矢等于附加空间力偶系的各分力偶矩矢的矢量和，也就是原力系对简化中心的主矩为

$$M_O = M_1 + M_2 + \cdots + M_n = \sum_{i=1}^{n} M_O(F_i) = \sum M_O \tag{2-21}$$

即空间一般力系向空间内任意一点 O 简化，可得到一个力和一个力偶，这个力大小和方向等于该力系的主矢，其作用线通过简化中心 O；而这个力偶的力偶矩矢等于该力系对简化中心 O 的主矩。主矢和主矩不过是力系合成前，表征力系作用效应的基本特征量而已。但应注意，平面一般力系向平面内任意一点简化的主矢是矢量的合成，主矩是代数量的合成；而空间一般力系向空间内任意一点简化的主矢和主矩都是矢量的合成。不过，主矢仍然是与简化中心位置的选择无关，主矩在一般情况下与简化中心位置的选择有关。

在此，自然会有人提出这样一个问题：空间一般力系向空间内任意一点简化时，最后所合成的合力偶即主矩为何要用力偶矩矢来表示呢？回答：这是因为在平面一般力系中，把力

对点之矩作为代数量,也就是只要知道力矩的大小和方向两个要素就足以表达力矩对物体的转动效应;但是,在空间一般力系中,每一个力矢量和矩心都要构成一个不同的平面,因此,力对物体的转动效应不仅与力矩的大小和各自所在平面内的方向有关,而且还与力矢量和力矩矩心所组成的平面方位有关。这就是说**空间力对物体的转动效应取决于三个要素:大小、方向和作用面**,而这三个要素是不可能用代数量来概括的,即只能用一个矢量来表示。这就是为什么空间一般力系简化后的主矩要用力偶矩矢来表示的原因。

三、空间一般力系的平衡方程及其应用

若空间一般力系简化后的主矢和主矩同时为零,则该力系必为平衡力系。因此,**空间一般力系处于平衡的必要和充分条件,是力系的主矢和力系对空间内任意一点的主矩都等于零**,即

$$F_R = 0, \quad M_O = 0$$

在实际计算中,通常采用解析式。因主矢为零,故力系各力在 x、y、z 轴上投影的代数和为零。另外,注意到主矩 M_O 为矢量,由式(2-21)可知,主矩 M_O 等于各附加力偶矩矢的矢量和。根据合矢量投影定理,主矩 M_O 在 x、y、z 轴上的投影等于附加空间力偶系的各分力偶矩矢在同一轴上投影的代数和。当主矩为零时,各分力偶矩矢在 x、y、z 轴上投影的代数和亦为零。这样一来,写出空间一般力系平衡的解析表达式,即为

$$\left. \begin{array}{l} \sum F_x = 0 \\ \sum F_y = 0 \\ \sum F_z = 0 \\ \sum M_x = 0 \\ \sum M_y = 0 \\ \sum M_z = 0 \end{array} \right\} \quad (2\text{-}22)$$

式(2-22)称为空间一般力系的平衡方程,它表示力系中各力在三个坐标轴中每一个坐标轴上的投影代数和等于零,还有这些力对每一个坐标轴之矩的代数和也等于零。以上6个独立的平衡方程可以求解6个未知量。

对于物体在空间力系作用下的平衡问题,其求解方法和步骤与求解平面力系作用下的平衡问题基本相同。也就是在解题时,要注意选择很合适的轴线作为投影轴或力矩轴来列方程,以使每一平衡方程中所含的未知量为最少,从而简化计算过程。此外,在列平衡方程时,也可以用更合适的力矩方程来替代投影平衡方程,也就是将平衡方程式(2-22)表示为四矩式、五矩式或六矩式的形式,只要所建立的平衡方程能解出全部未知量,就说明它们各自都是独立的平衡方程。

【**例 2-10**】 如图 2-19a 所示,已知一均质板块重量 $G = 20$ kN,用三根绳子系住后匀速向上提升。若不计滑轮摩擦,试求每根绳子所受拉力的大小。

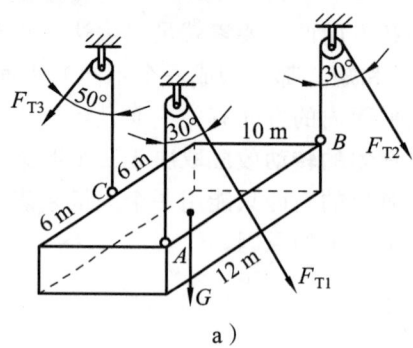 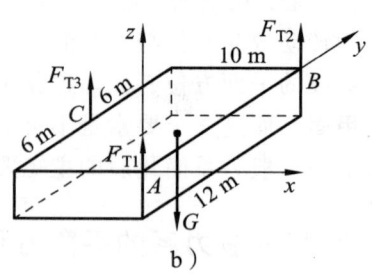

图 2-19

【解】 取均质板为研究对象，画出其受力图如图 2-19b 所示。因均质板块所受 4 个力的作用线是相互平行的，故为一空间平行力系。取直角坐标系 $Axyz$，列平衡方程并解之，得

$$\sum M_y = 0, \quad F_{T3} \times 10 - G \times 5 = 0, \quad F_{T3} = 10 \times 10^3 \text{ N} = 10 \text{ kN}$$

$$\sum M_x = 0, \quad F_{T2} \times 12 + F_{T3} \times 6 - G \times 6 = 0, \quad F_{T2} = 5 \times 10^3 \text{ N} = 5 \text{ kN}$$

通过 B 点取一与轴 x 平行的轴 x'，列平衡方程并解之，得

$$\sum M_{x'} = 0, \quad -F_{T1} \times 12 - F_{T3} \times 6 + G \times 6 = 0, \quad F_{T1} = 5 \times 10^3 \text{ N} = 5 \text{ kN}$$

最后，列出一投影平衡方程进行验算，即

$$\sum F_z = F_{T1} + F_{T2} + F_{T3} - G = (5 + 5 + 10 - 20) \text{ kN} = 0$$

结论：计算结果正确。

【例 2-11】 如图 2-20 所示，一均质板重量为 G，其形状为一长方体，用 6 根直杆支承后处于水平状态。已知直杆两端用球铰链而使均质板和地面相联结，试求各支承直杆的约束反力。

【解】 取均质板为研究对象，6 根支承直杆均为二力杆。假设它们受拉力，画出其受力图如图 2-20 所示。列平衡方程并解之，得

$$\sum M_{AB} = 0, \quad -F_6 \times a - G \times \frac{a}{2} = 0, \quad F_6 = -\frac{G}{2}（压力）$$

$$\sum M_{AE} = 0, \quad F_5 = 0$$

$$\sum M_{AC} = 0, \quad F_4 = 0$$

$$\sum M_{BF} = 0, \quad F_1 = 0$$

$$\sum M_{FG} = 0, \quad F_2 \times b + G \times \frac{b}{2} = 0, \quad F_2 = -\frac{G}{2}（压力）$$

$$\sum M_{EG} = 0, \quad F_3 = 0$$

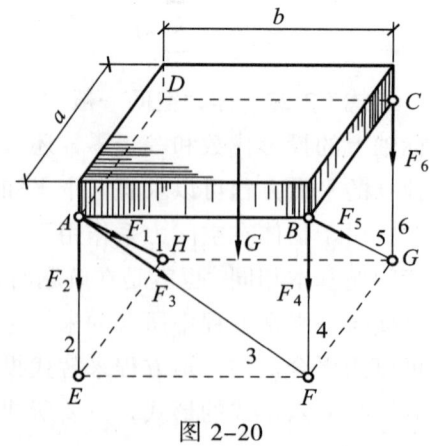

图 2-20

当然，也可以列出其他形式的平衡方程求解，一样能求出每根支撑直杆的约束反力。读者不妨试试，同时对计算过程和计算结果进行比较。

思 考 题

2-1 试回答：合力是否一定比分力大？

2-2 如图 2-21 所示，试问这两个力三角形中的三个力之间的关系是否一样？

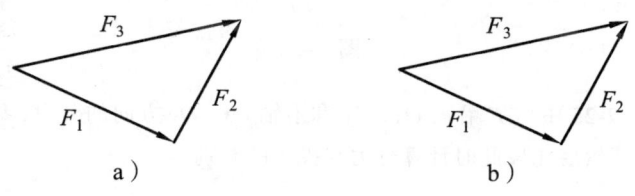

图 2-21

2-3 在图 2-22 所示的几个力多边形中，哪些是自行封闭的，哪些不是自行封闭的？若不是自行封闭，则力多边形中的哪个力是合力，哪些是分力？

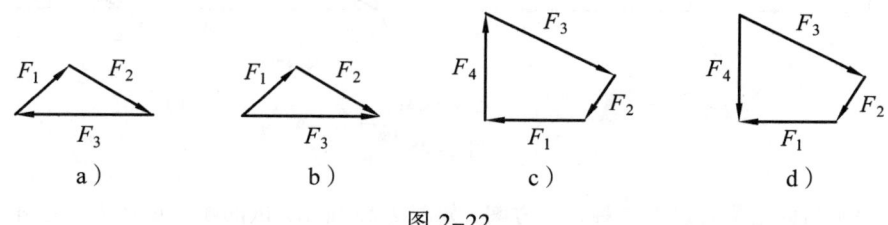

图 2-22

2-4 图 2-23a 所示刚体受到两个力偶（F_1，F_3）和（F_2，F_4）的作用，若画出刚体所受力偶的力多边形，则会得到一封闭的力多边形，如图 2-23b 所示。试问该刚体此时是否处于平衡状态？为什么？

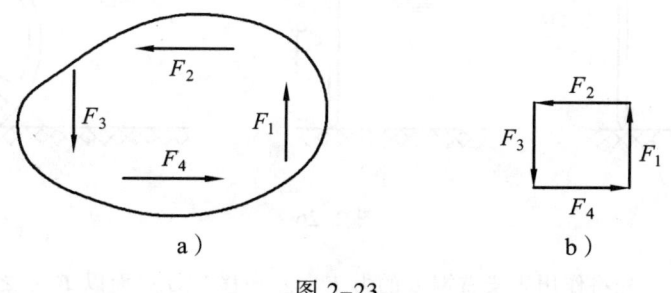

图 2-23

2-5 试写出一个力 F 分别是图 2-24 所示的方向时，它在直角坐标系 xOy 中的轴 x 和轴 y 上的投影计算式。

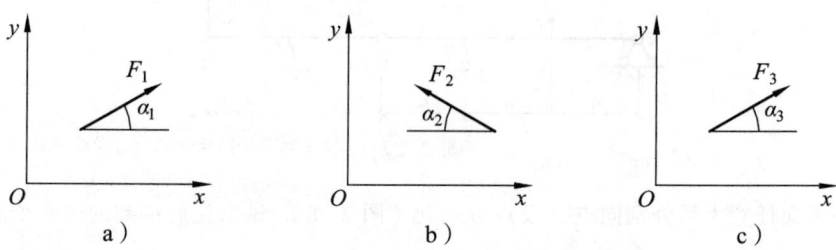

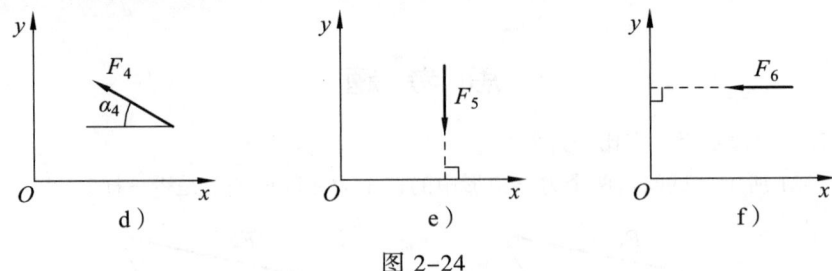

图 2-24

2-6　试分别计算图 2-25 中力 F 沿轴 Ox、Oy' 和沿轴 Ox、Oy 方向的分力，以及力 F 分别在这两组坐标系中各轴上的投影，然后比较此时计算分力与投影的差别。

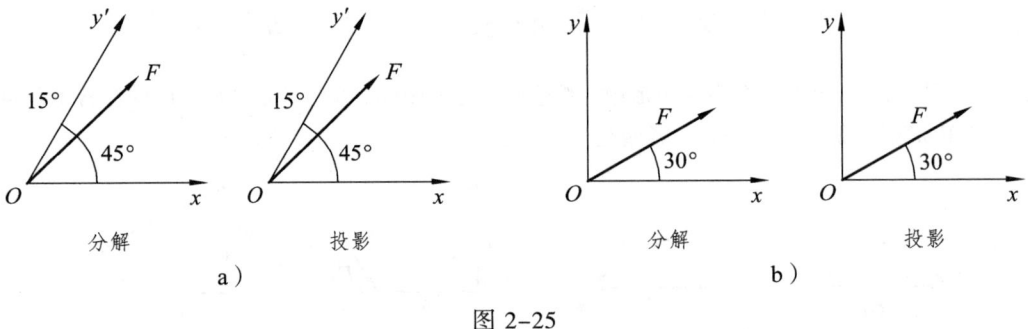

图 2-25

2-7　水渠闸门的结构有以下三种设计方案，如图 2-26 所示。试问哪种设计方案在开关闸门时最为省力？

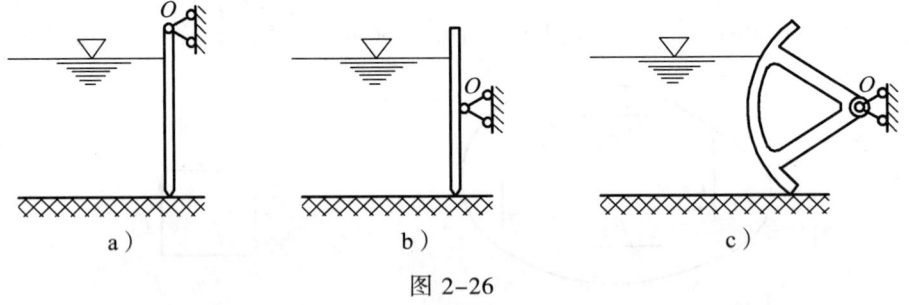

图 2-26

2-8　在图 2-27 中，先将作用于梁右端 E 的力 F 向左平移至 G 点而以 F' 示之，并附加一力偶矩为 M 的力偶，然后再求铰链 C 的约束反力。试问这样做对不对？为什么？

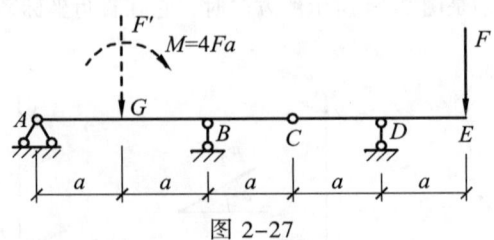

图 2-27

2-9　将一平面任意力系分别向点 A 及点 B 简化（图 2-28），试求先后得到的这两个主矩 M_A 和 M_B 之差。

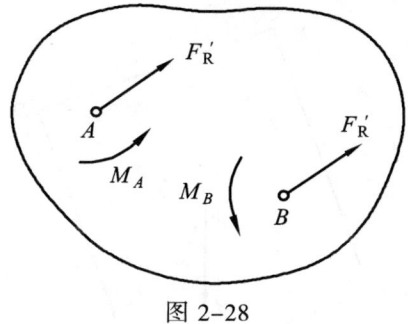

图 2-28

2-10 有一平面力系如图 2-29 所示，已知力系中各力的大小相等，即 $F_1 = F_2 = F_3 = F_4$。试问力系向点 A 和点 B 简化后的结果是什么？又问这两种简化效果是否等效？

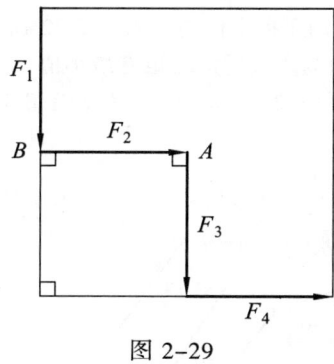

图 2-29

2-11 已知在边长为 a 的正方形的顶角 A 和 B 处分别作用有力 $\boldsymbol{F}_1$ 和 $\boldsymbol{F}_2$，如图 2-30 所示。试求这两个力在坐标轴 x、y、z 上的投影和对轴 x、y、z 之矩。

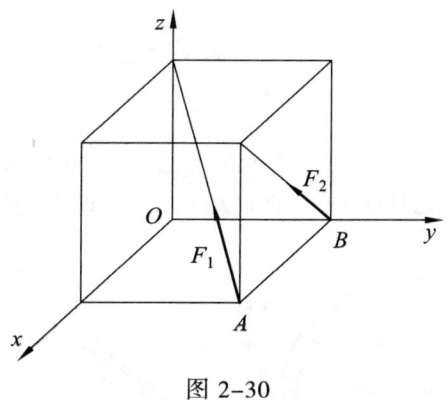

图 2-30

习 题

2-1 图 2-31 所示的是一正平行六面体 $ABCD$，其重量 $G = 100$ N，边长 $AB = 60$ cm，$AD = 80$ cm，现将其斜放而使它的底面与水平面的夹角 φ 成 30°，试求此六面体的重力对棱边 A 之矩 M_A。又问当斜放夹角 φ 为多大时，该力矩等于零？（答：$M_A = 0.6$ N·m，$\varphi = 36°52'$）

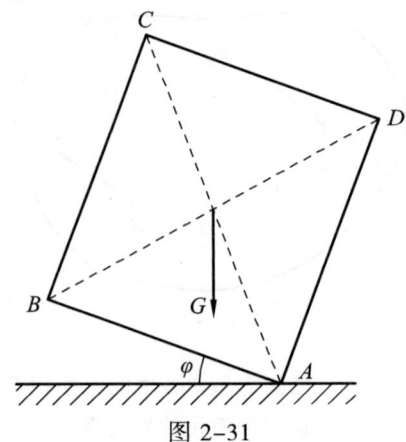

图 2-31

2-2 有一个大小为 80 N 的力作用于扳手柄端，如图 2-32 所示。试求：（1）当 $\alpha = 75°$ 时，该力对所拧螺钉中心的力矩；（2）当 α 角为多大时该力矩有最小值？（3）当 α 角为多大时该力矩值有最大值？（答：1. $M = 20.2$ N·m，逆时针；2. 当 $\alpha = 0$ 时力矩有最小值 1.92 N·m；3. 当 $\alpha = 90°$ 时力矩有最大值 21.44 N·m）

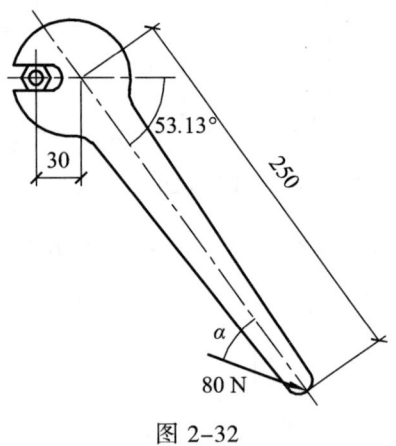

图 2-32

2-3 桁架各杆件的联结点上受到了 4 个力的作用，如图 2-33 所示。已知 $F_1 = 60$ kN，$F_2 = 50$ kN，$F_3 = 30$ kN，$F_4 = 40$ kN。试用解析法计算 4 个力合力 F_R 的大小，以及与轴 x 的夹角。[答：$F_R = 54.47$ kN，$\angle(F_R, x) = 50°11'$]

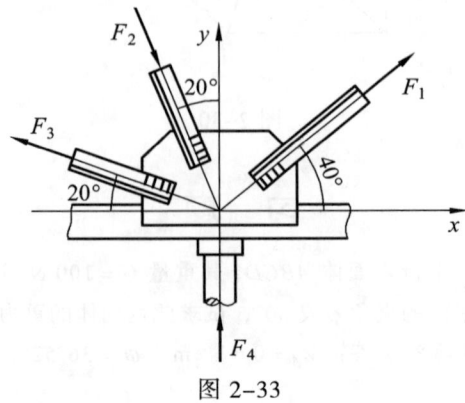

图 2-33

2-4 如图 2-34 所示，试求图示液压驱动式挖土机活塞推力 F 和土的重力 G 对铰 O 之矩。[答：$M_O(\boldsymbol{F}) = Fa\sin\alpha, M_O(\boldsymbol{G}) = -Gl$]

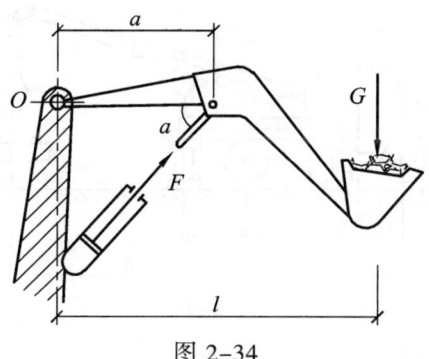

图 2-34

2-5 在图 2-35 所示刚架的点 B 处作用有一水平力 $\boldsymbol{F}$，现略去刚架的重量。试求支座 A 和 D 的约束反力 $\boldsymbol{F}_A$ 和 $\boldsymbol{F}_D$ 的大小。（答：$F_A = \sqrt{5}F/2$，$F_D = F/2$）

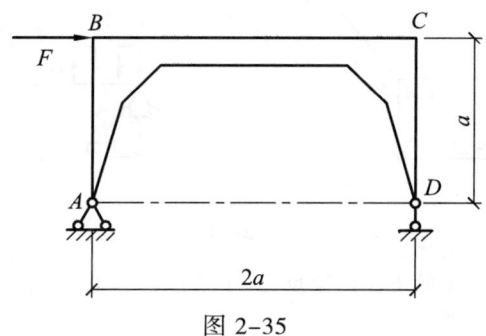

图 2-35

2-6 工人在开启或关闭闸门时，为了省力，常常用一根杆子穿入手轮中，然后再在杆子的一端 C 施加力，从而使手轮转动（图 2-36）。设手轮直径 $AB = 60$ cm，杆子长度 $l = 120$ cm，在杆子的 C 端施加 $F_p = 100$ N 的力能将闸门开启。若不用这根杆子，而直接在手轮上的 A、B 处施加力偶（$\boldsymbol{F}$，$\boldsymbol{F}'$），试问该力偶的力 $\boldsymbol{F}$ 至少应为多大才能开启闸门？（答：$F = 150$ kN）

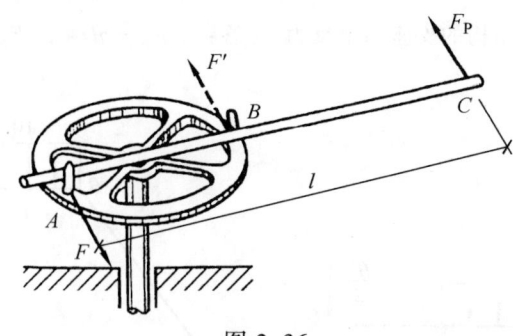

图 2-36

2-7 如图 2-37 所示，已知液压式汽车起重机的固定部分（包括汽车自重）总重 $G_1 = 60$ kN，旋转部分总重 $G_2 = 20$ kN，起重机受力与结构的相关尺寸 $a = 1.4$ m，$b = 0.4$ m，$l_1 = 1.85$ m，$l_2 = 1.4$ m。试求：
（1）当起吊臂旋转半径 $R = 3$ m 和起吊重量 $G = 50$ kN 时，起重机支撑腿 A、B 所受地面的支撑力是多少？（2）当半径 $R = 5$ m 时，为了保证起重机不会翻倒，其最大的起吊重量又是多少？（答：1. $F_A = 33.23$ kN，$F_B = 96.77$ kN；2. $F_{max} = 52.22$ kN）

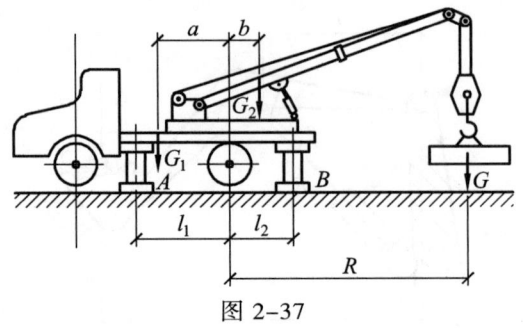

图 2-37

2-8 试求图 2-38 所示各梁的支座约束反力。（答：a. $F_{Ax} = 14.14$ kN，$F_{Ay} = 24.14$ kN，$M_A = 153.12$ kN·m；b. $F_{Ay} = 6$ kN，$F_{By} = 2$ kN）

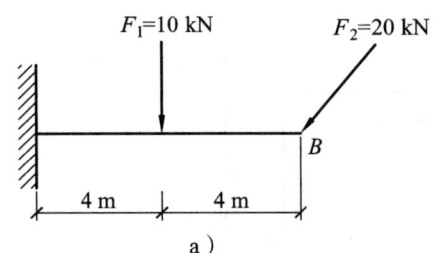
a)

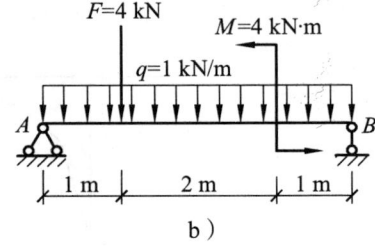
b)

图 2-38

2-9 试求图 2-39 所示外伸梁的支座约束反力。（答：$F_{Ax} = 0$，$F_{Ay} = 1.25qa$，$F_{By} = 0.75qa$）

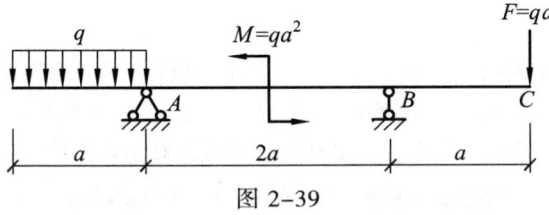

图 2-39

2-10 试求图 2-40 所示结构的支座约束反力。（答：a. $F_{Ay} = ql/4$，$F_{By} = 5ql/4$；b. $F_{Ay} = 50$ kN，$M_A = 270$ kN·m）

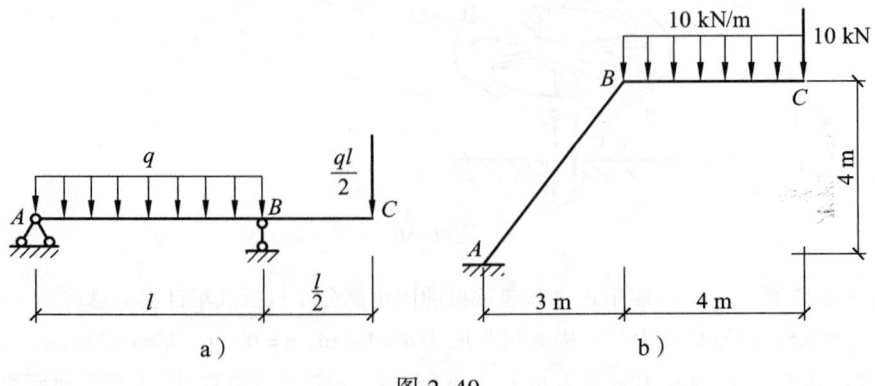

a)   b)

图 2-40

2-11 试求图 2-41 所示复合梁的支座约束反力。(答：a. $F_A = 25 \text{ kN}$，$F_B = 85 \text{ kN}$，$F_D = 85 \text{ kN}$；b. $F_A = 2.5 \text{ kN}$，$M_A = 10 \text{ kN} \cdot \text{m}$，$F_B = 1.5 \text{ kN}$)

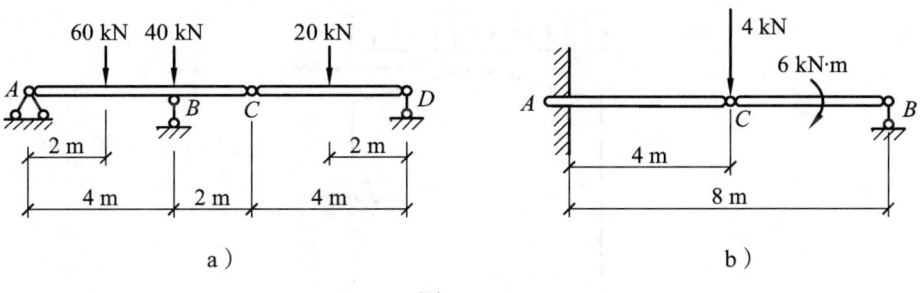

图 2-41

2-12 在图 2-42 所示的结构中，杆件 ACD 和杆件 DB 用铰链 D 联结，试求结构支座 A、B 的约束反力 (答：$F_{Ax} = -5 \text{ kN}$，$F_{Ay} = 10 \text{ kN}$，$M_A = 39 \text{ kN} \cdot \text{m}$，$F_{By} = 2 \text{ kN}$)

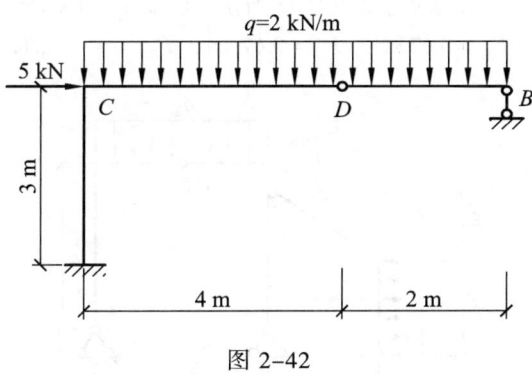

图 2-42

2-13 试求图 2-43 所示静定平面刚架的支座约束反力。(答：$F_{Ax} = -2.5 \text{ kN}$，$F_{Ay} = -5 \text{ kN}$，$F_{Bx} = -2.5 \text{ kN}$，$F_{By} = 25 \text{ kN}$)

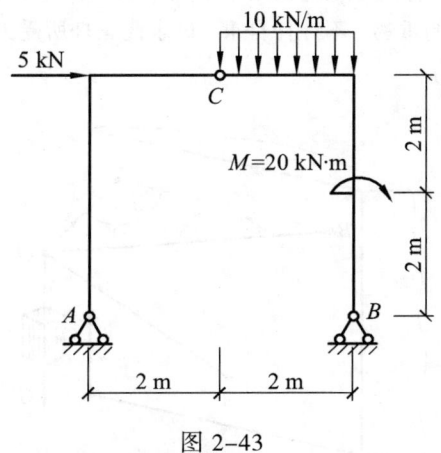

图 2-43

2-14 试求图 2-44 所示刚架 A、B、C 处的约束反力。已知刚架所承受的均布载荷的集度 $q=15\,\text{kN/m}$。（答：$F_{Ax}=20\,\text{kN}$，$F_{Ay}=70\,\text{kN}$，$F_{Bx}=-20\,\text{kN}$，$F_{By}=50\,\text{kN}$，$F_{Cx}=20\,\text{kN}$，$F'_{Cy}=10\,\text{kN}$）

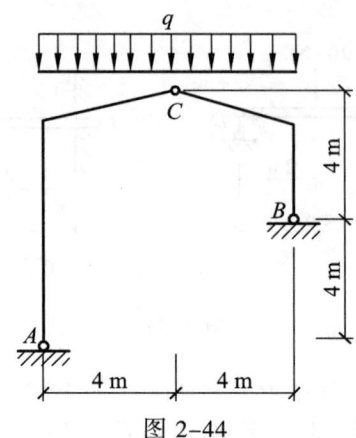

图 2-44

2-15 刚架所受均布载荷及结构尺寸如图 2-45 所示。已知 $q_1=1\,\text{kN/m}$，$q_2=4\,\text{kN/m}$，试求三支座 A、B、C 的约束反力。（答：$F_{Ax}=0.67\,\text{kN}$，$F_{Ay}=3.67\,\text{kN}$，$F_{Bx}=-4.67\,\text{kN}$，$F_{By}=15.3\,\text{kN}$，$F_{Ey}=5\,\text{kN}$）

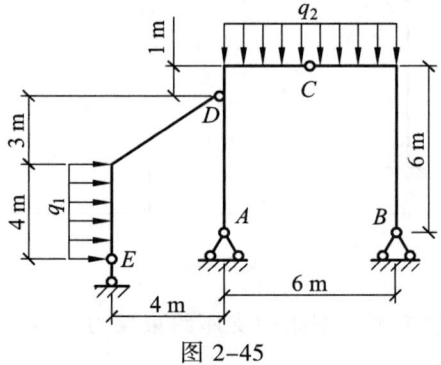

图 2-45

2-16 图 2-46 所示构架的三杆用球铰链铰结于 O 点，杆 OB 和 OC 构成一水平面，且 $OB=OC$。现在点 O 处挂一重量 $G=10\,\text{N}$ 的重物，不计杆自重，试求此三杆所受力的大小。（答：$F_{NOA}=10.14\,\text{kN}$，压力；$F_{NOB}=F_{NOC}=10\,\text{kN}$，拉力）

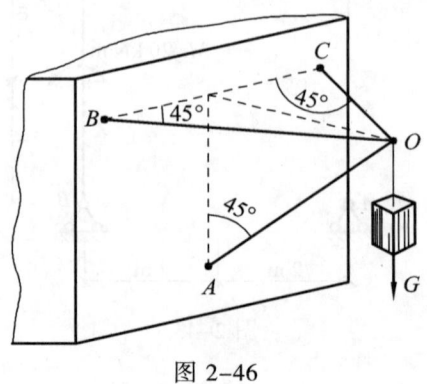

图 2-46

[辅助学习材料]

重心及形心

重心在工程实际中具有很重要的意义，因为重心位置的设计会影响到物体的平衡。例如，起重机在起吊机器或货物时，为了避免它失去平衡而倾倒，其重心的位置必须设计在一定范围内。

地球上的物体的每一微小部分都有重力，这些微小部分的重力即可看成一平行力系，而力系的合力就是物体所受的重力，方向铅直向下，其合力的作用点就是物体的重心。物体的重心位置对物体来说是确定的，而重心有时也可能在物体的形体之外。

一、重心的坐标公式

$$x_C = \frac{\sum G_i x_i}{G}, \quad y_C = \frac{\sum G_i y_i}{G}, \quad z_C = \frac{\sum G_i z_i}{G}$$

对于均质连续的物体，可用积分形式表达，即

$$x_C = \frac{\int_V x \mathrm{d}V}{V}, \quad y_C = \frac{\int_V y \mathrm{d}V}{V}, \quad z_C = \frac{\int_V z \mathrm{d}V}{V}$$

均质连续物体的重心只决定于物体的形状而与重量无关。这种仅由几何形状决定的重心就是物体的几何中心，通常称为形心。

若物体是匀质连续的等厚度薄板，匀质物体的重心就可以简化为求面积的形心来处理。以 A 表示其总面积，ΔA_i 表示其每一微小部分面积，于是重心亦即形心坐标公式为

$$x_C = \frac{\sum x_i \Delta A_i}{\sum A} = \frac{\int_A x \mathrm{d}A}{A}, \quad y_C = \frac{\sum y_i \Delta A_i}{\sum A} = \frac{\int_A y \mathrm{d}A}{A}$$

若物体是均质连续的等截面细长杆件，而截面尺寸又比轴线方向尺寸小很多，可以认为其重力集中在轴线上。这类物体的重心就可简化为求线段的形心来处理。以 l 表示其长度，Δl_i 表示微小段的长度，其重心亦即形心坐标公式为

$$x_C = \frac{\sum x_i \Delta l_i}{l} = \frac{\int_l x \mathrm{d}l}{l}, \quad y_C = \frac{\sum y_i \Delta l_i}{l} = \frac{\int_l y \mathrm{d}l}{l}$$

二、确定物体重心的几种实用方法

1. 对称法

若物体是均质的，且具有对称面、对称轴或对称中心，其重心或形心必在对称面、对称轴或对称中心上。简单形状均质物体的重心或形心位置的计算公式可参见有关工程手册。

2. 组合法

若物体由几个简单几何形状物体组成，其中每一部分的重心或形心又容易确定，则此物体的重心或形心就可利用重心或形心坐标公式计算得到。

若形体有空穴或图形有空缺，则可取空穴或空缺部分为负体积或负面积，再用重心或形心坐标公式计算重心和形心的位置。

3. 实验法

（1）悬挂法。如图辅2-1所示薄板，先在板上任意选一点系上绳子将板吊起。根据二力平衡条件，重心必在通过悬挂点 A 的铅垂直线上，悬挂薄板静止后画出铅垂直线 AB；然后再取另一悬挂点 D，用同样的方法画出另一铅垂直线 DE，前后所画两直线的交点 C 即为薄板重心位置。

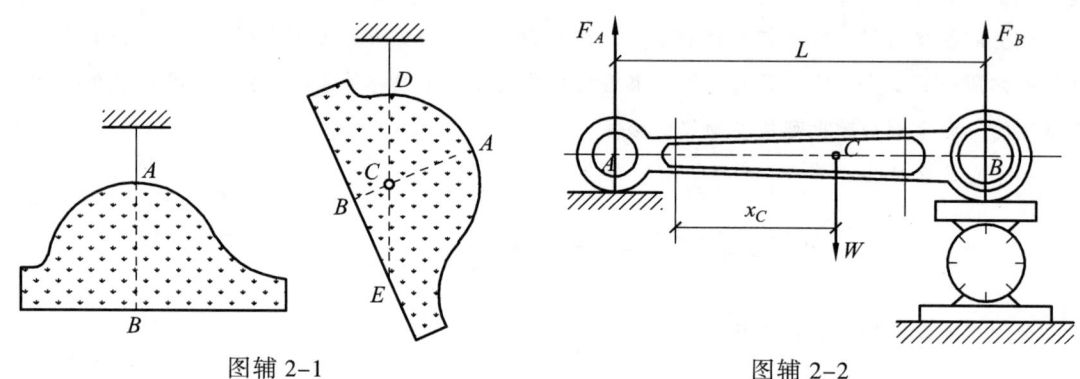

图辅 2-1　　　　　　　　　　图辅 2-2

（2）称重法。一些形状复杂且体积较大的物体可用称重法来确定其重心。如图辅2-2所示的内燃机连杆，因它具有一个对称轴，故只需确定重心在此轴线上的位置 x_C 即可。先用台秤称出连杆的重量 W，然后将连杆的 B 端放在台秤上，A 端放在水平面上并使轴线处于水平位置，由台秤称得支撑 B 端的约束反力为 F_B，另测得连杆两端 A 与 B 间的距离为 L，最后根据以上所测各量列出对 A 端的力矩方程 $\sum M_A = 0$，$F_B L - W x_C = 0$，解此方程，得 $x_C = \dfrac{F_B L}{W}$ 即为连杆重心的位置。

第三章

平面结构体系的几何组成分析

杆件组合体系与地基相联结而用于承受载荷时,在构造上它必须是几何不可变体系。鉴于此,对杆件组合体系的几何不变性的分析,就必须先了解平面结构体系几何组成分析的几个重要概念,并掌握平面几何不变体系的几何组成规则。然后,通过平面结构体系的几何组成分析示例,即可学会判别杆件组合体系几何不变的基本方法。

第一节 平面结构体系几何组成分析的几个重要概念

一、几何不变体系与几何可变体系

工程结构在力学分析计算中通常简化为平面结构,而平面结构里的杆件结构是由一系列杆按一定的规律相互联结,然后再与地基相联而组成一承受载荷的整体。因此,在不考虑杆件本身的变形时,该杆件结构整体必须能保持原有的几何形状和位置不发生改变。

杆件在载荷作用下,结构或构件的变形都很微小,在结构几何组成分析中,均不考虑结构变形的影响。**结构根据自身一系列杆件相互关联而集成的整体,通常又称为体系。**

这一欲用于承受载荷的杆件组合体系，通常分两类：一类称为**几何不变体系**，即在载荷作用下，结构整体原有的几何形状和位置均不改变（图 3-1a）；另一类称为**几何可变体系**，即在很小的载荷作用下，结构整体原有的几何形状和位置都要发生改变（图 3-1b）。由此可

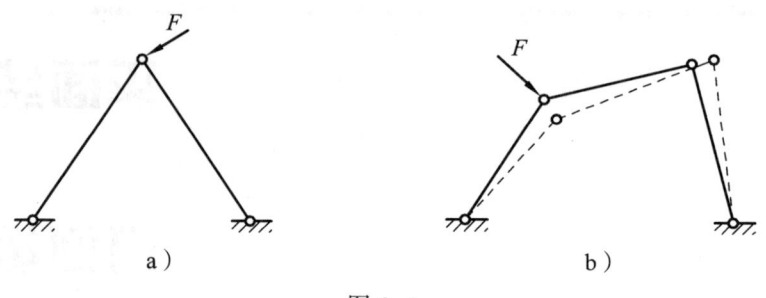

图 3-1

见，对于用以承受载荷的工程结构，必须是几何不变体系。因此在设计工程结构时，应先分析论定它的几何组成结果。**对结构体系几何组成分析的目的，第一是检查判断所给的体系是否几何不变，以决定它能否作为结构；第二是掌握应用几何不变体系的组成规则，去保证所选择的结构一定是几何不变体系。**

二、平面体系的自由度，单铰与复铰，实铰与虚铰

在结构的几何组成分析中，因构件变形很微小而将其忽略不计，故把体系中的每个杆件如梁、柱、链杆，或者某个已经肯定是几何不变的部分都看成不变形的平面刚体，简称为刚片。为了便于对结构体系进行几何组成分析，需要先明确平面体系的自由度。所谓**平面体系自由度**，是指体系在平面内运动时用来确定其位置所需要的独立坐标的数目。例如，一个点在平面内运动时，其位置可用两个独立坐标 x，y 来确定（图 3-2a）。显然平面内一个动点的自由度为 2。又如，一个刚片在平面内运动时，其位置要用其上任意一点 A 的坐标 x、y，和过点 A 的任意一直线的倾角 φ 来确定（图 3-2b）。因此，平面内的一个刚片的自由度为 3。

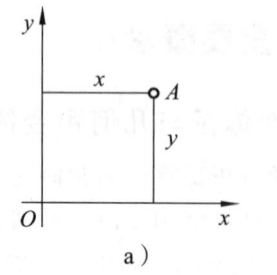
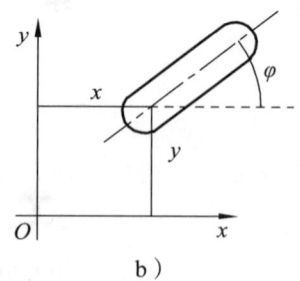

图 3-2

若在刚片上增加一个约束，则刚片的自由度减少一个。例如，用一活动铰链支座使一刚片 AB 与地基联结（图 3-3a），刚片就不能沿支座链杆的长度方向移动，故减少了一个自由度。也就是说，一活动铰链支座连杆或一根链杆即为一个约束。

又如，用一固定铰链支座使一个刚片 AB 与地基相联结（图 3-3b），刚片就只能绕铰结点 A 转动，而不能沿水平和竖直方向移动，故减少了 2 个自由度。也就是说，一固定铰链支座

为两个约束。联结两个刚片的圆柱铰链又称为单铰（图 3-3c）。由此可知，一个单铰相当于两根链杆的作用，亦即为两个约束。

有时用一个圆柱铰同时联结几个刚片，这种**联结三个或三个以上刚片的圆柱铰则称为复铰**。复铰的作用也可借助单铰来分析。如图 3-3d 所示，设想先用一个单铰使一个刚片 AC 联结于另一个刚片 AB，然后再用此单铰使第三个刚片 AD 与刚片 AB 联结。若刚片 AB 的位置已经固定，则刚片 AC 和 AD 就各自减少了 2 个自由度，所以联结三个刚片的复铰实际上相当于两个单铰。由此推而广之，联结 n 个刚片的复铰相当于（n-1）个单铰。

如果使一个刚片 AB 的 A 端用固定端支座使之与地基相联结（图 3-3e），那求这一被约束的刚片既不能沿水平和竖直方向移动，也不能绕刚片 AB 的 A 端转动，即减少了 3 个自由度，也就是说，一固定端支座为 3 个约束。

如图 3-3f 所示，刚片 AB 和 AC 之间的联结系刚性联结。两个刚片在联结前各有 3 个自由度，总共为 6 个自由度。但经过这一刚性联结而使之成为一整体后，两刚片在其自身平面内就再也不能发生相对移动和转动，即只有 3 个自由度。这就是说一个刚性联结为 3 个约束。

如图 3-3g 所示，刚片 Ⅰ 与刚片 Ⅱ 用 4 根链杆联结。其中：左边是两根链杆 BA 和 CA 相

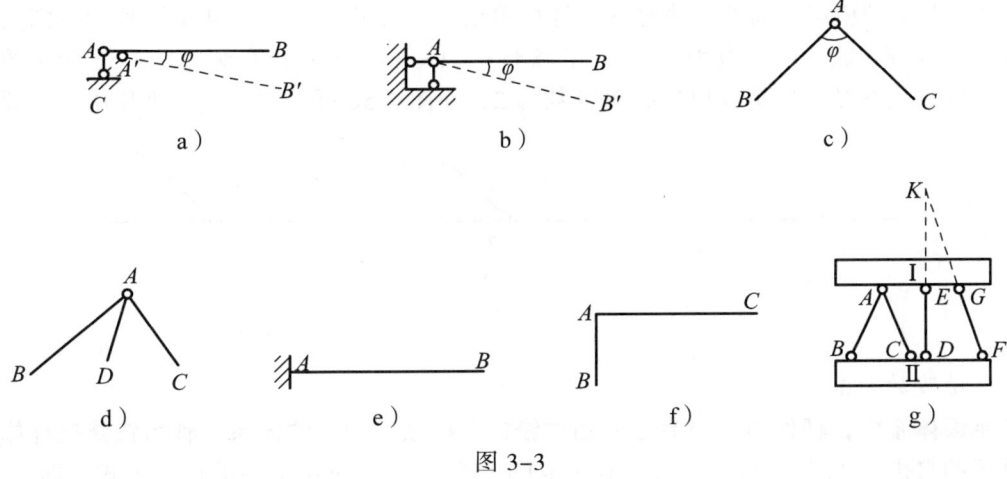

图 3-3

交于铰 A 而与另一个刚片 Ⅰ 相联结，这样的铰通常称为实铰；而右边则是两根链杆 DE 和 FG 直接使刚片 Ⅰ、Ⅱ 联结，而两链杆虽然没有互相铰结，但是其延长线却在 K 点处发生相交，通常将这一点 K 称为虚铰。可以证明，虚铰的联结作用与实铰是相同的。

三、平面体系自由度的计算

一个平面结构体系，通常都是由若干个杆件或刚片加入一定约束组成的。加入约束的目的是减少结构体系的自由度。如果**在结构体系中增加一个约束，其自由度并不因此而减少，那么该约束即称为多余约束**。需指出，**多余约束只说明为保证体系几何不变是多余的**。但若在结构体系中增加多余约束，则可以改善结构的受力状况，就此而言多余约束并非多余。

如图 3-4a 所示，平面内有一自由点 A，通过两根链杆与地基联结。这时两根链杆分别使点 A 减少了一个自由度，总共减少的自由度为 2，于是 A 点被固定而不动，说明两根链杆皆为非多余约束。在图 3-4b 中，点 A 通过三根链杆与地基联结，这时 A 点仍然是被固定而不

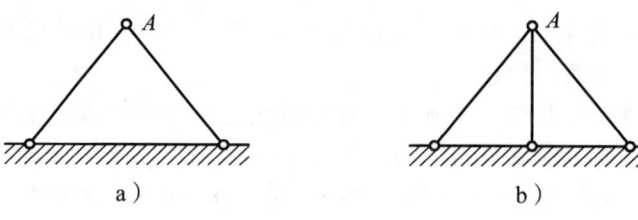

图 3-4

动,但减少的自由度总共还是为 2。显然,这时在联结点 A 的三根链杆中,就有一根没有起到减少自由度的作用,故为多余约束。这时的任何一根链杆都可视为多余约束。

平面体系自由度的计算必须先根据各刚片在自由的情况下得到的自由度的总和,再减去所参与联结的约束数,即得到平面体系的自由度。

用 W 表示一个平面体系的自由度,m 表示刚片数,h 表示联结的单铰数,r 表示联结的支座链杆数。于是平面体系自由度 W 的计算式,即为

$$W = 3m - 2h - r \tag{3-1}$$

若遇复铰,则应按前面的方法将其折算成单铰。如图 3-5a 所示的 4 个刚片用一圆柱铰联结,即为一复铰。联结刚片数为 $n = 4$,相当于 $n - 1 = 4 - 1 = 3$ 个单铰;图 3-5b 所示的为三刚片用一圆柱铰联结,经折算以后,单铰数为 2;而图 3-5c 所示的,是两刚片用一个圆柱铰

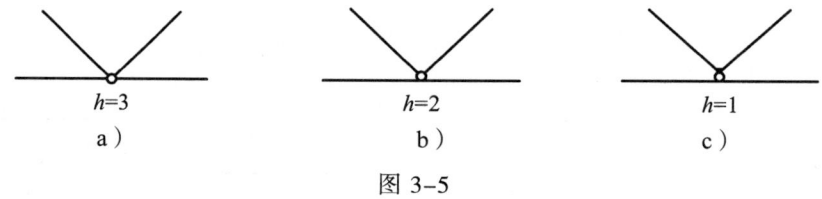

图 3-5

连接,其单铰数为 1。

在平面体系中,杆件的两端完全用圆柱铰链直接联结而成的体系,称为铰结链杆体系。这类体系的自由度 W 除了可用一般公式(3-1)计算外,还可用下面的计算公式,即

$$W = 2j - b - r$$

式中,j 为组成体系的杆件两端的链结点数;b 为杆件数;r 为支座链杆数。需指出,在这里无论是用式(3-1)还是用式(3-2)计算自由度,所得到的计算结果都会有以下几种情况:当 $W > 0$ 时,表示体系缺少足够的约束,是几何可变的;当 $W < 0$ 时,表示体系具有多余约束,但体系有可能是几何可变的;当 $W = 0$ 时,表示体系具有足够的,并且可以保证自身是几何不变体系所需的最少约束数,但体系仍有可能是几何可变的。

这里就有一个问题值得思考:体系的自由度为零乃至小于零了,也就是描述平面体系在平面内运动的位置参数不存在了,亦即意味着体系没有运动,那么体系的几何形状和位置还会有变化吗?对于这一问题,应这样回答:体系自由度 $W \leq 0$,只反映了平面体系是几何不变的一个方面。换句话说,理论公式计算得出的自由度,并不一定和体系的实际自由度一样。如图 3-6a、b 所示的两个体系,由公式计算得到的自由度均为 $W = 2j - b - r = 2 \times 6 - 9 - 3 = 0$。

然而，这两个体系的自由度却不一样，图 3-6a 所示体系是几何不变的；而图 3-6b 所示体系是几何可变的，具有一个实际自由度。可见，图 3-6b 所示整个平面结构体系在形成自身的几

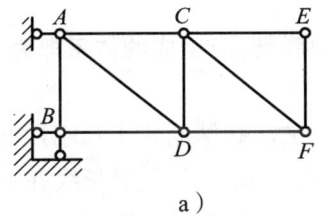
a)

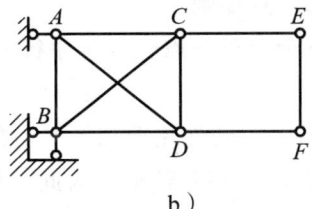
b)

图 3-6

何不变性时，其约束数确实是足够的。但由于杆件布置不当，体系内部杆件在有载荷作用时，杆件各部分之间也会有相对运动。据此得出结论，自由度 $W \leqslant 0$ 是保证平面体系几何不变的必要条件而非充分条件。所以要确定一个体系是否几何不变，还必须了解结构要形成平面几何不变体系应遵守的几何组成规则。

第二节　平面几何不变体系的几何组成规则

平面几何不变体系的几何组成规则有如下三个。

规则一　一刚片规则

一个刚片与一个铰结点用两根不共线的链杆相联结，所组成的体系即为几何不变体系，且无多余约束。

如图 3-7a 所示，刚片Ⅰ通过链杆 AB、AC 联结一个铰结点 A，即构成一没有多余约束的几何不变体系，图 3-7b 也是这种几何不变体系的简图。这种**用两根不共线的链杆联结一个结点的装置即称为二元体。因此，一刚片规则又可称为二元体规则**。

由前一节可知，一个动点自由度为 2，动点用两根链杆联结即构成二元体，其自由度为零。可见，在一个平面杆件结构体系上增加或减少若干个二元体，既不会改变体系的自由度，也不会改变原体系的几何组成性质，这也正是二元体规则的实质所在。

应用规则一，分析图 3-7c 所示桁架的几何组成性质。该桁架在第一个铰结三角形 ABC

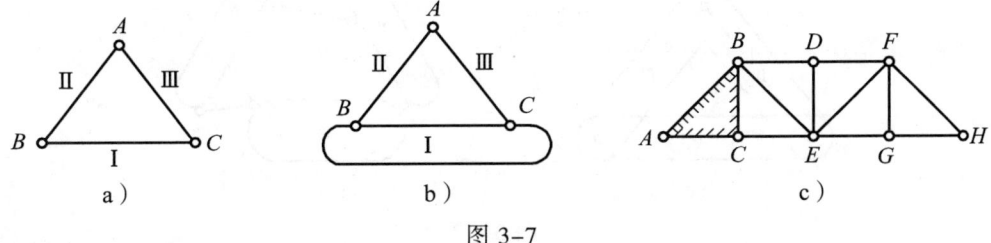

图 3-7

体系的基础上，按规则一增加链杆 BE、CE 形成二元体 BEC，原三角形 ABC 刚片扩展为新的一个没有多余约束的几何不变体系 ABCE。接下来，仍按规则一依次增加二元体，逐步使原刚片扩大，最后就得知，已知桁架结构为一没有多余约束的几何不变体系。同样按规则一，

也可从铰结点 H 起，依次拆除二元体而最后得到一为铰接三角形 ABC 的几何不变体系，由此表明该桁架是一没有多余约束的几何不变体系。

规则二　二刚片规则

两刚片用不全交于一点也不全平行的三根链杆相联结，所组成的体系即为几何不变体系，且无多余约束。

如图 3-8a 所示，若先用两根不平行的链杆 AB 和 CD 联结刚片 Ⅰ 和刚片 Ⅱ，则两刚片自然可绕虚铰 O 点发生相对转动。为此，再增加一根链杆 EF，但其延长线并不通过点 O，这样即可阻止刚片 Ⅰ 和刚片 Ⅱ 绕虚铰 O 点发生相对转动。由此可见，图 3-8a 所示的两刚片用三根链杆连接所组成的体系为一个没有多余约束的几何不变体系。

因两根链杆的作用相当于一个单铰，故两刚片规则也可表述为，两刚片用一个单铰和一根不通过此单铰的链杆联结，所组成的体系即为没有多余约束的几何不变体，如图 3-8b、c 所示。

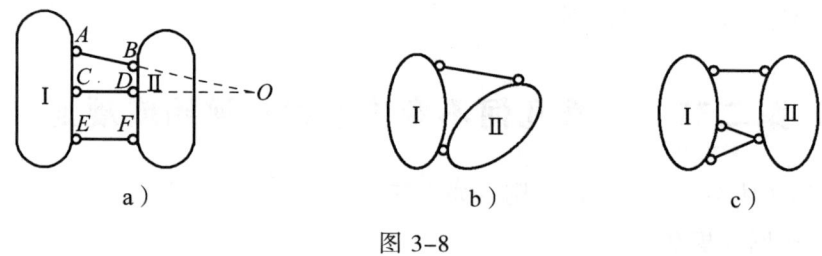

图 3-8

规则三　三刚片规则

三刚片用不在同一直线上的三个铰两两相联结，所组成的体系即为几何不变体系，且无多余约束。

如图 3-9a 所示，刚片 Ⅰ、Ⅱ、Ⅲ 用不在同一直线上的三个铰 A、B、C 相联结，如同三条线 AB、BC、CA 连成了一个三角形。由平面几何可知，三条定长线段所作的三角形是唯一的。显然，在此种联结方式下的三刚片之间是不会发生相对运动的，因而所组成的体系即为没有多余约束的几何不变体系。

再看图 3-9b，刚片 Ⅰ 和 Ⅱ 之间用了两根链杆联结，而两根链杆有一个虚铰 C。另外，刚

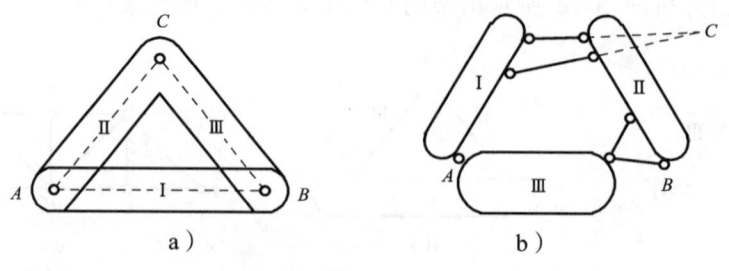

图 3-9

片 Ⅱ 和 Ⅲ 之间由两根链杆形成实铰 B 相联结，而刚片 Ⅰ 和 Ⅲ 之间又用了一个单铰 A 直接联结。可见，三刚片 Ⅰ、Ⅱ、Ⅲ 最终还是由不共线的三个铰 A、B、C 使其两两相连，因而所组成的体系为一没有多余约束的几何不变体系。

上述三个关于平面几何不变体系的组成规则,既规定了刚片之间必须具有的最少联系数,也规定了刚片之间应当遵循的联结方式。这些联结方式,其实也就是按照一个规则采用了不同的几何表现方式而已。对于同一个体系进行几何组成分析,选择以上三个规则中的任何一个进行几何组成分析都是可以的。

最后,还须指出,上述三个规则对刚片的联结都有各自附加的条件,如"三根链杆不全交于一点也不全平行""不在同一直线上的三个铰"等。对此,读者也许会问:在平面几何不变体系的几何组成规则中,对刚片的联结能否不要这些特别的附加条件呢?对这一问题应如何回答,在此可以这样来看:如图 3-10a 所示,两刚片 I 和 II 用三根链杆相联结,其中每两根链杆的虚铰都是同一交点 O,亦即三根链杆延长线均相交于一点 O,显然两刚片可绕点 O 作相对转动。但是当其中一刚片有微小运动时,三根链杆因此而产生微小的变形,它们在这时就再不会全交于一点,两刚片也就不会绕点 O 作相对转动。而对于这种**在某一瞬时可发生微小运动的平面结构体系,通常称为瞬变体系**。又如图 3-10b 所示的两刚片的联结,用的是三根完全平行但不等长的链杆。当其中一刚片发生微小运动时,三根链杆因此而产生微小的变形,它们在这时就再也不全平行了,这无疑又是一种瞬变体系。再如图 3-10c 所示的两刚片和地基的联结,也就是三刚片两两相联,所联结的三个铰 A、B、C 又在同一直线上。这时若有一载荷 F_P 作用于铰 C(图 3-10d)而使其产生微小的位移后,三个铰就不在同一直线上

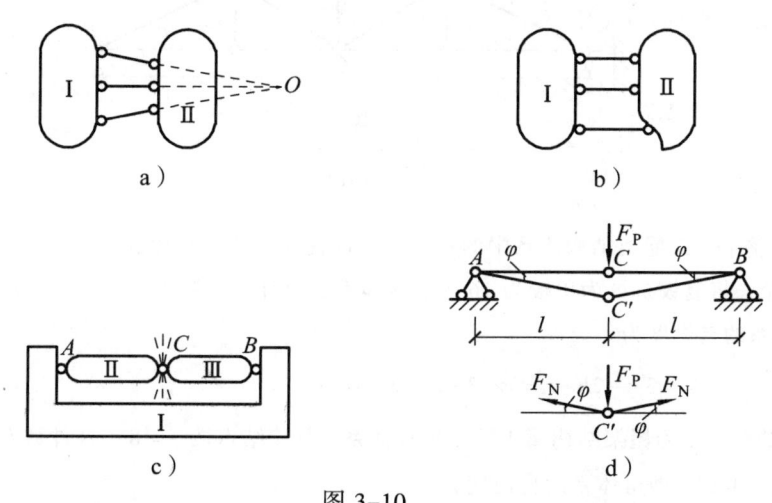

图 3-10

了,于是该体系即成为几何不变体系,而铰 C 的位移也就不会再继续。由此可见,采用图 3-10c 所示三刚片两两相联而成的结构,仍然属于瞬变体系。对于该瞬变体系,即使作用于中间单铰 C 上的载荷 F_P 很小,在体系的左右两根链杆上都会产生很大的拉力,而足以使体系发生破坏。因此,**在工程实际结构中是不允许采用瞬变体系的**。

第三节 平面结构体系的几何组成分析示例

平面结构体系应用前述三个规则进行几何组成分析的结果,通常将其分为三类:几何可变体系、几何不变体系、瞬变体系。只有经过分析先明确了体系是否为几何不变时,才可能

将体系作为结构使用。在进行几何组成分析时，一般情况下都是先视地基，或者体系中的一个杆件，或者一些可判别为几何不变的部分为刚片，然后应用规则逐步扩大体系的几何不变范围，最后再扩大至整个结构体系。若体系中有二元体，则可将其拆除，以使分析变得更简单；若体系与基础是按两刚片规则联结的，则可先去掉地基和支座链杆，而只对留下的体系进行几何组成分析，若留下体系是几何不变，则原体系也是几何不变，等等。归纳一下平面结构体系几何组成分析的步骤，就是：（1）计算体系的自由度。首先，弄清楚体系是否已满足几何不变的必要条件。若体系的自由度 $W>0$，说明体系不满足几何不变的必要条件；若体系的自由度 $W\leqslant 0$ 时，说明体系已满足几何不变的必要条件，但要判定体系是几何不变，其条件并不充分，还须进行几何组成分析。（2）按几何不变体系的三个规则对体系进行几何组成分析，看体系是否符合相应规则所规定的能组成几何不变体系的充分条件。（3）最后给出结论，说明给定的体系是几何可变还是几何不变。若体系是几何不变，则还有必要指出它有无多余约束，因为这对以后的内力分析计算是很有意义的。

【例 3-1】 试对图 3-11 所示的平面屋架结构体系进行几何组成分析。

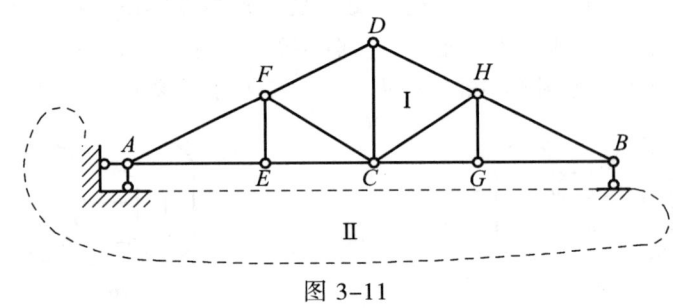

图 3-11

【解】 将整个平面屋架结构体系中的每一根杆件视为刚片，刚片数 $m=13$，联结杆件的单铰有 2 个，复铰有 6 个，将复铰折算为单铰为 16 个。该体系的总计单铰数 $h=18$，支座链杆数 $r=3$，代入式（3-1），即得体系的自由度为

$$W=3m-2h-r=3\times 13-2\times 18-3=0$$

此题所给的整个平面屋架结构属于铰结链杆体系，其铰结点数 $j=8$，杆件数 $b=13$，支座链杆数 $r=3$，代入式（3-2），即得体系的自由度为

$$W=2j-b-r=2\times 8-13-3=0$$

两种方法所计算的自由度 W 相同，但是用后一种方法计算要简便些。在这里，自由度 $W=0$，表明该体系具有足够的并且可以保证自身是几何不变所需的最少约束数。由于要判定体系是否几何不变，因此必须对体系再进行几何组成分析，看体系组成几何不变的条件是否充分。

由屋架结构体系的简图可以看出，体系的生成是始于一几何不变的铰结三角形 AEF。然后，再在此铰结三角形上依次增加二元体，最后所得的整个屋架为几何不变。接下来，视整个屋架结构体系为刚片 I，视地基为刚片 II，刚片 I 和 II 用不全交于一点也不全平行的三根支座链杆相联结，符合两刚片规则。所以，整个屋架结构体系为几何不变体系，且无多余约束。

【例 3-2】 试对图 3-12 所示的连续梁结构体系进行几何组成分析。

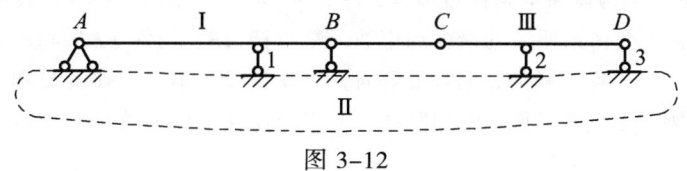

图 3-12

【解】 视连续梁结构体系中的杆件 AB、BC、CD 为刚片,刚片数 $m=3$,单铰数 $h=2$,支座链杆数 $r=5$,代入式(3-1),即得体系的自由度为

$$W = 3m - 2h - r = 3 \times 3 - 2 \times 2 - 5 = 0$$

表明该体系具备足够的并且可以保证自身是几何不变所需的最少约束数。

对结构体系进行几何组成分析。首先,视杆件 AB 为刚片Ⅰ,视地基为刚片Ⅱ,视杆件 CD 为刚片Ⅲ,刚片Ⅰ和Ⅱ用一个单铰 A 和一根不通过此单铰的链杆即支座链杆 1 相联结,符合两刚片规则,为几何不变体系。然后,视这一几何不变体系为一扩大的新刚片,扩大的新刚片和刚片Ⅲ用支座链杆 2、3 和链杆 BC 相联结,符合两刚片规则。所以,整个连续梁结构体系为几何不变体系,且无多余约束。

【例 3-3】 试对图 3-13 所示的平面结构体系进行几何组成分析。

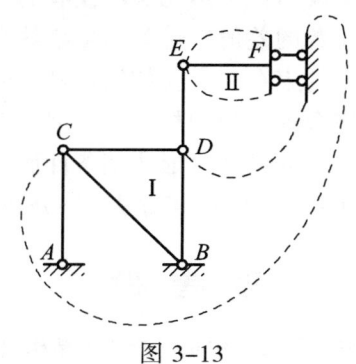

图 3-13

【解】 杆件 EF 的右端采用的是两平行链杆联结的定向铰链支座。视平面结构体系中的每根杆件为刚片,刚片数 $m=6$,单铰数 $h=6$,支座链杆数 $r=6$,代入式(3-1),即得体系的自由度为

$$W = 3m - 2h - r = 3 \times 6 - 2 \times 6 - 6 = 0$$

表明该体系具有足够的并且可以保证自身是几何不变所需的最少约束。

对结构体系进行几何组成分析。视固定铰链支座 A、B 为地基上增加的二元体,可将其余地基看作一刚片。而链杆 AC、BC 和链杆 BD、CD 又是在此基础上增加的二元体,因此原刚片进一步扩大,将扩大后的刚片命名为刚片Ⅰ。另将杆件 EF 视为刚片Ⅱ,刚片Ⅰ和Ⅱ由一竖直定位链杆 ED 和两水平的定向支座链杆相联结,而这三根链杆不全交于一点也不全平行,符合两刚片规则。所以,图 3-13 所示的平面结构体系为几何不变体系,且无多余约束。

【例 3-4】 试对图 3-14 所示的平面结构体系进行几何组成分析。

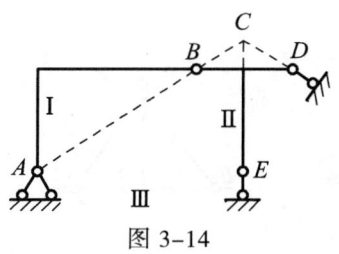

图 3-14

【解】 计算该平面结构体系的自由度 $W = 3m - 2h - r = 3 \times 2 - 2 \times 1 - 4 = 0$，表明体系具有足够的并且可以保证自身是几何不变体系所需的最少约束数。视折杆 AB、构件 BED 和地基分别为刚片 Ⅰ、Ⅱ 和 Ⅲ。刚片 Ⅰ 和 Ⅱ 用一个实铰 B 联结，刚片 Ⅱ 和 Ⅲ 用一个虚铰 C 联结，刚片 Ⅲ 和 Ⅰ 用一个固定铰链支座亦即实铰 A 联结，刚片 Ⅰ、Ⅱ、Ⅲ 两两相联结，但三个铰 A、B、C 在同一直线上，故整个平面结构体系为瞬变体系。

前已指出，只有几何不变体系才能作为结构。另从以上例题还看出，几何不变体系可以是无多余约束，也可以是有多余约束。对于无多余约束的结构，本章之前已出现过的如图 3-15a 所示的简支梁，就是最简单的，并能很容易根据两刚片规则确定的无多余约束的几何不变体系。由静力学可知，它的全部约束力皆可由静力平衡方程求得，自然属于静定结构体系。对于图 3-15a 所示的简支梁，若在梁中段再增设两个活动铰链支座，亦即自由度减少了两个，则就成了如图 3-15b 所示有多余约束的超静定结构体系。因为这时的结构体系总共有 5 个约

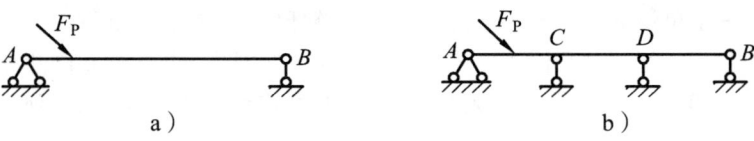

图 3-15

束，也就是有 5 个未知的支座约束反力，显然无法用仅有的 3 个独立的静力平衡方程求得。对于未知力总数与静力平衡方程总数的差值，也就是多余约束的数目，在这里将其称为结构的超静定次数。超静定结构有多余约束存在，就使结构进行内力得以重新分配，这就是为什么超静定结构比静定结构更能经济合理地利用材料的原因。至于超静定结构的内力分析，除考虑结构体系的静力平衡条件外，还需借助变形协调条件而建立新的独立方程，才能求得全部未知量。超静定结构的约束反力和内力的计算方法，将分别在以后的章节里逐步予以讨论。

思 考 题

3-1 几何可变体系和瞬变体系在工程实际中是不能作为结构使用的，试举例说明之。

3-2 一平面结构体系的自由度为零，试问此体系能不能作为工程结构使用？

3-3 试举例说明平面几何不变体系的三个几何组成规则的统一性。

3-4 瞬变体系与几何可变体系有何特征？如何分析和判别瞬变体系？

3-5 试问三刚片用三个铰两两相联结后构成的体系，一定是几何不变体系吗？

3-6 两刚片用一个单铰和一根链杆相联结所构成几何不变体系的条件是什么？

3-7 静定结构与超静定结构的根本区别是什么？试举例说明之。

3-8 在图 3-16 所示的各平面结构体系中，具有二元体的应是图（　　）所示的体系。

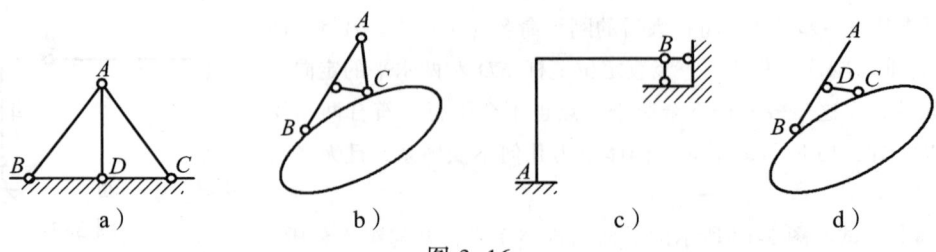

图 3-16

3-9 图 3-17 所示三刚片，采用了两个铰和两根链杆（相当于一个虚铰，并与另外两个实铰不在同一直线上）相联结，它们能组成几何不变体系吗？通过此题试说明三刚片规则中三个铰应满足的充分条件是什么？

3-10 平面结构体系的几何组成特性与其求未知约束反力的静力特性有何关系？

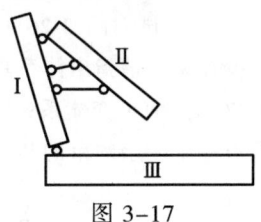

图 3-17

习　题

3-1 试计算图 3-18～图 3-25 所示平面体系的自由度，并分别对其进行几何组成分析。（答：图 3-19 为瞬变体系；图 3-23 为几何可变体系；其余为没有多余约束的几何不变体系）

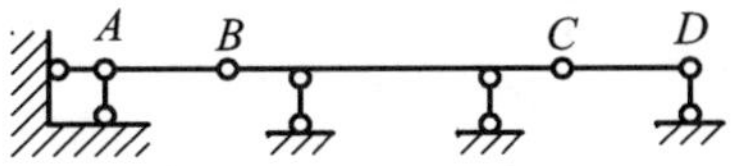

图 3-18

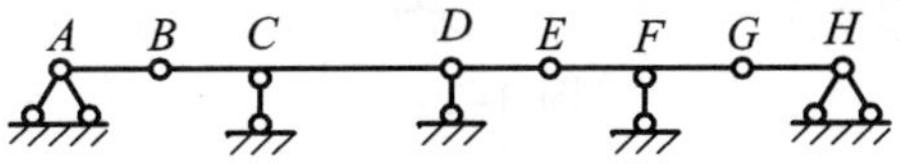

图 3-19

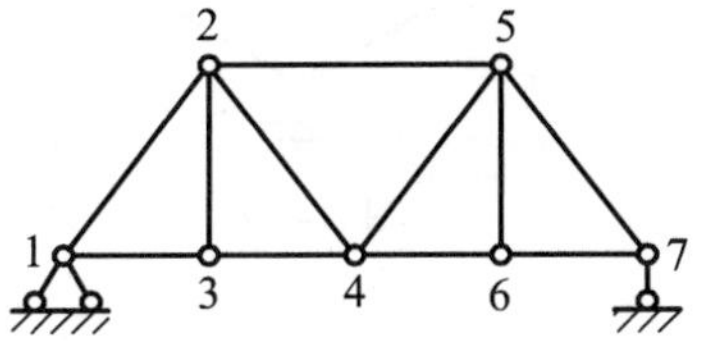

图 3-20

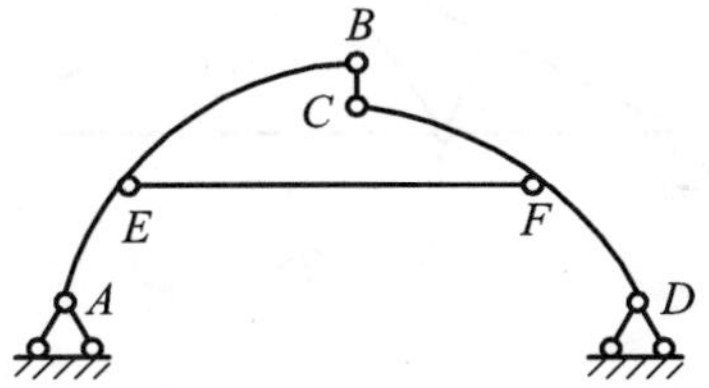

图 3-21

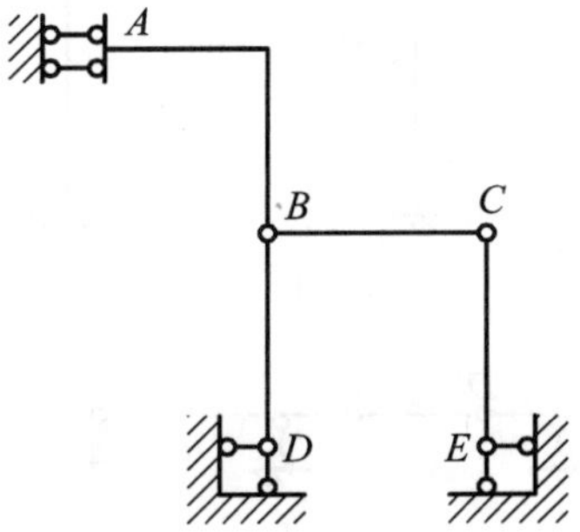

图 3-22

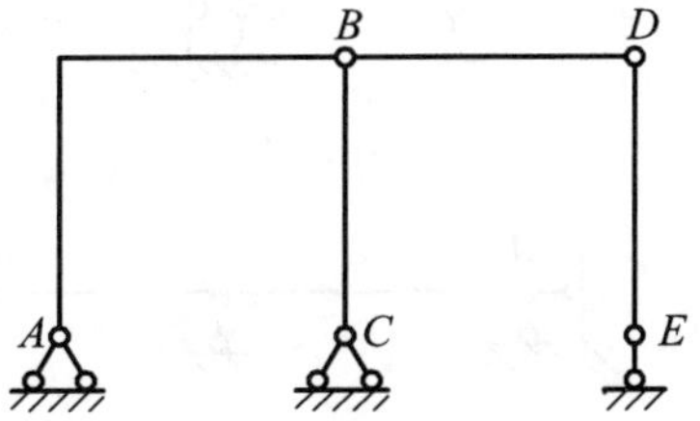

图 3-23

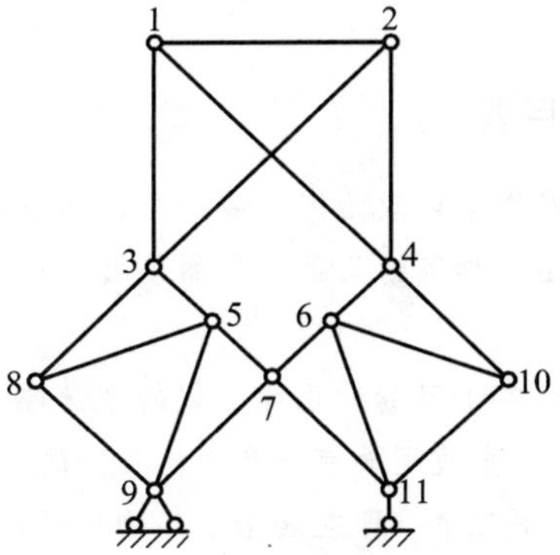

图 3-24

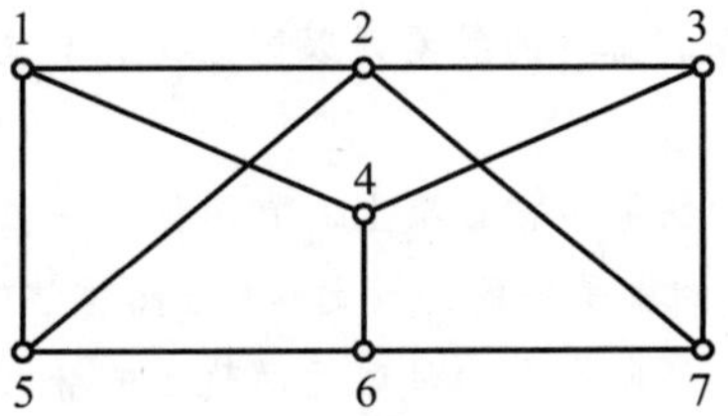

图 3-25

3-2 试对图 3-26～图 3-32 所示平面结构体系进行几何组成分析。若体系是具有多余约束的几何不变体系，请指出体系具有的多余约束数目。（答：图 3-26 为具有 3 个多余约束的几何不变体系；图 3-27 为几何可变体系；图 3-28 为具有两个多余约束的几何不变体系；图 3-29 为瞬变体系；图 3-31 为具有一个多余约束的几何不变体系；其余为没有多余约束的几何不变体系）

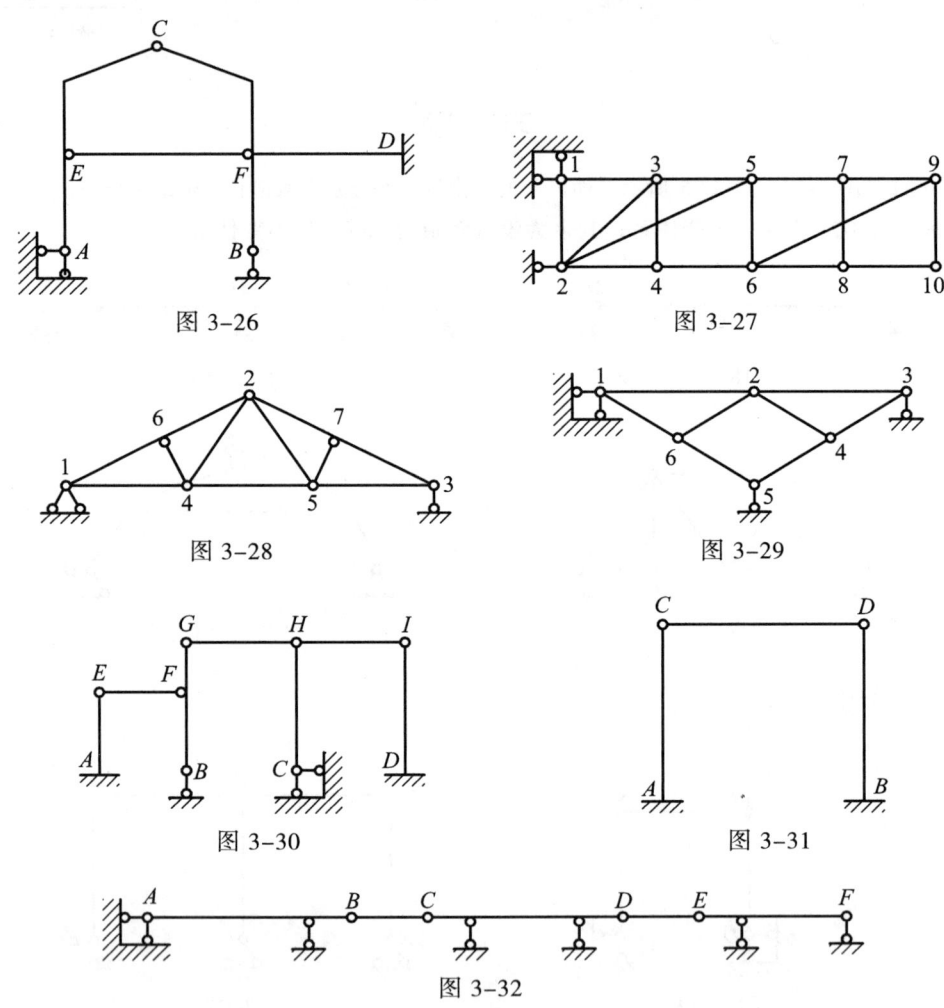

图 3-26　　图 3-27

图 3-28　　图 3-29

图 3-30　　图 3-31

图 3-32

[辅助学习材料]

钞票上的力学巨匠

钞票上的图案，世界各国都各有各的特点。多数钞票图案以政治家头像为主，如中国的人民币、美国的美元等。而有的钞票则以国家元首与文化名人为主，如英镑正面为伊丽莎白二世，背面则为文化名人。

力学家的头像印在钞票上的有两位，一位是牛顿，即在 1 英镑背面印有他的半身像，于双腿处放一本厚书，大约就是他的传世之作《自然哲学的数学原理》，旁边还放有一台由他发明的反射式望远镜，另外在钞票上还印有表示星球运动轨迹的椭圆图。另一位是欧拉，即在瑞士法郎的正面印有他的头像，而在其背景中则印有隐约可见的数学曲线图。

牛顿与欧拉都是力学史上的两位显赫人物。牛顿（1642—1727）是经典力学的奠基人之一，与德国数学家莱布尼兹（1646—1716）同是微积分的创始人。他总结出的运动三定律与万有引力定律，成功地解释了天体运行的规则，并且在此基础上又获得了一系列的天文学新发现。牛顿力学原理还是整个物理学与自然科学精确化的始祖。

欧拉（1707—1782）是一位多产的数学家、力学家。他为一般力学、流体力学、固体力学的发展做出了巨大的贡献，其中有不少奠基性的工作是由他完成的，他是力学上的一位通才。欧拉的非凡成就，还在他不幸于 1735 年右眼失明，1766 年左眼又失明，但他仍继续勤奋地工作。他一生写过 800 多篇文章。他的成果遍布于数学、力学的很多方面。直到他逝世 35 年后，他的著作方被全部出版。现在数学上通用的作为自然对数的底的超越数符号 e 与函数符号 $f(\ )$，就是由他给出而广泛应用于数学的。

第四章

静定结构杆件的内力分析

组成结构的杆件在载荷的作用下要发生变形。与此同时，杆件内部各部分间必然要产生相互的作用而存在内力。

分析杆件内力是杆件静力学设计的基础，杆件就是弹性体，研究弹性体静力学，首先明确**弹性体及其理想化**的概念是必不可少的。

而弹性体静力学设计最有意义的，就是计算杆件在不同变形情况下产生的不同内力的分量，亦即**直杆轴向拉伸或压缩时的轴力**、

静定平面桁架各杆件的轴力、

圆轴扭转时的扭矩、

直梁弯曲时的剪力与弯矩。

另外，本章还将介绍

直梁剪力图和弯矩的简捷画法。

最后，在此基础上，我们还将讨论

多跨静定梁与静定平面刚架的内力，以及

斜梁与三铰拱的内力。

第一节 弹性体及其理想化

一、弹性体

在刚体静力学中，忽略物体变形而将其抽象为刚体。但任何实际物体受力后，其内部质点之间都会发生相对运动，或者说质点的相对位置将要改变，从而使物体变形。工程上，绝大多数物体的变形均被限制在一个弹性

变形的范围内。所谓弹性变形，即当外载荷去掉后物体的变形也随之消失，这时消失的变形就是弹性变形，而相应的物体则称为弹性体。但作用于物体的外载荷去掉后，物体的变形并不会全部消失，而残留下来的那一部分变形称为塑性变形。

二、各向同性弹性体与各向异性弹性体

若弹性体在所有方向上均具有相同的物理和力学性能，则称这类弹性体为各向同性弹性体。若弹性体在不同方向上具有不同的物理和力学性能，则这类弹性体称为各向异性弹性体。实际物体属于哪一类弹性体，取决于组成物体的材料。

三、各向同性弹性体的均匀连续性假设

实际材料在微观结构上并不是处处都是均匀连续的。但是当研究的物体几何尺度足够大，而所考虑的物体上的点也都是这一宏观尺度上的点，这时就可以认为在所研究的物体的整个体积内，组成它的材料处处都均匀连续分布。这实际上也就是将物体视为各向同性弹性体的一种理想化假设，因此称之为均匀连续性假设。

根据这一假设，物体内部因受力而产生的内力和变形都是连续的。于是，内力和变形就可以表示为坐标各点的连续函数，从而有利于建立相应的数学模型。

四、弹性体受力后的内力与变形特征

若弹性体受到外部力系的作用而处于平衡状态，而此时又只研究力系之间的平衡关系，则要研究的弹性体的平衡问题，仍然属于刚体静力学平衡问题的范畴。

弹性体受外力作用（图 4-1a）后，其内部各质点会发生相对运动，于是质点间产生相互作用力亦即产生内力。这里又用到"内力"一词，务请注意，它并非刚体静力学中研究物体系平衡时所言的内力，这二者在物理意义上有着根本的区别。根据均匀连续性假设，弹性体内各处质点的内力是连续分布的。如果将弹性体从某一处将其截为两部分（图 4-1b），那么

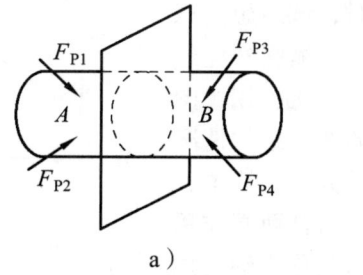 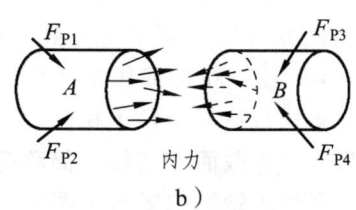

图 4-1

在截开处的截面上，一定存在着一个分布内力系。对于截开后的弹性体的每一部分，由于整体是平衡的，因此它们当中每一部分也必然是平衡的。这样，作用在每一部分上的外力，就必须与截面上的分布内力系构成平衡力系。由此也表明，弹性体因外力作用而产生的内力不能是任意的。

弹性体在外力作用下，其变形不会出现整体各相邻部分分离或者重叠。或者说，弹性体受力后发生的变形并不是任意的，也就是变形必须满足各处形状改变的协调一致。

五、弹性体的几何分类

根据弹性体形状在空间三个方向上的几何特性，通常将其分为以下几类。

（1）杆：空间一个方向的尺度远大于其他两个方向的尺度。

（2）板：空间一个方向的尺度远小于其他两个方向的尺度，而且在形状上各处的曲率均为零。

（3）壳：空间一个方向的尺度远小于其他两个方向的尺度，而且在形状上至少有一个方向的曲率不为零。

（4）体：空间三个方向具有相同量级的尺度。

工程结构的构成单元一般称为构件。构件通常又按其使用功能的不同而分类。下面要讨论的主要就是最常见弹性体，亦即杆件在不同变形状态时的内力。

第二节 直杆轴向拉伸或压缩时的轴力

一、直杆轴向拉伸或压缩时的内力

物体由质点组成，当物体在未受到外力作用时，各质点间总存在一定的相互作用力，此即固有内力。而当物体受到外力作用时，各质点间的相对位置会发生改变，相应地各质点间的相互作用力也会发生变化，于是就有了内力。可见内力是因物体受外力作用而引起的各质点间固有内力的改变量，为此将其看成是一种"附加内力"。这正是弹性体静力学中要研究的内力。内力随外力的增大而增大，当内力达到某一限度时，就会引起杆件的破坏。因此，要研究杆件抵抗破坏的能力及其强度计算，不能不探讨、分析杆件的内力。对杆件而言，最有意义的是横截面上的内力。下面介绍杆件在轴向拉伸或压缩时内力的计算方法。

二、直杆轴向拉伸或压缩时的轴力

在工程实际中，发生轴向拉伸或压缩的构件随处可见。例如，图 4-2a 所示三角支架，当载荷 F_P 作用于结点 B 时，试想想，三角架中的水平杆和斜撑杆是不是分别都有了拉伸和压缩呢？凭经验完全可判断杆件 AB 和 BC 各自是受到了拉力和压力的作用（图 4-2b、c）。对于实际受到拉伸或压缩的杆件，其端部固结的情况和杆件表面的细微构造特征会各不相同，但在力学分析计算中，通常将它们视为一根**等截面的直杆**，简称**等直杆**。而杆两端作用外力的作用线与杆件的轴线相重合（图 4-3），故将其称为**轴向拉伸或压缩杆件**。

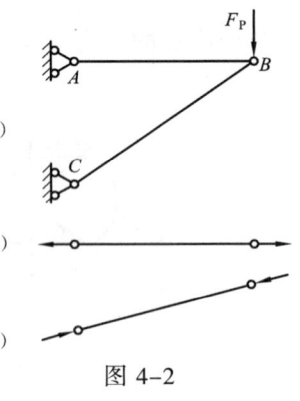

图 4-2

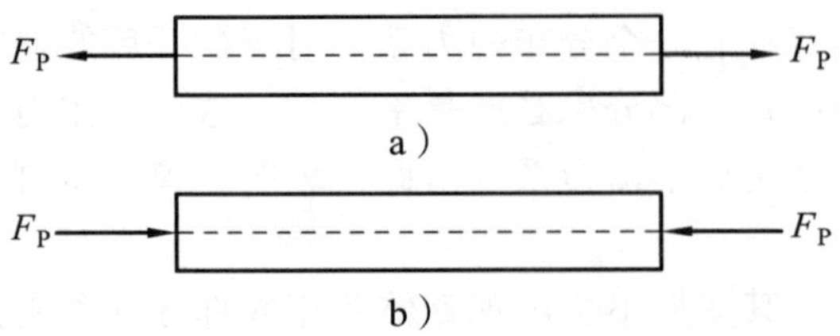

图 4-3

对于杆件的内力计算，通常用的都是截面法。所谓**截面法**，就是用一假想的横截面将杆件截为两部分，取其中一部分作为研究对象或分离体，然后建立平衡方程来求解内力。如图 4-4a 所示，有一等直杆在一对拉力 F 的作用下处于平衡状态，欲求该直杆任意一横截面 $m\text{-}m$ 上的内力。今用一假想的横截面 $m\text{-}m$ 将其截为 Ⅰ 和 Ⅱ 两部分，取其中任意一部分如 Ⅰ 作为分离体，对于去掉的那一部分对留下部分的作用，以分布在截面 $m\text{-}m$ 上的内力系来代替（图 4-4b）。由于整个杆件处于平衡状态，因此杆件中的任意一部分也应是处于平衡的。由此看来，处于平衡的这一部分杆件横截面 $m\text{-}m$ 上的内力系的合力 F_N，必然与其上所作用的已知拉力 F 满足平衡条件。于是列平衡方程，即

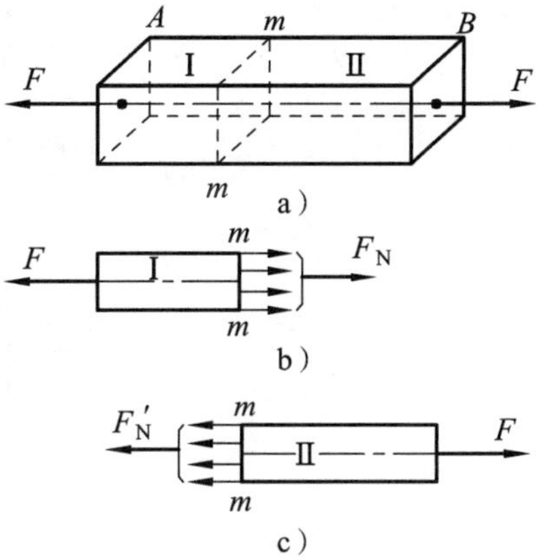

$$\sum F_x = 0, \quad F_N - F_P = 0$$

解之，得

$$F_N = F$$

图 4-4

以上求得的 F_N，即为杆件拉伸时任意一横截面上的内力。因内力作用线与杆件的轴线重合，也就是内力作用线垂直于横截面并通过横截面形心，故将**轴向拉伸或压缩杆件的内力称为轴力**。须指出，轴力 F_N 也可通过取受拉等直杆的右部分 Ⅱ 为分离体来求得（图 4-4c），其结果与取左部分 Ⅰ 时是一致的。

以上示例说明了拉伸杆件的轴力求法。对于压缩杆件，其变形相反于拉伸，相应的轴力也相反。为此，对于杆件轴向拉伸或压缩时的轴力这一代数量的正负作出了如下规定：**当轴力的方向与截面的外法线方向一致时，杆件受拉力，即轴力为正；当轴力的方向与截面的外法线方向相反时，杆件受压力，即轴力为负**。轴力正负号的规定，也可简称为拉为正压为负。轴力的单位是牛[顿]或千牛[顿]，符号为 N 或 kN。

归纳一下，用截面法求杆件轴向拉伸或压缩时的轴力的步骤是：

（1）**截**：用假想的横截面在欲求轴力的横截面处将杆件截为两部分。
（2）**取**：取杆件其中一部分为分离体，通常取受外力较少的那一部分以简化计算。
（3）**画**：画出分离体的受力图，即画出分离体所受的外力与横截面上假设正向的轴力。
（4）**算**：针对分离体的平衡，列平衡方程求出轴力。

当杆件受到多个沿轴向的外力作用时，杆件的轴力在其不同位置的横截面上是不同的。为了更直观地显示杆件横截面上的轴力沿杆件轴线变化的规律，以横坐标表示杆件横截面的位置，以纵坐标表示横截面上轴力的大小，而且正的轴力亦即拉力画在横坐标上侧，负的轴力亦即压力画在横坐标下侧。这样画出的**显示杆件横截面上的轴力沿杆件轴线变化规律的图线，即称为轴力图**。

【例 4-1】 一等直杆所受到的轴向外力位于杆的几个不同位置，如图 4-5a 所示，试画出该等直杆的轴力图。

72 建筑工程力学

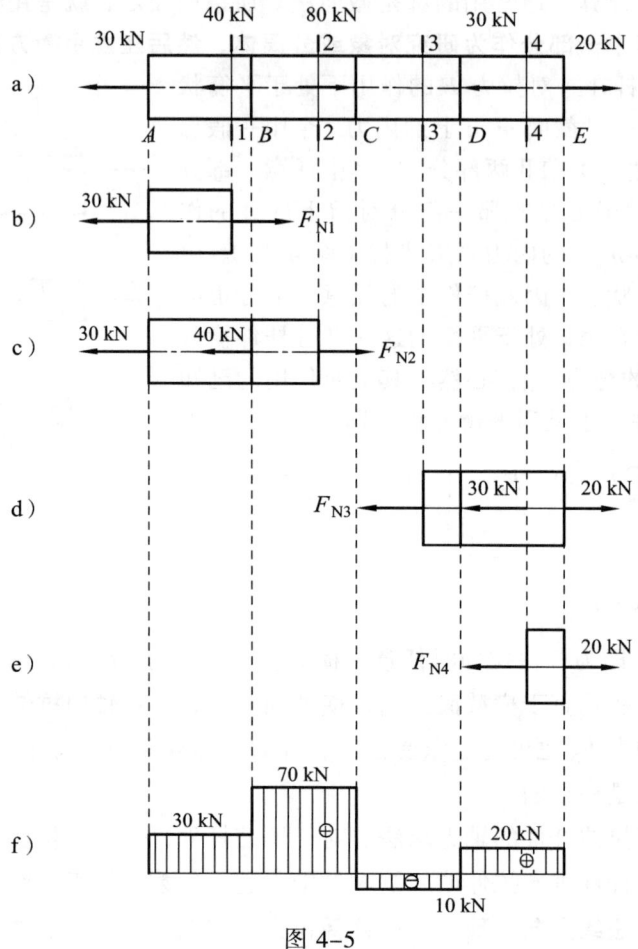

图 4-5

【解】 (1) 在等直杆 AB 段内，用任意一横截面将直杆截为两段。取左段为分离体，画出其受力图。在此假定横截面上的轴力 F_{N1} 为拉力（图 4-5b），列平衡方程，即

$$\sum F_x = 0, \quad F_{N1} - 30 \times 10^3 = 0$$

解之，得

$$F_{N1} = 30 \times 10^3 \text{ N} = 30 \text{ kN}$$

所得结果为正值，说明假设轴力的方向与实际方相同，轴力 F_{N1} 为拉力。因为所取截面是任意的，所以 AB 段内的轴力均为 30 kN。

(2) 在等直杆 BC 段内，用任意一横截面将直杆截为两段。取左段为分离体，画出其受力图。在此假定横截面的轴力 F_{N2} 为拉力（图 4-5c），列平衡方程，即

$$\sum F_x = 0, \quad F_{N2} - 30 \times 10^3 - 40 \times 10^3 = 0$$

解之，得

$$F_{N2} = 30 \times 10^3 + 40 \times 10^3 = 70 \times 10^3 \text{ N} = 70 \text{ kN}$$

等直杆 BC 段内的轴力均为 70 kN 的拉力。

(3) 在等直杆 CD 段内，用任意一横截面将直杆截为两段，取右段为分离体，画出其受力图。在此假定横截面上的轴力 F_{N3} 为拉力（图 4-5d），列平衡方程，即

$$\sum F_x = 0, \quad -F_{N3} - 30 \times 10^3 + 20 \times 10^3 = 0$$

解之，得

$$F_{N3} = -30 + 20 = -10 \times 10^3 \text{ N} = -10 \text{ kN}$$

所得结果为负值，说明假设轴力的方向与实际方向相反，轴力 F_{N3} 为压力。

(4) 用同样的方法，可求得等直杆 DE 段内任意一横截面上的轴力 $F_{N4} = 20$ kN，明显为拉力。

(5) 画轴力图。以平行于等直杆轴线的横坐标为基线来表示横截面的位置，以纵坐标表示横截面上轴力的大小，将以上所求的等直杆各段的轴力按适当比例在基线上方用竖标标出正值的轴力，用竖标标出负值的轴力，连接各竖标顶点画线，即得等直杆 AB 的轴力图如图 4-5f 所示。

在轴力图 4-5f 中，我们可以一目了然地看出最大正轴力 $F_{N\max}^+ = 70$ kN，最大负轴力 $F_{N\max}^- = 10$ kN。同时可以看出，轴力图在集中力的作用处出现突变，其突变值的绝对值正好等于此集中力的大小。例如轴力图在 B 截面处的突变值的绝对值为 $|70 - 30| = 40$ kN，恰好与此截面所受到集中力 40 kN 相等。在 C、D 截面处，同样可以发现有这样的规律。因此这个规律可以成为判断轴力图是否正确的一个必要条件。

第三节　静定平面桁架各杆件的轴力

一、概　述

桁架是由若干直杆在其两端用圆柱铰链联结而成的结构。桁架在土木工程结构中较为常见，如桥梁主体（图 4-6a）、钢木屋架（图 4-7a）等等。这些桁架结构一般都具有对称的平面，当载荷作用在对称平面内时，即可将空间桁架简化为平面桁架（图 4-6b、图 4-7b）。对

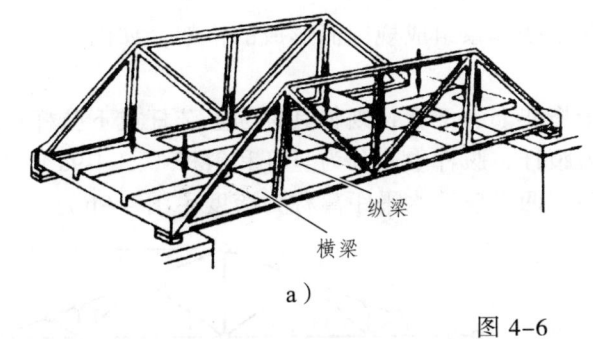

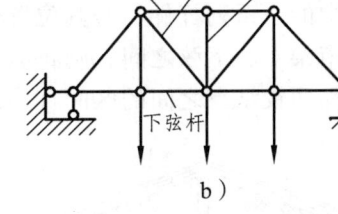

图 4-6

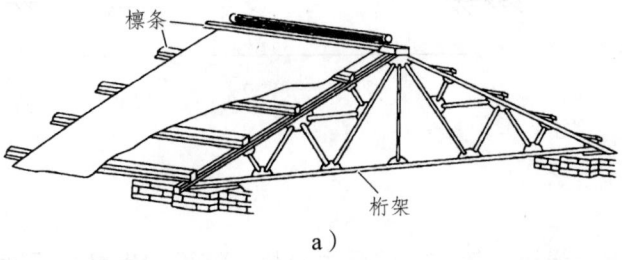

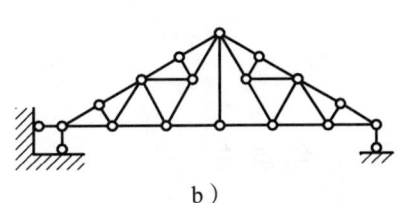

图 4-7

于静定平面桁架的内力计算，有时还要对桁架作进一步的简化。如桁架中杆件端部的联结形式，虽有多种不同的联结形式（图 4-8a、b、c），但是由于联结杆件之间的相互约束反力偶很小，因而将其简化为光滑圆柱铰链联结（4-8d、e、f）。另外，还认为载荷和支座约束反力均

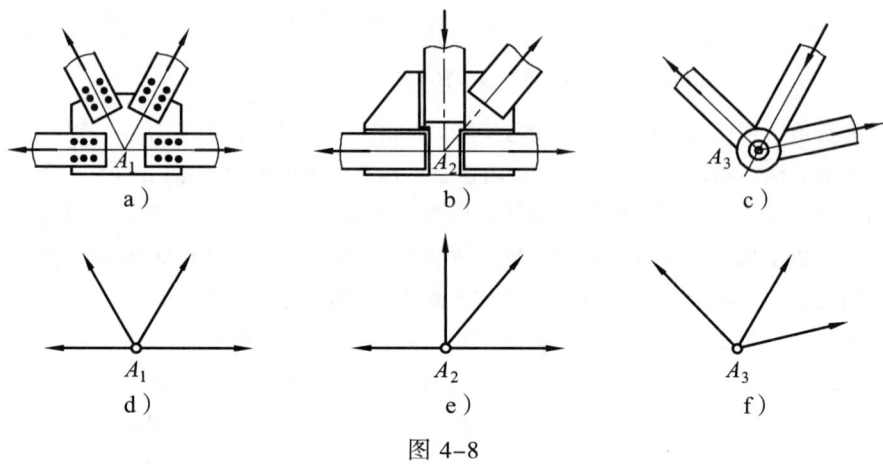

图 4-8

作用在铰结点上，并且都位于桁架的平面内。有时还要将没有直接作用在结点上的载荷（简称为非结点载荷）简化为等效结点载荷。此外，为了简化计算，又常常采取一些理想化措施，如不计杆件自重，假设各杆件为等截面直杆，假设各杆件两端为光滑铰链联结，假设桁架外力均作用在铰链上，等等。经过对实际桁架采取了这些必要的理想化措施后，最终使桁架各杆件成为了仅在两端受力的二力杆，就是说桁架在这时各杆件内力只有轴力。桁架按其几何构造特点，通常分为以下两类：

（1）简单桁架。由基础或一个铰结三角形出发，逐次增加二元体而形成的桁架，如图 4-6 所示的桁架即属于这类桁架。

（2）联合桁架。由简单桁架按照几何不变体系组成规则而形成的桁架，如图 4-7 所示的桁架即属于这类桁架。

桁架中的一系列杆件，若其位置位于桁架上、下缘，则将其称为上弦杆或下弦杆；若其位置位于桁架上、下弦之间，则将其称为腹杆，腹杆中还分为竖杆和斜杆（图 4-9a）；另外，弦杆上相邻两铰结点之间的区间称为结间，两支座的水平距离称为跨度（图 4-9b）。

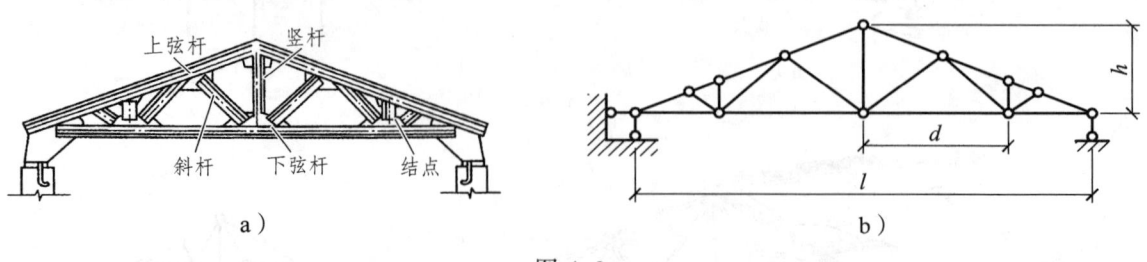

图 4-9

二、结点法

结点法就是取桁架的铰结点为分离体，通过对铰结点的受力分析，继而列出静力平衡方程来求桁架各杆件内力的一种方法。因桁架各杆件都是二力杆，故作用于铰结点的各力即构

成一平面汇交力系，而每一铰结点可列出两个独立的平衡方程。计算时，为了尽量避免解联立方程，往往先从未知力不超过两个的结点开始，然后再逐次取各点为分离体进行计算，直到得出所要求的杆件内力为止。

【例 4-2】 试用结点法计算图 4-10a 所示桁架中各杆件的轴力。

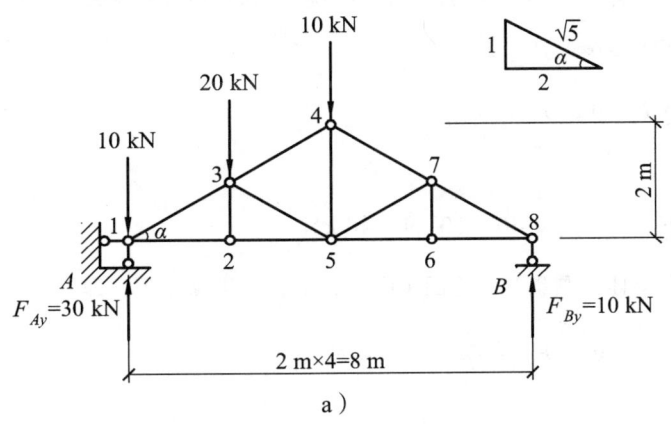

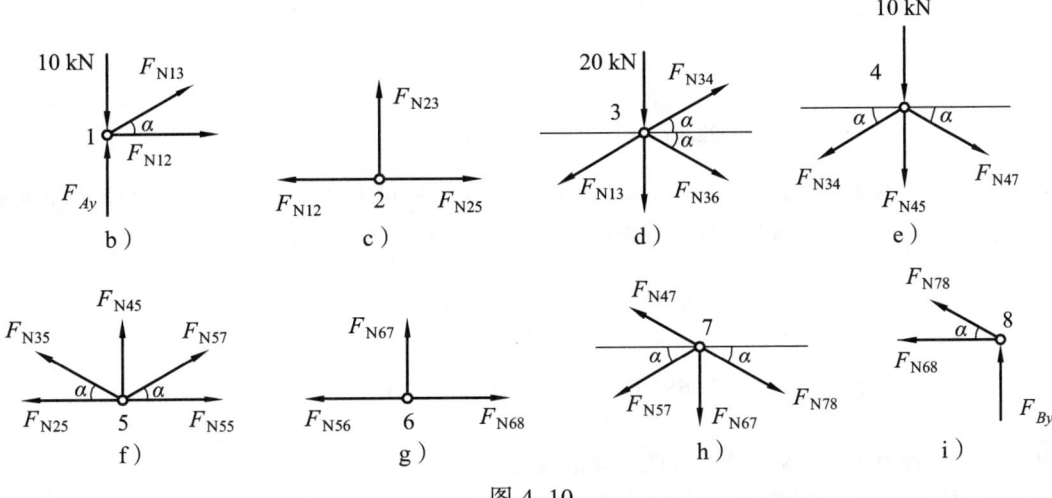

图 4-10

【解】 （1）先求出桁架的支座约束反力。取整个桁架为研究对象，画出其受力图，列平衡方程，即

$$\sum M_B = 0, \quad (10 \times 8 + 20 \times 6 + 10 \times 4) \times 10^3 \text{ N} \cdot \text{m} - 8F_{Ay} = 0$$

$$\sum F_y = 0, \quad F_{Ay} + (-10 - 20 - 10) \times 10^3 \text{ N} + F_{By} = 0$$

解之，得

$$F_{Ay} = 30 \times 10^3 \text{ N} = 30 \text{ kN}, \quad F_{By} = 10 \times 10^3 \text{ N} = 10 \text{ kN}$$

（2）取结点 1 为分离体，画出其受力图（图 4-10b），列平衡方程，即

$$\sum F_y = 0, \quad \frac{1}{\sqrt{5}} F_{N13} - 10 \times 10^3 \text{ N} + 30 \times 10^3 \text{ N} = 0$$

$$\sum F_x = 0, \quad \frac{2}{\sqrt{5}} F_{N13} + F_{N12} = 0$$

解之，得

$$F_{N13} = -44.72 \times 10^3 \text{ N} = -44.72 \text{ kN（压力）}, \quad F_{N12} = \frac{2}{\sqrt{5}} F_{N13} = 40 \times 10^3 \text{ N} = 40 \text{ kN}$$

（3）取结点 2 为分离体，画出其受力图（图 4-10c），列平衡方程，即

$$\sum F_y = 0, \quad F_{N23} = 0$$

$$\sum F_x = 0, \quad F_{N25} - F_{N12} = 0$$

解之，得

$$F_{N25} = F_{N12} = 40 \times 10^3 \text{ N} = 40 \text{ kN}$$

（4）取结点 3 为分离体，画出其受力图（图 4-10d），列平衡方程，即

$$\sum F_x = 0, \quad F_{N13} + \frac{2}{\sqrt{5}} F_{N34} + \frac{2}{\sqrt{5}} F_{N35} = 0$$

$$\sum F_y = 0, \quad -20 \times 10^3 + \frac{1}{\sqrt{5}} F_{N34} - \frac{1}{\sqrt{5}} F_{N35} - \frac{1}{\sqrt{5}} F_{N13} = 0$$

解之，得

$$F_{N34} = F_{N35} = -22.36 \times 10^3 = -22.36 \text{ kN（压力）}$$

接下来，取结点 4、5、6、7 为分离体（图 4-10e~h），即可求得各杆件的轴力。最后，对所求得的轴力校核。如可取结点 8 为分离体，画出受力图（图 4-10i），列平衡方程，即

$$\sum F_x = 0, \quad -(-22.36 \times 10^3 \text{ N}) \times \frac{2}{\sqrt{5}} - 20 \times 10^3 \text{ N} = 0$$

$$\sum F_y = 0, \quad -22.36 \times 10^3 \text{ N} \times \frac{1}{\sqrt{5}} + 10 \times 10^3 \text{ N} = 0$$

作用于结点上的轴力满足平衡方程，表明计算结果正确无误。

在一般情况下，还要将已求出的桁架各杆件的轴力大小逐一标注在计算简图上（图 4-11）。由图 4-11 可见，其中有三根杆件的轴力为零，轴力为零的杆件称为零杆，轴力绝对值相等的杆件称为等力杆。零杆与等力杆往往可通过静力平衡计算得知，但在某些情况下也可通过对有关结点或杆件进行受力分析而予以直接判断。计算桁架的轴力时，若能先找出零杆与等力杆，则可减少计算工作量。如以下情况中的一些杆件，就基于力的性质，以及力与投影轴的一些几何关系而予以直接判断的：

（1）在不共线的两杆结点上当无载荷作用时（图 4-12a），两杆必为零杆。

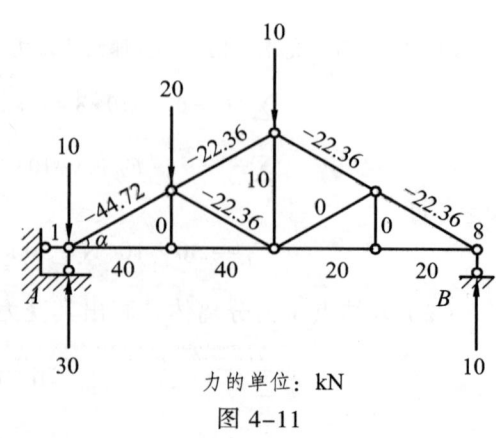

图 4-11

（2）在有两杆共线的相交的三杆结点上无载荷作用（图 4-12b）时，另一不共线的第三杆必为零杆，而共线的两杆的轴力一定大小相等，并且同为拉力或者压力。

（3）在两两共线的相交的四杆结点上无载荷作用（图 4-12c）时，同一直线上的两杆的轴力必然大小相等而且方向相反。

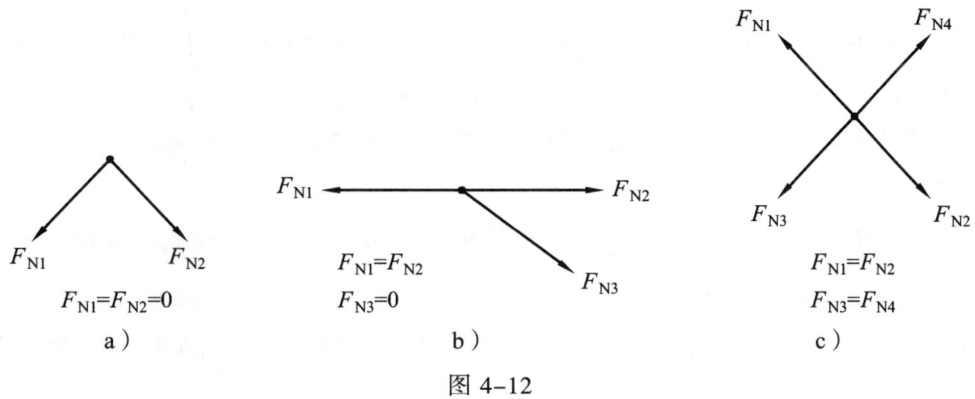

图 4-12

说到这里，是不是可以认为零杆在桁架中不起作用，而将其去掉呢？回答：不行。实际上零杆在桁架中并非多余，如果去掉了这些零杆，那么桁架就无法保持其几何不变了。况且在平面桁架的计算之始，我们已对桁架的受力和约束等情况，作了许多理想化的假设，正因为如此，这些杆件的轴力才会为零。

三、截面法

截面法就是用一假想的截面，先截取桁架的含有两个或两个以上结点的某一部分为分离体，而建立其静力平衡方程，然后求出桁架中被截开杆件的轴力方法。因为在一般情况下，作用于所取分离体上的力系属于平面任意力系，所以只要力系中未知力的数目不多于三个，就可把截开杆件的轴力求出。

【例 4-3】 用截面法计算图 4-13a 所示桁架中杆 25、34、35 的轴力。

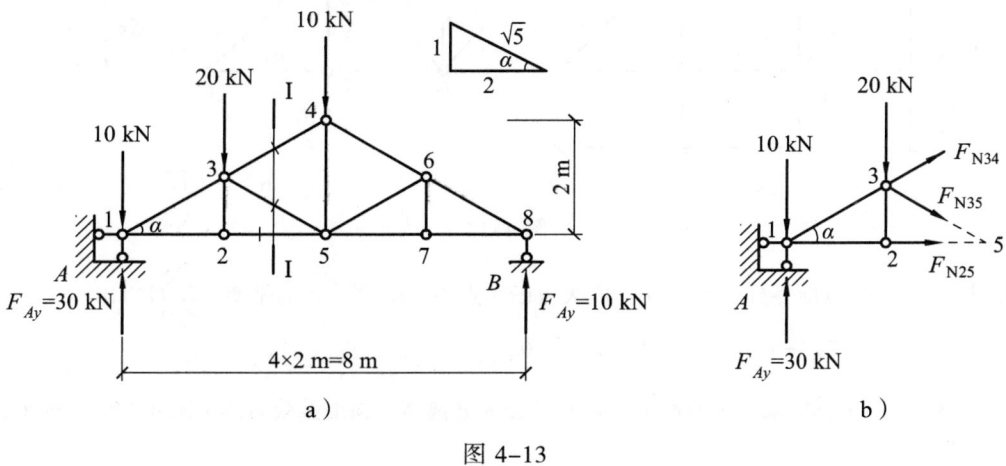

图 4-13

【解】 先求出桁架的支座约束反力，由例 4-2 可知约束反力为

$$F_{Ay} = 30 \text{ kN}, \quad F_{By} = 10 \text{ kN}$$

用截面Ⅰ-Ⅰ使之通过杆件34、35、25，于是桁架被截为两部分。取左部分为分离体，假设三杆的轴力为拉力，画出其受力图（图4-13b）。然后，以F_{N34}和F_{N35}两未知力的交点3为矩心，列平衡方程并解之，得

$$\sum M_3 = 0, \quad (10-30) \times 10^3 \times 2 \text{ N} \cdot \text{m} + F_{N25} \times 1 \text{ N} \cdot \text{m} = 0, \quad F_{N25} = 40 \times 10^3 \text{ N} = 40 \text{ kN}$$

为计算方便，将F_{N34}滑移到位于结点4对应的位置，然后将其分解为一水平力和一铅垂力，再以F_{N35}和F_{N25}两力的交点5为矩心。由桁架结构尺寸可知$\cos\alpha = 2/\sqrt{5}$，$\sin\alpha = 1/\sqrt{5}$，列力矩平衡方程并解之，得

$$\sum M_5 = 0, \quad (10 \times 4 + 20 \times 2 - 30 \times 4) \times 10^3 \text{ N} \cdot \text{m} - F_{N34} \times \cos\alpha \times 1 \text{ N} \cdot \text{m} - F_{N34} \times \sin\alpha \times 2 \text{ N} \cdot \text{m} = 0$$

$$F_{N34} = -22.36 \times 10^3 \text{ N} = -22.36 \text{ kN}$$

接下来，列方程$\sum F_x = 0$，即可求得$F_{N35} = -22.36$ kN（压力），读者不妨列出具体方程运算试求一下结果。

须指出，用截面法求桁架各杆件的轴力，所假想的截面既可以是开放的平面，也可以是闭合的曲面。在列平衡方程时，还是要讲究取矩心和取投影轴的技巧，亦即取矩心应取大多数未知轴力作用线的交点，而取投影轴应尽可能地使之垂直于大多数的未知轴力，从而使计算更简便。

四、计算平面桁架杆件轴力的结点法和截面法的联合应用

有时对于一些较复杂的桁架，若只需要求出个别指定杆件的轴力，则可联合应用两种方法，即用结点法和截面法联合求解会更方便。

【例4-4】 求图4-14a所示悬臂式平面桁架中各杆件的轴力。已知在桁架结点E处作用有载荷F_P。

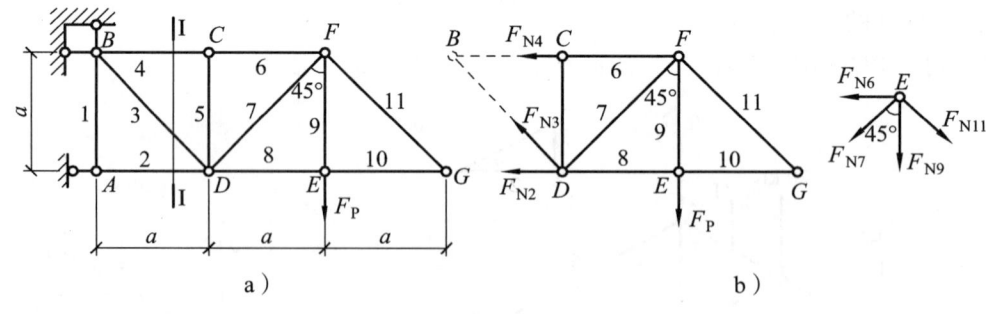

图4-14

【解】 （1）先判断零杆和等力杆。依次考虑结点G、E、C、A的平衡，不难得出

$$F_{N11} = F_{N10} = F_{N8} = F_{N5} = F_{N1} = 0, \quad F_{N9} = F_P, \quad F_{N4} = F_{N6}$$

（2）用截面Ⅰ-Ⅰ将桁架截为两部分，取右部分为分离体，画出其受力图（图4-14b），列平衡方程并解之，得

$$\sum M_D = 0, \quad F_{N4} \times a - F_P \times a = 0, \quad F_{N4} = F_P$$

$$\sum M_B = 0, \quad -F_{N2} \times a - F_P \times 2a = 0, \quad F_{N4} = -2F_P \text{(压力)}$$

（3）取结点 F 为分离体，画出其受力图（图 4-14c），列平衡方程并解之，得

$$\sum F_x = 0, \quad -F_{N7}\sin 45° - F_{N6} = 0, \quad F_{N7} = -\sqrt{2}F_{N6} = -\sqrt{2}F_P \text{(压力)}$$

第四节　圆轴扭转时的扭矩

圆轴的扭转变形在工程上较为常见。圆轴扭转时的受力特点是：**力偶作用于圆轴的两端，且大小相等，转向相反，作用面与圆轴的轴线相垂直。圆轴在这样的力偶作用下，横截面绕轴线作相对转动，这种变形即称为扭转**。圆轴扭转变形后，它的**横截面绕圆轴轴线相对转过的角度，即为扭转角**。如图 4-15 所示，圆轴左右两端面相对转过的角度 φ_{AB}，或者圆轴中间

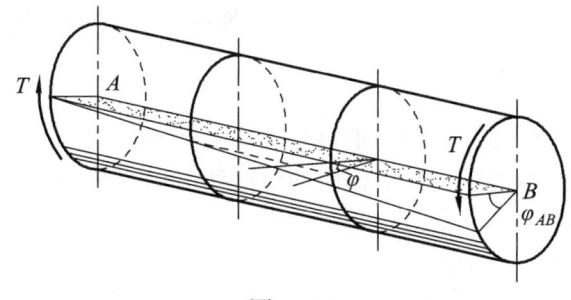

图 4-15

任意两横截面之间相对转过的角度 φ，均是扭转角。

圆轴在机械工程中常用来传递动力。圆轴在传递动力时，所承受的外力偶的力偶矩，一般不直接给出，而是只给出圆轴的功率 P 和圆轴的转速 n。这时，圆轴所承受的外力的力偶矩 T 与功率 P、转速 n 之间就有如下关系，即

$$T = 9\,550\frac{P}{n} \tag{4-1}$$

式中，力偶矩 T 的单位名称是牛[顿]米，符号为 N·m；功率 P 的单位名称是千瓦，符号为 kW；转速 n 的单位名称是转每分钟，符号为 r/min。

在计算得到扭转圆轴时所受外力偶的力偶矩后，就可用截面法求出任意**横截面的内力——扭矩**。图 4-16a 所示为一受扭圆轴，设所受外力偶的力偶矩为 T。今采用截面法求距圆轴 A 端为 x 的任意一横截面 m—m 上的内力。在圆轴上用一横截面 m—m 将圆轴截为左右两段，取左段为分离体，画出其受力图，如图 4-16b 所示。由扭转圆轴的平衡可知，对于所截取的圆轴的左段，其右端的横截面上必然有与其上的外力偶矩相平衡的力偶矩 M_n，此力偶矩 M_n 可通过平衡方程求出，亦即

$$\sum M_x = 0, \quad M_n - T = 0, \quad M_n = T$$

所得力偶矩 M_n，即为圆轴扭转时的内力扭矩。**扭矩为代数量**。扭矩的单位是牛[顿]米，符号为 N·m。对于同一横截面上的扭矩，无论是取左段还是取右段为分离体，通过平衡方程

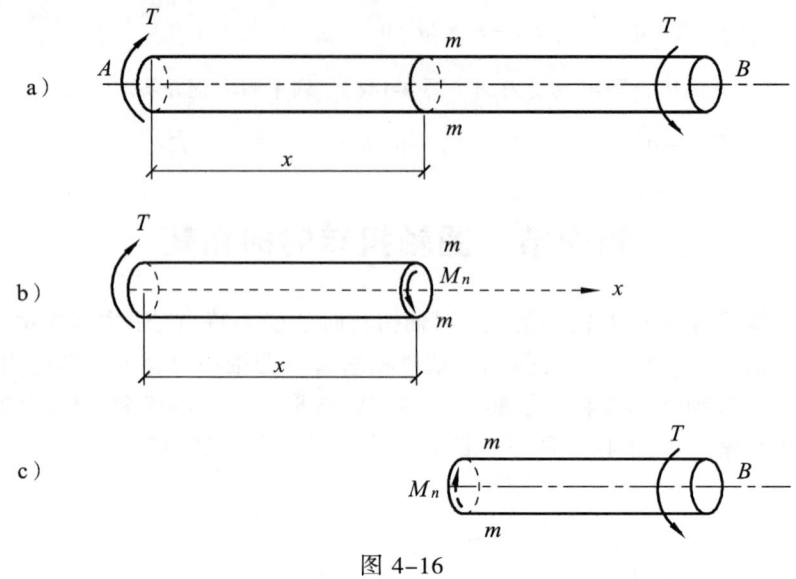

图 4-16

计算所得到的结果都是一样的。扭矩的正负号按右手螺旋法则规定：用右手握圆轴，四指沿扭矩的转向，伸出的大拇指指向当与横截面的外法线方向一致时，扭矩为正（图 4-17a），反之扭矩为负（图 4-17b）。

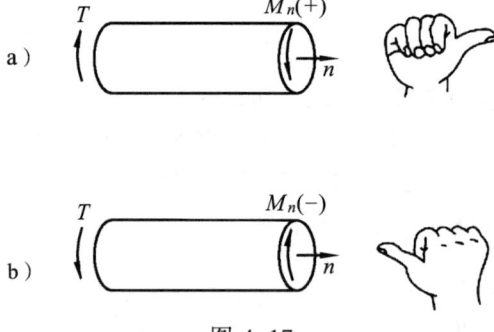

图 4-17

为了表示扭转圆轴的内力扭矩，随其横截面位置变化的情况，通常用平行于圆轴轴线的横坐标表示横截面的位置，用垂直于圆轴轴线的纵坐标表示横截面上扭矩的大小。由此得到显示扭矩沿轴线变化情况的图形，即称为扭矩图。下面举例说明扭矩图的画法。

【例 4-5】 已知图 4-18 所示传动，轴的转速 $n = 300$ r/min，主动轮输入功率 $P_A = 36$ kW，从动轮输出功率分别为 $P_B = 11$ kW，$P_C = 11$ kW，$P_D = 14$ kW。试画出该传动轴的扭矩图。

【解】 （1）按式（4-1）计算主动轮和从动轮上外力偶的力偶矩大小分别为

$$T_A = 9\,549\frac{P_A}{n} = 9\,549 \times \frac{36}{300}\,\text{N}\cdot\text{m} = 1\,146\,\text{N}\cdot\text{m}$$

$$T_B = T_C = 9\,549\frac{P_B}{n} = 9\,549 \times \frac{11}{300}\,\text{N}\cdot\text{m} = 350\,\text{N}\cdot\text{m}$$

$$T_D = 9\,549\frac{P_D}{n} = 9\,549 \times \frac{14}{300}\,\text{N}\cdot\text{m} = 446\,\text{N}\cdot\text{m}$$

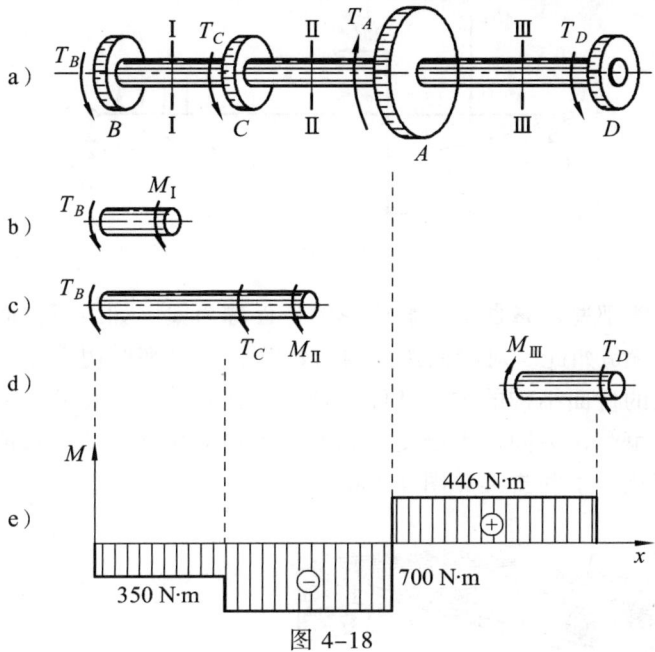

图 4-18

（2）在传动轴的 BC 段上，用截面 Ⅰ-Ⅰ 将传动轴截为左右两段，取左段为分离体，画出其受力图（图 4-18b），列平衡方程并解之，得

$$\sum M_x = 0, \quad M_\mathrm{I} + T_B = 0, \quad M_\mathrm{I} = -T_B = -35\,\mathrm{N\cdot m}$$

在传动轴的 CA 段上，用截面 Ⅱ-Ⅱ 将传动轴截为左右两段，取左段为分离体，画出其受力图（图 4-18c），列平衡方程并解之，得

$$\sum M_x = 0, \quad M_\mathrm{II} + T_C + T_B = 0, \quad M_\mathrm{II} = -T_B - T_C = -700\,\mathrm{N\cdot m}$$

前面所求扭矩 M_I 和 M_II 的值为负，表示假设扭矩的方向与实际方向相反。

最后，在传动轴 AD 段上，用横截面 Ⅲ-Ⅲ 将传动轴截为左右两段，取右段为分离体，画出其受力图（图 4-18d），显然这时列出的平衡方程较简单，容易求得 $M_\mathrm{III} = T_D = 446\,\mathrm{N\cdot m}$。

（3）以横坐标 x 代表横截面的位置，纵坐标 M 代表扭矩的大小，按以上计算得到的传动轴三段内横截面上的扭矩值描点画线，即可画出传动轴的扭矩图如图 4-18e 所示。

与前面讲到的轴向杆件拉伸或压缩时的轴力图类似，在扭矩图上，对应圆轴外力偶的作用处，扭矩也出现突变，其突变值的绝对值，也正好等于圆轴上该处所受外力偶的力偶矩大小。在此，读者可再分析一下例题中扭矩图的四处突变值，与传动轴上所作用的外力偶的力偶矩大小的具体对应情况。

第五节 直梁弯曲时的剪力和弯矩

一、概　述

当杆件在其轴线的纵向平面内，受到力偶或垂直于杆件轴线的集中力、分布力等外力作用时（图 4-19），**杆件的原本是直线的轴线将变为曲线，杆件的这种形式的变形即称为弯曲**。

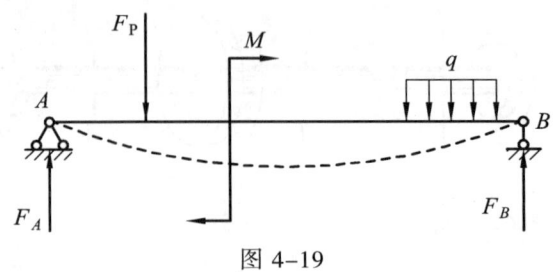

图 4-19

在工程结构中，**通常将那些以弯曲为主要变形的杆件称为梁**。如组成桥面结构的主梁、纵梁及横梁（图 4-20a）就是如此。对弯曲梁的内力计算，一般都要用简化的力学模型来替代实际结构。这里所提到的桥面结构的主梁杆件，除了对杆件轴线简化外，另还要将杆件的约束予以简化，即一端约束简化为固定铰链支座，另一端约束简化为活动铰链支座。简单说，就是将主梁这种杆件简化为了**简支梁**（图 4-20b）。

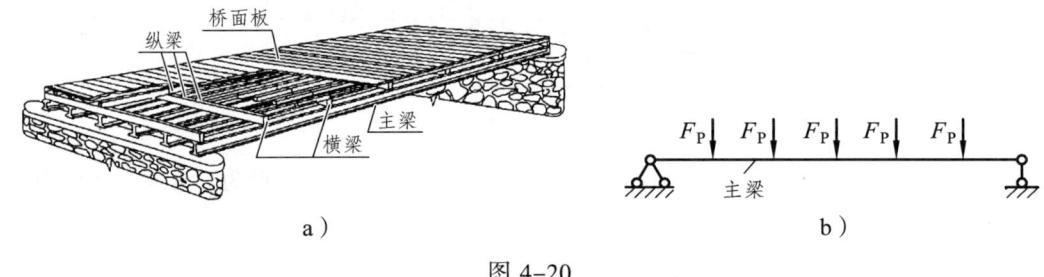

图 4-20

又如房屋建筑中的楼面梁（图 4-21a），在自重的作用下弯曲时，将其简化成受到均布载荷作用的简支梁（图 4-21b）；再如房屋建筑中阳台挑梁（图 4-21c），根据它的结构特征，在自重的作用下弯曲时，则将其简化成受到均布载荷作用的一端为固定端，另一端为自由端的**悬臂梁**（图 4-21d）。还有，如简支梁在长度上具有一端或两端（图 4-22）外伸于铰链支座时，

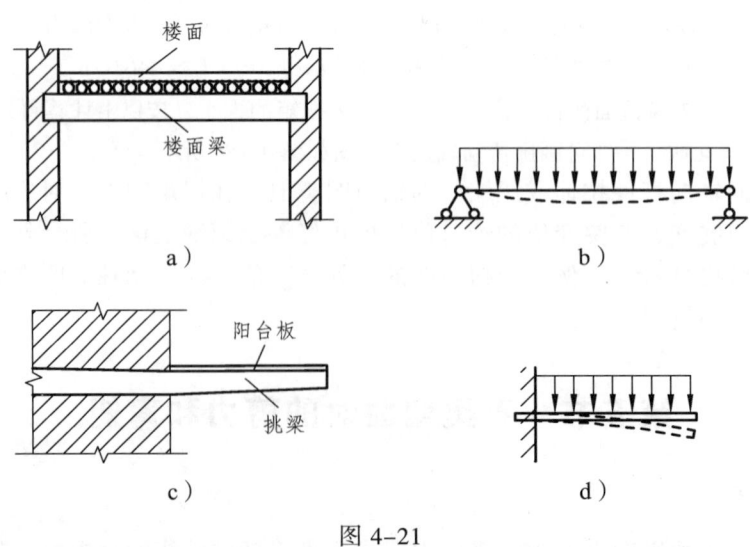

图 4-21

则将其定义成可顾名思义的**外伸梁**，这也是工程上较常见的一种梁的形式。

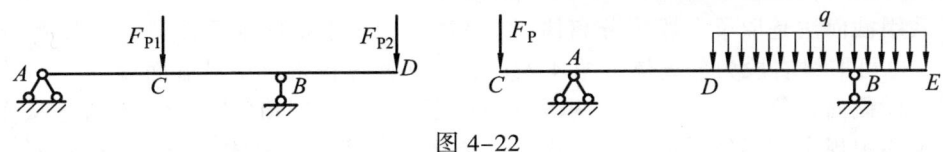

图 4-22

须指出,实际工程中梁横截面一般都有一个或多个对称轴。由横截面的纵向对称轴与梁轴线所构成的平面,称为纵向对称平面。在通常情况下,作用于梁上的载荷、支座约束反力的作用线都位于梁的纵向对称平面内。因此梁弯曲时,其轴线也会在此纵向对称平面内,而形成一条平面曲线。梁的这种弯曲即称为平面弯曲。

二、直梁弯曲时的剪力和弯矩

1. 剪力和弯矩 一简支梁(图 4-23a),已知其上作用有载荷 F_{P1} 和支座约束反力 F_A、F_B。今采用截面法来求该梁任意一横截面上的内力。在梁上距支座 A 为 x 的任意一处,用横截面 $m\text{-}m$ 将梁截为左右两段,取左段为分离体(图 4-23b),画出其受力图。该受力图中的力包括

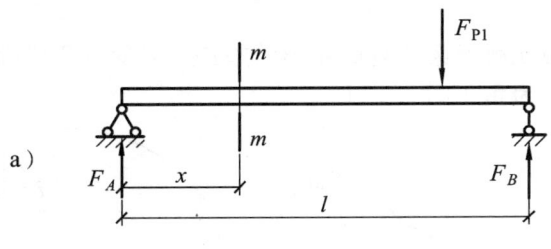

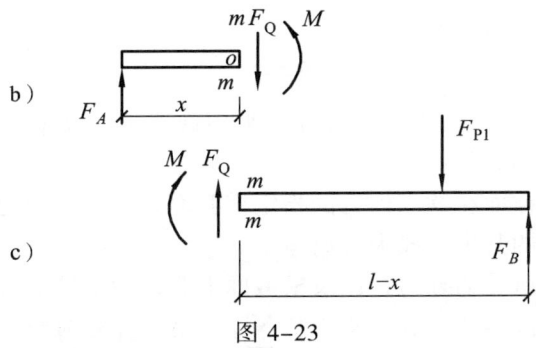

图 4-23

了两类:一类是左段所受到的载荷以及点 A 的约束反力,可归为外力;另一类是横截面 $m\text{-}m$ 上待求的内力,由一矩式中的投影方程 $\sum F_x = 0$ 可知,水平方向的内力为零,无须在图中画出。另外两个内力 F_Q 和 M,由一矩式方程中的另两个方程求出,即

$$\sum F_y = 0, \quad F_{Ay} - F_Q = 0, \quad F_Q = F_{Ay}$$

由此所求得的 F_Q 称为横截面 $m\text{-}m$ 的**剪力**。再以横截面 $m\text{-}m$ 上的几何中心 C 为矩心,列出力矩方程,即

$$\sum M_C = 0, \quad -F_{Ay} \times x + M = 0, \quad M = F_{Ay} x$$

由此所求得的 M 称为横截面 $m\text{-}m$ 的**弯矩**。

以上采用截面法是取梁左段为分离体,由平衡方程来求得简支梁任意一横截面 m-m 的内力。同样,也可取梁右段为分离体(图 4-23c),由平衡方程来求得横截面 m-m 的内力。但要注意,同一横截面在位于不同的左右两段分离体上的剪力 F_Q 和弯矩 M,都得服从作用力与反作用力定律中规定的等值反向原理。而另一方面,由两个分离体上分别求得的同一横截面的同一内力,在新确立的同一参考体下,其大小和方向又应一致。鉴于这一点,就要对梁弯曲时横截面的剪力和弯矩给出新的正负号规定:

(1) **当横截面的剪力使所取梁段有顺时针转动的趋势时剪力为正,反之为负**(图 4-24)。

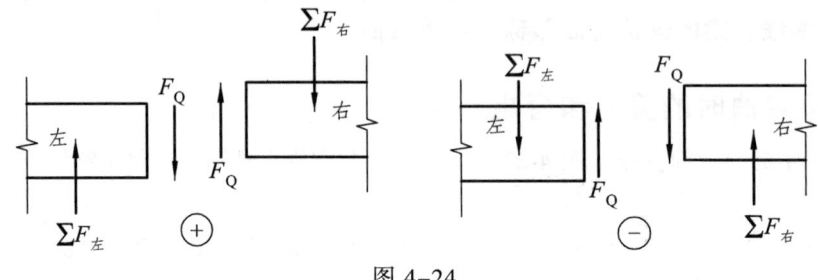

图 4-24

(2) **当横截面的弯矩使所取梁段有凹变形的趋势,或使所取梁段下侧纤维受拉而上侧纤维受压时弯矩为正,反之为负**(图 4-25)。

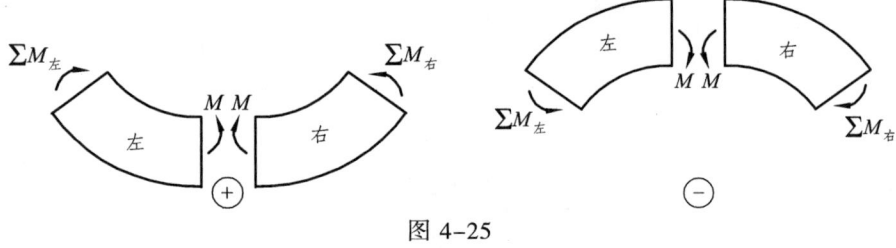

图 4-25

2. 计算直梁弯曲时的剪力和弯矩的步骤 采用截面法计算梁弯曲时指定横截面的剪力和弯矩,其计算步骤可归纳如下:

(1) **截**:用假想的横截面在欲求内力的指定横截面处,将梁截为两段。

(2) **取**:取受力简单的其中一段为分离体。

(3) **画**:画出分离体所受的外力,以及横截面上假设为正的剪力和弯矩。

(4) **算**:针对分离体的平衡,列投影方程 $\sum F_y = 0$,计算剪力;列力矩方程 $\sum M_C = 0$,计算弯矩。注意力矩方程中的矩心 C 点为梁的所截横截面的几何中心。

下面举例说明用截面法计算梁弯曲时指定横截面的剪力和弯矩。

【**例 4-6**】 简支梁如图 4-26a 所示。已知梁上作用的载荷为 $F_{P1} = 30$ kN,$F_{P2} = 30$ kN。试求梁横截面 1-1 的剪力和弯矩。

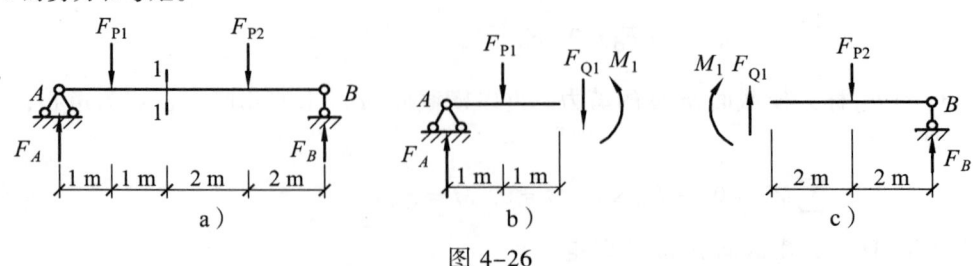

图 4-26

【解】 (1) 研究简支梁整体，求梁支座约束反力，列力矩方程，即

$$\sum M_B = 0, \quad F_{P1} \times 5 + F_{P2} \times 2 - F_A \times 6 = 0$$

$$\sum M_A = 0, \quad -F_{P1} \times 1 - F_{P2} \times 4 + F_B \times 6 = 0$$

解之，得

$$F_A = 35 \text{ kN}(\uparrow), \quad F_B = 25 \text{ kN}(\uparrow)$$

接下来，列投影方程校核之，亦即

$$\sum F_y = F_A + F_B - F_{P1} - F_{P2} = (35 + 25 - 30 - 30) \text{ kN} = 0$$

结论：以上所求简支梁支座约束反力正确。

(2) 求简支梁横截面 1-1 的剪力和弯矩。在简支梁横截面 1-1 处将梁截为左右两段，取左段为分离体。假设欲求横截面 1-1 的剪力 F_{Q1} 和弯矩 M_1 均为正，画出分离体受力图（图 4-26b），列平衡方程，即

$$\sum F_y = 0, \quad F_A - F_{P1} - F_{Q1} = 0$$

$$\sum M_C = 0, \quad -F_A \times 2 + F_{P1} \times 1 + M_1 = 0$$

解之，得

$$F_{Q1} = F_A - F_{P1} = (35 - 30) \times 10^3 = 5 \times 10^3 \text{ N} = 5 \text{ kN}$$

$$M_1 = F_A \times 2 - F_{P1} \times 1 = 35 \times 10^3 \times 2 - 30 \times 10^3 \times 1 = 40 \times 10^3 \text{ N} \cdot \text{m} = 40 \text{ kN} \cdot \text{m}$$

以上所求剪力 F_{Q1} 和弯矩 M_1 的值为正，表示假设横截面 1-1 的剪力和弯矩的方向与实际方向相同。在这里，也可取简支梁在横截面 1-1 处截开后的右段为分离体（图 4-26c），同样可得出同于以上的计算结果。读者不妨自行列平衡方程试算一下。

【例 4-7】 已知一悬臂梁上作用的载荷如图 4-27a 所示，试求横截面 1-1 的剪力和弯矩。

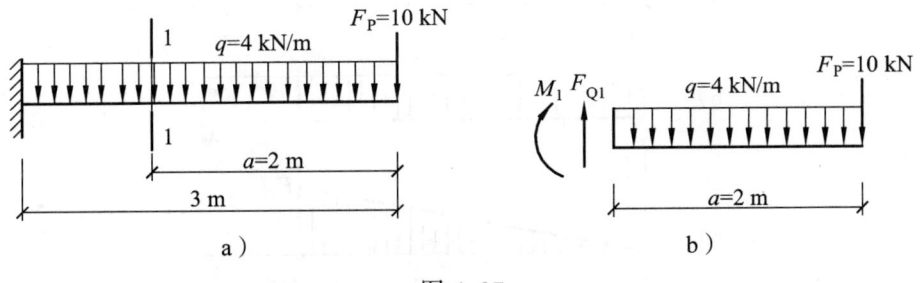

图 4-27

【解】 对于悬臂梁，在采用截面法求内力时，若取梁右段为分离体，就不必计算梁左端的约束反力了。用 1-1 截面将梁截为左右两段，取梁右段为分离体，画出其受力图（图 4-27b）。列平衡方程并解之，得

$$\sum F_y = 0, \quad F_{Q1} - qa - F_P = 0,$$

$$F_{Q1} = qa + F_P = 4 \times 10^3 \times 2 + 10 \times 10^3 = 18 \times 10^3 \text{ N} = 18 \text{ kN}$$

$$\sum M_C = 0, \quad -M_1 - qa \cdot \frac{a}{2} - F_P a = 0,$$

$$M_1 = -\frac{qa^2}{2} - F_P a = -\frac{4 \times 10^3 \times 2^2}{2} - 10 \times 10^3 \times 2 = -28 \times 10^3 \text{ N} \cdot \text{m} = -28 \text{ kN} \cdot \text{m}$$

以上所求弯矩 M_1 的值为负，表示假设横截面 1-1 的弯矩 M_1 的方向与实际方向相反。

三、用函数法作梁弯曲时的剪力图和弯矩图

一般情况下，梁弯曲时横截面的剪力和弯矩都随梁横截面位置的变化而变化。若以平行于梁的轴线为基线建立横坐标 x 表示梁横截面的位置，则梁横截面的剪力 F_Q 和弯矩 M 都可表示为横坐标 x 的函数，即

$$F_Q = F_Q(x) \tag{4-2}$$

$$M = M(x) \tag{4-3}$$

以上两式分别称为梁的剪力方程和弯矩方程。由剪力方程和弯矩方程，可以分别画出显示剪力和弯矩沿梁轴线变化规律的图线，即称为梁的剪力图和弯矩图。

在画梁的剪力图和弯矩图时，通常将正的剪力画在横坐标 x 的上方，负的剪力画在横坐标 x 的下方；而正的弯矩画在横坐标 x 的下方，负的弯矩画在横坐标 x 的上方。这一知识在土建工程的应用中，一般都主张将正弯矩画在横坐标 x 的下方，也就是画在梁的受拉纤维一侧，完全是出于布置钢筋的便利。

【例 4-8】 已知一悬臂梁受力如图 4-28a 所示，试画出该梁的剪力图和弯矩图。

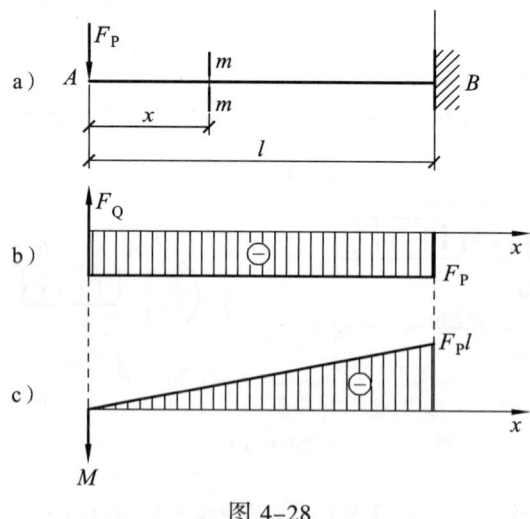

图 4-28

【解】 （1）求剪力函数和弯矩函数。在距梁自由端 A 为 x 之处用一横截面 m-m 将梁截为左右两段，取左段为分离体，画出其受力图，列出梁的剪力方程和弯矩方程，即

$$F_Q(x) = -F_P \quad (0 < x < l)$$

$$M(x) = -F_P x \quad (0 \leqslant x \leqslant l)$$

（2）画剪力图和弯矩图。剪力表达式是一常数，其函数图像为一平行于横坐标的水平线。今在纵坐标上确定一点 $F_Q = -F_P$，过此点画出水平线，即得剪力图如图 4-28b 所示。

弯矩表达式是一以横坐标 x 为自变量的一次函数，其函数图像为一斜直线。画此直线只需确定直线两个端点的坐标即可：当 $x = 0$ 时，$M = 0$；当 $x = l$ 时，$M = -F_P l$。以斜直线连接这两个端点，即得到弯矩图，如图 4-28c 所示。

【例 4-9】 已知在简支梁（图 4-29a）上作用有集度为 q 的均布载荷。试画出此梁的剪力图和弯矩图。

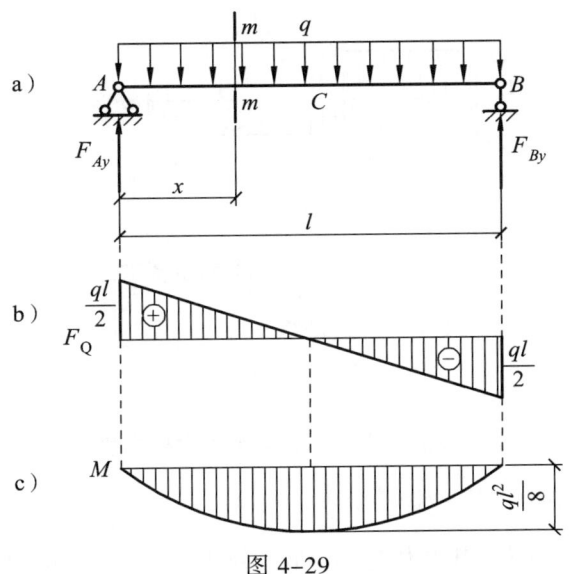

图 4-29

【解】 研究简支梁整体。由于梁的结构以及梁上作用的载荷和支座约束反力均对称于梁的中点，因此很容易获知梁支座的约束反力为 $F_A = F_B = \dfrac{ql}{2}$。在距梁左端的 x 处，用一横截面将梁截为左右两段，取左段为分离体，画出其受力图。列出梁的剪力方程和弯矩方程，即

$$F_Q(x) = F_A - qx = \frac{ql}{2} - qx \qquad (0 \leqslant x \leqslant l)$$

$$M(x) = F_A x - qx \cdot \frac{x}{2} = \frac{qlx}{2} - \frac{qx^2}{2} \qquad (0 \leqslant x \leqslant l)$$

由以上两个方程可以看出，剪力图图形为一斜直线，弯矩图为一抛物线。给出横坐标上特殊位置 x 之值，即得到相应的纵坐标剪力和弯矩之值的点，然后连线即可得到梁的剪力图和弯矩图，分别如图 4-29b 和图 4-29c 所示。不过，画斜直线只需确定两个纵坐标值的点，而画抛物线则至少需确定三个。

由画出的两个内力图可以看出，梁中点处横截面上的弯矩值最大，梁两支座处横截面上的剪力值最大。

【例 4-10】 简支梁如图 4-30a 所示，已知在简支梁上 C 点处作用有集中载荷 F_P。试画出梁的剪力图和弯矩图。

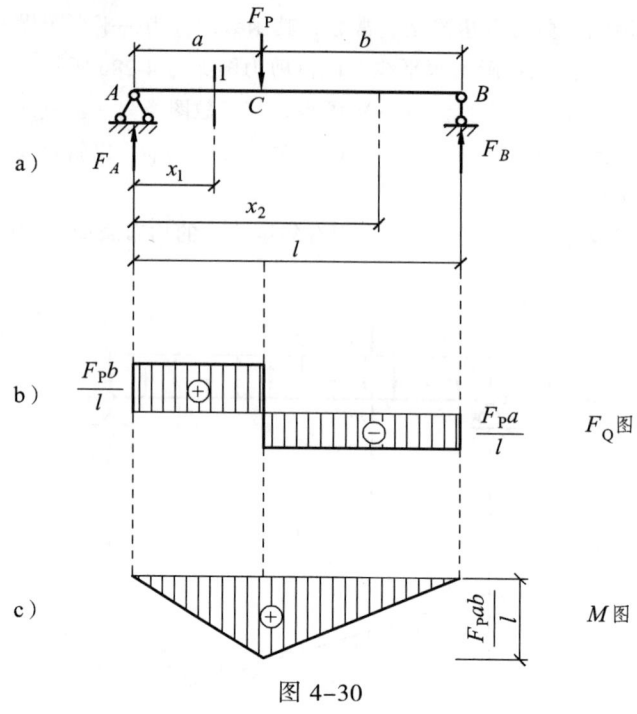

图 4-30

【解】 研究简支梁整体,求支座的约束反力,列平衡方程并解之,得

$$F_A = F_P b/l, \quad F_B = F_P a/l$$

梁的中间段上有一集中载荷,其内力图将是两段不同的图形。在梁的 AC 段内,采用截面法,在距梁 A 端为 x_1 处用一横截面将梁截为左右两段,取左段为分离体,列出其剪力方程和弯矩方程,即

$$F_Q(x) = F_A = \frac{F_P b}{l} \quad (0 \leqslant x_1 \leqslant a) \tag{a}$$

$$M(x) = F_A x_1 = \frac{F_P b}{l} x_1 \quad (0 \leqslant x_1 \leqslant a) \tag{b}$$

仍采用截面法,在距梁 A 端为 x_2 处用一横截面将梁截为左右两段,一样可列出其剪力方程和弯矩方程为

$$F_Q(x_2) = F_A - F_P = -\frac{F_P(l-b)}{l} = -\frac{F_P a}{l} \quad (a < x_2 \leqslant l) \tag{c}$$

$$M(x_2) = F_A x_2 - F_P(x_2 - a) = \frac{F_P a}{l}(l - x_2) \quad (a < x_2 \leqslant l) \tag{d}$$

由以上(a)、(c)两式,可画出对应于 AC 段和 CB 段的两条平行于轴 x 的水平直线(图 4-30b)。而由以上(b)、(d)两式,可画出对应于 AC 段和 CB 段的两条斜直线(图 4-30c)。最后画出对应于全梁的图线,即为简支梁的剪力图和弯矩图。

可以看出,在 AC 段内的任意一横截面上有简支梁的最大剪力值 $F_{Q,\max} = F_P b/l$。而在集中载荷作用处的横截面上,有简支梁的最大弯矩值 $M_{\max} = F_P ab/l$。这些内力极值,也正是分析杆件承载能力时需要关注的。

第六节 直梁剪力图和弯矩图的简捷画法

一、直梁的平衡微分方程

弹性体的杆件整体若保持平衡，则杆件上的每一部分必然保持平衡。这里所谓的"每一部分"包括了杆件上的任意一部分，乃至杆件上的很微小的一段或者杆件上的一点都必须保持平衡。这一平衡上的从属关系适用于一切弹性体，故又称之为弹性体的平衡原理。这一原理对以后梁的内力分析具有普遍的意义。由此看来，梁上的载荷和内力随截面位置的变化，以及相互关系的函数关系，就只需考察梁的一微小段 dx（图 4-31a）的平衡。设梁承受的载荷集度为 $q(x)$ 的分布载荷向上为正，画出梁的这一微小段 dx 的受力图如图 4-31b 所示。设所

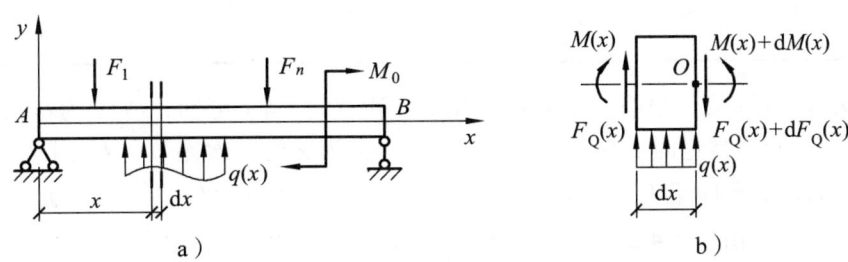

图 4-31

取微小段 dx 这一分离体在左右两侧截面上，有随截面位置 x 变化而变化的剪力 $F_Q(x)$、弯矩 $M(x)$，和其相应的增量 $dF_Q(x)$、$dM(x)$，于是列出其平衡方程，即得

$$\sum F_y = 0, \quad F_Q(x) + q(x)dx - F_Q(x) - dF_Q(x) = 0$$

$$\sum M_O = 0, \quad M(x) - M(x) - dM(x) + F_Q(x)dx + \frac{1}{2}q(x)dx^2 = 0$$

略去以上二方程中的二阶微量，即得

$$\frac{dF_Q(x)}{dx} = q(x) \tag{4-4}$$

$$\frac{dM(x)}{dx} = F_Q(x) \tag{4-5}$$

将式（4-5）对 x 求一阶导数，并利用（4-4），即得

$$\frac{d^2 M(x)}{dx^2} = q(x) \tag{4-6}$$

以上三式表明了**梁横截面上剪力、弯矩与梁上分布载荷的载荷集度之间的关系，称为梁的平衡微分方程**。基于以上三者之间的关系，及其相关曲线的几何意义，即可得出一些关于剪力图和弯矩图之间，以及和载荷集度之间对应的变化规律（表 4-1）。将这些规律再细说开来，也就是：

表 4-1 梁在几种常见载荷作用下的剪力图和弯矩图之间对应的变化规律

载荷作用情况	向下的均布载荷 $q(x)$=常数	无载荷 $q(x)=0$	集中力 F_P	集中力偶 M
剪力图上的特征	由左到右向下倾斜的直线	水平线	在C处突变，突变方向为由左至右下台阶	在C处无变化
弯矩图上的特征	凹向上的抛物线	斜直线 或	在C处有尖角，尖角的指向与集中力方向相同	在C处有突变，突变方向为由左至右下台阶

（1）当 $q(x)=0$ 即梁上没有分布载荷作用时，由式（4-4）可知，$F_Q(x)$ 为常量，剪力图为一水平线；而 $F_Q(x)$ 为常量时，由式（4-5）可知 $M(x)$ 为 x 的一次函数，弯矩图为一斜直线。

（2）当 $q(x)$ = 常数即梁上有均布载荷作用时，由式（4-4）可知，$F_Q(x)$ 为 x 的一次函数，剪力图为一斜直线；由式（4-5）可知，$M(x)$ 为 x 的二次函数，弯矩图为一条二次抛物线。当均载荷 $q(x)$ 为负值，即方向指向下时，由 $\dfrac{d^2M(x)}{dx^2}=q(x)<0$ 可知，此时弯矩图曲线凹向上；反之，弯矩图曲线凹向下。

（3）弯矩图曲线具有极值点的情形。由式（4-5）可知，在 $F_Q(x)=0$ 处，对应的 $M(x)$ 具有极大值或极小值；反过来，在弯矩具有极值的截面上剪力一定为零。

（4）在梁上集中力的作用处，对应的剪力图有跳跃，剪力跳跃的突变值等于该处作用的集中力的大小；在梁的集中力偶作用处，对应的弯矩图有跳跃，弯矩图跳跃的突变值等于该处作用的集中力偶的大小，但也可能是梁的弯矩极值，而所对应的剪力值是不变的。

二、平衡微分方程的应用

应用以上平衡微分方程表达的剪力、弯矩及与梁上分布载荷的载荷集度之间的关系，将有助于较快画出梁的剪力图和弯矩图，或者很方便对已画出的剪力图和弯矩图进行正误检验。画梁的剪力图和弯矩图时，通常都以载荷作用位置而对图形分段，然后将画成的各段图形连接成光滑曲线。在确定各段图形的线条起点和终点的位置时，只需在此处用截面法求出该处横截面的剪力和弯矩的大小、方向就可以了。因此，这种画梁内力的方法又称为**控制截面法**。其画图步骤可归纳为：

（1）划分梁段。以集中力、集中力偶的作用点，或者分布载荷作用范围的起点和终点来划分梁段。

（2）判断各梁段内力图曲线特征，也就是参照表 4-1，明确各梁段在对应载荷下的剪力图和弯矩图曲线形状及走向。

（3）计算各梁段起点和终点截面的内力，亦即各控制截面的剪力和弯矩。

（4）画出剪力图和弯矩图。

（5）校核剪力图和弯矩图。

【例 4-11】 一简支梁，已知其上作用的载荷，以及载荷作用位置的尺寸如图 4-32a 所示。试用控制截面法画出该梁的剪力图和弯矩图。

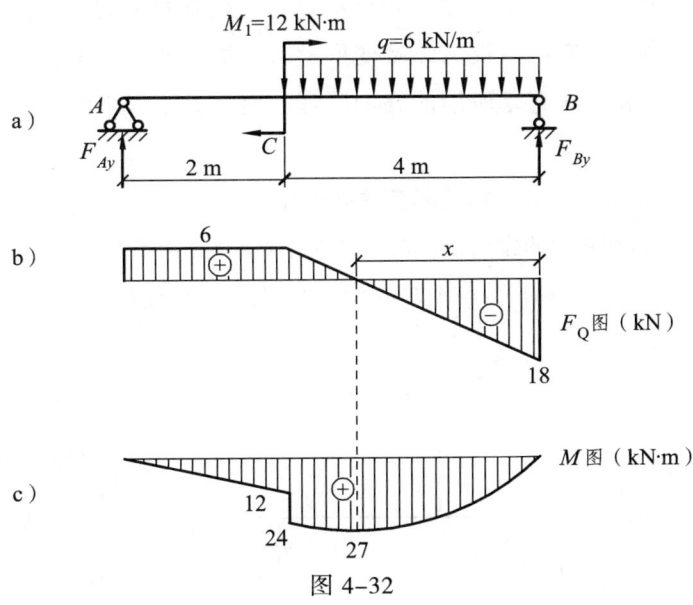

图 4-32

【解】 （1）求梁支座约束反力。研究简支梁整体，列平衡方程计算，即得梁支座的约束反力为 $F_{Ay}=6\text{kN}(\uparrow)$，$F_{By}=18\text{kN}(\uparrow)$。由梁上外力分布情况，将梁分为 AC、CB 两段，以每一段起点和终点两侧的横截面为控制截面而确定其上的剪力和弯矩，然后逐段画出内力图。

（2）画剪力图。计算每段起点和终点横截面亦即控制截面上的剪力。AC 段为无载荷区段，剪力图为水平线，其控制截面的剪力为 $F_{QA}^R=F_{Ay}=6\text{kN}$，由此剪力竖标值即画出 AC 段的剪力图，剪力为正，将正号标注于图中。CB 段为方向指向下的均布载荷区段，剪力图为向右斜向下的斜直线，其两个控制截面上的剪力分别为 $F_{QC}^R=F_{Ay}=6\text{kN}$ 和 $F_{QB}^L=-F_{By}=-18\text{kN}$，由此剪力竖标值即画出 CB 段的剪力图，将剪力正负号标注于图中。最后，完善各控制截面的剪力，画出梁的剪力图如图 4-32b 所示。

（3）画弯矩图。计算两梁段起点和终点横截面亦即控制截面上的弯矩。AC 段为无载荷区段，剪力图是水平线，剪力为正，由此可知弯矩图为向右斜向下的斜直线，两个控制截面上的弯矩分别为 $M_A^R=0$ 和 $M_C^L=12\text{kN}\cdot\text{m}$，由此弯矩竖标值即画出 AC 段的弯矩图。CB 段为均布载荷区段，因载荷集度 q 向下，而剪力图为向右斜向下的斜直线，剪力值由正变为负，故弯矩图应为凹向上的二次抛物线。在点 C 右和点 B 左的两个控制截面弯矩分别为 $M_C^R=F_A\times2+M=24\text{kN}\cdot\text{m}$ 和 $M_B^L=0$。

由 CB 段内的剪力为零处，可知所对应的弯矩图中有极值，也正是该段弯矩图的第三特征点。极值所在的控制截面位置按以下方法求得。设该极值所在的横截面位置距右端的距离为 x，列出弯矩极值处横截面剪力为零的方程 $F_Q(x)=-F_{By}+qx=0$，于是求得 $x=F_{By}/q=3\text{m}$，相应的弯矩极值即为

$$M_{\max}=F_{By}\cdot x-\frac{1}{2}qx^2=(18\times3-6\times3^2/2)\times10^3\text{N}\cdot\text{m}=27\times10^3\text{N}\cdot\text{m}=27\text{kN}\cdot\text{m}$$

由以上 CB 段的三个弯矩特征点的竖标值,即可画出其二次抛物线的弯矩图。连接两区段的弯矩图线,即得到全梁的弯矩图如图 4-32c 所示。

三、利用叠加法画梁的弯矩图

在小变形的条件下,梁的内力、支座约束反力以及变形量等参量均与载荷呈线性关系,而且每一载荷单独作用时引起的某一参量变化不受其他载荷的影响。于是,梁在有 n 个载荷共同作用时引起的内力、支座约束反力以及变形量等参量,就等于梁在各个载荷单独作用时引起的同一参量的代数和,这就是所谓的叠加原理。用叠加原理来画梁的内力图的方法,称为叠加法。

【例 4-12】 试用叠加法画出图 4-33 所示简支梁的弯矩图。

【解】 简支梁受到两种载荷的作用,首先分别画出简支梁在均布载荷和集中力 F_P 单独作用下的弯矩图(图 4-33a、b),然后将已画出的两个弯矩图的纵坐标值予以代数相加,即得简支梁在两种载荷共同作用下的弯矩图(图 4-33c)。

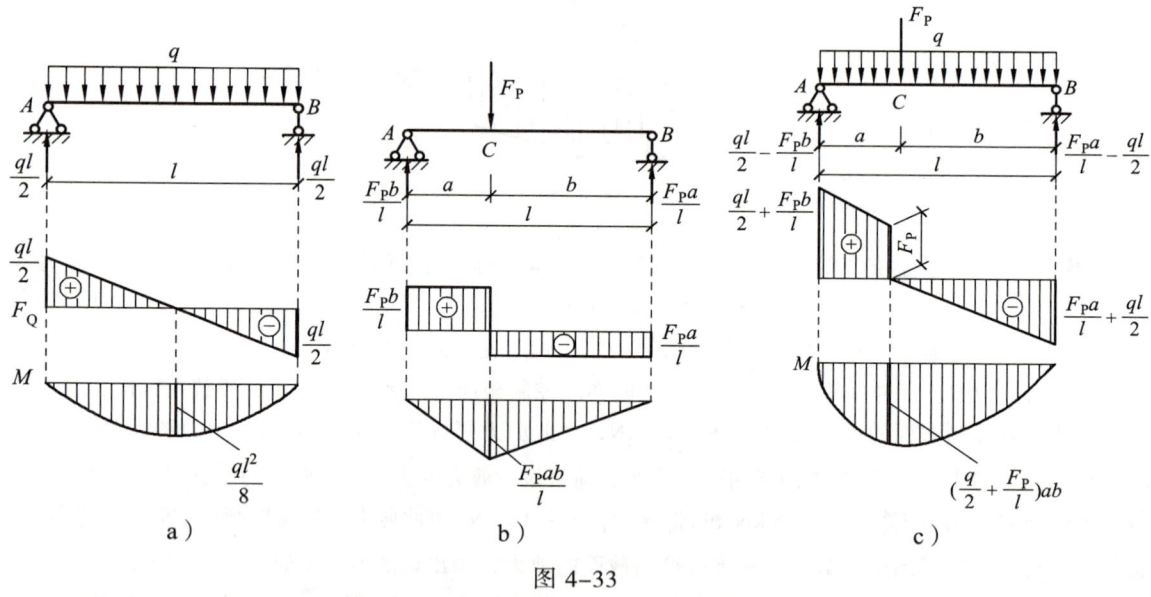

图 4-33

画梁的弯矩图,也可采用所谓的区段叠加法,而使画图过程得以简化。如图 4-34a 所示简支梁,当其在承受到集中载荷 F_P、载荷集度为 q 的均布载荷作用时,若已求出该梁横截面 A 上的弯矩 M_A 和横截面 B 上的弯矩 M_B,则可取出梁 AB 段为分离体(图 4-34b)。继而列平衡方程,可求出横截面 A 和 B 的剪力 F_{QA}、F_{QB}。然后再将梁的 AB 段等效地转换为如此图 4-34c 所示的区段简支梁,而支座约束反力即为梁 AB 段两端的剪力,亦即 $F_A = F_{QA}$,$F_B = F_{QB}$。接着采用上面讲的叠加法,再画出该区段简支梁的弯矩图,即如图 4-34d 所示。

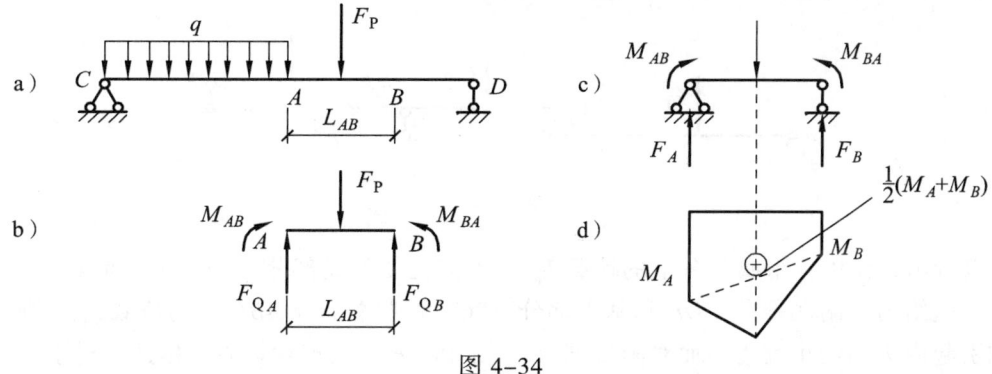

图 4-34

同理，也可画出已知简支梁 CA 区段和 BD 区段的弯矩图，最后把各区段的弯矩图图线相连接，就得到已知简支梁整体的弯矩图。读者不妨参照以上所述方法，自行完成这一例中梁上其余区段弯矩图的叠加。

第七节 多跨静定梁与静定平面刚架的内力

一、多跨静定梁的内力

前面讨论的杆件多为简支梁、伸臂梁等静定梁，而这些梁的支座约束使杆件构成的是一个跨度，故又称为单跨静定梁。在工程实际中，比较常见的还有由多个杆件用铰链联结而构成的没有多余约束的并且是具有几个跨度的梁，通常将其称为多跨静定梁。如图 4-35a 所示的某桥梁即为多跨静定梁，其简图如图 4-35b 所示。

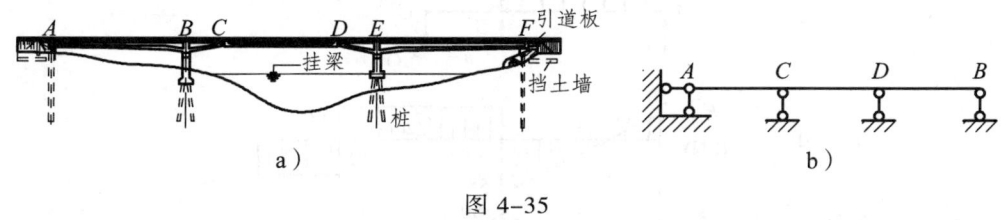

图 4-35

按多跨静定梁的几何组成特征，通常将其分为基本部分和附属部分。如图 4-36 所示的多

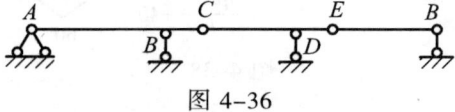

图 4-36

跨静定梁，梁的 AC 部分是几何不变体系，而且也不需要依赖其他部分就能够独立地维持其几何不变特性，故将其称为基本部分；而对于梁的 CE 或 EF 部分，则需依赖基本部分 AC 才能维持其几何不变特性，故将其称为附属部分。在这里，若梁的附属部分被去除，则基本部分仍然是几何不变的；若梁的基本部分被去除，则附属部分的几何不变特性就不复存在了。

上述梁在只承受竖向荷载的情况下，其基本部分和附属部分之间的相互约束，以及对荷载的支承关系可用图 4-37 来表示，而这种能明显显示出多跨静定梁传力层次的图，称为层次

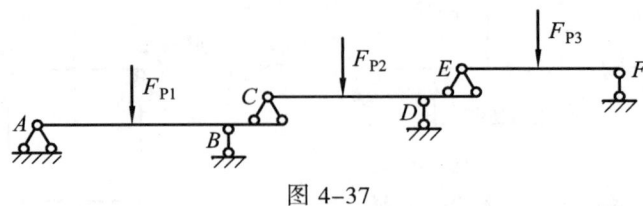

图 4-37

图。可以看出，作用在附属部分上的荷载 F_{P3}，不但会使附属部分 EF 受力，而且还会通过支座将力传递给另一附属部分 CDE 和基本部分 ABC。而基本部分 ABC 上的荷载 F_{P1}，则只对自身结构引起内力和约束反力，而对附属部分 CDE 和 EF 不会产生影响。据此，对于多跨静定梁的内力计算，可先依次计算附属部分，再计算基本部分，然后画出可视为一单跨静定梁的各个部分的剪力图和弯矩图，最后将各相应的图连接在一起，即得出多跨静定梁的内力图。

【例 4-13】 画出图 4-38a 所示多跨静定梁的剪力图与弯矩图。

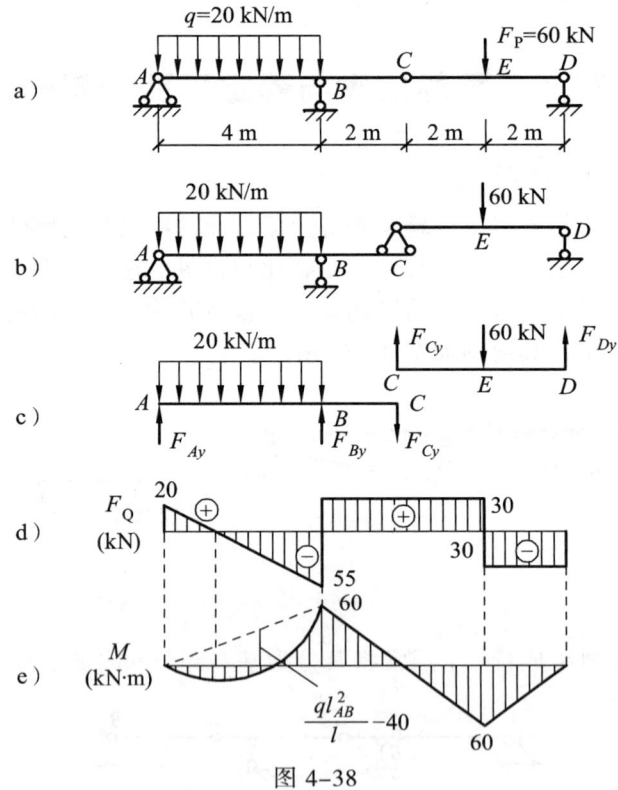

图 4-38

【解】 （1）画出多跨静定梁的层次图以及各层次单跨静定梁的受力图（图 4-38b）。

（2）依次计算各层次单跨静定梁的支座约束反力。首先从附属部分 CED 开始，由此梁的约束和作用载荷的对称性可得 $F_{Cy} = F_{Dy} = 30$ kN；然后，再对基本部分 ABC 进行计算，由平衡方程 $\sum M_A = 0$ 和 $\sum F_y = 0$，可得 $F_{Ay} = 25$ kN，$F_{By} = 85$ kN。

（3）画出每个梁的剪力图和弯矩图（梁的内力计算过程从略），最后将其连接在一起即得多跨静定梁的剪力图、弯矩图，如图 4-38c、d 所示。

借此例，试提问：梁中间的铰链 C 与弯矩图有何对应的特征呢？回答：铰链 C 对应弯矩值为零，这是因为铰是不能传递力偶的。但是当铰链处作用有外力偶时，其铰链处弯矩就不会为零了。

二、静定平面刚架的内力

由梁、柱一类杆件组成的平面结构称为平面刚架。当平面刚架受外力作用时，在**梁和柱的联结点处，其夹角总是不变的**，故将此类结点称为刚结点。刚结点是刚架具备的主要结构特征，如图 4-39a、b 所示的站台雨棚和图 4-40a、b 所示的房架，其中显现出的梁和柱之间

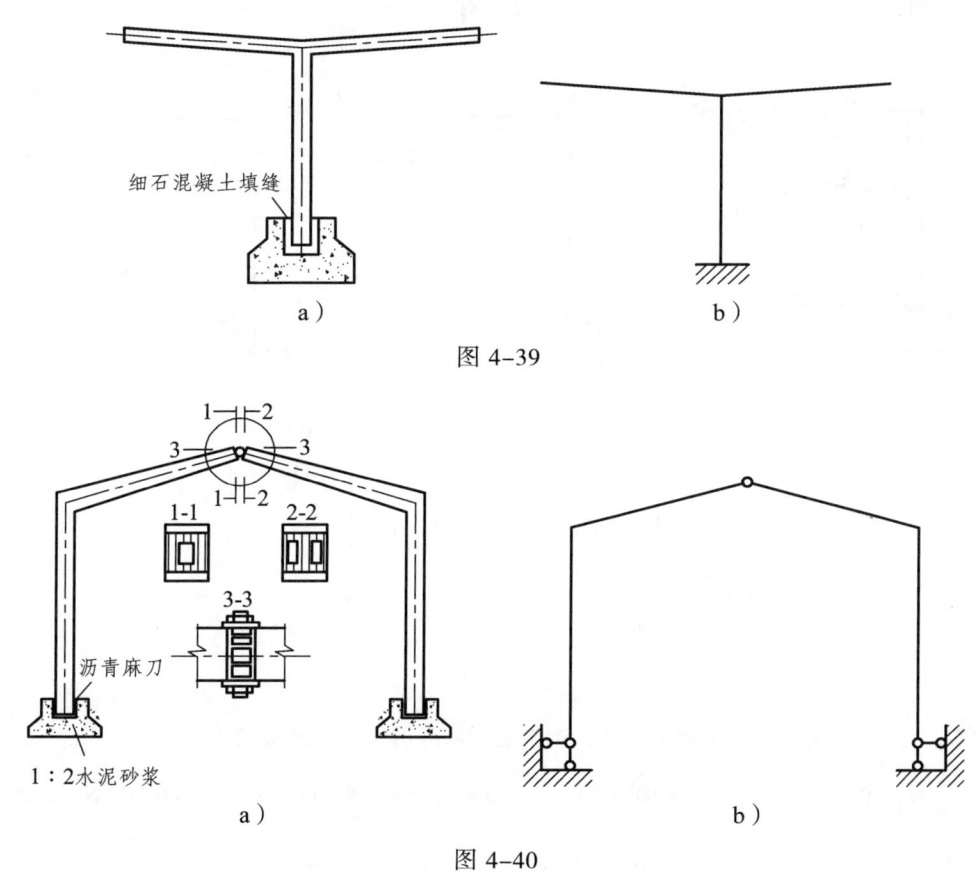

图 4-39

图 4-40

的联结点，即为刚结点。

静定平面刚架的内力包括各杆件横截面上的弯矩 M、剪力 F_Q 和轴力 F_N。而这些内力的计算，一般是先求刚架支座和各组成杆件之间相联结的铰结点的约束反力，然后再用截面法计算各杆件横截面的内力，最后逐一画出刚架各组成杆件的内力图。前面所讲的梁上载荷的作用情况与梁横截面内力的对应规律，以及画内力图的叠加法等在刚架的内力计算中仍然适用。

【**例 4-14**】 试画出图 4-41a 所示刚架的内力图。

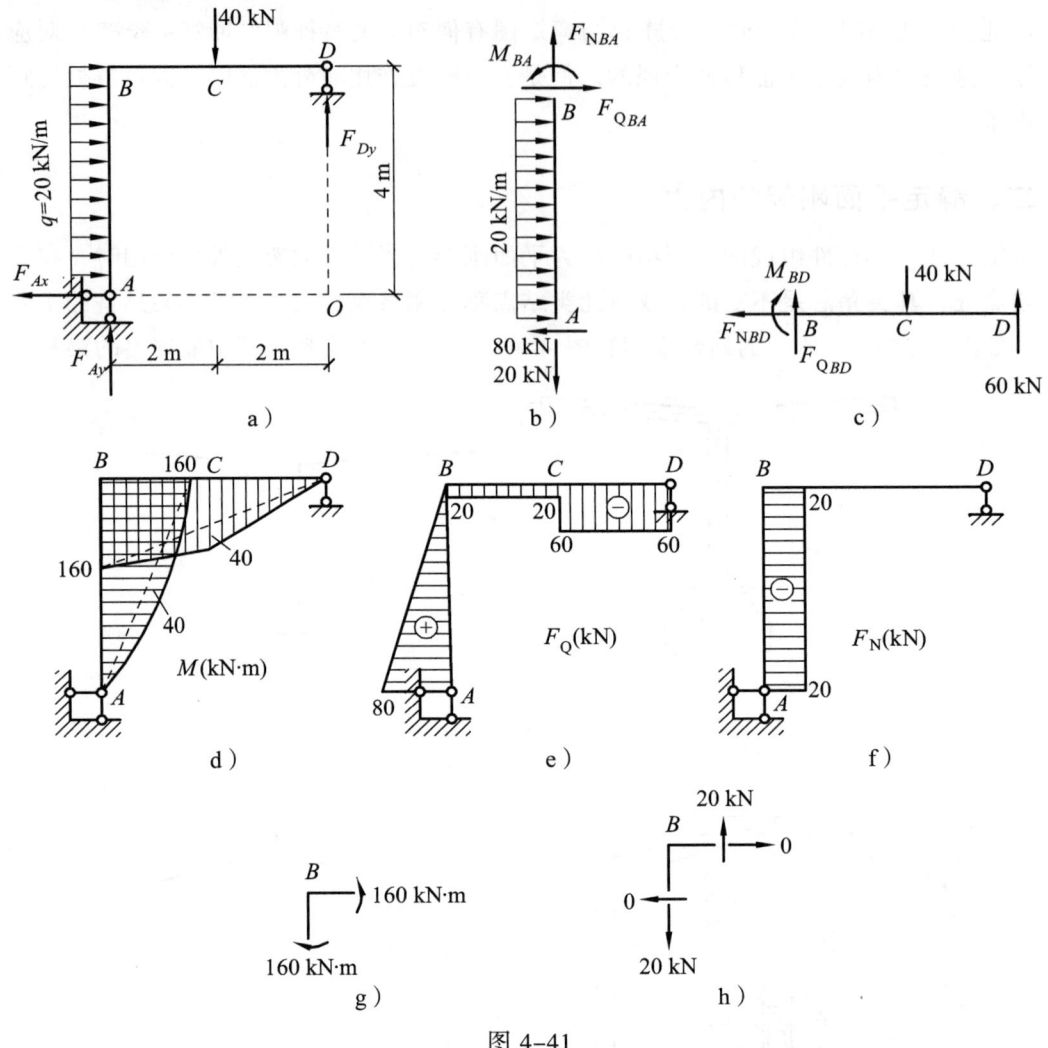

图 4-41

【解】 （1）取刚架整体为研究对象，列平衡方程并解之，得约束反力为

$\sum M_A = 0$，$(F_{Dy} \times 4 - 40 \times 10^3 \times 2 - \frac{1}{2} \times 20 \times 10^3 \times 4^2)$ N·m = 0，$F_{Dy} = 6 \times 10^3$ N = 6 kN

$\sum M_O = 0$，$(F_{Ay} \times 4 + \frac{1}{2} \times 20 \times 10^3 \times 4^2 - 40 \times 10^3 \times 2)$ N·m = 0，$F_{Ay} = -20 \times 10^3$ N = -20 kN (↓)

$\sum F_x = 0$，$F_{Ax} - 20 \times 10^3 \times 4$ N = 0，$F_{Ax} = 80 \times 10^3$ N = 80 kN

校核：列出一投影方程，即有 $\sum F_y = (60 - 20 - 40)$ kN = 0，表明计算结果正确。

（2）用截面法求出刚架各组成杆件的杆端弯矩、剪力和轴力。

杆件 AB：取点 A 上和点 B 下两控制截面以内的杆段为分离体（图 4-41b），列平衡方程并解之，得

$\sum F_x = 0$，$F_{QBA} + (20 \times 10^3 \times 4 - 80 \times 10^3)$ N = 0，$F_{QBA} = 0$

$\sum F_y = 0$，$F_{NBA} - 20 \times 10^3$ N = 0，$F_{NBA} = 20 \times 10^3$ N = 20 kN

$\sum M_A = 0$，$M_{BA} - \left(F_{QBA} \times 4 - 20 \times 10^3 \times 4 \times \frac{4}{2}\right)$ N·m = 0，$M_{BA} = 160 \times 10^3$ N·m = 160 kN·m

杆件 BD：取点 B 右和点 D 左控制截面以内的杆件段为分离体（图 4-41c），列平衡方程并解之，得

$$M_{BD} = 160\,\text{kN}\cdot\text{m}, \quad F_{QBD} = -20\,\text{kN}, \quad F_{NBD} = 0$$

（3）画弯矩图。弯矩图画在杆件的受拉纤维一侧，不标注正负号。

杆件 AB：由于该杆件两端弯矩分别为 $M_{AB} = 0$ 和 $M_{BA} = 160\,\text{kN}\cdot\text{m}$，给出杆件 A 端和 B 端的弯矩横标值于杆件的受拉纤维的一侧即右侧，过横标顶点连以虚线。然后以此虚线为基线，将相应的简支梁在均布载荷作用下的抛物线弯矩图叠加上去，即得杆件 AB 的弯矩图，杆件中点的弯矩值为

$$M_{中} = \left[\frac{1}{2}(160+0) \times 10^3 + \frac{1}{8} \times 20 \times 10^3 \times 4^2\right]\text{N}\cdot\text{m} = 120 \times 10^3\,\text{N}\cdot\text{m} = 120\,\text{kN}\cdot\text{m}$$

杆件 BD：由于该杆件两端弯矩分别为 $M_{BD} = 160\,\text{kN}\cdot\text{m}$ 和 $M_{BA} = 0$，给出杆件 B 端和 D 端的弯矩竖标值于杆件的受拉纤维的一侧即下侧，过竖标顶点连以虚线。然后以此虚线为基线，将相应的简支梁在集中力作用下的有转折特征的斜直线弯矩图叠加上去，即得杆件 BD 的弯矩图。最后画出整个刚架的弯矩图，如图 4-41d 所示。

（4）画剪力图。剪力正负号规定，以使分离体有顺时针方向的转动趋势时剪力为正。剪力图可画在杆件的任意一侧，但须标注正负号。

杆件 AB：由于杆件两端剪力分别为 $F_{QAB} = F_{Ax} = 80\,\text{kN}$ 和 $F_{QAB} = 0$，给出杆件 A 端和 B 端的剪力横标值于杆件的既定一侧。过横标顶点连以向左斜的斜直线。标注正号，即得均布载荷作用下杆 AB 的剪力图。

杆件 BD：由于杆件两端剪力分别为 $F_{QBD} = 20\,\text{kN}$ 和 $F_{QDB} = F_{Dy} = 60\,\text{kN}$，给出杆件 B 端和 D 端的剪力竖标值于杆件的既定一侧。过竖标顶点连以水平线。在杆件中点的集中力作用处水平线有跳跃并对应有 40 kN 的突变值，标注负号，即得到无均布载荷作用的杆 BD 的剪力图。最后画出整个刚架的剪力图，如图 4-41e 所示。

（5）画轴力图。轴力以拉力为正，轴力图可画在杆件的任意一侧，但须标注正负号。

杆件 AB：由于杆件两端轴力分别为 $F_{NAB} = F_{NBA} = 20\,\text{kN}$，给出杆件 A 端和 B 端的轴力横标值于杆件的既定一侧。过横标顶点连以平行于轴线的直线，标注正号，即得到杆件 AB 的轴力图。

杆件 BD：由于杆两端轴力分别为 $F_{NBD} = F_{NDB} = 0$，画得轴力图即坐标本身。最后画出整个刚架的轴力图，如图 4-41f 所示。

（6）校核。取刚结点 B 为分离体，画出 B 点在联结杆件杆端弯矩作用下的受力图（图 4-41g），因 $\sum M_B = (160-160)\,\text{kN}\cdot\text{m} = 0$，故刚结点 B 满足力矩平衡条件；同样，画出 B 点在联结杆件杆端剪力和轴力作用下的受力图（图 4-41h），因 $\sum F_x = 0$，$\sum F_y = (20-20)\,\text{kN} = 0$，故刚结点 B 满足力平衡条件。至此，表明以上计算结果正确。

第八节　斜梁与三铰拱的内力

一、斜梁的内力

图 4-42 所示为建筑中常见的楼梯简图，也就是在此要讨论的斜梁。已知它与水平面的倾角为 α，通常承受的是两种形式的均布载荷。一是沿水平方向的载荷集度为 q 的均布载荷（图 4-43a），如作用在楼梯上人群的重量；二是沿斜梁轴线方向的载荷集度为 q' 的均布载荷（图 4-43b），如常见的等截面楼梯的自重。

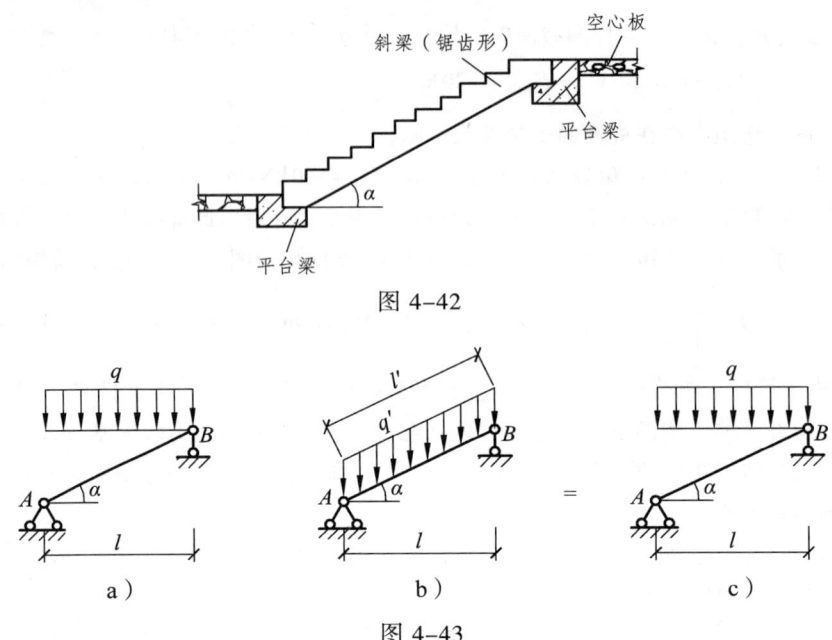

图 4-42

图 4-43

由于斜梁的沿水平方向均匀分布的载荷要在计算时会更方便,因此根据总载荷不变的原则,可将 q' 等效转换算成 q 后再进行计算。即由 $q'l' = ql$,得

$$q = q'\frac{l'}{l} = \frac{q'}{\cos\alpha} \tag{4-7}$$

式(4-7)表明,沿斜梁轴线方向均匀分布的载荷 q',除以 $\cos\alpha$ 就可以换算为沿水平方向分布的载荷 q。经这样换算以后,对斜梁的一切相关计算都可按图 4-43c 的简图进行。

【例 4-15】 已知一斜梁如图 4-44a 所示。已知其倾角为 α,水平跨度为 l,承受沿水平方向的载荷集度为 q 的均布载荷的作用。试画出其内力图,并与相应水平梁的内力图作比较。

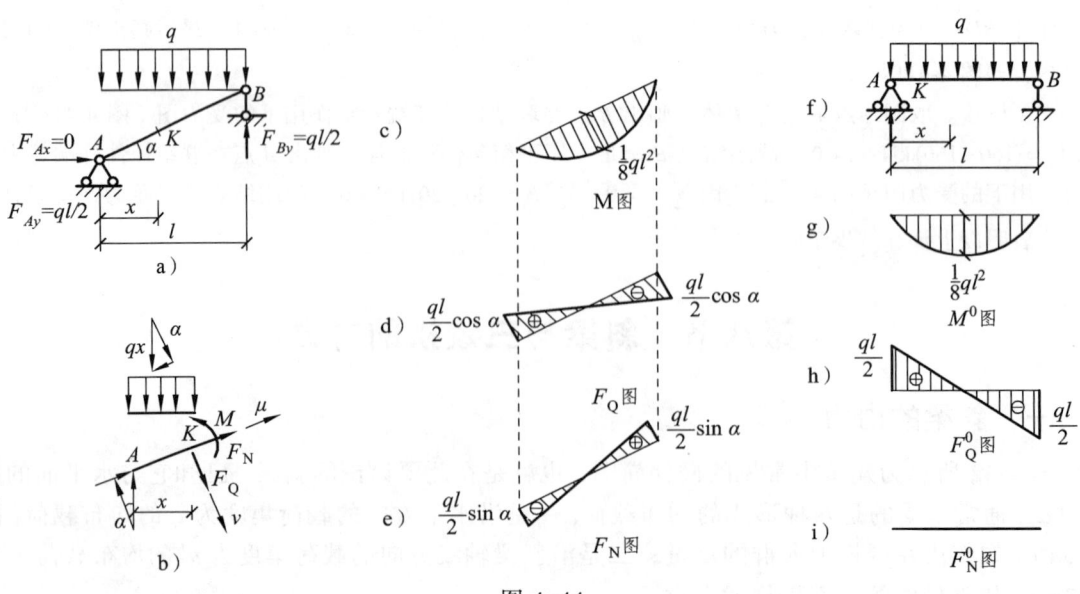

图 4-44

【解】 （1）求斜梁的支座约束反力。取斜梁为研究对象，列平衡方程并解之，得

$$F_{Ax}=0, \quad F_{Ay}=F_{By}=ql/2\,(\uparrow)$$

（2）求斜梁的内力。采用截面法。在斜梁上距梁支座 A 端为 x 处用一横截面 K 将梁截为左右两段，取左段为分离体（图 4-44b），列平衡方程，即

$$\sum M_K = 0, \quad M = F_{Ay}x - qx\frac{x}{2} = \frac{ql}{2}x - \frac{q}{2}x^2$$

由以上弯矩方程可以看出，斜梁弯矩图为一抛物线（图 4-44c），梁跨中点的弯矩为 $ql^2/8$。可见，斜梁中点的最大弯矩位置和大小，与承受同样载荷的直梁是相同的。在求斜梁的剪力和轴力时，须将作用于分离体上的约束反力和载荷，沿斜梁横截面方向即 v 坐标方向，和梁轴线方向即 u 坐标方向分解（图 4-44b），列平衡方程，即

$$F_v = 0, \quad F_{Ay}\cos\alpha - qx\cos\alpha - F_Q = 0$$

$$F_u = 0, \quad F_{Ay}\sin\alpha - qx\sin\alpha + F_N = 0$$

解之，得

$$F_Q = (ql/2 - qx)\cos\alpha, \quad F_N = -(ql/2 - qx)\sin\alpha$$

由以上剪力 F_Q 和轴力 F_N 的表达式，分别画出其剪力图和轴力图如图 4-44d、e 所示。

图 4-44f 所示为一个与斜梁水平跨度相等，并承受同样载荷的水平简支梁。今采用截面法，也可求得该简支梁任意一横截面 K 上的弯矩 M^0、剪力 F_Q^0 和轴力 F_N^0，即

$$M^0 = \frac{ql}{2}x - \frac{q}{2}x^2, \quad F_Q^0 = \frac{ql}{2} - qx, \quad F_N^0 = 0$$

由该梁各内力的表达式，画出相应的内力图如图 4-44g、h、i 所示。将已知斜梁与水平简支梁的内力加以比较，可知它们之间的关系，即为

$$M = M^0, \quad F_Q = F_Q^0 \cos\alpha, \quad F_N = -F_Q^0 \sin\alpha \tag{4-8}$$

二、三铰拱的内力

1. 拱的特点　三铰拱在桥梁和屋盖中较常应用。拱结构的优点：有较大的可利用空间，水平反力产生负弯矩，可以抵消一部分正弯矩；与简支梁相比，拱的弯矩、剪力较小，轴力较大（压力），应力沿截面高度分布较均匀。采用这种结构可节省材料，减轻自重。

跨度较大的三铰拱桥结构，如图 4-45a 所示，其计算简图及拱的各部分名称如图 4-45b 所示。

拱身各横截面形心的连线称为拱轴线。拱的两端支座处称为拱趾，两拱间的水平距离称为拱的跨度，两拱趾的连线称为起拱线，拱轴上距起拱线最远的顶点称为拱顶，三铰拱通常在拱顶处设置铰。拱顶至起拱线之间的竖直距离称为拱高。拱高与跨度之比 f/l 称为高跨比，是拱结构的基本参数，工程实际中，高跨比由 1/10 至 1，变化的范围很大。

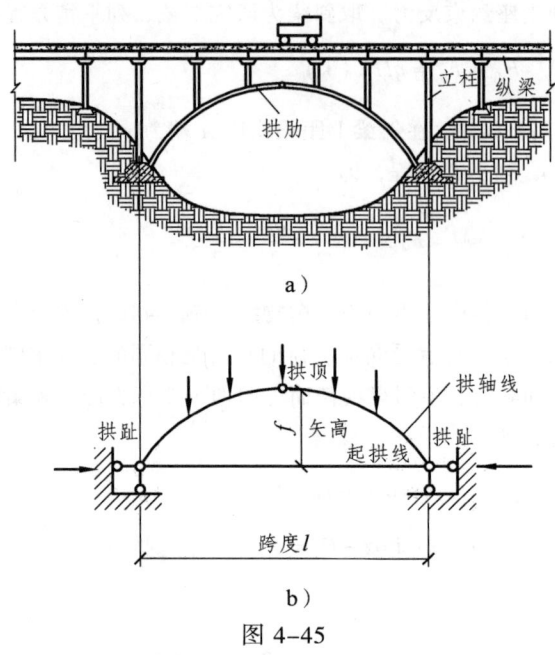

图 4-45

2. 三铰拱的形式 三铰拱的基本形式除了图 4-45 所示的无拉杆的三铰拱以外，还有一种为带拉杆的拱，常用在屋架中。为消除水平推力对墙或柱的影响，在两支座间增加一拉杆，由拉杆来承担水平推力，如图 4-46 所示为这种拱的示意图和其简图。

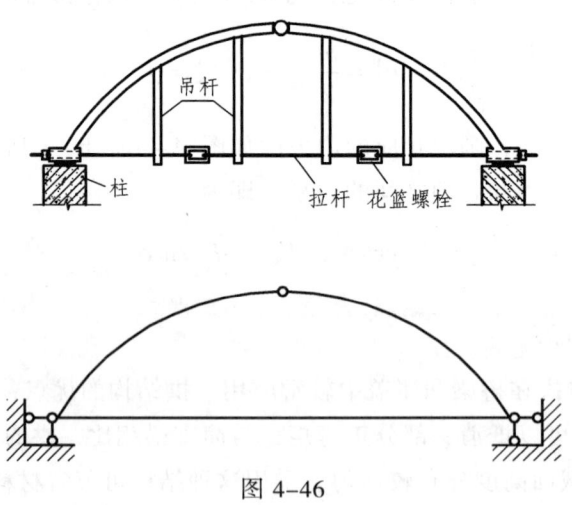

图 4-46

3. 三铰拱的内力计算

（1）三铰拱支座约束反力的计算。如图 4-47a 所示为一个承受竖向载荷作用的三铰拱，共有四个支座约束反力 F_{Ax}、F_{Ay}、F_{Bx}、F_{By}。

为便于与图 4-47b 所示简支梁对比，该简支梁的跨度和载荷都与三铰拱相同。因为载荷是竖向的，所以梁没有水平支座约束反力，只有竖向支座约束反力 F_{Ay}^0、F_{By}^0。先研究拱结构整体的平衡，列方程并解之，得

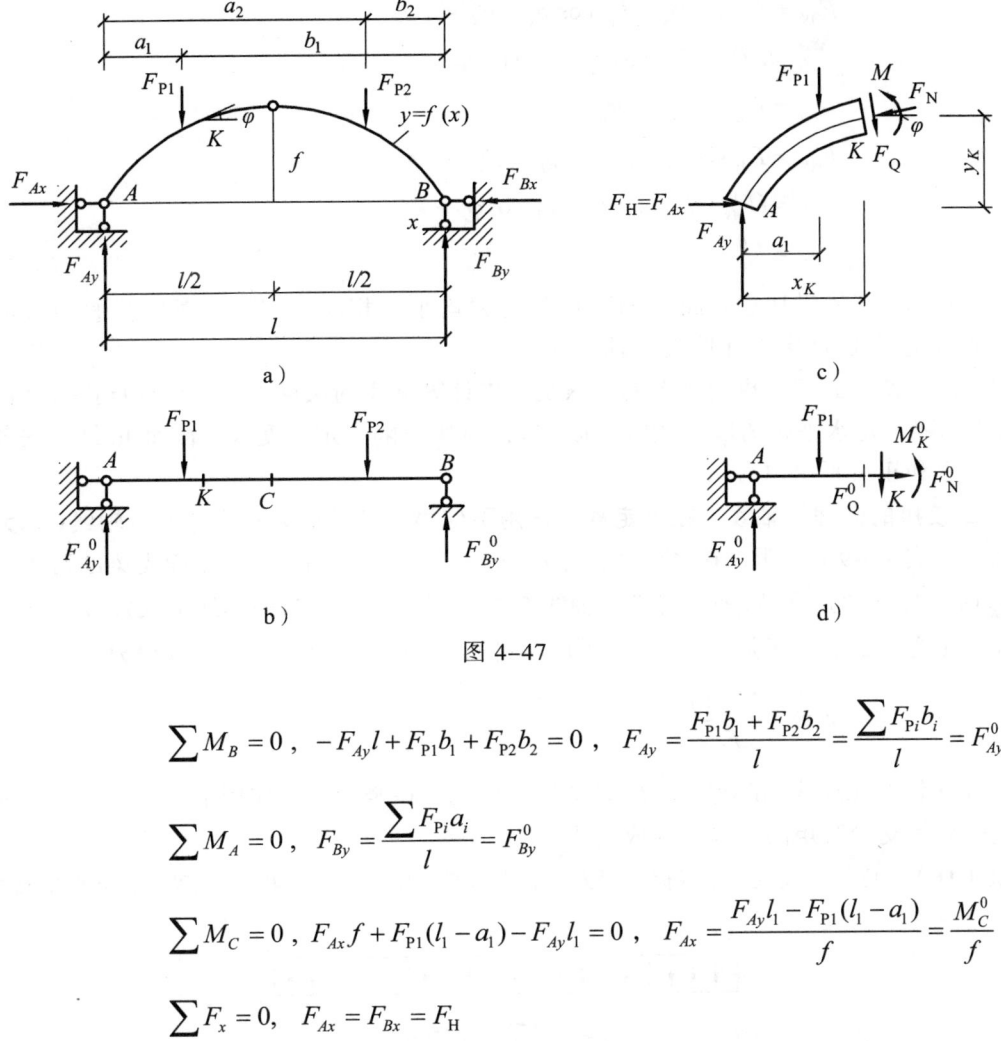

图 4-47

$$\sum M_B = 0, \quad -F_{Ay}l + F_{P1}b_1 + F_{P2}b_2 = 0, \quad F_{Ay} = \frac{F_{P1}b_1 + F_{P2}b_2}{l} = \frac{\sum F_{Pi}b_i}{l} = F_{Ay}^0$$

$$\sum M_A = 0, \quad F_{By} = \frac{\sum F_{Pi}a_i}{l} = F_{By}^0$$

$$\sum M_C = 0, \quad F_{Ax}f + F_{P1}(l_1 - a_1) - F_{Ay}l_1 = 0, \quad F_{Ax} = \frac{F_{Ay}l_1 - F_{P1}(l_1 - a_1)}{f} = \frac{M_C^0}{f}$$

$$\sum F_x = 0, \quad F_{Ax} = F_{Bx} = F_H$$

式中，M_C^0 为简支梁的截面 C 处的弯矩，F_H 为拱的水平推力。

由以上计算结果可知，在竖向载荷作用下，三铰拱的支座约束反力有以下几个特点：① 支座约束反力与拱轴线形状无关，而与三个铰的位置有关；② 竖向支座约束反力与拱高无关；③ 当载荷和跨度固定时，拱的水平推力 F_H 与拱高 f 成反比，即拱高 f 越大，水平推力 F_H 越小；反之，拱高 f 越小，水平推力 F_H 越大。当 $f \to 0$，推力 $f_H \to \infty$，这时 A、B、C 三个铰在同一个直线上，三铰拱结构体系就成为几何可变体系了。

（2）三铰拱任意截面内力的计算。取拱结构任意一截面 K 截开后的左部分为分离体，如图 4-47c 所示，相应地与简支梁所对应的分离体如图 4-47d 所示，由平衡方程，即得出三铰拱任意截面 K 的内力计算的公式如下

$$\begin{aligned} M_K &= F_{Ay}x_K - F_{P1}(x_K - a_1) - F_{Ax}y_K \\ &= F_{Ay}^0 x_K - F_{P1}(x_K - a_1) - F_H y_K \\ &= M_K^0 - F_H y_K \end{aligned} \quad (4-9)$$

$$F_{QK} = F_{Ay}\cos\varphi_K - F_{P1}\cos\varphi_K - F_{Ax}\sin\varphi_K$$
$$= (F_{Ay}^0 - F_{P1})\cos\varphi_K - F_H\sin\varphi_K$$
$$= F_{QK}^0 - F_H\sin\varphi_K$$
$$F_{NK} = F_{Ay}\sin\varphi_K - F_{P1}\sin\varphi_K + F_{Ax}\cos\varphi_K$$
$$= (F_{Ay}^0 - F_{P1})\sin\varphi_K + F_H\cos\varphi_K$$
$$= F_{QK}^0 + F_H\cos\varphi_K \tag{4-10}$$

可以看出，三铰拱任意截面 K 的弯矩和剪力均小于相应简支梁所对应截面的弯矩和剪力，并存在着使截面受压且较大的轴力。

（3）内力图。画三铰拱内力图的步骤是，先计算支座约束反力；然后计算拱身截面的内力（可以每隔一定水平距离取一截面，也可以沿拱轴每隔一定长度取一截面）；最后按各截面内力的大小和正负画出内力图。

4. 三铰拱的合理拱轴线　在给定载荷作用下使拱内各截面弯矩为零的拱轴线，称为**合理拱轴线**。公式（4-9）表明，在竖向载荷作用下，三铰拱的弯矩 M 是由简支梁的弯矩 M^0 和 $(-F_H y_K)$ 叠加而得的，而后一项与拱的轴线有关，因此，若对拱的轴线形式加以选择，则可使拱处于无弯矩状态，于是由 $M(x) = M^0(x) - F_H y(x) = 0$，得合理拱轴线方程为

$$y(x) = \frac{M^0(x)}{F_H} \tag{4-11}$$

式中，$y(x)$ 和 $M^0(x)$ 是 x 的函数，F_H 是常数。可见，在竖向载荷作用下，三铰拱的合理轴线的纵坐标与简支梁弯矩图的纵坐标成正比。

【**例 4-16**】　已知三铰拱承受载荷集度为 q 的均布载荷作用（图 4-48），试确定其合理拱轴线。

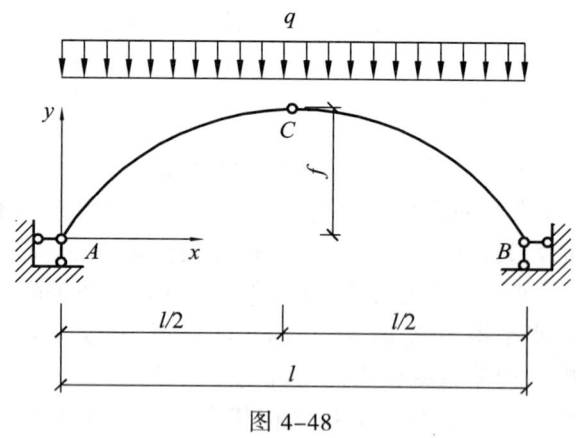

图 4-48

【**解**】　相应于三铰拱的简支梁的弯矩方程为
$$M^0 = \frac{q}{2}x(l-x)$$

三铰拱在竖向均布载荷作用下的推力为
$$F_H = \frac{M_C^0}{f} = \frac{ql^2}{8f}$$

由式（4-11），得三铰拱合理拱轴线方程为

$$y = \frac{4f}{l^2}x(l-x)$$

由此可见，三铰拱在竖向均布载荷的作用下，合理拱轴线为一二次抛物线。这也就是在工程实际中拱轴线较常采用抛物线的原因。

须指出，在合理拱轴线之抛物线方程中，拱高 f 没有确定，所以当载荷、跨度给定时，合理拱轴线会随拱高 f 的不同而有多条，并非是唯一的。

思 考 题

4-1 已知受外力作用的各立柱（图 4-49），试问立柱上的哪些部位的变形属于轴向拉伸或压缩？

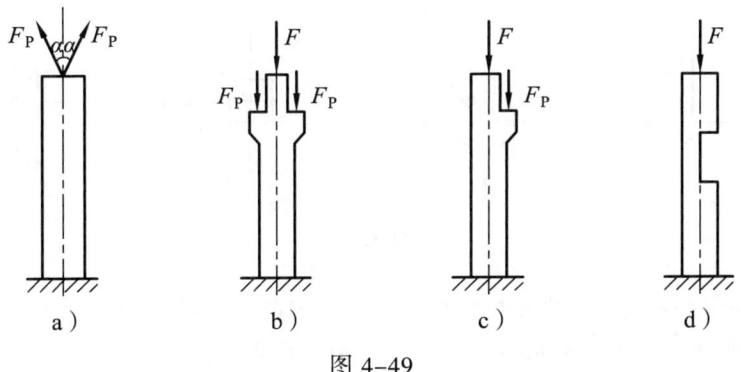

图 4-49

4-2 桁架中的零杆既然不受力，那么在工程实际结构中为什么又不能将其去掉？

4-3 如图 4-50 所示，直杆 AB 受轴向载荷作用，欲求横截面 m-m 上的轴力，采用截面法将直杆截为左右两段，取右段为分离体，列平衡方程以求之。由此求解题过程来看，是否可以说直杆横截面轴力与直杆左段上的力 F_1 和 F_2 无关？

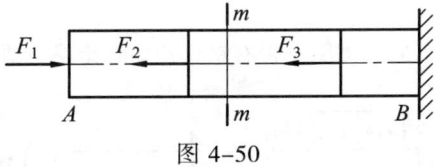

图 4-50

4-4 分析图 4-51 所示结构中各杆件的受力，属于轴向拉伸的是（　　）杆，属于轴向压缩的是（　　）杆，属于弯曲的是（　　）杆。

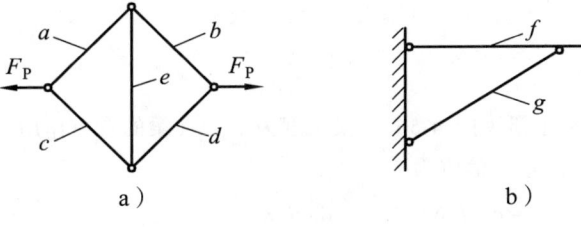

图 4-51

4-5 一传动轴的转速和输入功率为已知，为使其横截面的转矩最小，对于图 4-52 所示传动轴上的三个轮子的布置顺序，从左到右应当是按（　　）排列较为合理。

（1）A，B，C　　　（2）A，C，B　　　（3）B，A，C　　　（4）C，B，A

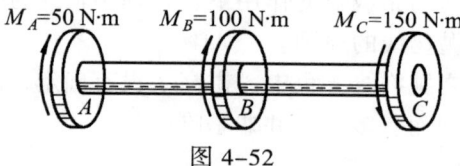

图 4-52

4-6 已知一悬臂梁在 B 端作用有集中力 F_P（图 4-53），该力与梁的纵向对称平面的夹角为 α。当梁的横截面为圆形、正方形、长方形时，试问该梁是否会发生平面弯曲，为什么？

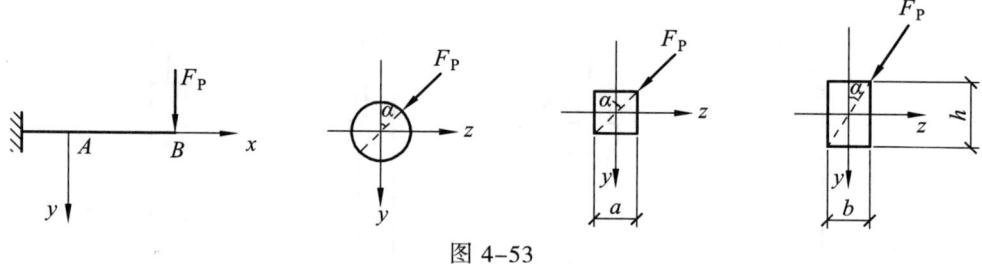

图 4-53

4-7 画出图 4-54 所示简支梁的剪力图和弯矩图。在材料力学中，通常将梁 CD 段的变形称为纯弯曲。试问这一纯弯曲梁段在其横截面上的剪力和弯矩有何特征？

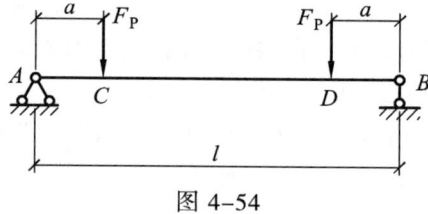

图 4-54

4-8 试判断图 4-55 所示各梁的内力图是否有错误？如有错误，请指出并予以改正。

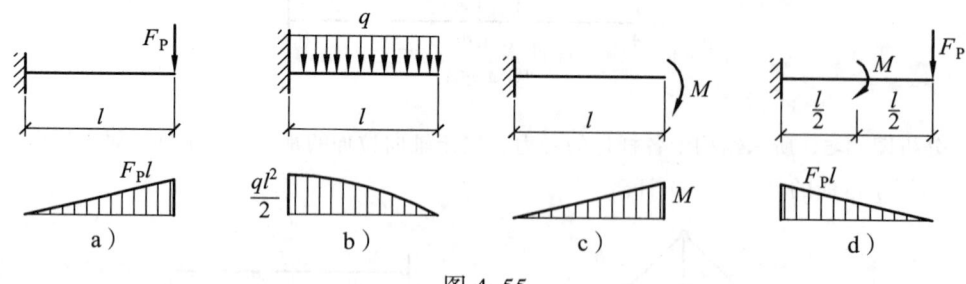

图 4-55

4-9 向上吊起一钢筋混凝土梁（图 4-56），梁长度为 l，在梁的自重作用下，若要保证梁内不产生正弯矩，则钢索所系位置 x 的最小值应为（　　）。

a. $l/2$　　　b. $l/4$　　　c. $l/6$　　　d. $l/8$

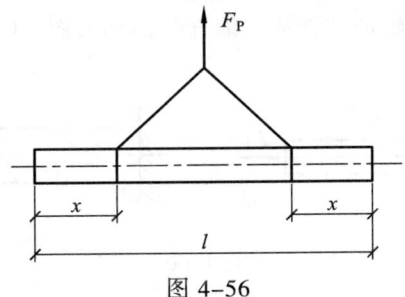

图 4-56

4-10 在画出图 4-57 所示外伸梁的弯矩图时，采取先不求出梁的支座约束反力，而将梁分为 AB、BD 两区段来画图，其中画 AB 段的弯矩图可用叠加法，你认为这样可以吗？若可以，则应该如何进行？

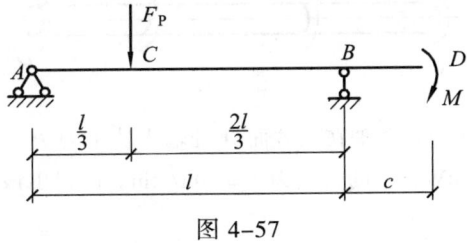

图 4-57

4-11 能否不通过计算，而直接画出图 4-58 所示结构的弯矩图？

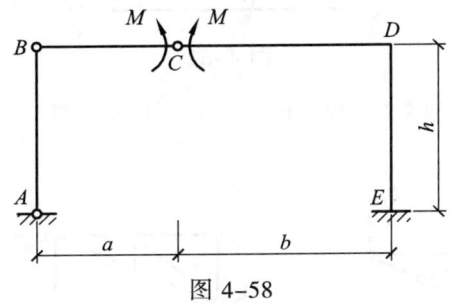

图 4-58

习 题

4-1 试求图 4-59 所示轴向拉伸或压缩杆件指定横截面上的轴力。

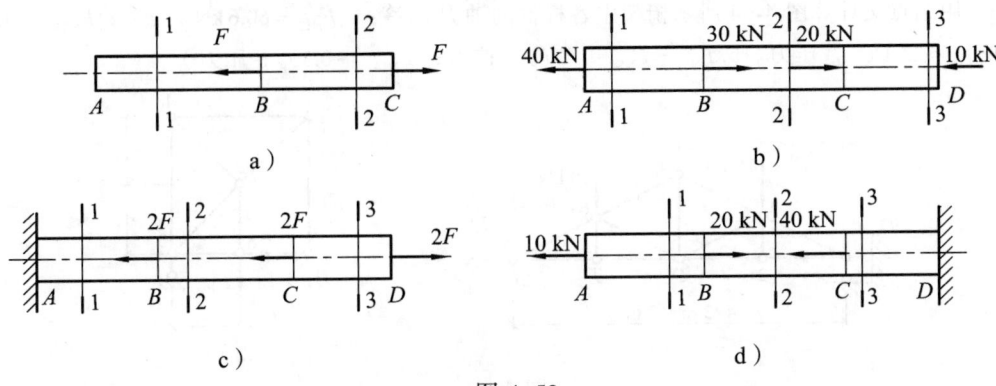

图 4-59

4-2 试画出图 4-60 所示各轴向拉伸或压缩杆件的轴力图。（答：a. $F_{NAB}=2F_P$，$F_{NBC}=-F_P$；b. $F_{NAB}=0$，$F_{NCD}=-20\,\text{kN}$）

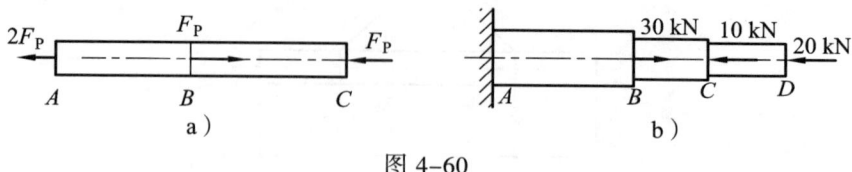

图 4-60

4-3 已知一传动轴上作用的外力偶的力偶矩的大小和方向如图 4-61 所示，试画出该轴的扭矩图，并且指出最大扭矩在轴上的位置。（答：$M_{max}=2\,\text{kN}\cdot\text{m}$）

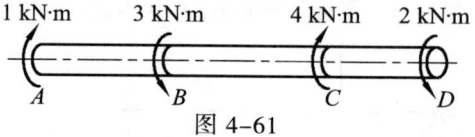

图 4-61

4-4 如图 4-62 所示，已知一传动轴在横截面 A 处输入功率为 $P_A=10\,\text{kW}$，在横截面 B 处及横截面 C 处输出功率为 $P_B=P_C=5\,\text{kW}$，轴的转速为 $n=60\,\text{r/min}$。试得出该传动轴横截面的扭矩及其扭矩图。（答：$M_{max}=796\,\text{kN}\cdot\text{m}$）

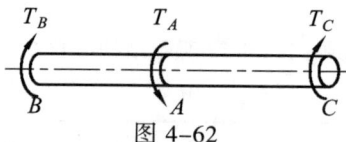

图 4-62

4-5 指出图 4-63 所示桁架的类型，以及桁架中的零杆数。（答：a. 简单桁架，有 4 根零杆；b. 联合桁架，有 10 根零杆）

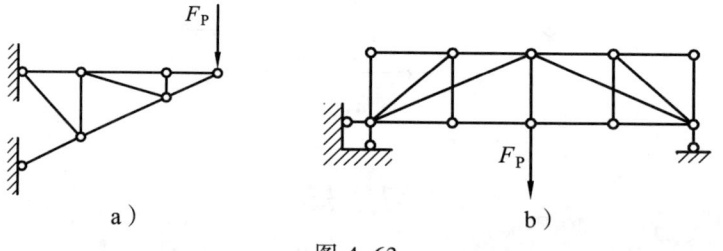

图 4-63

4-6 用结点法计算图 4-64 所示桁架中各杆件的轴力。（答：a. $F_{N12}=60.6\,\text{kN}$，拉力；$F_{N34}=44.7\,\text{kN}$，压力；$F_{N35}=22.4\,\text{kN}$，压力。b. $F_{N51}=F_{N54}=0.07F_P$，拉力；$F_{N14}=-0.5F_P$，压力）

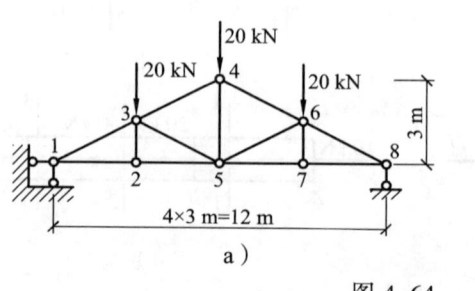
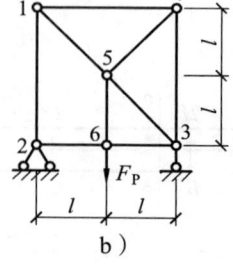

图 4-64

4-7 用截面法计算图 4-65 所示桁架中杆 23、杆 62、杆 67 的轴力。（答：$F_{N23} = -11.3\,\text{kN}$，压力；$F_{N62} = 12.5\,\text{kN}$，拉力；$F_{N67} = 3.75\,\text{kN}$，拉力）

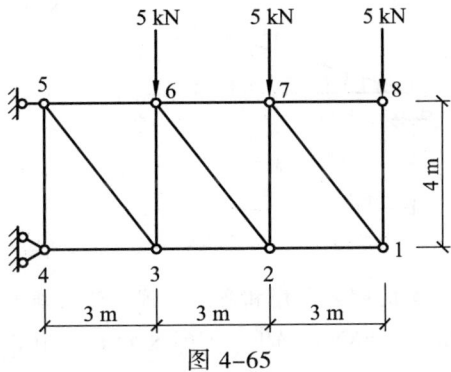

图 4-65

4-8 用较简单的方法求出图 4-66 所示桁架中指定杆件的轴力。（答：$F_{Na} = 56.6\,\text{kN}$，拉力；$F_{Nb} = 28.3\,\text{kN}$，压力；$F_{Nc} = 7.45\,\text{kN}$，压力）

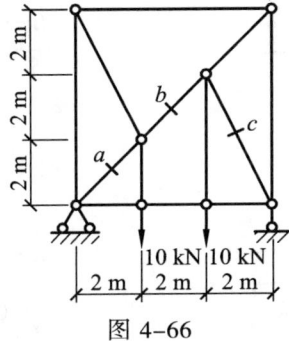

图 4-66

4-9 试求图 4-67 所示各梁在其指定横截面上的剪力和弯矩。（答：a. $F_{Q1} = -F_P$，$M_1 = -F_P a$；b. $F_{Q1} = 4\,\text{kN}$，$M_1 = -2\,\text{kN}\cdot\text{m}$；c. $F_{Q1} = 20\,\text{kN}$，$M_1 = 40\,\text{kN}\cdot\text{m}$，$F_{Q3} = 0$，$M_3 = 40\,\text{kN}\cdot\text{m}$；d. $F_{Q1} = 3.5\,\text{kN}$，$M_1 = 7\,\text{kN}\cdot\text{m}$，$F_{Q4} = -2.5\,\text{kN}$，$M_4 = 5\,\text{kN}\cdot\text{m}$）

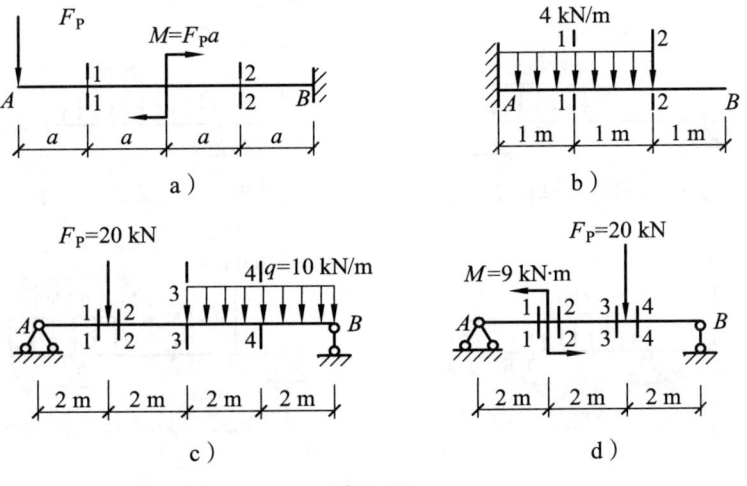

图 4-67

4-10 如图 4-68 所示，一简支梁受到三角形分布载荷的作用，试求该简支梁横截面 1-1 上的剪力和弯矩。（答：$F_{Q1}=3\,\text{kN}$，$M_1=27\,\text{kN}\cdot\text{m}$）

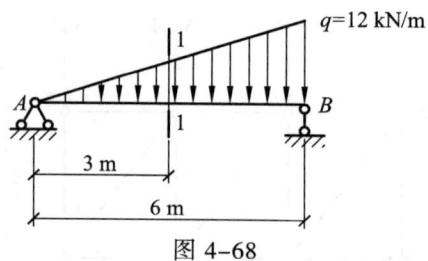

图 4-68

4-11 试列出图 4-69 所示各梁的剪力方程和弯矩方程，然后画出其剪力图和弯矩图，并且指出弯矩和剪力的极值。（答：a. $\left|F_Q\right|_{\max}=6\,\text{kN}$，$\left|M\right|_{\max}=16\,\text{kN}\cdot\text{m}$；b. $\left|F_Q\right|_{\max}=3\,\text{kN}$，$\left|M\right|_{\max}=2.25\,\text{kN}\cdot\text{m}$；c. $\left|F_Q\right|_{\max}=8.33\,\text{kN}$，$\left|M\right|_{\max}=16.66\,\text{kN}\cdot\text{m}$；d. $\left|F_Q\right|_{\max}=10\,\text{kN}$，$\left|M\right|_{\max}=8\,\text{kN}\cdot\text{m}$）

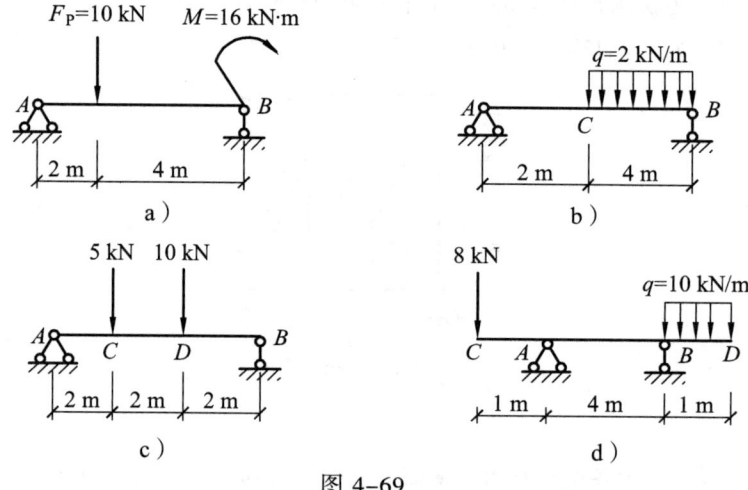

图 4-69

4-12 用简捷的方法画出图 4-70 所示各梁的剪力图和弯矩图。（答：a. $F_{QC}^L=19\,\text{kN}$，$M_C=38\,\text{kN}\cdot\text{m}$；b. $F_{QA}^R=8\,\text{kN}$，$M_{\max}=6\,\text{kN}\cdot\text{m}$；c. $F_{QA}^R=20.5\,\text{kN}$，$M_B=-2\,\text{kN}\cdot\text{m}$；d. $F_{QA}^R=70\,\text{kN}$，$M_{\max}=140\,\text{kN}\cdot\text{m}$）

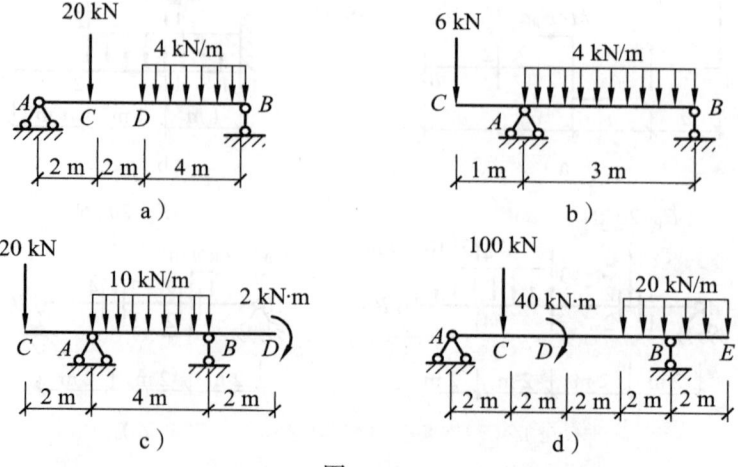

图 4-70

4-13 用叠加法画出图 4-71 所示梁的弯矩图。（答：a. $M_C = 9\,\mathrm{kN\cdot m}$；b. $M_B = -2\,\mathrm{kN\cdot m}$）

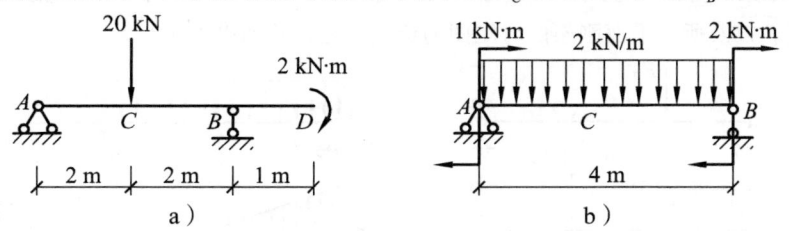

图 4-71

4-14 用简捷的方法画出图 4-72 所示简支梁的弯矩图。（答：$M_C = 60\,\mathrm{kN\cdot m}$，$M_D^L = 80\,\mathrm{kN\cdot m}$，$M_D^R = 80\,\mathrm{kN\cdot m}$）

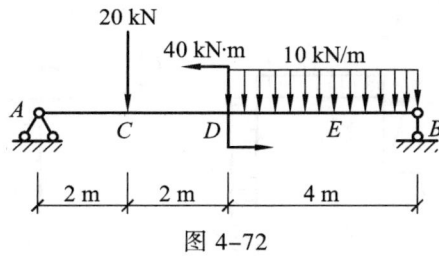

图 4-72

4-15 已知如图 4-73 所示某简支梁的剪力图，另又知简支梁上并没有外力偶作用，试根据该剪力图画出该简支梁的载荷图。

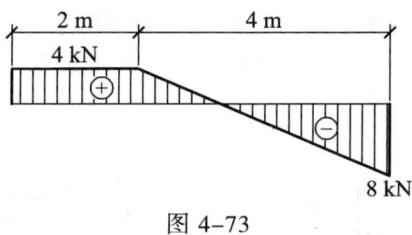

图 4-73

4-16 图 4-74 所示为某简支梁的弯矩图，试据此画出该梁的剪力图与载荷图。

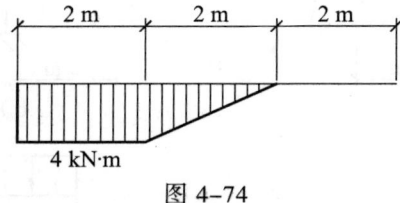

图 4-74

4-17 图 4-75 为一承受两种载荷作用的外伸梁，如果要使支座 B 的负弯矩的绝对值等于梁的 AB 跨中点 D 的最大正弯矩，那么集中载荷 F_P 的大小应当等于多少才合适？（答：$F_P = 13.3\,\mathrm{kN}$）

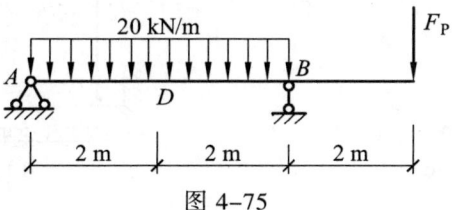

图 4-75

4-18 试根据梁的剪力、弯矩与梁上分布载荷的载荷集度之间的微分关系，指出图 4-76 所示梁的剪力图和弯矩图，以及所示平面刚架的弯矩图的错误之处，并加以更正。

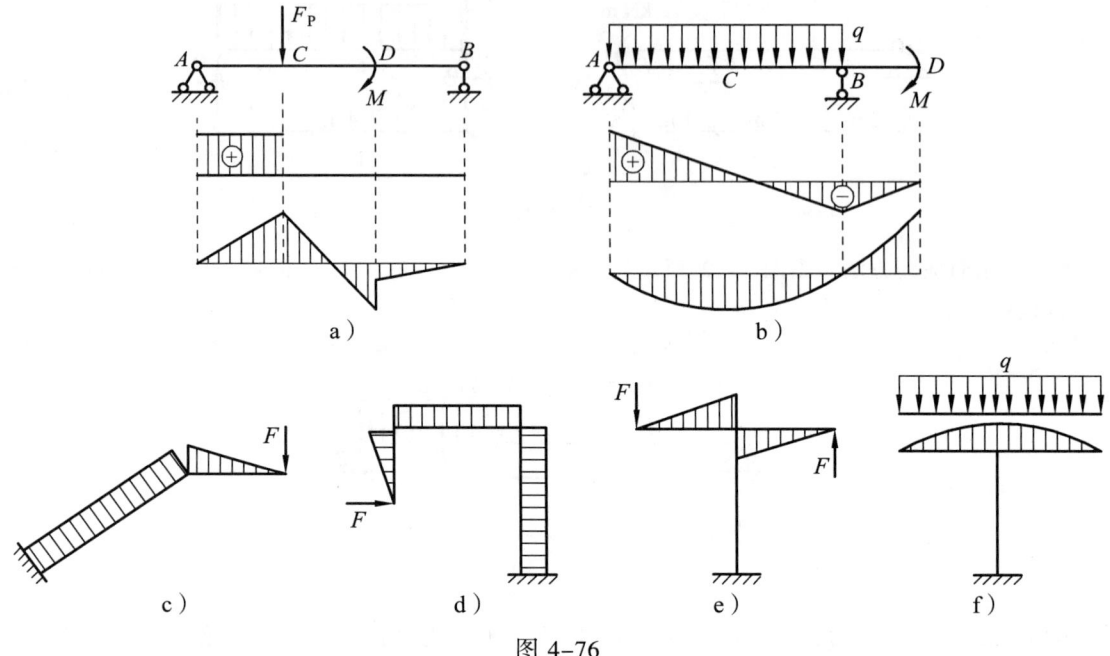

图 4-76

4-19 试画出图 4-77 所示平面刚架的内力图，并校核其结果。（答：a. $M_{AB} = 60 \text{ kN} \cdot \text{m}$，右侧受拉；b. $M_{AB} = 30 \text{ kN} \cdot \text{m}$，左侧受拉；c. $M_{BC} = 250 \text{ kN} \cdot \text{m}$，下侧受拉；$M_{CA} = 20 \text{ kN} \cdot \text{m}$，左侧受拉；d. $M_{CA} = 60 \text{ kN} \cdot \text{m}$，左侧受拉）

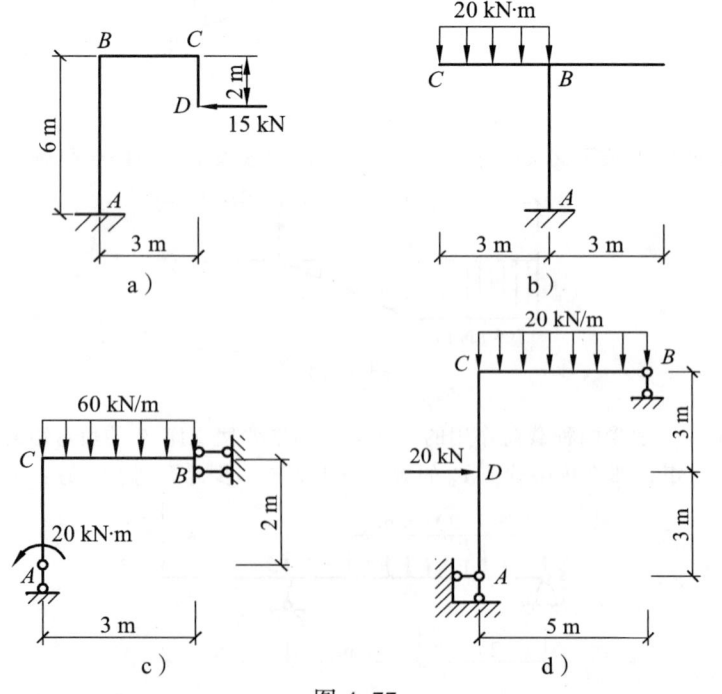

图 4-77

4-20 试画出图 4-78 所示斜梁的内力图。（答：$F_{QA} = 5.72\,\text{kN}$，$F_{NA} = 3.3\,\text{kN}$）

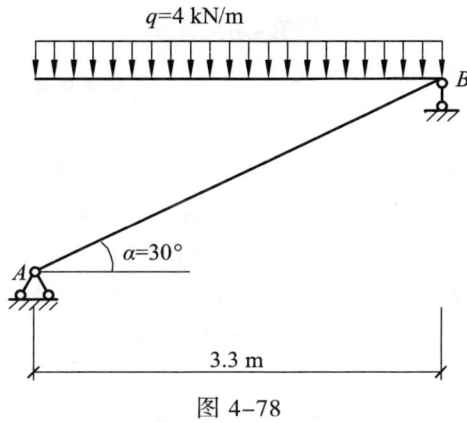

图 4-78

4-21 试画出如图 4-79 所示多跨静定梁的剪力图与弯矩图。（答：a. $M_D = 5\,\text{kN}\cdot\text{m}$，下侧受拉；b. $M_H^R = 15\,\text{kN}\cdot\text{m}$，上侧受拉；$M_E = 11.25\,\text{kN}\cdot\text{m}$，下侧受拉）

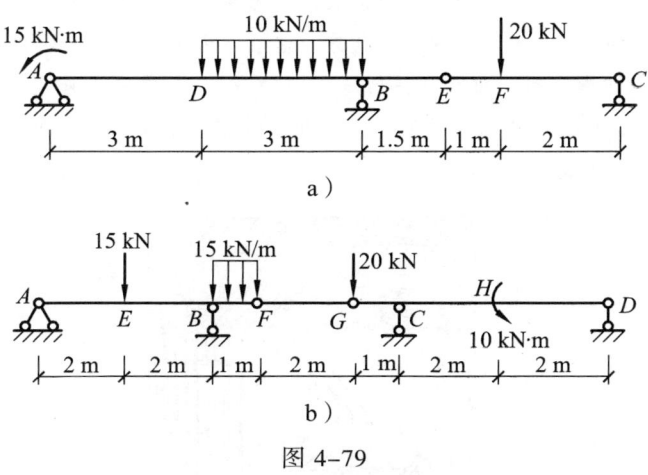

图 4-79

4-22 求图 4-80 所示三铰拱截面 E 上的内力。已知拱轴线方程为 $y = \dfrac{4f}{l^2}x(l-x)$（答：$M_E = -0.5F$，$F_{QE} = 0$，$F_{NE} = 0.559F$）

4-23 求图 4-81 所示圆弧三铰拱截面 K 的内力。（答：$M_K = -29\,\text{kN}\cdot\text{m}$，$F_{QK} = 18.3\,\text{kN}$，$F_{NK} = 68.3\,\text{kN}$）

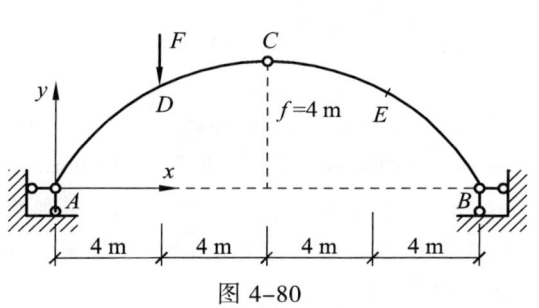

图 4-80

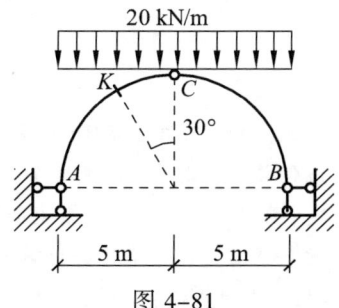

图 4-81

[辅助学习材料]

郑玄-胡克定律

胡克定律是固体力学的基本规律之一，它由罗伯特·胡克（R.Hooke，1635—1702）于1678年提出而得名。

胡克1635年7月18日出生于英国南部怀特岛的一个牧师家庭。胡克幼年时勤奋好学，喜欢工艺制作。青年时得到了威斯敏斯特市的全力资助而被转到牛津大学就读。在牛津大学，他受到了英国皇家学会的一些才华横溢的科学精英的赏识，不久于1655年他又成为了物理学家、近代化学的奠基人罗伯特·波意耳（R. Boyle，1627—1691）的助手。1678年，胡克以猜字谜的形式公布了力与变形成正比的规律。其实，在此之前的1500多年时，我国史书就已经有了这方面的记载。

东汉经学家郑玄（127—200）曾就《考工记·弓人》一书中的"量其力，有三均"作注云："假令弓力胜三石，引之中三尺，弛其弦，以绳缓擐之，每加物一石，则张一尺。"这里的"缓擐"，即松松套住之意，也就是没有初拉力。接着郑玄以"每加物一石，则张一尺"九个字，就把力与变形成正比的线性关系表述得清清楚楚。郑玄虽是大儒，他的说法并非空想，而是来源于实际的。在当时，我国弓人在制成弓以后，就已经有了对弓力的定量测量。古籍中如"千钧之弩""百石之弩"的说法，就在一定程度上反映了弓力的定量测量。后来，明代宋应星在《天工开物》中写道："凡试弓力，以足踏弦就地，秤钩搭挂弓腰，弦满之时，推移秤锤所压，则知多少。"书中还有"试弓定力"的插图（图辅4-1），画的就是一个人提秤，秤钩钩住弦的中央，并在弓腰处搭挂重物。在我国现在的出土文物中，也能见到一些有关测量弓力的记载。

图辅 4-1

到了近代，英人胡克才在1670年的一篇文章末尾，以谜面为ceiiinosssttuv的字谜暗示了力与变形成正比的线性关系。之后，胡克于1678年在另一篇文章中说出此字谜的谜底是"Ut tensio sic vis"，谜底为拉丁文，译成中文就是"有多大的伸长，就有多大的力"，表明了任何弹簧的力与其伸长都成正比。

在数学上曾有先例将毕达哥拉斯定理易名为勾股定理，那么在力学上将胡克定律易名为郑玄定律，或者郑玄-胡克定律或胡克-郑玄定律，也是值得商讨的。

第五章

杆件的应力计算
与
强度设计准则

对杆件结构进行设计,一方面要知道杆件上内力分布的情况,
另一方面还要知道杆件在发生不同的变形时,
其截面上内力在一点的集中程度。本章将研究杆件在外力作用下发生不同
变形时,横截面上的应力、应变及其相互关系。具体说,就是要对
直杆轴向拉伸或压缩时的正应力,
圆轴扭转时的切应力,
直梁弯曲时的正应力与切应力进行
讨论。在此基础上,结合杆件内一点的
应力状态分析,
以及材料在轴向载荷作用下的力学行为,
最后即建立杆件的强度设计准则。

第一节 应力、应变及其相互关系

一、应 力

由经验可知,同一种材料制成的两根粗细不同的杆件,对其施以相同的轴向拉力,当拉力加大到某一值时,横截面小的细杆首先会被拉断。这一事实说明,杆件抵抗破坏的能力不仅与杆件横截面上的内力大小有关,而且还与横截面的面积大小有关。细杆首先会被拉断,是因为内力在杆件横截面上分布的密集程度(简称集度)大。因此,研究杆件抵抗破坏的能力强弱,必须引入应力的概念。

应力是杆件受力时截面上某一点内力的集度。杆件截面上某一点 C 的应力，可借助截面内力合力 ΔF_R 在其上一微小面积 ΔA 上分布的极限值 p 来描述（图 5-1），也就是定义为

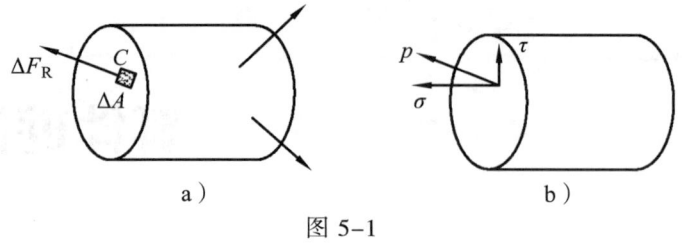

图 5-1

$$p = \lim_{\Delta A \to 0} \frac{\Delta F_R}{\Delta A} \tag{5-1}$$

式中，应力 p 的方向为内力合力 ΔF_R 的极限方向。为了适应实际内力的分析，通常将截面内力合力 ΔF_R 分解成法向分力 ΔF_N 和切向分力 ΔF_Q 两个分量，相应地得到应力 p 的两个分量即正应力 σ 和切应力 τ 分别为

$$\sigma = \lim_{\Delta A \to 0} \frac{\Delta F_N}{\Delta A} = \frac{dF_N}{dA} \tag{5-2}$$

$$\tau = \lim_{\Delta A \to 0} \frac{\Delta F_Q}{\Delta A} = \frac{dF_Q}{dA} \tag{5-3}$$

在国际单位制中，应力的单位名称是帕［斯卡］，符号为 Pa，1 Pa = 1 N/m²。工程上通常使用的单位是兆帕 MPa，1 MPa = 10^6 Pa。

二、应　变

杆件受外力作用时，其几何形状和尺寸的改变称为变形。构件发生变形时，其横截面位置发生的改变称为位移，属于沿线长度和角度改变的，分别称为线位移和角位移。构件位移与其位移前的尺寸相比，即称为相对变形或应变。相应的相对线位移和相对角度位移，也就分别称为线应变和角应变（或称切应变）。

图 5-2a 所示为一代表点尺寸大小的力学模型，是一个微小正六面体，又称单元体。单元体在变形时，其棱边边长的改变量 Δu 称为线变形（图 5-2b），Δu 与单元体原始边长 Δx 的比值 ε_x，称为线应变，亦即

$$\varepsilon_x = \frac{\Delta u}{\Delta x} \tag{5-4}$$

同理，还可以给出单元体变形时沿其他方向如沿 y 方向的正应变 ε_y。**线应变是无量纲的**。实验表明，变形固体在一定的变形范围如在称为线弹性变形的范围内，正应力 σ 在作用于单元体时，沿 x 和 y 方向产生的线应变，又称正应变 ε_x 和 ε_y，两者是反号的，它们存在如下关系，即

$$\varepsilon_y = -\nu \varepsilon_x \tag{5-5}$$

式中，ν 是与材料相关的量，称为泊松比，是一个无量纲的量。

关于单元体变形时的切应变，是指单元体中相互垂直的棱边，在单元体变形时所发生的夹角的改变量γ（图5-2c）。**切应变γ也是无量纲的量。**

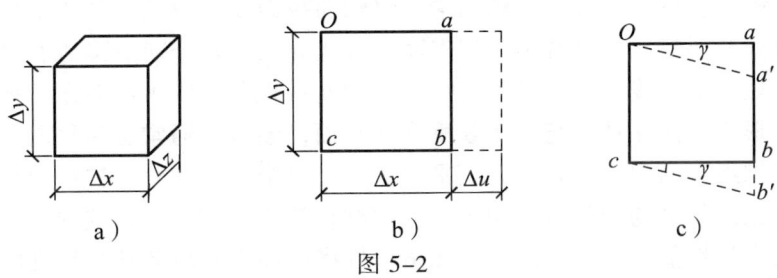

图 5-2

当单元体发生两对边错动的形变时，显然是有切应力τ和τ'作用在单元体左右和上下两平面上。由于这4个切应力，在单元体上构成的两内力偶的力偶矩的大小相等，而且方向相反，因此就有

$$\tau = \tau' \tag{5-6}$$

亦即在**单元体上，两个相互垂直的平面上的切应力τ和τ'的数值是相等的，其方向指向或背离两个相互垂直平面的交线**。单元体上切应力的这一关系，称为**切应力互等定理**。切应力互等定理具有普遍意义，在单元体上作用有正应力的情况下同样成立。

三、应力与应变的相互关系

对于由各向同性材料制成的杆件，当其处在线弹性变形的范围内时，若单元体只承受一个单方向的正应力或者切应力，则正应力与正应变，或者切应力与切应变之间各自存在着如下关系，即

$$\sigma = E\varepsilon \tag{5-7}$$

$$\tau = G\gamma \tag{5-8}$$

式中，量 E 和 G 是一个与材料力学性质有关的比例常数，分别称为弹性模量和切变模量。而式（5-7）和（5-8）所表达的相应量之间的关系，分别称为**胡克定律**和**剪切胡克定律**。

在弹性变形的范围内，前面的与材料力学性质有关的三个量，统称弹性常数，它们相互之间存在如下关系，即

$$G = \frac{E}{2(1+\nu)} \tag{5-9}$$

须指出，对于绝大多数各向同性材料，在一定范围内都符合或近似符合胡克定律和剪切胡克定律，以及三个弹性常数之间的关系。而且，它们在工程上也都普遍适用。

第二节 直杆轴向拉伸或压缩时的正应力

一、杆件横截面上的正应力

杆件受不同作用方式的外力时，其变形也会不同。杆件内力是不可见的，但可通过变形

固体的受力与变形之间的物理关系联系起来。因此，要知道内力在杆件横截面上的分布规律，必须从研究杆件的变形规律入手。取如图 5-3a 所示的等截面直杆，在其表面画两条与杆轴线垂直的直线 ab 和 cd。然后，在直杆的两端施以轴向拉力 F，也就是使之出现轴向拉伸而产生伸长变形。直杆变形后，可以看出直杆表面的直线 ab 和 cd 分别平移到了 $a'b'$ 和 $c'd'$ 位置，且仍为垂直于杆轴线的直线。根据杆件表面的这种变形现象，则可以假设：**杆件变形前是平面的横截面，变形后仍然保持为与杆轴线垂直的平面**，该假设通常称为平面假设。今设想直杆由无数纵向纤维组合而成，于是由以上平面假设可以推断，此轴向拉伸的直杆在任意两横截面之间的所有纵向纤维的伸长量都相等。因为材料是均匀的，而且这种材料制成的直杆抵抗变形或破坏的力学性能都一样，所以可知道杆件横截面上对应各伸长纤维的点的受力亦即应力会相等。轴向拉伸或压缩杆件的内力即轴力 F_N 垂直于横截面，其内力在横截面上的分布集度——应力也必定垂直于杆件横截面。由此可见，轴向拉伸或压缩杆件横截面上只有均匀分布的正应力 σ（图 5-3b），即为

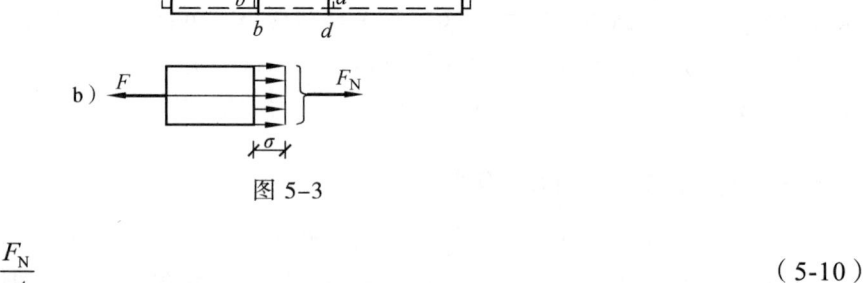

图 5-3

$$\sigma = \frac{F_N}{A} \tag{5-10}$$

式中，A 为杆件的横截面面积。正应力 σ 的正负号与轴力 F_N 的正负号规定相同，即**杆件拉伸时为正，压缩时为负**。

【例 5-1】 图 5-4 所示为一受轴向力作用的变截面直杆。已知：$F_1 = 80$ kN，$F_2 = 40$ kN，$d_1 = 38$ mm，$d_2 = 60$ mm。试求该直杆横截面 1-1 及横截面 2-2 上的正应力。

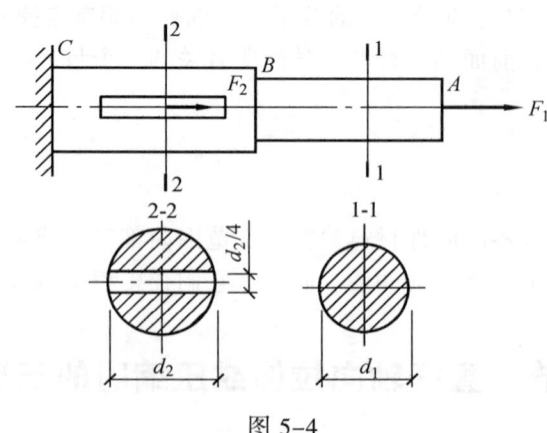

图 5-4

【解】 由截面法可求得横截面 1-1 上的轴力 $F_{N1} = F_1 = 80$ kN，横截面 2-2 上的轴力 $F_{N2} = F_1 +$

$F_2 = 120$ kN。由式（5-10），即得横截面 1-1 上的正应力 σ_1 为

$$\sigma_1 = \frac{F_{N1}}{A_1} = \frac{F_{N1}}{\frac{\pi d_1^2}{4}} = \frac{4 \times 80 \times 10^3}{3.14 \times 38^2 \times 10^{-6}} \text{Pa} = 70.6 \times 10^6 \text{Pa} = 70.6 \text{ MPa}$$

横截面 2-2 上的正应力 σ_2 为

$$\sigma_2 = \frac{F_{N2}}{A_2} = \frac{F_{N2}}{\frac{\pi d_2^2}{4} - d_2 \times \frac{d_2}{4}} = \frac{4 \times 120 \times 10^3}{(3.14 - 1) \times 60^2 \times 10^{-6}} \text{Pa} = 62.3 \times 10^6 \text{Pa} = 62.3 \text{ MPa}$$

由该例的计算结果可以看出，轴力最大的横截面 2-2 上的正应力并不是最大的，而轴力最小的横截面 1-1 上的正应力反而最大，很自然就应联想到杆件的轴力大小是不能表征它抵抗破坏的能力的。

二、杆件斜截面上的应力

前面分析了轴向拉伸或压缩杆件横截面上的应力。但是在工程实际中，轴向拉伸或压缩杆件的破坏断面并不一定是沿着横截面。为了全面分析研究拉伸或压缩杆件的抵抗破坏的能力，值得探讨一下任意一方位截面即斜截面上的应力。

如图 5-5a 所示的一等截面直杆，受轴向拉力 F 的作用，今设其横截面面积为 A，于是由式（5-10），得横截面上的正应力 σ 为

$$\sigma = \frac{F_N}{A} = \frac{F}{A}$$

现假想用一与横截面成 α 角的斜截面 k-k 将此直杆截为左右两段，取左段为分离体（图 5-5b）。显然，斜截面面积为 $A_\alpha = A/\cos\alpha$，而斜截面上的内力 $F_{N\alpha} = F$，由此得到斜截面上任意一点的应力 p_α 为

$$p_\alpha = \frac{F_{N\alpha}}{A_\alpha} = \frac{F}{A}\cos\alpha = \sigma\cos\alpha$$

将应力 p_α 分解为沿斜截面法线方向的正应力 σ_α 和沿斜截面切线方向的切应力 τ_α 两个分量（图 5-5c），也就是

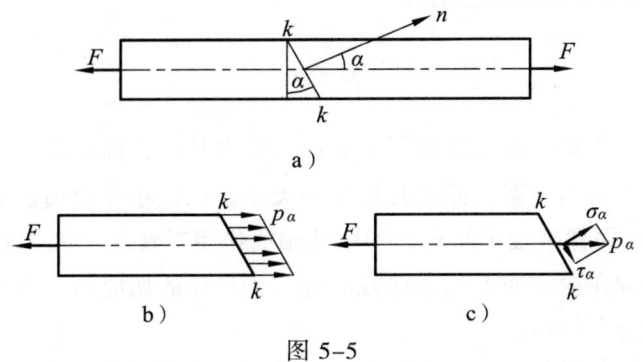

图 5-5

$$\sigma_\alpha = p_\alpha \cos\alpha = \sigma \cos^2\alpha = \frac{\sigma}{2}(1+\cos 2\alpha) \tag{5-11}$$

$$\tau_\alpha = p_\alpha \sin\alpha = \sigma \cos\alpha \sin\alpha = \frac{\sigma}{2}\sin 2\alpha \tag{5-12}$$

式（5-11）和（5-12）表明，轴向拉伸或压缩杆件斜截面上既有正应力也有切应力，其大小随斜截面方位的变化而变化。当 $\alpha = 0$ 时，σ_α 达到最大值，即为 $\sigma_{max} = \sigma$，而 $\tau_\alpha = 0$，说明轴向拉伸或压缩杆件的最大正应力发生在杆的横截面上；当 $\alpha = 45°$ 时，τ_α 达到最大值，即为 $\tau_{max} = \frac{\sigma}{2}$，而 $\sigma_\alpha = \frac{\sigma}{2}$，说明轴向拉伸或压缩杆件的最大切应力发生在与杆轴线成 45°的斜截面上。另由式（5-12）可知，当 $\alpha = 45° + 90° = 135°$时，就是说互相垂直的两斜截面上的切应力大小相等，方向相反，由此也表明前述切应力互等定理的确实含义所在。

第三节　圆轴扭转时的切应力

上一章曾给出了扭转圆轴横截面上分布内力系的合力——扭矩，但还无法确定圆轴横截面上分布内力系的集度——应力，这是因为不知道应力在横截面上是如何分布的。因此，要确定横截面上的应力，必须得从圆轴扭转时的变形几何关系，以及力与变形之间的物理关系和静力平衡关系入手进行研究。在这里，先通过圆轴扭转实验观察圆轴外表面的变形情况，从而找出应变变化规律；然后再应用物理关系，找出应力分布规律；最后，由静力平衡关系推导出应力计算公式。为此，先在圆轴表面画若干垂直于轴线的圆周线和平行于轴线的纵向线（图 5-6a），然后在圆轴的两端加力偶矩为 M_e 的外力偶使圆轴产生扭转变形。圆轴扭转变形后，圆轴表面各圆周线的形状、大小与间距均不改变，仅绕轴线作了相对转动；而各纵向线则倾斜了一个相同的角度 γ（图 5-6b），仍然近似保持为一直线，原来的两种线条围成的矩

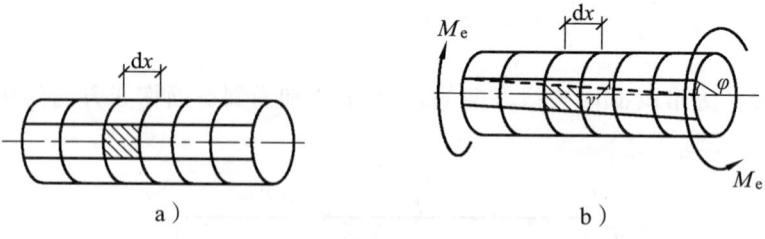

图 5-6

形变成了平行四边形。于是，由上述的圆轴表面的变形特点，即提出以下假设：**圆轴变形前的横截面，变形后仍保持为平面，而且其形状和大小，以及相邻两横截面间的距离均保持不变，或者就是说各横截面像刚性平面一样均绕其轴线作相对转动**。该假设通常称为**平面假设**。由此可推断，扭转圆轴在横截面上只存在方向垂直于半径的切应力。接下来再分析扭转圆轴切应力在横截面上的分布规律。

如图 5-7 所示，在圆轴上切取一长度为 dx 的微段，微段两端截面，即横截面 2-2 这时相

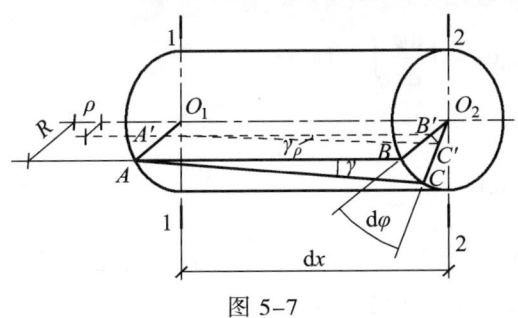

图 5-7

对于横截面 1-1 转过了一个角度 $\mathrm{d}\varphi$，而横截面上距圆心 O_2 为 ρ 的任意一点 B'，即随半径 O_2B 移至 C' 处，在此由 $\triangle A'B'C'$ 和 $\triangle O_2B'C'$ 可以看出，弧段 $B'C'$ 为 $B'C' = \mathrm{d}x\tan\gamma_\rho \approx \mathrm{d}x\gamma_\rho = \rho\mathrm{d}\varphi$ 亦即有

$$\gamma_\rho \approx \frac{B'C'}{A'B'} = \rho\frac{\mathrm{d}\varphi}{\mathrm{d}x} \tag{a}$$

式中，$\dfrac{\mathrm{d}\varphi}{\mathrm{d}x}$ 为**相对扭转角沿轴线的变化率**，或称单位长度扭转角。由平面假设可知，圆轴横截面在变形前后仍为平面。故在同一横截面上 $\dfrac{\mathrm{d}\varphi}{\mathrm{d}x}$ 为常量。式（a）还表明，同一横截面上任意一点的切应变 γ_ρ 与该点到轴线的距离 ρ 成正比。进一步由圆轴扭转时在线弹性范围内的剪切胡克定律 $\tau = G\gamma$，即可得横截面上距轴线为 ρ 的任意一点的切应力 τ_ρ 为

$$\tau_\rho = G\gamma_\rho = G\rho\frac{\mathrm{d}\varphi}{\mathrm{d}x} \tag{b}$$

式（b）表明，横截面上任意一点的切应力 τ_ρ 与该点到轴线的距离 ρ 成正比，其方向垂直于半径。切应力在圆心处为零，圆周处为最大，在半径为 ρ 的同一圆周上各点的切应力相等。圆轴扭转时，切应力沿横截面半径呈线性变化的规律，用图形显示出来即如图 5-8a、b 所示。

有了式（b），还无法确定横截面上任意一点的切应力值。为此，在横截面上距轴心 O 为 ρ 的任意一点取一微面积 $\mathrm{d}A$（图 5-8c），其上作用有切向微内力 $\tau_\rho\mathrm{d}A$，它对轴心 O 点的微内

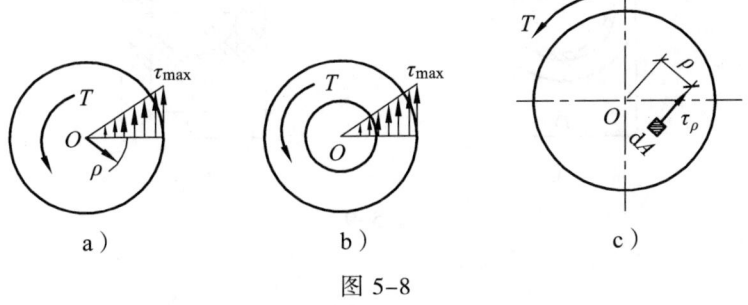

图 5-8

力之矩为 $\rho\tau_\rho\mathrm{d}A$。显然，在整个横截面上这些微内力对轴中心 O 的力矩之和，即等于作用在该横截面上的扭矩 T，也就是

$$T = \int_A \rho \tau_\rho dA = G\frac{d\varphi}{dx}\int_A \rho^2 dA \tag{c}$$

设

$$I_P = \int_A \rho^2 dA$$

式中，I_P 称为横截面对圆心 O 点的极惯性矩，与横截面的几何形状和尺寸有关，它的单位符号为 m^4，mm^4 等。于是，式（c）即可写成

$$\frac{d\varphi}{dx} = \frac{T}{GI_P} \tag{5-13}$$

再将上式代入式（b），即得圆轴扭转时横截面上任意一距轴心为 ρ 处的切应力计算公式为

$$\tau_\rho = \frac{T\rho}{I_P} \tag{5-14}$$

由上式可知，当 $\rho = R$ 时，在扭转圆轴横截面上边缘各点处的切应力为最大，即

$$\tau_{max} = \frac{TR}{I_P}$$

令 $W_P = I_P / R$，则上式变为

$$\tau_{max} = \frac{T}{W_P} \tag{5-15}$$

式中，W_P 称为圆轴横截面的**抗扭截面系数**，它的单位符号为 m^3，mm^3 等。对于圆截面的极惯性矩与抗扭截面系数的计算，可以这样进行，如实心圆截面，可取一距离圆心为 ρ 的圆环微面积 $dA = 2\pi\rho d\rho$（图 5-9a），由此得实心圆截面的极惯性矩 I_P，即为

$$I_P = \int_A \rho^2 dA = \int_0^{\frac{D}{2}} \rho^2 \times 2\pi\rho d\rho = \frac{\pi D^4}{32}$$

式中，D 为实心圆截面的直径。用同样的方法，也可求得如图 5-9b 所示的空心圆截面的极惯

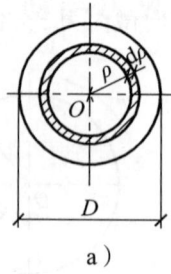
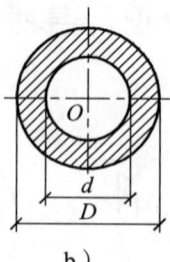

a） b）

图 5-9

性矩 I_P，即为

$$I_P = \frac{\pi D^4}{32}(1-\alpha^4)$$

式中的 $\alpha = d/D$，为空心圆截面的内径和外径之比。

与以上对应的实心圆截面和空心圆截面的抗扭截面系数分别为

$$W_P = \frac{\pi D^3}{16}, \quad W_P = \frac{\pi D^3}{16}(1-\alpha^4)$$

【例 5-2】 空心圆轴横截面的外径 $D = 90$ mm,内径 $d = 85$ mm,横截面的扭矩 $T = 1.5$ kN·m。试求横截面上内外边缘处的切应力,并绘制横截面上切应力的分布图。

【解】 (1)计算极惯性矩。横截面的极惯性矩为

$$I_P = \frac{\pi}{32}(D^4 - d^4) = \frac{\pi}{32} \times (90^4 - 80^4) \text{mm}^4 = 1.32 \times 10^6 \text{mm}^4$$

(2)计算切应力。空心圆轴横截面内外边缘处的切应力分别为

$$\tau_{内} = \tau_A = \frac{T}{I_P} \cdot \frac{d}{2} = \frac{1.5 \times 10^3 \times \frac{85}{2} \times 10^{-3}}{1.32 \times 10^6 \times 10^{-12}} \text{Pa} = 48.3 \times 10^6 \text{Pa} = 48.3 \text{ MPa}$$

$$\tau_{外} = \tau_B = \frac{T}{I_P} \cdot \frac{D}{2} = \frac{1.5 \times 10^3 \times \frac{90}{2} \times 10^{-3}}{1.32 \times 10^6 \times 10^{-12}} \text{Pa} = 51.1 \times 10^6 \text{Pa} = 51.1 \text{ MPa}$$

(3)切应力分布如图 5-10 所示。

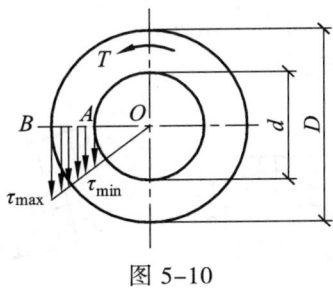

图 5-10

第四节 直梁弯曲时的正应力与切应力

一、梁横截面上的正应力

当外力均位于梁的纵向对称面内,而使梁的轴线弯曲成一条在纵向对称面内的平面曲线时,这种弯曲即称为梁的**平面弯曲**。梁平面弯曲时,其横截面上的内力一般都是剪力和弯矩,如果梁的横截面上既有弯矩又有剪力,这样的平面弯曲则称为横力弯曲。如图 5-11 所示简支梁的弯曲,其中 AC 段和 DB 段即为横力弯曲;如果**梁平面弯曲时,梁的横截面上只有弯矩而没有剪力**,如简支梁的 CD 段就是这样,这种弯曲即为**纯弯曲**。在此要讨论的就是梁纯弯曲时横截面上的应力。与分析圆轴扭转时横截面上应力的分布规律一样,要了解梁纯弯曲时横截面上的应力分布规律,还是要从梁弯曲的变形几何关系、物理关系和静力关系三方面入手而进行研究。

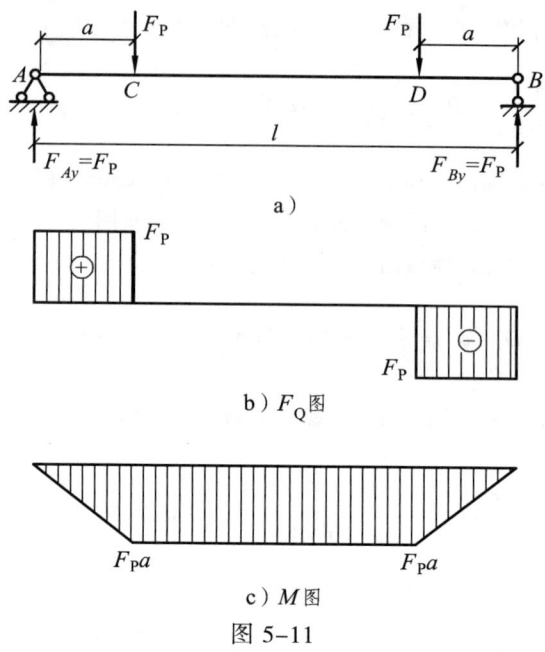

图 5-11

取一具有纵向对称面的等截面直梁，在梁的表面上画一系列与轴线平行的纵向线和与轴线相垂直的横向线，这些纵向线和横向线在梁的表面上形成了方形的网格，如图 5-12a 所示。随后在该等截面直梁的两端施加一对大小相等、方向相反的外力偶而使其产生纯弯曲变形，如图 5-12b 所示。此时，可以观察到：

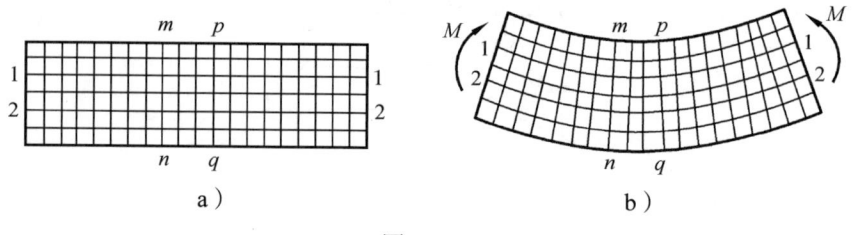

图 5-12

（1）所有纵向线均变成了曲线，其中向内凹一侧的纵向线缩短，靠近梁向外凸一侧的纵向线伸长。

（2）所有横向线仍为直线，只是相互之间相对转过了一个角度，但仍与变形后的梁的纵向线相垂直。

由以上梁的变形特点，即对梁的变形作出如下假设：梁变形后，其横截面仍为垂直于梁轴线的平面，只是绕横截面上的某轴转过了一个角度。这一假设在此称为梁纯弯曲时的平面假设。由此可以看出，梁纯弯曲变形时，每个横截面像刚性平面一样绕某轴相对转过了一个角度，而且横截面相互间没有相对错动。因此，梁横截面上的各点只产生垂直于横截面方向的位移，并不产生平行于横截面方向的位移。由此可推知，与引起位移相对应的应力，在横截面上就只有正应力，而无切应力。

设想梁由无数条纵向纤维组成，由梁上凹下凸的变形现象可知，梁上部纤维缩短，而下部纤维伸长，在从缩短纤维过渡到伸长纤维的中间，必存在一层既不伸长也不缩短的纤维，通常将这一层纤维称为中性层。**中性层与横截面的交线又称为中性轴**，如图 5-13 所示。

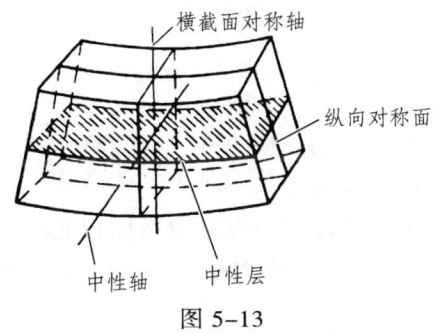

图 5-13

可以证明，中性轴垂直于梁的纵向对称面，并通过其横截面的形心。显然，中性轴可以将横截面分为处于纤维受拉和受压区域两部分。

今用相距很近的两横截面在梁上切取一微段 dx，如图 5-14a 所示。根据平面假设，该微段的两端截面在梁变形后仍为平面，并绕中性轴相对转过了一个角度 $d\theta$。设梁变形后中性层平面 OO 变成了曲面 $O'O'$，其曲率半径为 ρ；而距中性层为 y 的一层纵向纤维，即图中的直线 bb 在这时就变成了弧线 $b'b'$（图 5-14b），它的应变为

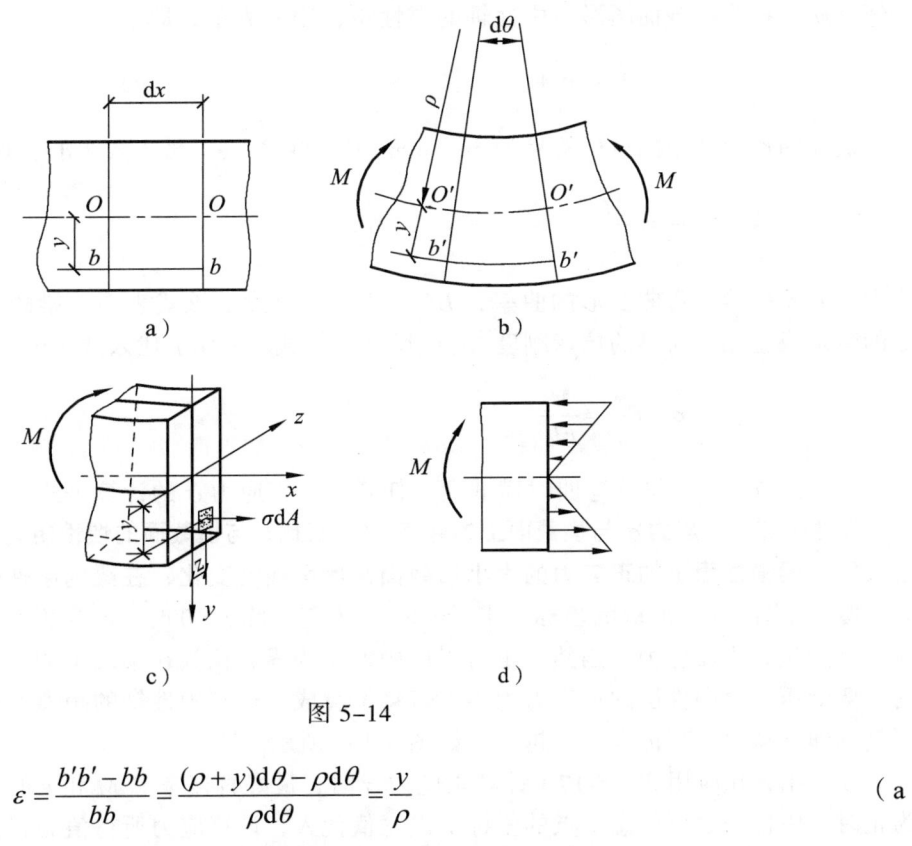

图 5-14

$$\varepsilon = \frac{b'b' - bb}{bb} = \frac{(\rho + y)d\theta - \rho d\theta}{\rho d\theta} = \frac{y}{\rho} \qquad (a)$$

式（a）即梁平面弯曲时应满足的变形几何关系，所表明的也就是梁弯曲时横截面上各点

的纵向应变 ε 与该点到中性轴的距离 y 成正比。

在线弹性变形范围内，梁横截面上各点的正应力与梁纵向纤维的应变服从胡克定律，于是有

$$\sigma = E\varepsilon = E\frac{y}{\rho} \qquad (b)$$

此式表明：梁横截面上任意一点的正应力 σ 与该点到中性轴的距离 y 成正比；在横截面上距中性轴等距离的各点的正应力均相等。

现在在横截面上距中性轴为 y 的任意一点处取微面积 dA（图 5-14c），作用在其上的微内力即为 σdA，而此微内力对坐标轴 z 的微内力矩为 $y\sigma dA$，在整个横截面上这些微内力矩之和等于该横截面上的内力弯矩 M，也就是

$$M = \int_A y\sigma \, dA \qquad (c)$$

将式（b）代入式（c），得

$$M = \int_A yE\frac{y}{\rho} dA = \frac{E}{\rho}\int_A y^2 \, dA \qquad (d)$$

式中，积分 $\int_A y^2 dA$ 是一个只与横截面几何形状尺寸有关的量，所表达的仍只是横截面的一种几何性质，称为横截面图形对中性轴的惯性矩，用 I_z 表示，即

$$I_z = \int_A y^2 \, dA \qquad (e)$$

截面图形惯性矩的单位符号为 m^4，mm^4 等。将式（e）带入式（d），得

$$\frac{1}{\rho} = \frac{M}{EI_z} \qquad (5\text{-}16)$$

式中，$1/\rho$ 是梁纯弯曲变形的曲率，EI_z 称为抗弯刚度。该式表明，梁的弯曲程度与横截面上的弯矩成正比，与梁的抗弯刚度 EI_z 成反比。将式（5-16）代入式（b），得

$$\sigma = E\frac{y}{\rho} = \frac{M}{EI_z} \qquad (5\text{-}17)$$

式（5-17）即为梁纯弯曲时横截面上任意一点正应力 σ 的计算公式。该式表明，**梁横截面上任意一点的正应力 σ 与横截面上的弯矩 M 成正比，与横截面的惯性矩 I_z 成反比**；式（5-17）还表明，**梁横截面上的正应力的大小沿截面高度呈线性变化，在梁的中性轴上，各点的正应力为零**。在图 5-14c 所取的坐标系中，弯矩 M 为正，当 $y>0$ 时，σ 为正，为拉应力；当 $y<0$ 时，σ 为负，为压应力。当然，也可以以中性层为界，认为在梁凸出的一侧受拉，在梁凹进的一侧受压，而中性层的正应力为零。若将 y 看成一点到中性轴的距离的绝对值，则离中性层越远即 y 越大，其正应力 σ 越大，如图 5-14d 所示。

须指出，在应用式（5-17）计算正应力 σ 时，最好直接考虑 M 和 y 的正负号。如弯矩 M 为正时，中性轴之下任意一点的坐标 y 以正值代入，计算应力所得值为正即为拉应力；中性轴之上任意一点的坐标 y 以负值代入，计算应力所得值为负即为压应力。有时在实际计算中，

也可只用 M 和 y 的绝对值来计算正应力 σ 的大小，然后根据梁的变形情况来判断正应力 σ 的正负。即以中性层为界，梁变形后靠近凸出一侧的应力为拉应力，靠近凹进一侧的应力为压应力。弯曲正应力 σ 计算公式（5-17）是梁在纯弯曲情况下导出的，而工程实际中所见的梁的弯曲多为横力弯曲。这种弯曲是有剪力存在的，但这时计算所得到的弯曲正应力不会存在较大的误差，完全可以满足工程实际所要求的精度。

梁在横力弯曲时，弯矩的大小随横截面位置的不同而变化。一般情况下，梁的最大弯曲正应力发生在弯矩最大的截面上，并在离中性轴最远的点处，于是由式（5-17），得

$$\sigma_{\max} = \frac{My_{\max}}{I_z} = \frac{M}{\dfrac{I_z}{y_{\max}}} = \frac{M}{W_z} \tag{5-18}$$

式中用到的记号 $W = I_z / y_{\max}$，同样是一个只与截面的几何形状尺寸有关的量，称为**梁截面的弯曲截面系数**，其单位符号为 m^3，mm^3 等。

如果梁的横截面有两个纵横对称轴，而且以中性轴为对称轴如矩形、圆形等，那么其横截面的最大拉应力和最大压应力绝对值相等（图 5-15a），即

$$\sigma_{\max}^+ = \left| \sigma_{\max}^- \right| = \frac{|M| y_{\max}}{I_z} = \frac{|M|}{W_z} \tag{5-19}$$

如果梁的横截面不是以中性轴为对称的，而且也只是以一个纵轴为对称轴，如 T 字形截面等，那么，横截面上的最大拉应力与最大压应力的绝对值显然不相等（5-15b），即

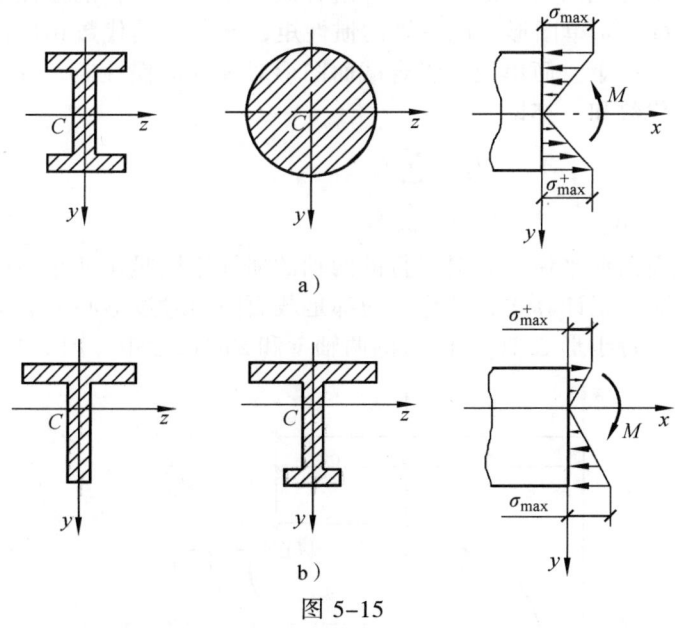

图 5-15

$$\sigma_{\max}^+ = \frac{My_{\max}^+}{I_z} = \frac{M}{W_z^+} \tag{5-20}$$

$$\sigma_{\max}^- = \frac{My_{\max}^-}{I_z} = \frac{M}{W_z^-} \tag{5-21}$$

以上各式表明，弯曲梁的横截面上的最大正应力 σ_{max} 与截面上的弯矩 M 成正比，与截面的弯曲截面系数 W_z 成反比。

截面的弯曲截面系数和惯性矩都是一个只与截面的几何形状尺寸有关的量。截面对中性轴的惯性矩可根据定义由积分的方法求出，而截面的弯曲系数就可很容易地由定义直接得到。表 5-1 列出了几种常见截面图形对形心轴的惯性矩和弯曲截面系数。各种常用型钢截面的惯性矩和弯曲截面系数，以及相关的几何量，均可查阅书后附录中的型钢表。

表 5-1 常见截面图形对形心轴的惯性矩和弯曲截面系数

高为 h、宽为 b 的矩形截面	$I_z = \dfrac{bh^3}{12}$	$I_y = \dfrac{hb^3}{12}$
	$W_z = \dfrac{bh^2}{6}$	$W_y = \dfrac{hb^2}{6}$
直径为 d 的圆形截面	$I_z = I_y = \dfrac{\pi d^4}{64}$	
	$W_z = W_y = \dfrac{\pi d^3}{32}$	
内径为 d、外径为 D 的圆环形截面	$I_z = I_y = \dfrac{\pi D^4}{64}(1-\alpha^4)$，$\alpha = \dfrac{d}{D}$	
	$W_z = W_y = \dfrac{\pi D^3}{32}(1-\alpha^4)$，$\alpha = \dfrac{d}{D}$	

在工程实际中，对于由几个简单平面图形，如矩形、圆形或型钢截面图形等组成的截面图形，通常将其称为组合截面图形。若要计算组合截面图形对某轴的惯性矩，则可先利用表 5-1 中的公式计算出每个简单图形对同一轴的惯性矩，然后将其代数相加，于是就得到组合截面图形对这一轴的惯性矩。简单说，组合截面图形对某轴的惯性矩，等于其组成部分图形对同一轴的惯性矩的代数和，亦即

$$I_z = I_{z1} + I_{z2} + \cdots + I_{zn} = \sum I_{zi}$$
$$I_y = I_{y1} + I_{y2} + \cdots + I_{yn} = \sum I_{yi}$$
（5-22）

但是，对同一截面图形来说，它对平行的两轴的惯性矩则是用两个不同的公式来进行计算的。表 5-1 给出的惯性矩计算式，计算出的都是截面图形对过形心 C 的轴——形心轴的惯性矩，这时若要求出平行于形心轴 y_C 和 z_C 的两轴 y 和 z 的惯性矩（图 5-16），则可采用下面

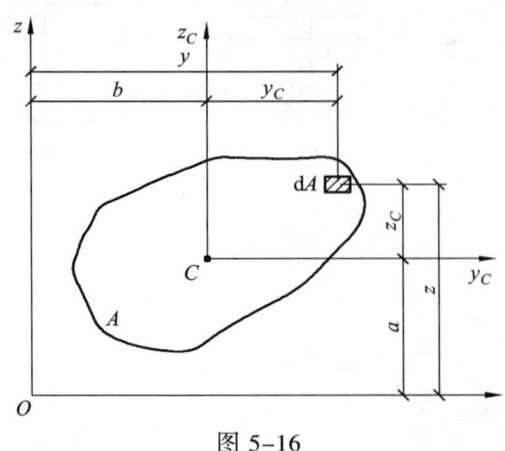

图 5-16

的公式进行计算，即

$$I_y = I_{y_C} + a^2 A$$
$$I_z = I_{z_C} + b^2 A \quad (5-23)$$

式中，b 为轴 z 与轴 z_C 之间的距离；a 为轴 y 与轴 y_C 之间的距离；A 为组合截面图形的面积。式（5-23）称为惯性矩的**平行移轴公式**，用这一公式可使截面图形惯性矩的计算简化。

顺便指出，截面图形的惯性矩、极惯性矩、面积、长宽、半径、形心等涉及图形形状特征的几何量，直接关系杆件截面的应力及其变形的计算，而这些量在其定义中往往是互相对应和关联的。例如，在图 5-16 中，微面积 dA 到坐标原点的距离 ρ 与其坐标 z、y 有关系式

$$\rho^2 = y^2 + z^2$$

今将上式代入极惯性矩的积分定义式中，即得

$$I_P = \int_A \rho^2 \, dA = \int_A (y^2 + z^2) \, dA = I_y + I_z \quad (5-24)$$

此式表明了截面图形惯性矩与极惯性矩的关系，也就是**截面图形对任意一对相互垂直轴的惯性矩之和，等于截面图形对该二轴交点的极惯性矩**。

二、梁横截面上的切应力

对于横力弯曲梁，其横截面上既有弯矩又有剪力，或者说在横截面上既有正应力又有切应力。虽然弯曲问题中影响梁强度的主要因素是正应力，但是对于跨度小而截面较高的梁，尤其是在支座附近，由于横截面上的剪力较大，因此横截面上的切应力也较大。当切应力过大，而梁材料的抗剪能力又较低时，梁就有可能发生剪切破坏。如竹、木材料制成的梁，当其在产生过大的弯曲变形时，就会出现沿纵向的开裂，这就是由于这类材料的沿梁纵向截面的切应力过大。所以在讨论梁的弯曲正应力强度问题时，往往对一些特别材料的梁，还要考虑它的弯曲切应力强度。

切应力在横截面上的分布规律与截面的几何形状有关。在工程实际中，矩形横截面梁较为常见，其横截面上的切应力方向与剪力的方向是一致的（图 5-17a），切应力大小沿截面的高度呈抛物线分布，如图 5-17b 所示的弯曲悬臂梁。可以看出，该梁的切应力在横截面的上

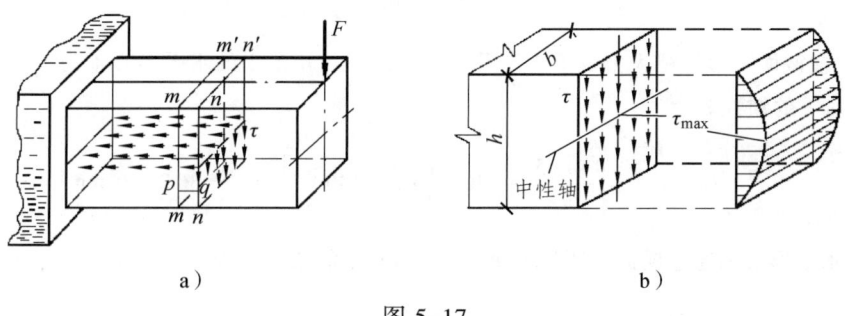

图 5-17

下边缘处为零，而在中性轴处为最大，其计算公式为

$$\tau_{max} = \frac{3F_Q}{2bh} = 1.5 \frac{F_Q}{A} \quad (5-25)$$

式中，F_Q 为横截面上的剪力，A 为矩形横截面的面积。

为了节省材料而减轻梁的自重，工程实际中常常采用工字形、T 字形等一类较狭长的具有组合截面图形性质的梁。这类截面的梁在弯曲时，其横截面上的切应力主要由梁腹板承担，梁翼缘上的切应力则很小，往往忽略不计，最大切应力发生在中性轴处。表 5-2 给出了几种较常见截面图形梁的最大切应力近似计算公式。

表 5-2 常见截面形状梁的最大切应力的近似计算公式

截面图形	⊘ d	⊙ d, D	工字形 d, h_0	箱形 $d/2$, h_0
最大切应力	$\tau_{max}=\dfrac{4F_Q}{3A}$ $A=\dfrac{\pi}{4}d^2$	$\tau_{max}=\dfrac{2F_Q}{A}$ $A=\dfrac{\pi}{4}(D^2-d^2)$	$\tau_{max}=\dfrac{F_Q}{A}$ $A=h_0 d$	$\tau_{max}=\dfrac{F_Q}{A}$ $A=h_0 d$

【例 5-3】 由腹板和上下翼缘组成的工字形梁的横截面如图 5-18 所示，试求该横截面图形对轴 z 的惯性矩。

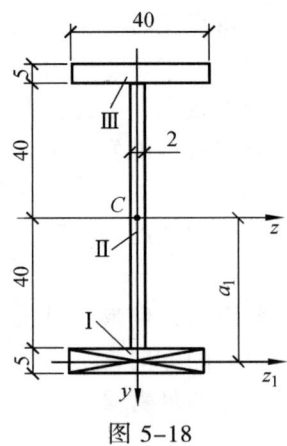

图 5-18

【解】 此横截面图形可视为由矩形 I、II、III 所组成。矩形 I 的水平形心轴为 z_1，由式（5-23）计算，得其对轴 z 的惯性矩为

$$I_z^{I} = I_{z1}^{I} + a_1^2 A_1 = \left[\frac{40 \times 5^3}{12} + \left(40 + \frac{1}{2} \times 5\right)^2 \times 40 \times 5\right] \text{mm}^4 = 36.2 \times 10^4 \text{mm}^4 = 36.2 \text{cm}^4$$

矩形 II 的水平形心轴通过横截面图形的轴 z，它对轴 z 的惯性矩为

$$I_z^{II} = \frac{2 \times 80^3}{12} \text{mm}^4 = 8.53 \times 10^4 \text{mm}^4 = 8.53 \text{cm}^4$$

因矩形 III 与矩形 I 以轴 z 为对称，故 $I_z^{III} = I_z^{I}$。于是，整个横截面对轴 z 的惯性矩为

$$I_z = 2I_z^{I} + I_z^{II} = (2 \times 36.2 + 8.53) \times 10^4 \text{mm}^4 = 80.9 \text{cm}^4$$

【例 5-4】 一空心矩形截面悬臂梁受均布载荷作用,如图 5-19a 所示。已知梁跨度 $l = 1.2$ m,均布载荷集度 $q = 20$ kN/m,横截面尺寸为 $H = 12$ cm,$B = 6$ cm,$h = 8$ cm,$b = 3$ cm。试求此梁外壁和内壁的最大正应力。

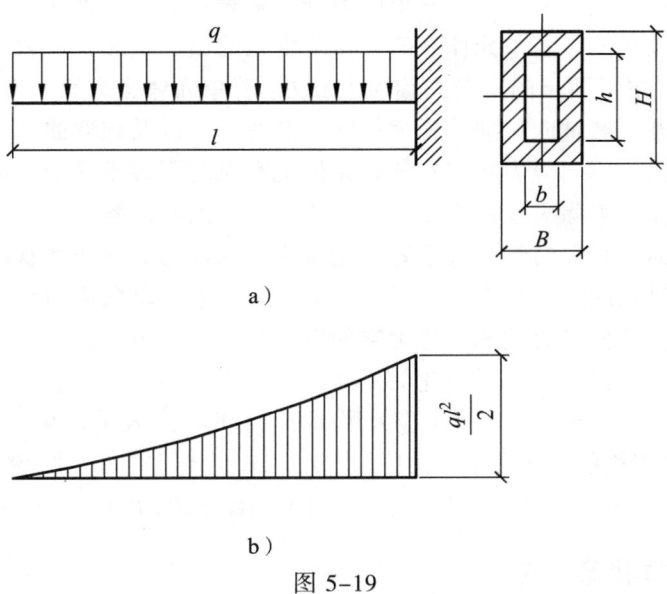

图 5-19

【解】 (1)画出此悬臂梁的弯矩图,求最大弯矩。悬臂梁的弯矩图如图 5-19b 所示,危险截面为固定端横截面,其上的弯矩绝对值为

$$|M|_{max} = \frac{ql^2}{2} = \frac{20 \times 10^3 \times 1.2^2}{2} \text{N·m} = 14\,400 \text{ N·m} = 14.4 \text{ kN·m}$$

(2)悬臂梁的横截面图形对中性轴 z 的惯性矩。悬臂梁的横截面图形,可视为由两个以内壁和外壁尺寸构成的矩形组合而成。于是,由表 5-1 和式(5-22)计算横截面对中性轴 z 的惯性矩 I_z 为

$$I_z = \frac{BH^3}{12} - \frac{bh^3}{12} = \left(\frac{6 \times 12^3}{12} - \frac{3 \times 8^3}{12}\right) \text{cm}^4 = 736 \text{ cm}^4 = 736 \times 10^{-8} \text{ m}^4$$

(3)计算梁外壁和内壁的最大正应力。由式(5-18)计算悬臂梁外壁和内壁处的最大正应力,即为

$$\sigma_{\text{外max}} = \frac{M_{max}}{I_z} \cdot \frac{H}{2} = \frac{14.4 \times 10^3}{736 \times 10^{-8}} \times \frac{12 \times 10^{-2}}{2} \text{Pa} = 117.4 \times 10^6 \text{ Pa} = 117.4 \text{ MPa}$$

$$\sigma_{\text{内max}} = \frac{M_{max}}{I_z} \cdot \frac{h}{2} = \frac{14.4 \times 10^3}{736 \times 10^{-8}} \times \frac{8 \times 10^{-2}}{2} \text{Pa} = 78.3 \times 10^6 \text{ Pa} = 78.3 \text{ MPa}$$

第五节 应力状态分析

一、应力状态的概念

由前面对受力杆件的应力分析可知,在一般情况下杆件横截面上不同点的应力是不同的。不同材料的构件在受到同样的载荷作用后,所能承受正应力或切应力的能力会是不同的。**受**

力杆件内的任意一点，在不同方位斜截面或在不同方位上的应力集合，称为点的应力状态。

研究一点的应力状态，就是要研究通过该点不同方位斜截面上的应力变化规律，从而确定该点的最大正应力和最大切应力值及其发生最大值的不同方位。一点的应力状态，是通过其单元体的3个相互垂直的平面上的9个应力分量来表示的。因切应力具有互等关系，故只有6个应力分量是独立的。若单元体在三个相互垂直的面上均无切应力，而只有正应力，这样的面称为主平面，主平面上的正应力称为主应力。若单元体上只有一对不等于零的主应力，**则称为单向应力状态**，像轴向拉伸或压缩杆件上的各点，以及纯弯曲梁中除中性层以外的各点的应力状态，均属于单向应力状态；若单元体上有两对不等于零的主应力，则称为二向应力状态，像横力弯曲梁中除去横截面上下边缘各点以外的其余各点的应力状态，均属于二向应力状态；若单元体上有三对都不等于零的主应力，则称为三向应力状态，像滚动轴承中钢球与轴承外圈的接触点的应力状态，就属于三向应力状态。**单向应力状态和二向应力状态又称为平面应力状态，三向应力状态又称为空间应力状态**，本节主要研究点的平面应力状态。平面应力状态时的单元体，即可用简化的平面图形来表示。

研究点的应力状态，通常将三个主应力用 σ_1、σ_2 和 σ_3 来表示，并且规定拉应力为正，压应力为负，同时按它们代数值的大小来排序，即 $\sigma_1 > \sigma_2 > \sigma_3$。例如，对于数值分别为 -40 MPa、80 MPa、20 MPa 的三个主应力，就以 $\sigma_1 = 80$ MPa、$\sigma_2 = 20$ MPa、$\sigma_3 = -40$ MPa 示之。

二、二向应力状态分析

1. 斜截面上的应力　图 5-20a 所示的某一单元体的应力状态，就是从受力杆件上切取的某一点的应力描述。在图 5-20a 所示的单元体上，与轴 x 垂直的两平面上有正应力 σ_x 和切应力 τ_x；而与轴 y 垂直的两平面上有正应力 σ_y 和切应力 τ_y；但与轴 z 垂直的两平面上既没有正应力，也没有切应力。可以看出，单元体上的这些应力分量均处在同一平面内，属于二向应力状态，可用平面图形表示（图 5-20b）。对于该单元体，欲知其任意一个方位的应力情况，则应过单元体切取一斜截面 ef，而此斜截面外法线 n 与轴 x 正方向的夹角为 α。这时单元体斜截面上的应力 σ、τ，以及斜截面的方位角 α 的正负是这样规定的：**正应力 σ 以拉应力为正，压应力为负；切应力 τ 以使单元体顺时针转动时为正，逆时针转动时为负；方位角 α 的正负以从轴 x 转到斜截面的外法线 n 是逆时针转动时为正，顺时针转动时为负**。根据此规定，可以判断图 5-20b 所示单元体的 σ_x、σ_y、τ_x 均为正，τ_y 为负，α 为正。

因要考察受力构件上某一点在二向应力状态下任意一个方位的斜截面上的应力，故过此单元体斜截面 ef 切取单元体的 bef 部分作为研究对象，画出其受力图如图 5-20c 或 d 所示。若斜截面 ef 的面积为 dA，把作用于 bef 部分上的力，投影在斜截面 ef 的外法线轴 n 和切线轴 t 上（5-20e），则可列出静力平衡方程为

$$\sum F_n = 0, \quad \sigma_\alpha dA + (\tau_x dA \cos\alpha)\sin\alpha - (\sigma_x dA \cos\alpha)\cos\alpha + (\tau_y dA \sin\alpha)\cos\alpha - (\sigma_y dA \sin\alpha)\sin\alpha = 0$$

$$\sum F_t = 0, \quad \tau_\alpha dA + (\tau_x dA \cos\alpha)\cos\alpha - (\sigma_x dA \cos\alpha)\sin\alpha + (\tau_y dA \sin\alpha)\sin\alpha - (\sigma_y dA \sin\alpha)\cos\alpha = 0$$

根据切应力互等定理和三角函数的关系，将以上方程整理并简化，得

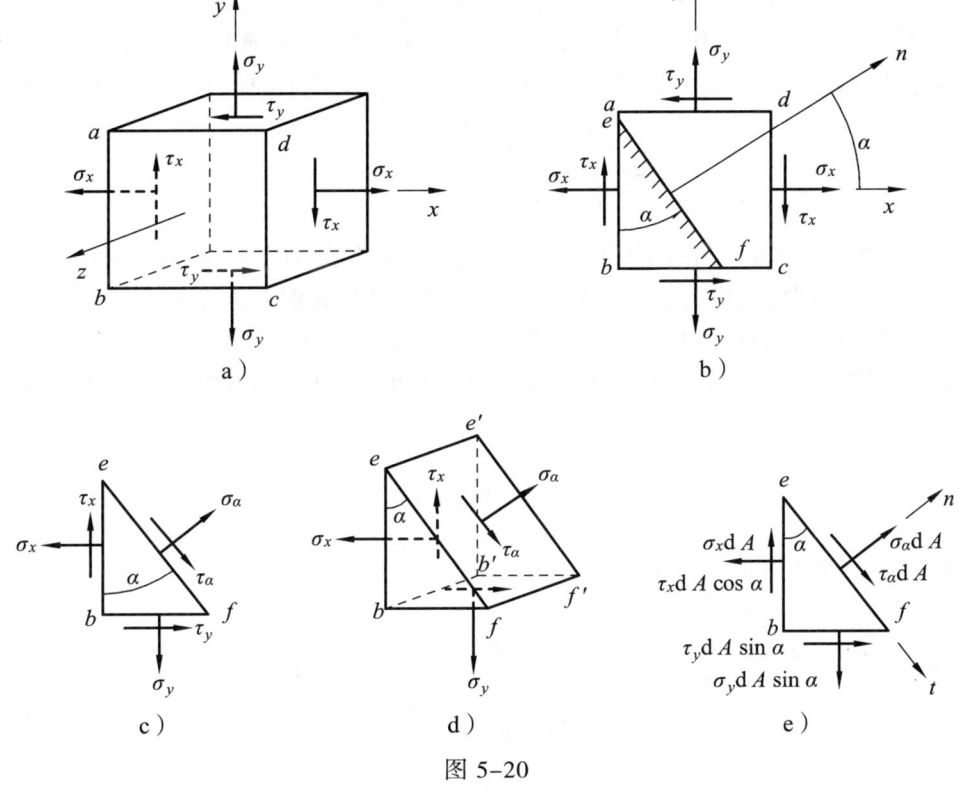

图 5-20

$$\sigma_\alpha = \frac{\sigma_x + \sigma_y}{2} + \frac{\sigma_x - \sigma_y}{2}\cos 2\alpha - \tau_x \sin 2\alpha \tag{5-26}$$

$$\tau_\alpha = \frac{\sigma_x - \sigma_y}{2}\sin 2\alpha + \tau_x \cos 2\alpha \tag{5-27}$$

利用以上二式，即可求出二向应力状态下受力杆件内的任意一点，在任意一个斜截面上的应力，而且由此还可确定正应力和切应力的最大值或最小值。

2. 主平面和主应力　由式（5-26）和（5-27）可知，对于不同的斜截面方位角 α，就对应有不同的应力 σ_α 和 τ_α，自然也就存在某一角度 α，而使切应力 $\tau_\alpha = 0$。因为前面已经定义了，**在这一方位角下出现切应力为零的斜截面称为主平面，主平面上的正应力称为主应力，所以主应力作用的方向即称为主方向**。下面来看在什么方位角下出现最大正应力 σ_{max} 和最大切应力 τ_{max}。为此，将式（5-26）对 α 求导数并令其等于零，即

$$\frac{\mathrm{d}\sigma_\alpha}{\mathrm{d}\alpha} = -2\left(\frac{\sigma_x - \sigma_y}{2}\right)\sin 2\alpha - 2\tau_x \cos 2\alpha = 0$$

由此即有了使 σ_α 取得极值的方位角 α，用 α_0 表示，也就是

$$\tan 2\alpha_0 = -\frac{2\tau_x}{\sigma_x - \sigma_y} \tag{5-28}$$

由式（5-28）可以得到两个相差 90°的角度 α_0，其中一个是最大正应力所在斜截面的方

位，另一个是与之相垂直的最小正应力所在斜截面的方位。比较式（5-27）和上面的求导数运算式，可知取得正应力极值的斜截面，就是切应力为零的斜截面即主平面。由式（5-28）再求得 $\sin 2\alpha_0$ 和 $\cos 2\alpha_0$ 后，代入式（5-26），即可求出两主平面上的最大正应力和最小正应力为

$$\left.\begin{array}{c}\sigma_{\max}\\ \sigma_{\min}\end{array}\right\} = \frac{\sigma_x + \sigma_y}{2} \pm \sqrt{\left(\frac{\sigma_x - \sigma_y}{2}\right)^2 + \tau_x^2} \qquad (5\text{-}29)$$

由式（5-29）得到的两个主应力均为正值时，可将其分别表示为 σ_1、σ_2；若求出的两个主应力一正一负，则按主应力的代数值的大小排序，将其分别表示为 σ_1、σ_3；若求出的两个主应力为负值，则以同样的排序法而将其分别表示为 σ_2、σ_3。

3. 最大切应力 与确定主平面和主应力的方法相似，将式（5-27）对 α 求导数并令其等于零，即

$$\frac{\mathrm{d}\tau_\alpha}{\mathrm{d}\alpha} = (\sigma_x - \sigma_y)\cos 2\alpha - 2\tau_x \sin 2\alpha = 0$$

由此即有了使 τ_α 取得极值的方位角 α，用 α_1 表示，也就是

$$\tan 2\alpha_1 = \frac{\sigma_x - \sigma_y}{2\tau_x} \qquad (5\text{-}30)$$

将式（5-30）与式（5-28）进行比较，得

$$\tan(2\alpha_0 + 90°) = -\cot 2\alpha_0 = \frac{\sigma_x - \sigma_y}{2\tau_x} = \tan 2\alpha_1$$

亦即

$$\tan 2(\alpha_0 + 45°) = \tan 2\alpha_1$$

$$\alpha_1 = \alpha_0 + 45°$$

说明最大切应力和最小切应力所在斜截面与主平面的夹角为 $45°$。由式（5-30）再求出 $\sin 2\alpha_1$ 和 $\cos 2\alpha_1$ 后，代入式（5-27），即可求出相应斜截面上的最大切应力和最小切应力为

$$\left.\begin{array}{c}\tau_{\max}\\ \tau_{\min}\end{array}\right\} = \pm\sqrt{\left(\frac{\sigma_x - \sigma_y}{2}\right)^2 + \tau_x^2} \qquad (5\text{-}31)$$

将式（5-29）中的两式相减后除以 2，得

$$\left.\begin{array}{c}\tau_{\max}\\ \tau_{\min}\end{array}\right\} = \pm\frac{\sigma_{\max} - \sigma_{\min}}{2}$$

上式表明，单元体二向应力状态时的最大切应力和最小切应力的数值，等于最大主应力与最小主应力之差的一半。对于单元体是空间应力状态时，同样可以得到它的三个主应力。已经证明，在与主平面成 $45°$ 角的斜截面上的切应力取得极值，其计算公式应为

$$\left.\begin{array}{c}\tau_{\max}\\ \tau_{\min}\end{array}\right\} = \pm\frac{\sigma_1 - \sigma_3}{2}$$

上述公式说明，切应力的极值总是成对出现，且大小相等，方向相反，作用面相互垂直，符合切应力互等定理。至此须思考一下，在单元体最大正应力的面上的切应力一定是为零吗？回答：一定是。单元体上的最大正应力必然是主应力，而主应力所在的平面是主平面，主平面上的切应力显然等于零。

【例 5-5】 如图 5-21a 所示，一横力弯曲的梁，已知其横截面 m-n 上点 A（图 5-21b）的正应力和切应力，分别为 $\sigma = -70\ \text{MPa}$ 和 $\tau = 14\ \text{MPa}$。试求该点 A 的主应力和最大切应力的大小和方向。

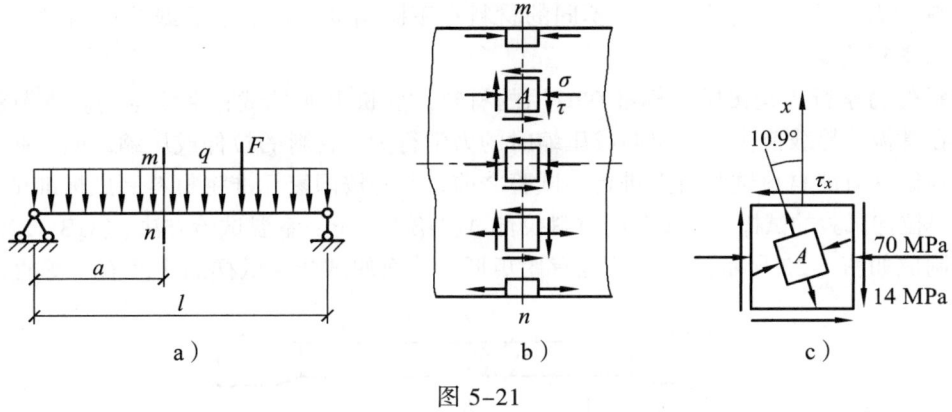

图 5-21

【解】 画出点 A 单元体的应力状态如图 5-21c 所示。此单元体垂直方向的正应力等于零，今选轴 x 的正方向垂直向上，写出单元体各平面上的应力分量，应是

$$\sigma_x = 0, \quad \sigma_y = -70\ \text{MPa}, \quad \tau_x = -\tau_y = -14\ \text{MPa}$$

由式（5-29），得主应力的大小为

$$\left.\begin{matrix}\sigma_{\max}\\ \sigma_{\min}\end{matrix}\right\} = \pm\frac{\sigma_x + \sigma_y}{2} \pm \sqrt{\left(\frac{\sigma_x - \sigma_y}{2}\right)^2 + \tau_x^2}$$

$$= \frac{0 + (-70)}{2}\ \text{MPa} \pm \sqrt{\left(\frac{0-(-70)}{2}\right)^2 + (-14)^2}\ \text{MPa} = \begin{cases}2.7\ \text{MPa}\\ -72.7\ \text{MPa}\end{cases}$$

由式（5-28），得主应力所在斜截面的方位角为

$$\tan 2\alpha_0 = -\frac{2\tau_x}{\sigma_x - \sigma_y} = -\frac{2\times(-14)}{0-(-70)} = 0.40$$

$$\alpha_0 = 10.9°\ \text{或}\ \alpha_0 = 100.9°$$

分别由轴 x 按逆时针转 10.9° 和 100.9°，即可确定应力 $\sigma_{\max}$ 与 $\sigma_{\min}$ 所在的主平面。按照主应力代数值的大小排序规定，即有 $\sigma_1 = 2.7\ \text{MPa}$，$\sigma_2 = 0$，$\sigma_3 = -72.7\ \text{MPa}$。

由式（5-31），得最大切应力的大小

$$\tau_{\max} = \sqrt{\left(\frac{\sigma_x - \sigma_y}{2}\right)^2 + \tau_x^2} = \sqrt{\left(\frac{0-(-70)}{2}\right)^2 + (-14)^2}\ \text{MPa} = 37.7\times 10^6\ \text{Pa} = 37.7\ \text{MPa}$$

因最大切应力所在平面与主平面的夹角为 45°，故有

$$\alpha_1 = \alpha_0 + 45° = 10.9° + 45° = 55.9°$$

在单元体图示中，由轴 x 逆时针转 55.9°即可得到 α_1（图中未画出）。

第六节　材料在轴向载荷作用下的力学行为

研究变形体的静力学问题，必然涉及力与变形的物理关系，而力与变形的物理关系也一定与材料受力后的力学行为有关。不同的材料在不同温度、环境下受载荷作用时，会表现出不同的力学行为。

材料的力学行为是按国家标准在专用的材料试验机上通过试验来测定的。本节将讨论金属材料在常温、静载荷作用下拉伸或压缩时的力学行为。材料的拉伸或压缩试验，通常按国家标准的规定在万能材料试验机上进行。试验之前，首先按国家标准将材料制成标准试样。金属材料常温拉伸试验的试样，按《金属材料拉伸试验第 1 部分：室温试验方法》（GB/T228.1-2010）的规定制成如图 5-22 所示的圆形（也有用矩形）截面的试样。试样的中间有一等直段称为试

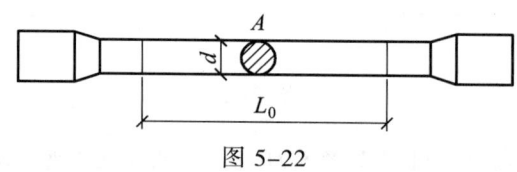

图 5-22

验段，试验段长度称为原始标距 L_0，试样两端为夹持段。对于直径为 d_0 的圆形截面的长试样，其原始标距 $L_0 = 10d_0$，而短试样的原始标距 $L_0 = 5d_0$。

一、金属材料拉伸时的力学行为

1. 低碳钢拉伸时的力学行为　低碳钢拉伸试验，是先将试样夹持在试验机中，然后开动机器缓慢加载，逐步使试样产生轴向变形直到拉断为止。在这一过程中，试验机的绘图装置会自动绘出**试样所受拉力 F 和其绝对伸长 ΔL 之间的关系曲线，称为拉伸图**。拉伸图形状与试样的尺寸有关，为了消除试样尺寸对材料力学行为的影响，取拉伸图横坐标为试样标距绝对伸长 ΔL 除以原始标距 L_0，即相应的轴向线应变 ε；而取纵坐标为试样所受拉力 F 除以试样原始横截面面积 A，即得到相应的横截面正应力 σ。这样就有了与试样拉伸图曲线相似的能真实表示材料力学行为的 σ-ε 曲线，这一曲线又称为**材料的应力-应变图**（图 5-23）。该图显示的主要就是低碳钢拉伸时的以下四个阶段的力学行为。

（1）弹性阶段。试样拉伸的初始阶段，亦即直线 Oa 段，应力 σ 与应变 ε 具有成正比的线性关系，遵循胡克定律 $\sigma = E\varepsilon$，直线 Oa 的斜率等于材料的弹性模量 E。此直线段的最高点 a，所对应的应力称为**材料的比例极限 σ_p**，如低碳钢 Q235 的比例极限 $\sigma_p \approx 200$ MPa，弹性模量 $E \approx 210$ GPa。当应力超过比例极限 σ_p 后，应力 σ 与应变之间

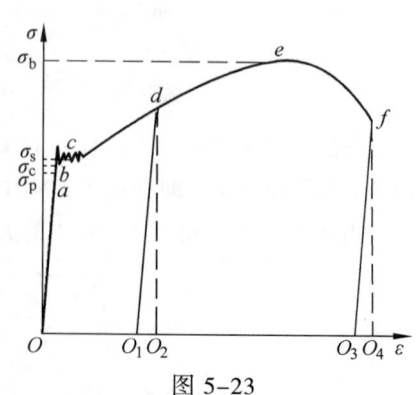

图 5-23

不再具有线性关系。但在超过直线段的最高点 a，而未超出曲线的 b 点之下，其变形基本上还是保持弹性变形规律，即解除拉力后变形基本上能够完全消失。因此，b 点所对应的应力，即看作是材料产生弹性变形的最大应力，称为**弹性极限** σ_e。虽然比例极限 σ_p 近似等于弹性极限 σ_e，但是在物理意义并非等同。因数值大小较为接近，故在工程上仅按实用的目的而予以了区分，如枪炮材料要求较高的比例极限，弹簧材料要求较高的弹性极限。

（2）屈服阶段。当应力超过弹性极限亦即曲线的点 b 以后，应力和应变就不再成正比，也就是出现应力不再加大甚至明显减小，此时试验机测力指针会在一个小的范围内前后摆动，但伸长应变却在继续增长。这显然表明**材料暂时丧失了抵抗变形的能力，这一现象称为材料的屈服**。按照国家标准 GB 228-2002 的规定，类似低碳钢这种有明显屈服现象的金属材料，一般以屈服阶段应力波动的最低点（但必须除去载荷首次下降时所对应的最低点应力，也就是不计材料的初始瞬时效应），即**下屈服点的应力** σ_{SL} **作为材料的屈服极限**。所取屈服极限用 σ_s 表示，其值为试样拉伸读取下屈服荷载 F_{SL} 时，对应的横截面上的应力，即

$$\sigma_s = \sigma_{SL} = \frac{F_{SL}}{A_0} \tag{5-32}$$

式中，A_0 为试样的原始横截面面积。如低碳钢 Q235 的屈服极限 σ_s = 216 MPa ~ 235 MPa。对于许多没有屈服现象的材料，如铸铁、玻璃钢、陶瓷等，在拉伸时不存在屈服阶段，又难于确定屈服点。为此在工程上通常规定，以标准试样产生 0.2%塑性应变时所对应的应力值作为屈服应力，称为**名义屈服极限**或**条件屈服极限**，用 $\sigma_{0.2}$ 示之。结构构件材料一旦产生如屈服这样大的塑性变形，会影响到它们的正常工作。所以，屈服极限 σ_s 是衡量材料强度的一个重要强度指标。

（3）强化阶段。试样拉伸在过了屈服阶段即曲线的 bc 段以后，材料又恢复了抵抗变形的能力。这时要使试样继续产生变形，就必须再加大拉力，也就是材料的抵抗变形能力强化，相应的阶段就是**强化阶段**。强化阶段的最高点 e，所对应的应力 σ_b 是材料受拉力后不失效而所能承担的最大应力值，称为**材料的强度极限或抗拉强度**。强度极限 σ_b 是衡量材料强度的另一个重要强度指标，如低碳钢 Q235 的强度极限 σ_b = 373 MPa ~ 461 MPa。

（4）颈缩阶段。当应力将达到强度极限时，试样会在试验段的某一局部区域出现横向尺寸急剧减小，而发生一种所谓"颈缩"的现象，故称为颈缩阶段。由于试样在颈缩处变细，其抗拉能力锐减，相应的应力-应变曲线逐步下降而在点 f 处终止，试样最终在"颈缩"处被拉断。

低碳钢试样被拉断后，残留下增长的塑性变形。对于材料的塑性变形程度，通常用试样位断后的**伸长率** δ 来表征，即

$$\delta = \frac{L_1 - L_0}{L_0} \times 100\% \tag{5-33}$$

式中，L_1 是试样拉断后的标距长度。如低碳钢 Q235 的伸长率 $\delta \approx 25\% \sim 30\%$。伸长率是工程上常用的材料的一个重要塑性指标。一般认为伸长率 $\delta \geqslant 5\%$ 的为塑性材料，如碳钢、黄铜、铁合金等；伸长率 $\delta < 5\%$ 的为脆性材料，如铸铁、玻璃、石料、陶瓷等。

低碳钢试样被拉断后，还残留下变细的塑性变形，在断口处横截面面积有明显缩小。对

于材料的塑性变形程度，也可用试样拉断后的**断面收缩率**ψ来表征，即

$$\psi = \frac{A_0 - A_1}{A_0} \times 100\% \tag{5-34}$$

式中，A_1是试样拉断后断口处的横截面面积。如低碳钢 Q235 的断面收缩率$\psi \approx 60\%$。断面收缩率也是工程上常用的材料的另一个重要塑性指标。

回头再来看图 5-23，当试样拉伸时的应力进入到强化阶段的点 d 时，即停止加载并逐渐地卸去拉力，此时拉伸图线路并不是沿着原来的加载线路返回到坐标原点 O，而是将沿着几乎与弹性阶段直线相平行的斜直线 dO_1 下降到应力为零的点 O_1。在横坐标上的 O_1O_2，即表示卸载后试样消失了的弹性应变，而 OO_1 则表示试样不能消失的塑性应变。这就表明了材料在卸载过程中，具有应力随应变成正比变化的直线规律，此规律即通常所说的**卸载规律**。

若拉伸试样在卸载后再重新加载，则应力-应变曲线基本上将沿着斜直线 O_1d 上升到点 d 的位置，再按 def 曲线变化到点 f，直到试样被拉断。由于再次拉伸的初始阶段是直线，说明在点 d 以前材料变形是弹性的，过点 d 后才出现塑性变形。可见材料的比例极限和屈服极限都会因此而得到提高，材料断裂时的残余伸长则会减小，这种现象通常称为**材料的冷作硬化**。机械工程中对钢材的复制，就利用了冷作硬化这一变形特征，如采取冷拔工艺来提高建筑用钢筋、起重机用钢索等原材料的强度，就是这样的例子。但在另一方面，材料经冷作硬化后会变硬变脆，其塑性也会降低，这对材料的下一步再加工将带来困难。为此，在机械制造的工艺上，往往又要通过材料的热处理来消除冷作硬化带来的不利影响。

2. 铸铁拉伸时的力学行为 铸铁拉伸试验时，其应力-应变图没有明显的直线段（图 5-24）。但因变形较小，故在工程上一般都还是近似地认为，在较小的应力范围内铸铁材料是遵循胡克定律的。另外，铸铁拉伸时也没有屈服和颈缩现象，而是在变形很小的情况下即突然断裂。铸铁试样拉断后断口平齐，其断后伸长率也很小，如灰铸铁的$\delta \approx 0.4\% \sim 0.5\%$，这显然是一种典型的脆性材料。铸铁拉断时强度极限$\sigma_b$，是衡量材料强度的唯一重要强度指标。

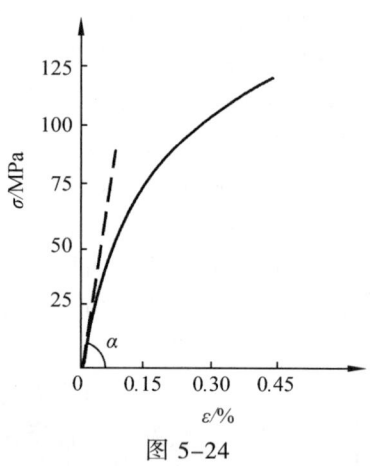

图 5-24

二、金属材料压缩时的力学行为

金属材料常温压缩试验的试样，按国家标准《金属材料室温压缩试验方法》（GB/T 7314-2005）的规定，通常制成短圆柱体。压缩试样的长度 L_0 与其原始直径 d_0 的比例关系，通常取为 $L_0 = (2.5 \sim 3.5) d_0$。为了使试样尽可能地受轴向压力，通常对试样的制作，要求两端面相互平行并垂直于轴线，而且表面加工很光滑。

低碳钢试样压缩时，在屈服阶段之前，其σ-ε曲线与拉伸时的σ-ε曲线基本重合，表明低碳钢压缩时的弹性模量、比例极限、屈服极限与拉伸时是相同的。当应力超过屈服极限后，试样将产生显著的塑性变形，试样愈压愈扁，其横截面面积不断增大（图 5-25）。因横截面面积的不断增大，试样的抗压能力也随之不断提高，故无法测出材料的强度极限或抗压强度。

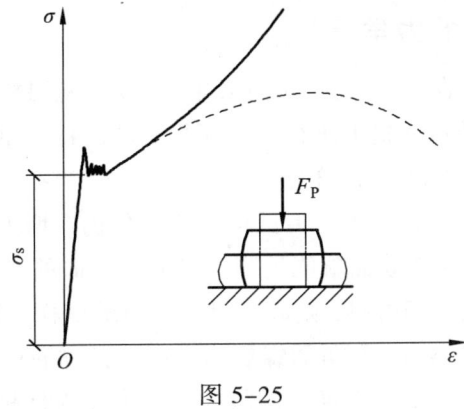

图 5-25

由此可见，在低碳钢压缩时的力学行为中，所表现的主要强度指标，通常还是采用拉伸试验所测定的性能指标，一般无须再由压缩试验获取。

铸铁试样压缩时，其 σ-ε 曲线是非线性的（图 5-26a），当压力达到最大载荷时就突然破坏。试样破坏后的断面，为一与试样轴线成 50°~55°的斜截面（5-26b），即在最大切应力所

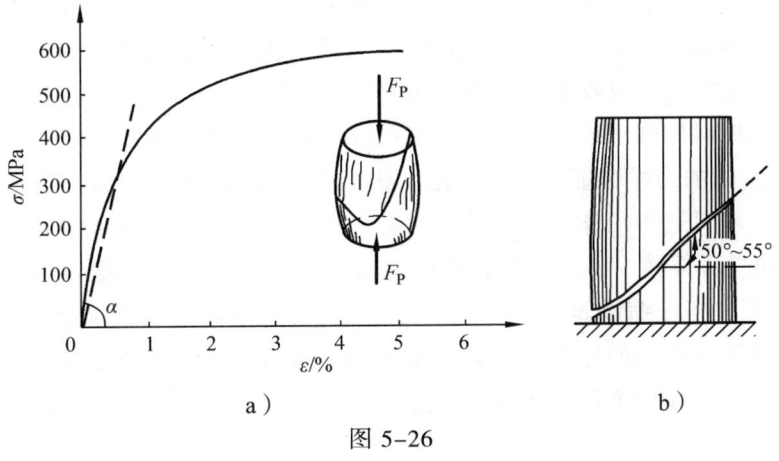

图 5-26

在的斜截面上破坏，这表明铸铁的抗剪能力低于抗压能力。另由铸铁的压缩试验还可知，铸铁的抗压强度 σ_{by} 要比抗拉强度 σ_{b1} 高得多，$\sigma_{by} \approx (3.4 \sim 4.3)\sigma_{b1}$，因此它在工程上适宜用来制作承压构件。铸铁试样破坏后，整体外形呈鼓形，说明它压缩时的塑性变形比拉伸时明显。

材料的力学行为除了以上介绍的常温、静载下的拉伸或压缩的力学行为外，还有很多其他的如材料硬度、断裂韧性、抗冲击性、疲劳、蠕变等力学行为。这当中所表征的若干性能指标，是工程构件设计选材的基本依据。研究材料的力学行为，是为了更好地指导工程结构构件的设计。例如，一钢筋受轴向拉力 F 作用，已知其弹性模量 $E = 210\,\text{GPa}$，比例极限 $\sigma_p = 200\,\text{MPa}$。假设测得某受力时刻的轴向线应变 $\varepsilon = 0.002$，于是由胡克定律计算，得此受拉钢筋横截面上的应力为 $\sigma = E\varepsilon = 210 \times 10^9 \times 0.002 = 420\,\text{MPa}$，试问此结果对吗？回答：不对。因为 $\sigma = 420\,\text{MPa} > \sigma_p = 200\,\text{MPa}$，超过了材料的比例极限，说明此时刻钢筋的变形已不在弹性范围内。钢筋产生的变形既有弹性变形又有塑性变形，完全不符合胡克定律的适用条件，因此用胡克定律来计算此时刻的应力是不对的。

三、金属材料扭转时的力学行为

金属材料常温扭转时的力学行为,是采用国家标准《金属室温扭转试验方法》(GB 10128—1988)所规定的试样,在扭转试验机上进行测定而得到的。低碳钢试样扭转时,在初始阶段试样的相对扭转角增加与扭矩成正比,符合剪切胡克定律。当扭矩增大到一定程度时,测力指针基本上停止不动,即扭矩不再增大,但试样的扭转角仍在增大,此即低碳钢的屈服。对于表面加工很光滑的试样,这时在表面就能见到沿横向与纵向的滑移线。继续增大外力偶矩,直到试样最后被扭断。若是低碳钢材料,则破坏时的断口沿试样横断面方向;若是铸铁材料,则破坏断口沿着与试样轴线约成45°倾角的螺旋面方向。试样屈服时,横截面上的最大切应力即为**屈服极限** τ_s;试样断裂时,横截面上的最大切应力即为材料的**强度极限** τ_b。试样屈服或断裂时的应力为材料的极限应力,是衡量材料扭转强度的一个重要强度指标。

四、非金属材料拉伸或压缩时的力学行为

1. 木材拉伸或压缩时的力学行为　木材是一种纤维状天然建筑材料,属于典型的各向异性材料。在测定木材的力学行为的性能指标时,通常规定以含水率为15%、无疵的小尺寸标准木材试样的试验结果作为依据。这里,由 σ-ε 曲线(图5-27)可以看到,它没有明显的直线部分,而且破坏前的变形也较小。它的断后伸长率 δ 约为0.7%。另外,木材顺纹拉伸时的强度极限比顺纹压缩时的强度极限要高,而比横纹压缩时的强度极限要高很多。

2. 混凝土压缩时的力学性能　混凝土是工程上常用的脆性材料,其抗压强度比抗拉强度要高出几倍,故一般只适于用作受压构件的材料。混凝土压缩试样通常做成立方体,并规定用边长为0.2 m 的立方体作为标准试样,在温度为15 ℃ ~ 20 ℃ 和湿度为90%以上的条件下养护28 d 后才可再进行压缩试验。试验时,先要在试样上下两端垫放压板,然后再加载。试样的破坏形式与其端面接触的摩擦力有关。图5-28a 所示的是试样两端未加有润滑剂,破坏时因摩擦力过大而形成如两个截锥体反向相连的形体;图5-28b 所示的是试样两端加有润滑

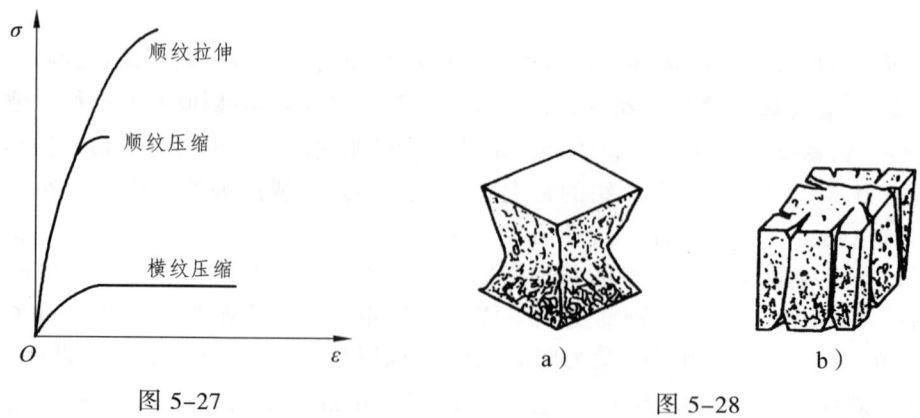

图 5-27　　　　　　　　　　图 5-28

剂,破坏时因摩擦力过小而造成试样沿竖向裂开。另外,由试验可知,混凝土的弹性模量不是常量,其拉伸弹性模量与压缩弹性模量大体相同。为 $(0.15 \sim 0.36) \times 10^5$ MPa,而抗压强度为 7 MPa ~ 50 MPa,断后伸长率 δ 约为0.01%,泊松比 ν 为 0.08 ~ 0.18。

第七节　杆件的强度设计准则

材料在常温、静载荷作用下的力学行为表明，当应力达到某一极限值，如屈服极限 σ_s 或强度极限 σ_b 时，凡承受载荷作用的构件都会失去正常工作能力而失效。构件的失效与构件材料的力学行为密切相关，材料失效必然导致构件失效，基于这样同一失效规律，就可建立起相应的失效判据，以及相应构件设计准则。**构件受力而出现材料失效（如达到屈服极限、强度极限等）时的应力，通常称为极限应力**，用 σ_u 表示。

在工程实际中，要保证受力构件不出现其构成材料的失效，就必须使构件具有必要的强度储备，也就是使构件的最大工作应力不得超过其构成材料的极限应力。在强度设计中，**以极限应力除以大于 1 的系数而得到的应力称为许用应力**，通常用 $[\sigma]$ 表示，亦即

$$[\sigma] = \frac{\sigma_u}{n}$$

式中，n 称为**安全因数**。安全因数 n 取决于材料的力学行为以及构件的工作条件等多种因素。在静力强度设计中，对于塑性材料，采用由屈服失效所确定的安全因数，一般取 $n_s = 1.5 \sim 2.2$；而对于脆性材料，则采用由强度失效所确定的安全因素数，一般取 $n_b = 3.0 \sim 5.0$。安全因数和许用应力的采用规定，在相关的标准及设计手册中均可查到。总之，要保证构件能正常工作，其横截面上的最大工作应力 σ_{max} 应不超过材料的许用应力 $[\sigma]$。换句话说，构件在正常工作时，其单向应力状态下的强度设计准则，即

$$\sigma_{max} \leq [\sigma] \tag{5-35}$$

如果受力构件应力最危险的点是处于复杂的应力状态，那么根据材料试验来建立相应的强度设计准则是比较困难的。这是因为在复杂应力状态下，构件是否失效不只取决于主应力 σ_1、σ_2 和 σ_3 的大小，而且还取决于主应力之间的某种组合。由于主应力之间在实际应力状态下有无穷多个不同的组合，因而要确定构件失效时的应力就必须进行无穷多次试验，这显然是不可能的。于是，人们就不得不借助单向应力状态下的如拉伸、压缩或剪切的试验结果来建立复杂应力状态下的强度设计准则。这无疑就需要根据构件在各种变形情况下的失效形式找出构件失效的规律，并借此提出各种不同的假设，以便应用单向应力状态下的极限应力来判别复杂应力状态下的构件是否失效。这种关于**材料在复杂应力状态下破坏的各种假设称为强度理论**。工程上较常用的各向同性材料在常温、静载荷条件下的强度理论有以下几种。

一、关于断裂破坏的强度理论

1. 最大拉应力理论（第一强度理论）　该理论认为引起材料破坏的主要原因是最大拉应力，同时还认为不论材料处于什么应力状态，只要三个主应力中的最大拉应力 σ_1 达到了材料单向拉伸破坏的极限应力即抗拉强度 σ_b，材料就产生断裂破坏。按此强度理论，材料失效的判据是

$$\sigma_1 = \sigma_b \tag{5-36}$$

考虑一定的强度储备，构件的最大拉应力理论的强度设计准则，即

$$\sigma_1 \leqslant \frac{\sigma_b}{n_s} = [\sigma] \qquad (5\text{-}37)$$

大量试验证明，这一强度理论只适用于铸铁、陶瓷、砖石等脆性材料。脆性材料在单向拉伸或扭转时，都因拉应力达到了最大而失效，但对于没有拉应力的情形，如在单向压缩和三向压缩时，该强度理论就不再适用了。

2. 最大拉应变理论（第二强度理论） 该理论认为引起材料破坏的主要原因是最大拉应变，即认为不论材料处于什么应力状态，只要最大拉应变达到了材料单向拉伸断裂时的极限拉应变 $\varepsilon = \sigma_b / E$，材料就产生脆性断裂破坏。如铸铁等脆性材料，从受力变形开始直到断裂，其应力与应变的关系近似符合胡克定律，因此得材料失效的判据是

$$\sigma_1 - \nu(\sigma_2 + \sigma_3) = \sigma_b \qquad (5\text{-}38)$$

考虑一定的强度储备，构件的最大拉应变理论的强度设计准则，即

$$\sigma_1 - \nu(\sigma_2 + \sigma_3) \leqslant \frac{\sigma_b}{n_b} = [\sigma] \qquad (5\text{-}39)$$

因该强度理论只与少数脆性材料的试验结果相吻合，故在强度设计中很少采用。

二、关于屈服破坏的强度理论

1. 最大切应力理论（第三强度理论） 该理论认为引起材料破坏的主要原因是最大切应力，同时还认为不论材料处于什么应力状态，只要最大切应力达到了材料在单向拉伸破坏的最大切应力 $\tau_{\max} = \sigma_s / 2$，材料就产生屈服破坏。按此强度理论，材料失效的判据是

$$\tau_{\max} = \frac{\sigma_1 - \sigma_3}{2} = \frac{\sigma_s}{2} \text{ 或 } \sigma_1 - \sigma_3 = \sigma_s \qquad (5\text{-}40)$$

考虑一定的强度储备，构件的最大切应力理论的强度设计准则，即

$$\sigma_1 - \sigma_3 \leqslant \frac{\sigma_s}{n_s} = [\sigma] \qquad (5\text{-}41)$$

最大切应力理论，已为许多塑性材料在大多数受力形式下的屈服破坏所验证，但只适用于如钢、铅、铜等材料。因该理论的计算式较为简单，故在工程上被广泛采用。

2. 以能量为判据的强度理论（第四强度理论） 以能量为判据的强度理论又称形状改变比能理论。该理论认为引起材料破坏的主要原因是形状改变比能，即认为不论材料处于什么应力状态，只要形状改变比能达到了材料单向拉伸屈服时的形状改变比能，材料就产生屈服破坏。按此强度理论，材料失效的判据是

$$\frac{1}{2}[(\sigma_1 - \sigma_2)^2 + (\sigma_2 - \sigma_3)^2 + (\sigma_3 - \sigma_1)^2] = \sigma_s^2 \qquad (5\text{-}42)$$

考虑一定的强度储备，构件的形状改变比能理论的强度设计准则，即

$$\sqrt{\frac{1}{2}[(\sigma_1 - \sigma_2)^2 + (\sigma_2 - \sigma_3)^2 + (\sigma_3 - \sigma_1)^2]} \leqslant \frac{\sigma_s}{n_s} = [\sigma] \qquad (5\text{-}43)$$

形状改变比能理论与许多塑性材料的试验结果相吻合。因这一强度理论比最大切应力理论更符合实际，而且按此强度理论所设计的构件尺寸要比按最大切应力理论所设计的小，故在工程上也被广泛采用。

为了计算方便，通常把以上四个强度设计准则统一写成以下的表达式，即

$$\sigma_r \leqslant [\sigma] \tag{5-44}$$

式中，σ_r 称为**相当应力**，它代表以上**强度理论中各强度设计准则的综合计算应力**，亦即

$$\left.\begin{array}{l}\sigma_{r1} = \sigma_1 \\ \sigma_{r2} = \sigma_1 - \nu(\sigma_2 + \sigma_3) \\ \sigma_{r3} = \sigma_1 - \sigma_3 \\ \sigma_{r4} = \sqrt{\dfrac{1}{2}[(\sigma_1 - \sigma_2)^2 + (\sigma_2 - \sigma_3)^2 + (\sigma_3 - \sigma_1)^2]}\end{array}\right\} \tag{5-45}$$

总之，以上各强度理论在运用于实际时，一定要注意它的适用范围。也就是说，各强度理论只是对确定的构件强度失效形式才适用。一般来讲，像铸铁、石料、混凝土、玻璃和陶瓷等脆性材料的断裂失效，宜采用第一和第二强度理论；像碳钢、铅、铜等塑性材料的屈服失效，宜采用第三和第四强度理论。

以上所述强度设计准则的内容，并不包括强度设计的全过程，它只表达了在确定了危险点应力状态后要用的一些计算方法。因而，在进行构件的强度设计时，要经历许多涉及整体或单个构件等各方面的外力、内力分析，画图和计算工作。当构件受力较复杂时，还要注意正确确定危险点的应力状态，然后再根据可能失效的形式选择合适的强度设计准则。

另外，上述的失效判据，只适用于工程上常用的金属材料和非金属材料，而对于复合材料、高分子材料等一些新型材料的失效判据就与此不同。还有，本节所述的失效形式，也仅仅是材料在单向应力状态下的力学行为。若所受载荷引起的应力状态变了，则情况就不一样了。例如，在三向拉伸的应力状态下，塑性材料也会发生如脆性材料的突然断裂，而在三向压缩应力状态下，脆性材料也会出现如塑性材料的屈服破坏，等等。

【例 5-6】 已知某结构构件上危险点的应力状态如图 5-29 所示，已知单元体上的应力 $\sigma = 116.7 \text{ MPa}$，$\tau = 46.3 \text{ MPa}$。构件材料为钢，许用应力$[\sigma] = 160 \text{ MPa}$。试校核此结构构件是否满足强度要求。

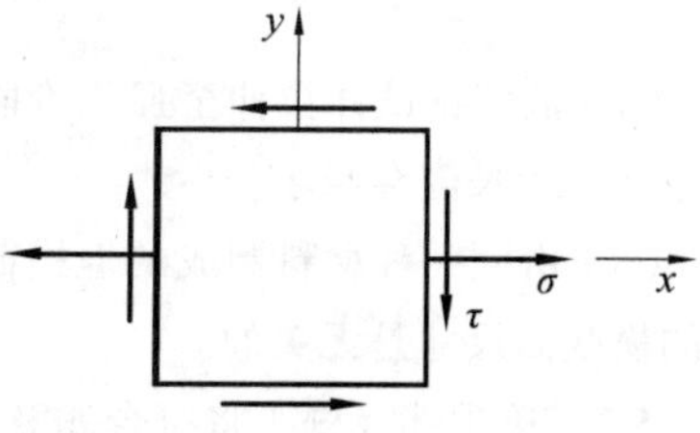

【解】 在图示单元体的直角坐标系中，垂直于轴 x 和轴 y 的截面的应力为 $\sigma_x = \sigma$，$\sigma_y = 0$，$\tau_x = -\tau_y = \tau$，将以上应力代入式（5-29），即有

$$\begin{array}{l}\sigma_{\max} \\ \sigma_{\min}\end{array} = \dfrac{\sigma}{2} \pm \dfrac{1}{2}\sqrt{\sigma^2 + 4\tau^2}$$

图 5-29

进而得出该单元体的主应力为

$$\sigma_1 = \dfrac{\sigma}{2} + \dfrac{1}{2}\sqrt{\sigma^2 + 4\tau^2}$$

$$\sigma_2 = 0$$

$$\sigma_3 = \frac{\sigma}{2} - \frac{1}{2}\sqrt{\sigma^2 + 4\tau^2}$$

因钢为塑性材料，当材料屈服时材料也就失效，故采用第三或第四强度理论进行强度设计计算。由式（5-45），得

$$\sigma_{r3} = \sigma_1 - \sigma_3 = \sqrt{\sigma^2 + 4\tau^2}$$

$$\sigma_{r4} = \sqrt{\frac{1}{2}[(\sigma_1-\sigma_2)^2 + (\sigma_2-\sigma_3)^2 + (\sigma_3-\sigma_1)^2]} = \sqrt{\sigma^2 + 3\tau^2}$$

将已知单元体的应力 σ 和 τ 的数值代入以上二式计算，得

$$\sigma_{r3} = \sqrt{116.7^2 + 4\times 46.3^2} = 149.0 \text{ MPa} < [\sigma] = 160 \text{ MPa}$$

$$\sigma_{r4} = \sqrt{116.7^2 + 3\times 46.3^2} = 141.6 \text{ MPa} < [\sigma] = 160 \text{ MPa}$$

可见，无论采用第三强度理论还是第四强度理论进行强度校核，该结构构件受力后是安全的。

思 考 题

5-1 判断题（对以下论述正确的在其后的括号内画√，错误的画×）：

（1）杆件在拉伸或压缩时，其横截面上的内力集度——应力的方向一定正交于横截面。（　　）

（2）轴向拉伸或压缩杆件横截面上正应力正负号的规定：正应力方向与横截面外法线方向一致时为正，相反时为负。这样的规定与按杆件变形即按拉伸时为正，压缩时为负的规定是一致的。（　　）

（3）杆件在轴向拉伸或压缩时，在与杆件横截面成 α 角的各斜截面上，只要在 $0 \leqslant \alpha \leqslant 90°$ 的范围内，斜截面上的正应力和切应力就不可能同时为零。（　　）

（4）若有一钢杆和一铝杆在相同的轴向外力作用下产生相同的应变，则这两根杆件横截面上的应力是相等的。（　　）

（5）按国家标准的规定，低碳钢的屈服极限肯定是对应的屈服阶段中最小的应力。（　　）

（6）低碳钢试样拉伸至超出弹性阶段以后仍继续缓慢加载，这时的试样是不会再产生弹性变形的。（　　）

（7）低碳钢试样拉伸至强化阶段时，试样的原始标距也就达到了一定的长度。若这时对试样卸载，则原始标距长度会减小。（　　）

（8）由同一种材料制成的但横截面尺寸不同的试样，其拉伸试验所得到的应力-应变曲线形状与试样的横截面尺寸是无关的。（　　）

5-2 单项选择题（将符合题意的一个答案选项代号填入题文的括号中）：

在已知拉杆上应用截面法于杆的三个横截面处（图 5-30）截取分离体，其中横截面（　　）是不宜用公式 $\sigma = \dfrac{F_N}{A}$ 来计算该截面上的正应力的。

A. 1-1　　　B. 2-2　　　C. 3-3　　　D. 不确定

5-3 图 5-31 所示为三种材料拉伸时的应力-应变图。试对比哪种材料的强度高？哪种材料的刚度大？哪种材料的塑性好？

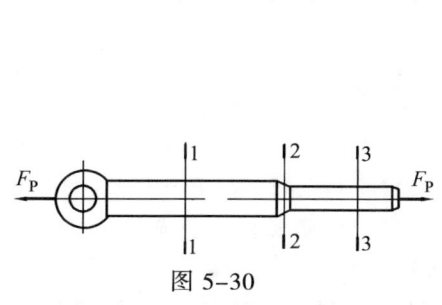

图 5-30

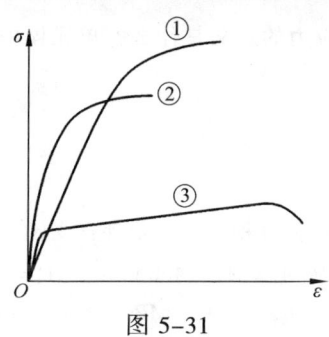

图 5-31

5-4 由两直杆铰结的托架如图 5-32 所示，若杆 AB 的材料为铸铁，而杆 AC 的材料为低碳钢，试分析这一构造形式在直杆的强度布置上是否合理？为什么？

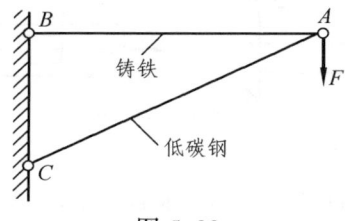

图 5-32

5-5 图 5-33 所示的为圆轴扭转时横截面上切应力的分布图，试问哪些图表示的切应力分布规律是正确的？哪些图表示的切应力分布规律是错误的？

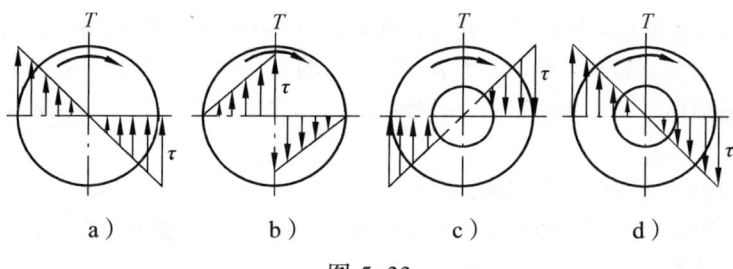

图 5-33

5-6 梁弯曲时横截面上的正应力分布有何特点？最大正应力出现在何处？当梁在横力弯曲时，其横截面中性轴上的切应力是最大还是最小？

5-7 一弯曲梁，已知它的圆环形横截面的外径为 D，内径为 d。若计算该截面图形对形心轴的惯性矩，则为 $I_z = \dfrac{\pi D^4}{64} - \dfrac{\pi d^4}{64}$。由此再推理可知它的弯曲截面系数计算公式必然是 $W_z = \dfrac{\pi D^3}{32} - \dfrac{\pi d^3}{32}$，请问这一分析得出的结论对吗？为什么？

5-8 多项选择题（将凡是符合题意的答案选项代号填入题文的括号中）：
对于产生平面弯曲横截面为矩形的梁，若得出（　　）的结论，则是正确的。
A. 横截面上最大正应力和最大切应力在同一点
B. 梁内最大正应力的点和最大切应力的点不一定在同一横截面上
C. 梁横截面上有最大切应力的点，其正应力必为零
D. 梁横截面上有最大正应力的点，其切应力必为零

5-9 主应力的意义是什么？单元体中最大正应力所在的截面上有无切应力？最大切应力所在的截面上有无正应力？

习 题

5-1 如图 5-34 所示，一阶梯杆受轴向力 $F_1 = 20$ kN，$F_2 = 45$ kN，$F_3 = 15$ kN 的作用，杆各段横截面面积分别为 $A_1 = A_3 = 400$ mm^2，$A_2 = 200$ mm^2。试求此阶梯杆各段横截面上的正应力。（答：$\sigma_{AB} = 50$ MPa，$\sigma_{BC} = -125$ MPa，$\sigma_{CD} = -1.25$ MPa）

5.2 图 5-35 所示为一带有通槽的圆截面杆，已知杆受轴向力 $F = 30$ kN，杆的直径 $d = 40$ mm。试求杆横截面 1-1 上的应力。（答：$\sigma_1 = 65.8$ MPa）

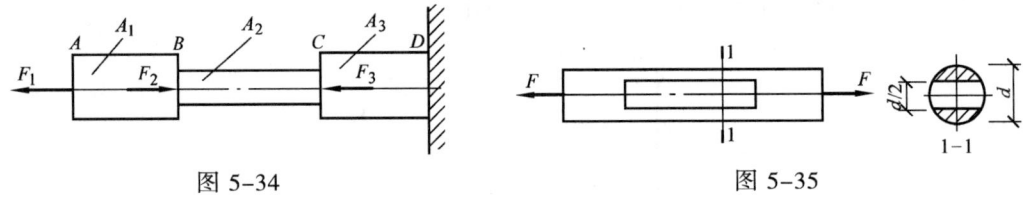

图 5-34　　　　　　图 5-35

5-3 有一 Q235 钢材的圆形截面试样，其试验段长度 $l = 100$ mm，直径 $d = 10$ mm，弹性模量 $E = 200$ GPa，比例极限 $\sigma_p = 200$ MPa。今对其作拉伸试验，测得某一时刻试验段的伸长量为 $\Delta l = 0.08$ mm。试问此时的拉力为多大？横截面上的正应力为多少？（答：$F_P = 12.56$ kN，$\sigma = 160$ MPa）

5-4 已知一圆轴的直径 $d = 60$ mm，转速 $n = 120$ r/min。如果该圆轴横截面上的最大切应力 $\tau_{max} = 60$ MPa。试问圆轴所传递的功率是多少？（答：$P = 32$ kW）

5-5 图 5-36 所示为空心圆轴的横截面，其外径 $D = 60$ mm，内径 $d = 40$ mm，横截面上扭矩 $M_n = 1000$ N·m。试计算横截面上距圆心为 $\rho = 25$ mm 的 a 点的切应力 τ_a，以及横截面上的最大切应力和最小切应力，并以图形表示出切应力在横截面上的分布规律。（答：$\tau_a = 24.5$ MPa，$\tau_{max} = 29.4$ MPa，$\tau_{min} = 19.6$ MPa）

5-6 如图 5-37 所示，一阶梯形圆轴，已知直径 $d_1 = 75$ mm，$d_2 = 50$ mm，已知在圆轴 B 和 C 处所受外力偶的力偶矩分别是 $T_B = 1\,800$ N·m，$T_C = 1\,200$ N·m。试求此圆轴横截面上的最大切应力，并指出其作用点的位置。（答：$\tau_{max} = \tau_{BC} = 48.92$ MPa）

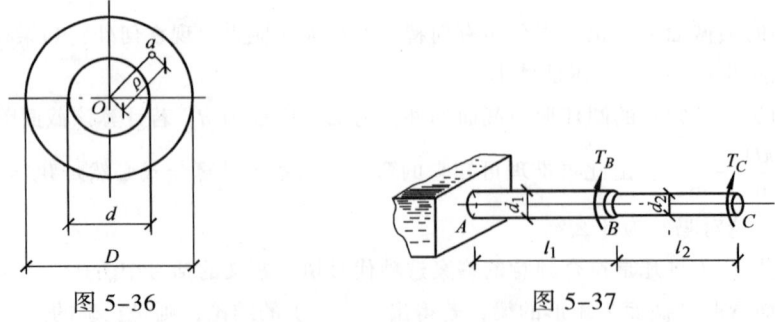

图 5-36　　　　　　图 5-37

5-7 试计算如图 5-38 所示工字形梁横截面图形对其形心轴 z 的惯性矩。（答：$I_z = 4.29 \times 10^8$ mm^4）

5-8 已知一梁的横截面图形的几何形状如图 5-39 所示，试求此横截面图形的惯性矩 I_x，I_y。答：$\left[I_x = \dfrac{1}{12}(h^3 - h'^3)b, \quad I_y = \dfrac{1}{12}(h - h')b^3 \right.$

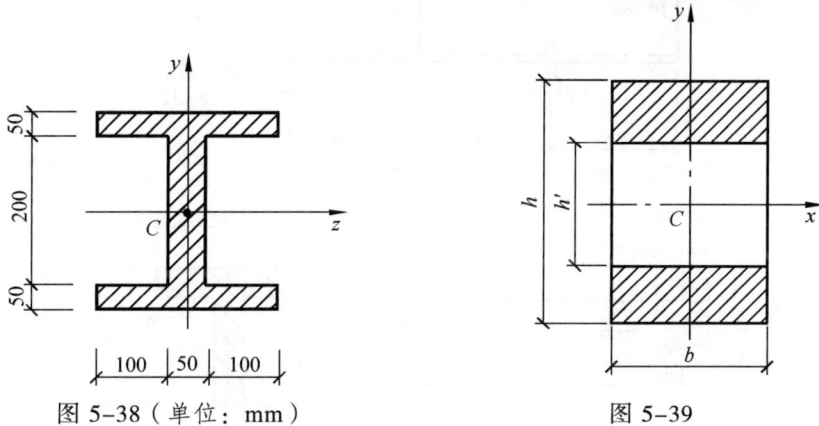

图 5-38（单位：mm）   图 5-39

5-9 图 5-40 所示为一矩形横截面简支梁。已知梁上外力 $F=16\,\mathrm{kN}$。试求：(1) 横截面 1-1 上 D、E、F、H 各点正应力的大小和正负，并画出该横截面上的正应力分布图；(2) 梁横截面上的最大正应力；(3) 若将梁的横截面转 $90°$（由图 b 变成图 c），则横截面上的最大正应力是原来的几倍？（答：1. $\sigma_D=-34.1\,\mathrm{MPa}$，$\sigma_E=-18.2\,\mathrm{MPa}$，$\sigma_F=0$，$\sigma_H=34.1\,\mathrm{MPa}$；2. $\sigma_{\max}=41\,\mathrm{MPa}$；3. 3 倍）

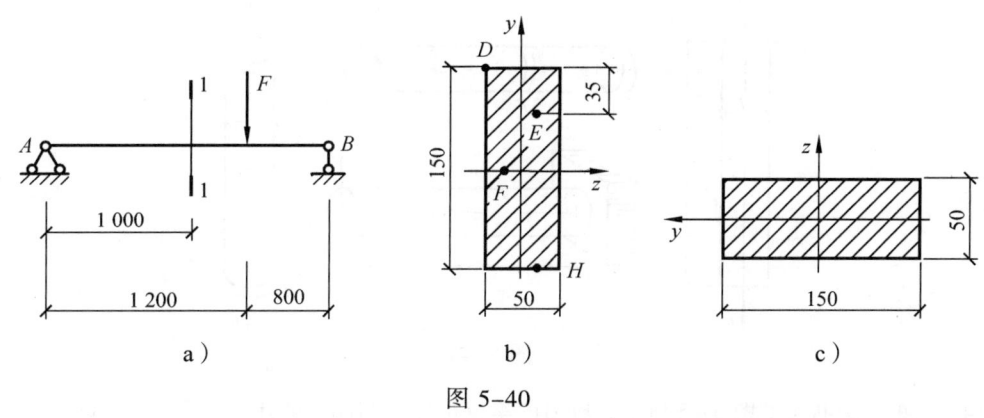

图 5-40

5-10 图 5-41 所示为一圆截面悬臂梁。试求此梁危险截面上的正应力。（答：$\sigma_{\max}=5.53\,\mathrm{MPa}$）

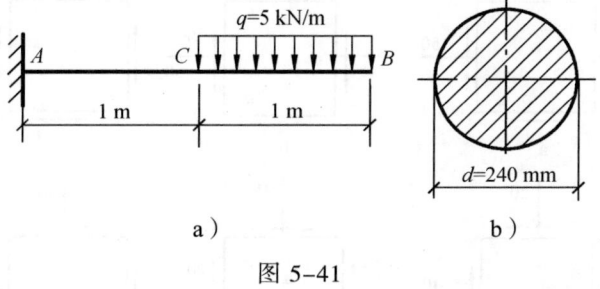

图 5-41

5-11 试计算图 5-42 所示工字形梁横截面上的最大正应力和最大切应力。（答：$\sigma_{\max}=141.8\,\mathrm{MPa}$，$\tau_{\max}=17.2\,\mathrm{MPa}$）

5-12 图 5-43 所示为 T 字形截面外伸梁。试求梁横截面上的最大拉应力和最大压应力。（答：$\sigma_{\max}^{+}=34.5\,\mathrm{MPa}$；$\sigma_{\max}^{-}=69\,\mathrm{MPa}$）

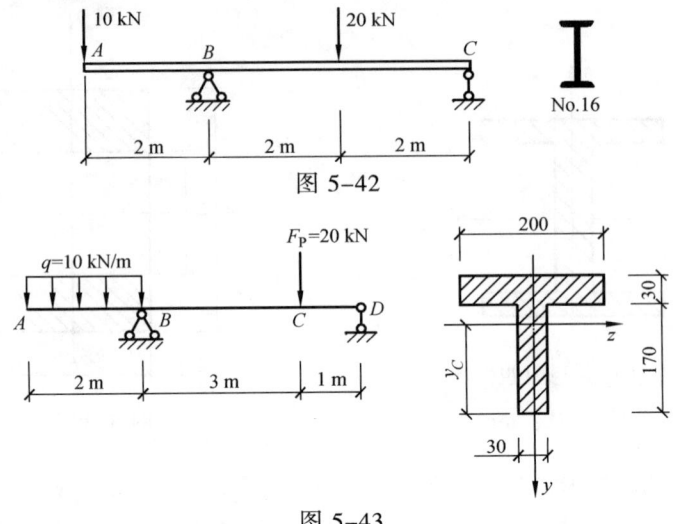

图 5-42

图 5-43

5-13　图 5-44 所示构件中的 F、T、d、l 等均为已知。试求：（1）各构件中危险点的位置；（2）用单元体表示出危险点的应力状态。（答：略）

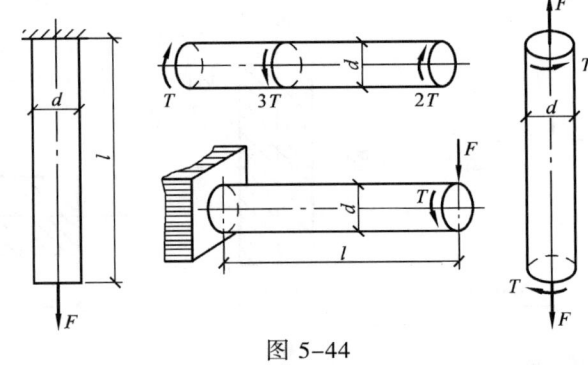

图 5-44

5-14　点的应力状态如图 5-45 所示，应力的单位符号为 MPa。试分别计算这些点的：（1）主应力大小和主平面方位，并在单元体上画出主平面方位和主应力方向；（2）最大切应力。（答：略）

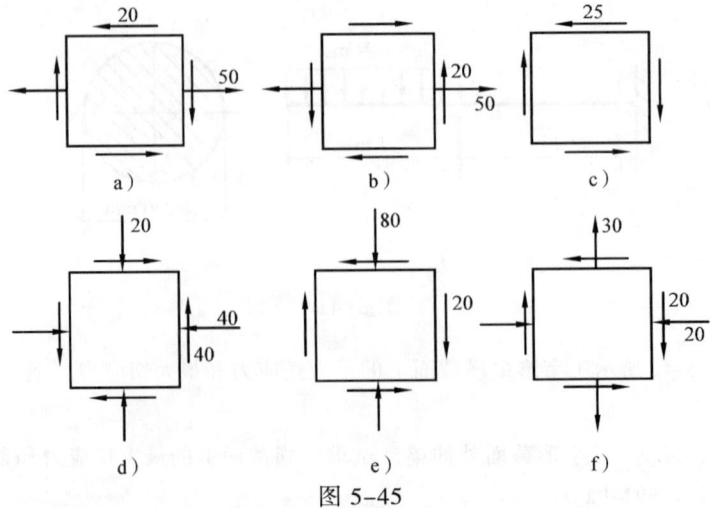

图 5-45

5-15 一低碳钢构件，已知其许用应力为$[\sigma] = 120$ MPa，试用第三强度理论和第四强度理论分别校核该塑性材料构件的强度。危险点的主应力分别如下：（1）$\sigma_1 = -50$ MPa，$\sigma_2 = -70$ MPa，$\sigma_3 = -160$ MPa；（2）$\sigma_1 = 60$ MPa，$\sigma_2 = 0$，$\sigma_3 = -50$ MPa。（答：1. $\sigma_{r3} = 110$ MPa，$\sigma_{r4} = 101.5$ MPa；2. $\sigma_{r3} = 110$ MPa，$\sigma_{r4} = 95.4$ MPa）

[辅助学习材料]

杰出的力学家与力学教育家铁木辛柯

铁木辛柯（Timo Shenko）是美籍俄罗斯力学家，1878年12月23日生于乌克兰的什波托夫卡，1972年5月29日卒于联邦德国。

铁木辛柯1901年毕业于久负盛名的俄国彼得堡交通学院。服军役一年后，1902年回母校任实验讲师，次年到圣彼得堡工学院任讲师。1903—1906年开始了他的创造性工作，每年夏天都去德国格丁根大学，在著名学者F. 克莱因、A. 弗普尔和L. 普朗特等人的指导下从事强度理论的研究工作。1907—1911年任基辅工学院教授。1912—1917年在彼得格勒一些学院任教授。1920年7月到南斯拉夫任教。1922年受聘于美国费城振动专业公司，次年到西屋电气公司，并在公司的机械工程学校任教，与人合作的教材《应用弹性力学》在美国出版。1928年，他建立了"美国机械工程师学会力学部"，同时还为密歇根大学任研究生力学教授，他先后组织了"每周力学讨论会"和"夏季应用力学讨论会"，吸引了不少力学家如空气动力学之父普朗特等人的参加。1965年迁居联邦德国，直至逝世。

铁木辛柯在应用力学方面著述甚多。1904年他发表第一篇论文《各种强度理论》，次年发表《轴的共振现象》，首次考虑到质量分布的影响，并把瑞利方法应用于结构工程问题。1905年，他得出开口剖面薄壁杆扭转问题中扭矩T和转角磁的关系：$T = C\Phi' - D\Phi''$（C为抗扭刚度，D为附加刚度）。1906年，他解决了用板的挠度微分方程去求板受压的临界值问题，以后又发表了关于弹性体稳定性问题的论文多篇，对船舶制造和飞机设计有指导意义。他最早把瑞利-里兹法应用到弹性稳定问题上，从而获得十年一次的"茹拉夫斯基奖"。他不仅用能量原理解决了稳定性问题，也把它用于梁和板的弯曲问题和梁的受迫振动问题中。1911年以后，他主要研究弹性力学，解决了半圆剖面梁承受弯曲的剪力中心、对称剖面悬臂梁自由端承受横向载荷的剪应力分布等问题。第一次世界大战期间，他在梁的横向振动微分方程中考虑了旋转惯性和剪力，这种模型后来被称为"铁木辛柯梁"。1925年，他又研究了很有价值的圆孔周围的应力集中问题，1928年探讨了有实用意义的吊索桥刚度和振动问题。此后除授课和培养研究生外，他把精力主要用于编写书籍，编写了《材料力学》（上、下两册）、《高等动力学》、《弹性理论》与《弹性稳定性理论》、《工程中的振动问题》、《板壳理论》、《悬索桥》、《扭转屈曲》、《弹性理论与材料力学史》等20余种。

铁木辛柯一生致力于力学研究与力学教育，他曾获得过世界上的很多褒奖和荣誉，先后被选为美国科学院、英国皇家学院等七个学院的院士，有美国、英国、法国等八个国家的学术团体给他颁发过勋章。

第六章

杆件的强度设计

杆件的强度设计内容，具体包括了
　　直杆轴向拉伸或压缩时的强度计算、
　　圆轴扭转时的强度计算、
　　直梁弯曲时的强度计算、
　　联结件剪切与挤压时的强度计算、
　　杆件组合变形时的强度计算等对杆件进行
静力学设计最基本的内容。

第一节　直杆轴向拉伸或压缩时的强度计算

工程构件多为等截面的直型杆件，通常以外形或使用功能的不同，而将其称为直杆、圆轴、直梁等。

对于这类杆件的强度计算，首先就是根据杆件内力沿其长度的分布状况，确定杆件可能**最先出现强度失效的横截面或称为危险截面**；接下来再按内力分量在危险截面上的分布集度，亦即正应力与切应力的分布规律，确定危险截面上可能**最先出现强度失效的那些点或称危险点**；然后还要由危险点的应力状态，依据材料是塑性还是脆性的失效判据，从而选择相应的设计准则，最后按不同工程的要求进行计算，这些计算工作一般包括以下三个方面：

（1）校核强度：已知杆件横截面的尺寸，及其许用应力和所承受的载荷，按规范计算出最大工作应力，将其与许用应力比较，判断杆件的危险点是否符合强度设计准则。

（2）选择截面尺寸：已知杆件的许用应力和所承受的载荷，根据强度设计准则进行计算，以设计横截面尺寸。

（3）确定许用载荷：已知杆件横截面尺寸和许用应力，根据强度设计准则进行计算，确定杆件或结构所能承受的最大载荷。

对于轴向拉伸的直杆，其横截面上正应力均匀分布，显然横截面上各点均处于单向应力状态，也就是只有拉应力而无切应力。或者说以空间应力状态看，也就是主应力 $\sigma_1 \neq 0$，而 $\sigma_2 = \sigma_3 = 0$；同理，对于压缩的直杆，其应力状态是只有压应力，或者是主应力 $\sigma_3 \neq 0$，而 $\sigma_1 = \sigma_2 = 0$。这样，基于材料屈服破坏的失效判据 $\sigma_1 = \sigma_s$ 或 $\sigma_3 = \sigma_s$（如对塑性材料），或者基于材料断裂破坏的失效判据 $\sigma_1 = \sigma_b$ 或 $\sigma_3 = \sigma_b$（如对脆性材料），即得到直杆轴向拉伸或压缩时的正应力强度设计准则为

$$\left.\begin{array}{c}\sigma_1\\\sigma_3\end{array}\right\} = |\sigma_{\max}| = \frac{|F_{N\max}|}{A} \leqslant [\sigma] \tag{6-1}$$

式中，$|F_{N\max}|$ 为直杆轴向拉伸或压缩时最大轴力的绝对值；$[\sigma]$ 为材料的许用正应力。

【例 6-1】 一钢筋混凝土的组合屋架（图 6-1a），受集度为 q 的均布载荷作用。已知屋架的两个上弦杆 AC 和 BC 由钢筋混凝土制成，下弦杆 AB 为圆形截面钢制拉杆，其长度 $l = 8.4$ m，直径 $d = 22$ mm，屋架高度 $h = 1.4$ m。钢的许用应力 $[\sigma] = 170$ MPa，试校核屋架的下弦杆即钢制拉杆的强度。

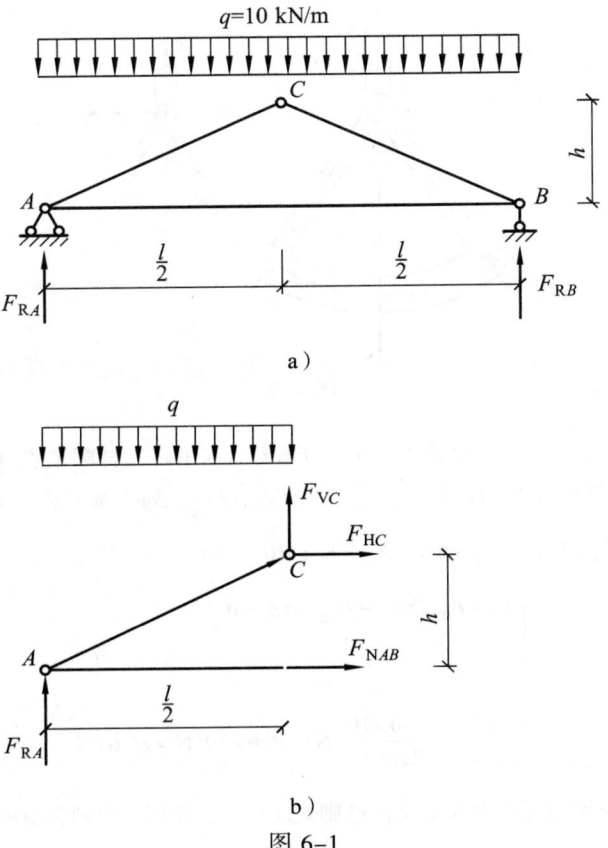

图 6-1

【解】 （1）求屋架的支座约束反力。因屋架结构和所承受的均布载荷左右对称，故有

$$F_{RA} = F_{RB} = \frac{1}{2}ql = \frac{1}{2} \times 10 \times 10^3 \times 8.4 \text{N} = 42 \times 10^3 \text{N} = 42 \text{ kN}$$

（2）求钢制拉杆的内力。采用截面法，取半个屋架为分离体（图 6-1b），列平衡方程并解之，得拉杆的轴力 F_{NAB} 为

$$\sum M_C = 0, \quad F_{AB} \times 4.2 - \frac{1}{2}ql \times \frac{1}{4} - F_{NAB} \times 1.4 = 0, \quad F_{NAB} = 63 \text{ kN}$$

（3）钢制拉杆系等直杆，其横截面上的最大正应力 σ 为

$$\sigma = \frac{F_{NAB}}{A} = \frac{63 \times 10^3}{\frac{\pi}{4} \times (22 \times 10^{-3})^2} \text{Pa} = 165.7 \times 10^6 \text{ Pa} = 165.7 \text{ MPa}$$

由直杆轴向拉伸或压缩的正应力强度设计准则式（6-1）可知，并经以上强度计算得到的钢制拉杆横截面上的正应力为 $\sigma = 165.7 \text{ MPa} < [\sigma] = 170 \text{ MPa}$，表明安全。

【例 6-2】 三角吊环由两个圆截面直杆 AB、AC 和一个曲杆 BC 组成，如图 6-2a 所示。已知 $\alpha = 30°$，直杆材料的许用正应力 $[\sigma] = 120 \text{ MPa}$。该三角吊环的最大吊重 $G = 150 \text{ kN}$，不计曲杆 BC 变形，试设计直杆 AB、AC 的横截面直径 d。

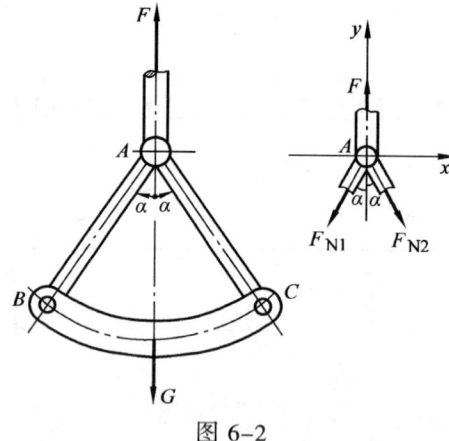

图 6-2

【解】 对三角吊环整体进行受力分析，可知 $F = G$。取吊环三杆联结点 A 为研究对象，画出其受力图如图 6-2b 所示。设斜杆 AB、AC 的轴力分别为 F_{N1}、F_{N2}，列平衡方程，即

$$\sum F_x = 0, \quad -F_{N1}\sin\alpha + F_{N2}\cos\alpha = 0$$
$$\sum F_y = 0, \quad F_T - F_{N1}\cos\alpha - F_{N2}\cos\alpha = 0$$

解之，得

$$F_{N1} = F_{N2} = \frac{G}{2\cos\alpha} = \frac{150 \times 10^3}{2\cos 30°} \text{N} = 86.6 \times 10^3 \text{ N} = 86.6 \text{ kN}$$

由直杆轴向拉伸或压缩的正应力强度设计准则式（6-1），即可求得斜杆 AB、AC 的横截面直径 d 为

$$d \geqslant \sqrt{\frac{4F_N}{\pi[\sigma]}} = \sqrt{\frac{4 \times 86.6 \times 10^3}{\pi \times 120 \times 10^6}} \text{m} = 30.3 \times 10^{-3} \text{m} = 30.3 \text{ mm}$$

根据设计规范，取直径 d = 32 mm。

【**例 6-3**】 能绕铅垂轴 OO_1 旋转的吊车（图 6-3a），其斜杆 AC 是由两根 50 mm × 50 mm × 5 mm 的 5 号等边角钢组成的，而水平横杆 AB 是由两根 10 号槽钢组成的。斜杆 AC 和横杆 AB 的材料都是 Q235 钢，其许用应力 $[\sigma]$ = 70 MPa。当横杆上移动的小车位于斜杆和横杆的结点 A（小车的两个轮子之间的距离很小，小车作用在横杆上的力可以看作作用在结点 A 的一集中力）处时，不计斜杆和横杆的自重，试求吊车许用的最大起吊重量 [G]（包括移动小车和电动机的重量）。

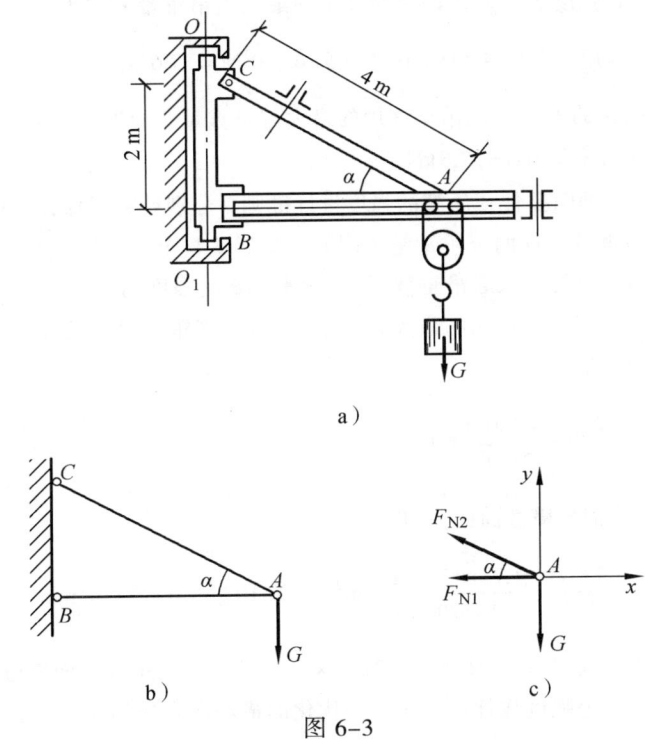

图 6-3

【**解**】 （1）受力分析。将斜杆 AC 和横杆 AB 的联结点 A，以及两杆与铅垂轴 OO_1 的另两联结点 B、C 均简化为圆柱铰链，由此画出吊车的计算简图如图 6-3b 所示。由于不计两杆的自重，因此杆 AB 和杆 AC 都是二力杆。

（2）求轴力。取结点 A 为研究对象，横杆 AB 和斜杆 AC 分别为轴向压缩和轴向拉伸杆件，设其轴力 F_{N1} 和 F_{N2} 的方向均为正方向（图 6-3c），列平衡方程并解之，得

$$\sum F_x = 0, \quad -F_{N1} - F_{N2} \cos\alpha = 0, \quad F_{N1} = -1.73G$$
$$\sum F_y = 0, \quad -G + F_{N2} \sin\alpha = 0, \quad F_{N2} = 2G$$

（3）确定吊车许用的最大起吊重量。对于横杆 AB，查型钢表得单根 10 号槽钢的截面面积为 7.74 cm²，由强度设计准则式（6-1），即有

$$\sigma_{AB} = \frac{F_{N1}}{A_1} = \frac{1.73 G_{AB}}{2 \times 12.74 \times 10^{-4}} \leqslant [\sigma]$$

由此便可求出保证横杆 AB 强度足够，而许用的最大起吊重量 G_{AB} 为

$$G_{AB} \leqslant \frac{2 \times 120 \times 10^6 \times 12.74 \times 10^{-4}}{1.73} \text{N} = 176.7 \times 10^3 \text{ N} = 176.7 \text{ kN}$$

对于斜杆 AC，查型钢表得单根 5 号等边角钢截面面积为 4.803 cm²，由强度设计准则式（6-1），即有

$$\sigma_{AC} = \frac{F_{N2}}{A_2} = \frac{2G_{AC}}{2 \times 4.803 \times 10^{-4}} \leqslant [\sigma]$$

由此便可求出保证斜杆 AC 强度足够，而许用的吊车的最大起吊重量 G_{AC} 为

$$G_{AC} \leqslant 120 \times 10^6 \times 4.803 \times 10^{-4} \text{N} = 57.6 \times 10^3 \text{N} = 57.6 \text{ kN}$$

为了保证整个吊车结构的安全，此吊车许用的最大起吊重量，应取上述 G_{AB} 和 G_{AC} 中较小者。最后，得吊车许用的最大起吊重量 $[G] = 57.6$ kN。

（4）讨论。以上按直杆轴向拉伸或压缩的强度设计准则，分别计算了保证横杆 AB 和斜杆 AC 在强度足够时承受的最大起吊重量，这两个重量是不同的。最后从整个吊车结构安全考虑选择了较小的起吊重量 $G_{AB} = 57.6$ kN 作为吊车的最大起吊重量，显然横杆 AB 的强度尚有富裕。为此，为了节省材料以减轻吊车结构的重量，可以用最后许用的最大起吊重量 $[G]$，来重新设计横杆 AB 的横截面面积 A_1'。由强度设计准则式（6-1），即有

$$\sigma_{AB} = \frac{|F_{N1}|}{A_1} = \frac{1.73[G]}{2 \times A_1'} \leqslant [\sigma]$$

求出组成横杆 AB 的单根槽钢的横截面面积 A_1' 为

$$A_1' \geqslant \frac{1.73[G]}{2[\sigma]} = \frac{1.73 \times 57.6 \times 10^3}{2 \times 120 \times 10^6} \text{m}^2 = 4.2 \times 10^{-4} \text{m}^2 = 4.2 \times 10^2 \text{mm}^2 = 4.2 \text{ cm}^2$$

继而由型钢表可以查到选用 5 号槽钢即可满足这一要求。以上这种全面考虑组合杆件强度的重新设计方法，实际上就是一种等强度设计，属于一种优化的最经济合理的设计。

第二节　圆轴扭转时的强度计算

工程上传递扭矩的圆轴多为等截面直型圆轴。圆轴扭转时，其横截面上各点均为纯切应力状态，而最大切应力的点位于横截面上的圆周边缘。圆轴扭转时的切应力强度设计准则，采用最大切应力理论，即为

$$\tau_{\max} = \frac{M_{n\max}}{W_P} \leqslant [\tau] \tag{6-2}$$

式中，$M_{n\max}$ 为圆轴的最大扭矩；W_P 为圆轴横截面的抗扭截面系数；$[\tau]$ 为材料的许用切应力，由材料的极限切应力除以安全因数得到，也就是 $[\tau] = \tau_s/n_s$ 或 $[\tau] = \tau_b/n_b$。大量试验研究表明，材料在扭转变形时的许用切应力可按以下关系式选取：对于塑性材料，有 $[\tau] = (0.5 \sim 0.6)[\sigma]$；对于脆性材料，有 $[\tau] = (0.8 \sim 1.0)[\sigma^+]$，这里的 $[\sigma^+]$ 为材料的许用拉应力。

应用圆轴扭转时的切应力强度设计准则式（6-2），同样可以按工程要求进行以下三方面的强度计算，即校核强度、选择截面尺寸和确定许用载荷。

【例 6-4】 一电机传动轴，传动功率 40 kW，转速 1400 r/min，直径 $d = 40$ mm。已知材料的许用切应力为 $[\tau] = 40$ MPa，试校核该轴的扭转强度。

【解】 由式（4-2）计算传动轴转动时传递功率的外力偶矩 T 为

$$T = 9\,549 \frac{P}{n} = 9\,549 \times \frac{40}{1\,400} \text{N} \cdot \text{m} = 273 \text{N} \cdot \text{m}$$

采用截面法，求得传动轴横截面上的扭矩为 $M_n = T = 273$ N·m，再由强度设计准则式（6-2）进行计算，得

$$\tau_{max} = \frac{M_n}{W_P} = \frac{273}{\pi \times (40 \times 10^{-3})^3 / 16} \text{Pa} = 21.7 \times 10^6 \text{Pa} = 21.7 \text{MPa} < [\sigma] = 40 \text{MPa}$$

结论：满足圆轴扭转时的切应力强度设计准则，电机传动轴的扭转强度足够。

【例 6-5】 如图 6-4 所示，某载重汽车的传动轴由无缝钢管制成，已知钢管外径 $D = 90$ mm，内径 $d = 85$ mm。此传动轴转动时传递功率的外力偶的最大力偶矩 $T = 1.5$ kN·m，已知传动轴的许用切应力 $[\tau] = 60$ MPa。试求：（1）校核传动轴的强度；（2）将此管制的空心传动轴改为强度相同的实心轴，试设计实心轴的直径 D_2；（3）当分别采用空心轴与实心轴时，求两轴的重量比，并讨论之。

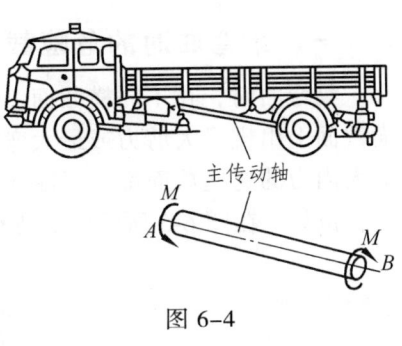

图 6-4

【解】 （1）校核传动轴强度。采用截面法求得传动轴各横截面的扭矩为 $M_n = T = 1.5$ kN·m。传动轴的内外直径比 $\alpha = d/D = 0.944$，其横截面的抗扭截面系数为

$$W_P = 0.2 D^3 (1 - \alpha^4) = 0.2 \times 90^3 \times (1 - 0.944^4) \text{ mm}^3 = 3.0 \times 10^5 \text{ mm}^3$$

将以上计算结果代入切应力强度设计准则式（6-2），得

$$\tau_{max} = \frac{M_n}{W_P} = \frac{1.5 \times 10^3}{3.0 \times 10^5 \times 10^{-9}} \text{Pa} = 50 \times 10^6 \text{Pa} = 50 \text{MPa} \leqslant [\tau]$$

满足圆轴扭转时的切应力强度设计准则，传动轴的扭转强度足够。

（2）设计实心轴的直径 D_2。根据圆轴扭转时的切应力强度设计准则，要使实心轴与空心轴的强度相同，则应使两轴工作时的最大切应力相等，也就是

$$\tau_{max} = \frac{M_n}{W_P} = \frac{M_n}{0.2 D_2^3} = 50 \text{MPa}$$

由上式即可求得实心轴的直径 D_2 为

$$D_2 = \sqrt[3]{\frac{M_n}{0.2 \tau_{max}}} = \sqrt[3]{\frac{1.5 \times 10^3}{0.2 \times 50 \times 10^6}} \text{m} = 53.1 \times 10^{-3} \text{ m} = 53.1 \text{ mm}$$

（3）求两轴的重量比。同一材料的两轴的长度相等时，它们的重量比即等于两轴横截面面积之比。设空心轴与实心轴的重量分别为 G_1 和 G_2，则有

$$\frac{G_2}{G_1} = \frac{A_2}{A_1} = \frac{\frac{\pi}{4}D_2^2}{\frac{\pi}{4}(D^2-d^2)} = \frac{D_2^2}{D^2-d^2} = \frac{53.1^2}{90^2-85^2} = 3.22$$

（4）讨论。以上计算结果表明，在扭转强度相等的条件下，实心轴的重量是空心轴重量的 3.22 倍。因此，采用空心轴可以节省材料，减轻自重。这是因为圆轴扭转时横截面上的切应力沿半径按线性分布，愈靠近轴心则切应力愈小，在强度设计上，也只是限制横截面边缘各点的切应力不超出许用切应力，而其余各点的切应力均小于许用切应力，说明有一部分材料抵抗破坏的能力没有最大限度地发挥作用。若把轴心附近的材料移至边缘而形成空心轴，则轴的外径增大，相应地增大了轴的极惯性矩 I_P 和抗扭截面系数 W_P，轴强度提高。因此，工程上对于大尺寸的圆轴通常设计为空心轴。

第三节　直梁弯曲时的强度计算

一、梁弯曲时的危险截面与危险点

梁弯曲时，在不同横截面上的剪力和弯矩一般是不相等的。也就是有可能在一个或多个横截面上出现最大剪力或最大弯矩，也有可能在同一横截面上出现较大的弯矩和剪力。出现最大内力的这些截面都有可能成为危险截面。

例如，在图 6-5 所示的简支梁上，除 F_{Qmax} 和 M_{max} 所在的横截面 A 和 D 有可能是危险截

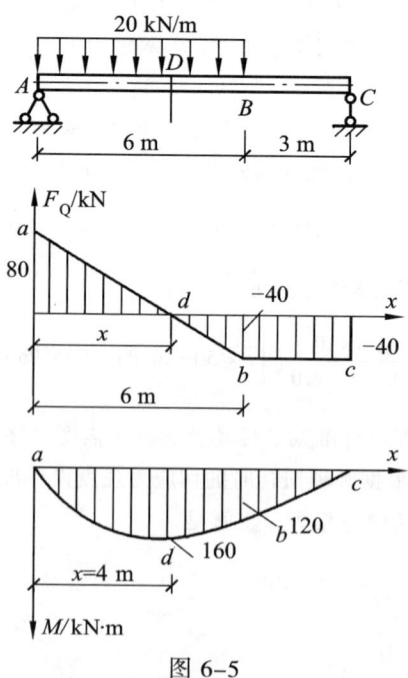

图 6-5

面外，另在横截面 B 上的 F_Q 和 M 值虽不是最大，但也可能会是危险截面。

以上按梁横截面上的内力来确定梁的危险截面，当然是针对等截面直梁而言。但有时必须从梁横截面内力、横截面形状及材料的力学性能等几方面入手进行综合考虑，才能确定可

能的危险截面。如图 6-6 所示的外伸梁,其横截面 B 的弯矩是正弯矩,弯矩的绝对值为最大,

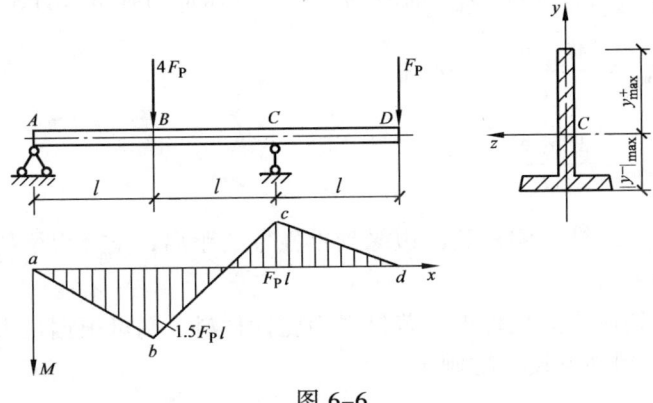

图 6-6

是可能的危险截面。而横截面 C 的弯矩是负弯矩,弯矩的绝对值并不很大,但其上的最大拉应力发生在横截面上的边缘各点,由于这些点到中性轴的距离亦即纵坐标 y 达到了最大,因此横截面 C 也会是可能的危险截面。

可见,梁弯曲时的危险截面,既取决于梁的不同横截面的内力大小,也与横截面上的应力分布有关。在大多数情况下,梁的危险截面上既有正应力又有切应力,而且沿梁横截面高度并不均匀分布。这样,在梁横截面上就有可能存在三类危险点:第一类是正应力最大的点,一般位于截面弯矩最大且离中性轴最远处的各点,因该处各点的切应力为零,只承受最大拉应力或最大压应力,故属于单向应力状态;第二类是切应力最大的点,一般在剪力最大的截面上,对于实心截面,通常在截面中性轴上,因中性轴上无正应力,故属于纯切应力状态;第三类是正应力和切应力都比较大的点,一般位于剪力和弯矩都比较大的截面上,通常在截面的上边缘(或下边缘)和中性轴之间的某个位置上,因既有正应力又有切应力,故属于平面应力状态。

二、梁弯曲时的强度设计准则

梁弯曲时,在一般情况下梁内会有不同类型的危险点。而梁的失效形式主要取决于材料的力学性能指标,因此梁的强度设计应根据梁的三类危险点的应力状态(图 6-7)去选择相应的失效判据,从而建立梁弯曲时的强度设计准则。

(1)对于承受最大拉应力或最大压应力的危险点,若材料的许用拉应力和许用压应力相同,则梁弯曲时的正应力强度设计准则为

$$\sigma_{\max} = \frac{M_{\max}}{W_z} \leqslant [\sigma] \quad (6-3)$$

式中,$M_{\max}$ 为梁的最大弯矩,$[\sigma]$ 为材料的许用正应力。

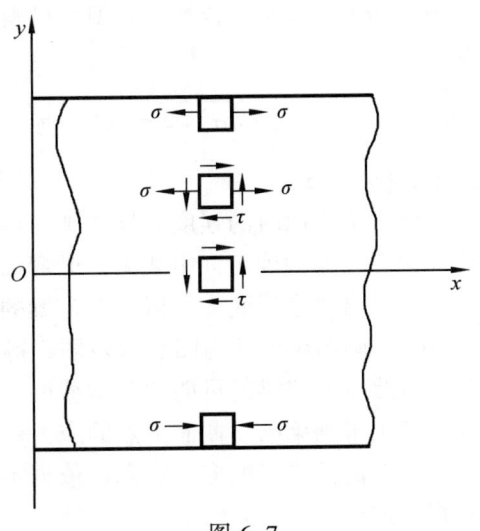

图 6-7

对于抗拉强度和抗压强度不相同的材料，如铸铁等脆性材料，因为许用拉应力较之许用压应力值低，即$[\sigma^+]<[\sigma^-]$，所以梁弯曲时的拉应力和压应力强度设计准则分别为

$$\sigma_{max}^+ = \frac{M_{max} y_{max}^+}{I_z} \leqslant [\sigma^+] \tag{6-4}$$

$$\sigma_{max}^- = \frac{M_{max} y_{max}^-}{I_z} \leqslant [\sigma^-] \tag{6-5}$$

式中，y_{max}^+ 为梁的受拉纤维一侧横截面边缘到中性轴的距离，y_{max}^- 为梁的受压纤维一侧横截面边缘到中性轴的距离。

（2）对于只承受切应力的危险点，若材料为脆性材料，则可根据最大拉应力理论或第一强度理论$[\sigma_1] \leqslant [\sigma]$，得强度设计准则为

$$\tau_{max} \leqslant [\sigma] \tag{6-6}$$

式中，$[\sigma] = \sigma_b/n_b$，σ_b 为材料拉伸时的强度极限。若材料为塑性材料，则可根据最大切应力理论或第三强度理论，得强度设计准则为

$$\tau_{max} \leqslant \frac{1}{2}[\sigma] \quad \text{或} \quad \tau_{max} \leqslant \frac{1}{\sqrt{3}}[\sigma] \tag{6-7}$$

式中，$[\sigma] = \sigma_s/n_s$，σ_s 为材料拉伸的屈服极限。就梁整体而言，出现最大正应力或最大切应力的危险点会位于梁的不同横截面上。若是属于细长的梁，最大正应力远大于最大切应力，则只需按弯曲正应力强度准则进行计算就可以了；若是属于短而粗的梁或集中载荷作用在支座附近的梁，因剪力较大，故还要按弯曲切应力强度设计准则进行计算。

（3）对于既有正应力又有切应力作用的危险点，若材料为脆性材料，则可由最大拉应力理论或第一强度理论，得强度设计准则为

$$\frac{\sigma}{2} + \frac{1}{2}\sqrt{\sigma^2 + 4\tau^2} \leqslant [\sigma] \tag{6-8}$$

式中，$[\sigma] = \sigma_b/n_b$。若材料为塑性材料，则可由第三强度理论或第四强度理论，得强度设计准则为

$$\sqrt{\sigma^2 + 4\tau^2} \leqslant [\sigma] \quad \text{或} \quad \sqrt{\sigma^2 + 3\tau^2} \leqslant [\sigma] \tag{6-9}$$

式中，$[\sigma] = \sigma_s/n_s$。

应用梁弯曲时的强度设计准则，可以按工程要求进行以下三方面的计算，即校核强度、选择截面尺寸和确定许用载荷。梁弯曲时的强度计算，一般遵循以下步骤：

（1）对梁进行受力分析，确定梁的支座约束反力。

（2）画出梁的剪力图和弯矩图，得出这两种内力的$|F_Q|_{max}$、$|M|_{max}$之值以及它们的所在位置，由此再确定梁的可能的危险截面。

（3）根据梁的横截面上点的应力分布的规律，确定可能的危险点。

（4）由危险点的应力状态，依据不同材料或脆性材料或塑性材料，选择相应的强度设计准则，进行强度计算。

【例 6-6】 图 6-8a 所示为一受外力作用的 T 字形截面的铸铁外伸梁,图中给出了外伸梁所受外力大小及其作用点位置的尺寸。已知梁的许用拉应力 $[\sigma^+]=30\text{ MPa}$,许用压应力 $[\sigma^-]=60\text{ MPa}$。横截面尺寸如图 6-8b 所示,截面惯性矩 $I_z=763\text{ cm}^4$,截面上边缘到中性轴距离 $y_1=52\text{ mm}$。试校核梁的弯曲正应力强度。

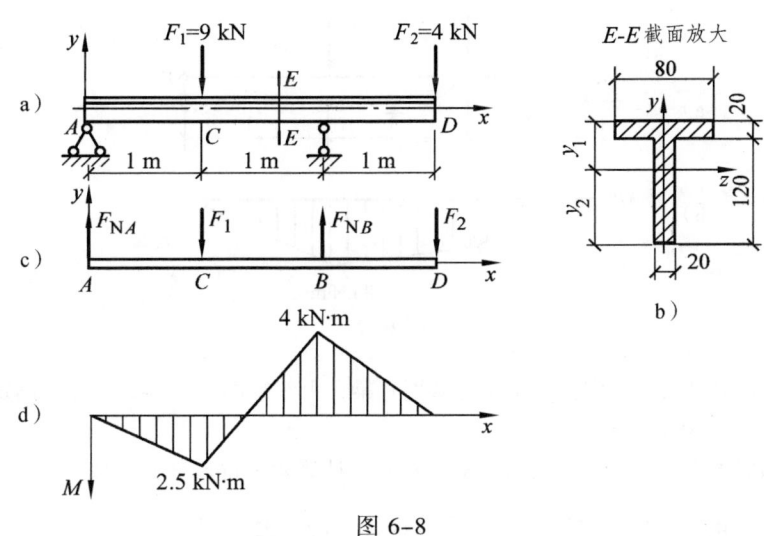

图 6-8

【解】 (1) 求梁的支座约束反力,画出其受力图如图 6-8c 所示,列平衡方程,即

$$\sum M_A = 0, \quad -3F_2 + 2F_{NB} - F_1 = 0$$
$$\sum F_y = 0, \quad F_{NA} - F_1 + F_{NB} - F_2 = 0$$

解之,得

$$F_{NA} = 2.5\text{ kN}, \quad F_{NB} = 10.5\text{ kN}$$

(2) 画出梁的弯矩图,确定可能的危险截面。从弯矩图(图 6-8d)可以看出,最大正值弯矩在横截面 C 上,为 $M_C = 2.5\text{ kN}\cdot\text{m}$;最大负值弯矩在横截面 B 上,为 $M_B = -4\text{ kN}\cdot\text{m}$。

(3) 确定可能的危险点。此铸铁梁横截面 B 上的最大拉应力发生在该横截面上边缘的各点,最大压应力发生在该横截面下边缘的各点,由式(6-4)和式(6-5)计算,分别有

$$\sigma_B^+ = \frac{M_B y_1}{I_z} = \frac{4\times 10^3 \times 52\times 10^{-3}}{763\times 10^{-8}}\text{Pa} = 27.3\times 10^6\text{Pa} = 27.3\text{ MPa}$$

$$\sigma_B^- = \frac{M_B y_2}{I_z} = \frac{4\times 10^3 \times (120+20-52)\times 10^{-3}}{763\times 10^{-8}}\text{Pa} = 46.1\times 10^6\text{Pa} = 46.1\text{ MPa}$$

铸铁梁横截面 C 上的最大拉应力发生在横截面下边缘的各点,最大压应力发生在横截面上边缘的各点,由式(6-4)和式(6-5)计算,分别有

$$\sigma_C^+ = \frac{M_C y_2}{I_z} = \frac{2.5\times 10^3 \times (120+20-52)\times 10^{-3}}{763\times 10^{-8}}\text{Pa} = 28.8\times 10^6\text{Pa} = 28.8\text{ MPa}$$

$$\sigma_C^- = \frac{M_C y_1}{I_z} = \frac{2.5\times 10^3 \times 52\times 10^{-3}}{763\times 10^{-8}}\text{Pa} = 17.0\times 10^6\text{Pa} = 17.0\text{ MPa}$$

以梁内横截面上的最大拉应力和最大压应力进行校核,即得

$$\sigma_{max}^+ = \sigma_C^+ = 28.8 \text{ MPa} < [\sigma^+] = 30 \text{ MPa}, \quad \sigma_{max}^- = \sigma_B^- = 46.1 \text{ MPa} < [\sigma^-] = 60 \text{ MPa}$$

可见，铸铁外伸梁受力弯曲时符合弯曲正应力强度设计准则，是安全的。

【例 6-7】 图 6-9a 所示的工字形截面简支梁，已知在梁上作用的两个集中力 $F_1 = 15$ kN，$F_2 = 21$ kN，梁的跨度 $l = 6$ m，梁采用的热扎普通工字钢的许用应力 $[\sigma] = 110$ MPa。试选择工字钢的型号。

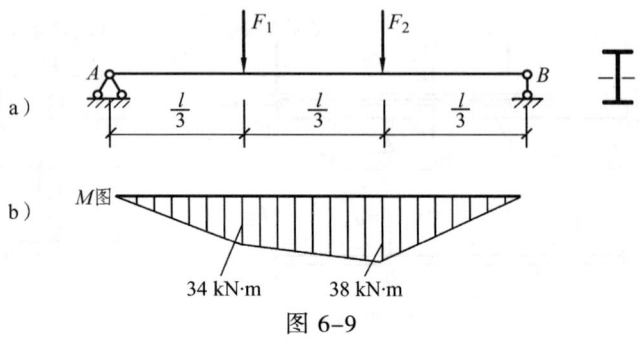

图 6-9

【解】 （1）画出梁的弯矩图。该梁系等截面直梁，由弯矩图（图 6-9b）即可确定梁的危险截面，其上的最大弯矩 $M_{max} = 38$ kN·m。

（2）按梁弯曲时的正应力强度设计准则式（6-3），计算梁的抗弯截面系数

$$W_z \geq \frac{M_{max}}{[\sigma]} = \frac{38 \times 10^3}{170 \times 10^6} \text{m}^3 = 0.233 \times 10^{-3} \text{m}^3 = 223 \text{ cm}^3$$

由此计算得到 W_z 值后，在型钢规格表中查得与该值相接近的型号为 20a 号工字钢，其 $W_z = 237$ cm³，比计算得到到的 $W_z = 223$ cm² 稍大，故选择此型号的工字钢。这里，如选择的工字钢的 W_z 稍小于计算所得到的 W_z，则应该再校核一下弯曲正应力强度，只要危险点的 σ_{max} 不超过 $[\sigma]$ 的 5%，在工程上还是允许的。

【例 6-8】 图 6-10a 所示的桥式起重机大梁采用的材料是 32b 工字钢，已知梁跨度 $l = 10$ m，大梁材料的许用应力 $[\sigma] = 140$ MPa，电葫芦自重 $G = 0.5$ kN，不计大梁的重量。试求起重机大梁能够承受的最大起吊重量 F。

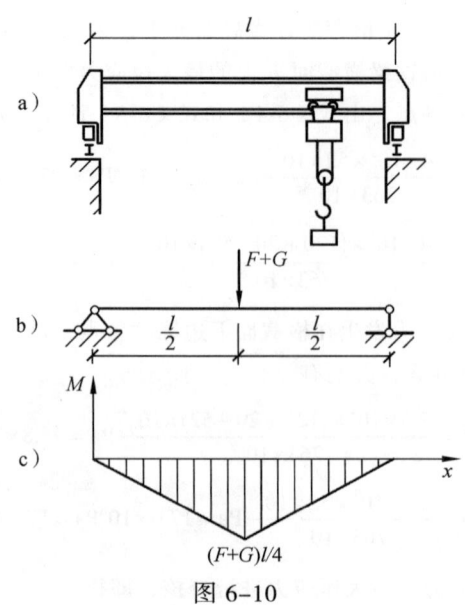

图 6-10

【解】 (1) 画出梁的弯矩图,求出该等截面直梁危险截面的最大弯矩。对应起重机大梁的计算简图(图 6-10b)可知,当电葫芦移动到梁跨度的中点时,引起的弯矩为最大。画出此时梁的弯矩图如图 6-10c 所示,弯矩图表明,梁中点横截面为危险截面,其弯矩值为

$$M_{\max} = \frac{(F+G)l}{4}$$

(2) 计算大梁能够承受的最大起吊重量。由梁弯曲时的正应力强度设计准则式(6-3),得 $M_{\max} \leqslant [\sigma]W_z$,也就是

$$\frac{(F+G)l}{4} \leqslant [\sigma]W_z$$

查热轧工字钢型钢规格表,得 32b 工字钢的抗弯截面系数 $W_z = 726.33 \text{ cm}^3 \approx 7.3 \times 10^{-4} \text{ m}^3$,代入上式计算,即得

$$F \leqslant \frac{4[\sigma]W_z}{l} - G = \left(\frac{4 \times 140 \times 10^6 \times 7.3 \times 10^{-4}}{10} - 0.5 \times 10^3\right) \text{N} = 40.4 \times 10^3 \text{ N} = 40.4 \text{ kN}$$

结论:起重机大梁能够承受的最大起吊重量 $F = 40.4$ kN。

第四节 联结件剪切与挤压时的强度计算

一、剪切假定计算

在工程结构中经常可以见到两个或两个以上构件用螺栓、铆钉、销钉和键等零件相联结,这些螺栓、铆钉、销钉和键等统称为联结件。如图 6-11a 所示,两块钢板 A 和 B 用铆钉 CD 联结。当钢板受外力 F 和 F' 的作用后,铆钉就受到钢板传来的如图 6-11b 所示力的作用。它

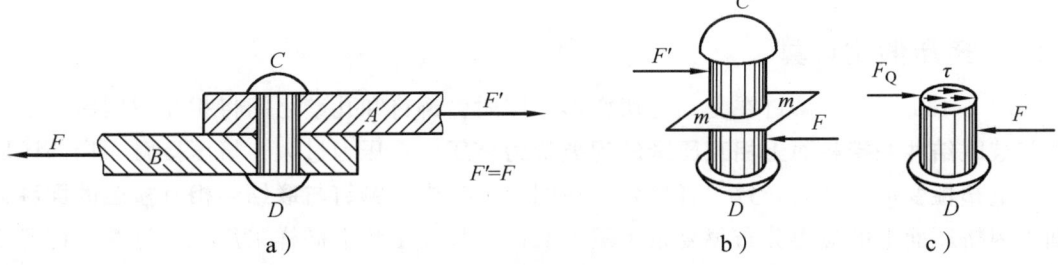

图 6-11

们的受力特点是:**铆钉两侧面所受力的合力大小相等、方向相反、作用线平行且距离很近**。当外力逐渐增大时,铆钉在其横截面 m-m 将有相对错动的倾向,最终会发生所谓的剪切破坏,这也就是联结件的主要失效形式之一。发生**相对错动的横截面 m-m 称为剪切面**。像这种只有**一个剪切面的剪切变形称为单剪**。而像图 6-12a 所示的销钉的**剪切变形有两个剪切面,则称为双剪**。引起联结件沿剪切面破坏的内力主要是剪力,而弯矩则很小。这一剪力很容易通过截面法求得。由截面法所取得的分离体可以看出,在图 6-11c 所示的单剪分离体的平衡中,剪力 $F_Q = F$;而在图 6-12b 所示的双剪受力,以及图 6-12c 所示分离体的平衡中,剪力 $F_Q = F/2$。

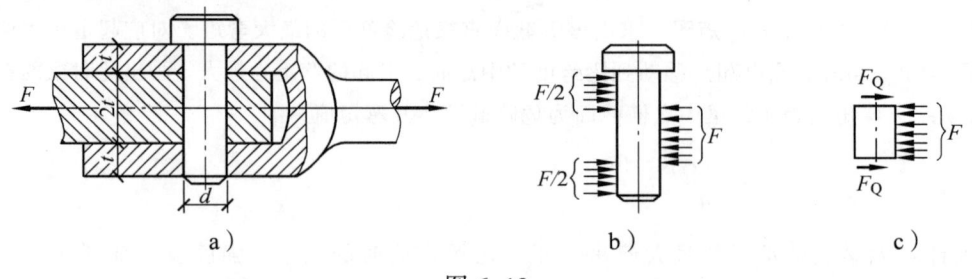

图 6-12

剪力是剪切面上分布的切应力的合力。剪切面上的真实切应力的分布是很复杂的，在工程上一般都假定剪切面上的切应力 τ 是均匀分布的，于是采用**假定计算**，即

$$\tau = \frac{F_Q}{A_Q} \tag{6-10}$$

式中，A_Q 为剪切面的面积，F_Q 为剪切面的剪力。由此得到联结件剪切变形的切应力强度设计准则为

$$\tau = \frac{F_Q}{A_Q} \leqslant [\tau] \tag{6-11}$$

式中，$[\tau]$ 为联结件的许用切应力。$[\tau] = \tau_b/n_b$，这里的 n_b 为相应的安全因数，而 τ_b 为联结件的剪切强度极限，通常是根据联结件实物或模拟剪切构件在外力作用下进行试验，而测得联结件被剪断时的剪力 F_{Qb}，然后再利用式（6-10）计算得到。可见，剪切强度极限 τ_b 同样是在假定条件下得到的数值。在剪切的假定计算中，许用切应力 $[\tau]$ 与许用正应力 $[\sigma]$ 有关，对于钢材，一般有 $[\tau] = (0.75 \sim 0.8)[\sigma]$。应用式（6-11），同样可以按工程要求对联结件进行三方面的切应力强度计算。

二、挤压假定计算

如图 6-13a 所示，铆钉在受到剪切变形的同时，铆钉和孔壁之间将相互被压紧，这种**联结件与被联结件在接触面上相互压紧的现象称为挤压**。挤压力过大，挤压接触面局部区域会产生过量塑性变形，从而导致二者失效。在图 6-13b 中，**铆钉与联结件相互接触的面称为挤压面**。因挤压面上的应力分布很复杂（图 6-13c），故在工程上同样采用假定计算，即**假定挤压应力在有效挤压面上是均匀分布的**。所谓有效挤压面，就是指**挤压面在垂直于挤压力作用线的一个平面上的投影面**，如图 6-13d 所示的平面 $ABCD$。可见，挤压应力是有效挤压面上的正应力。若联结铆钉直径为 d，联结件厚度为 t，则有效挤压面面积 $A_c = dt$。于是，采用假定计算的挤压应力 σ_c 为

$$\sigma_c = \frac{F_c}{A_c} = \frac{F_c}{dt} \tag{6-12}$$

式中，F_c 为有效挤压面上的挤压力。由此得到联结件挤压的正应力强度设计准则为

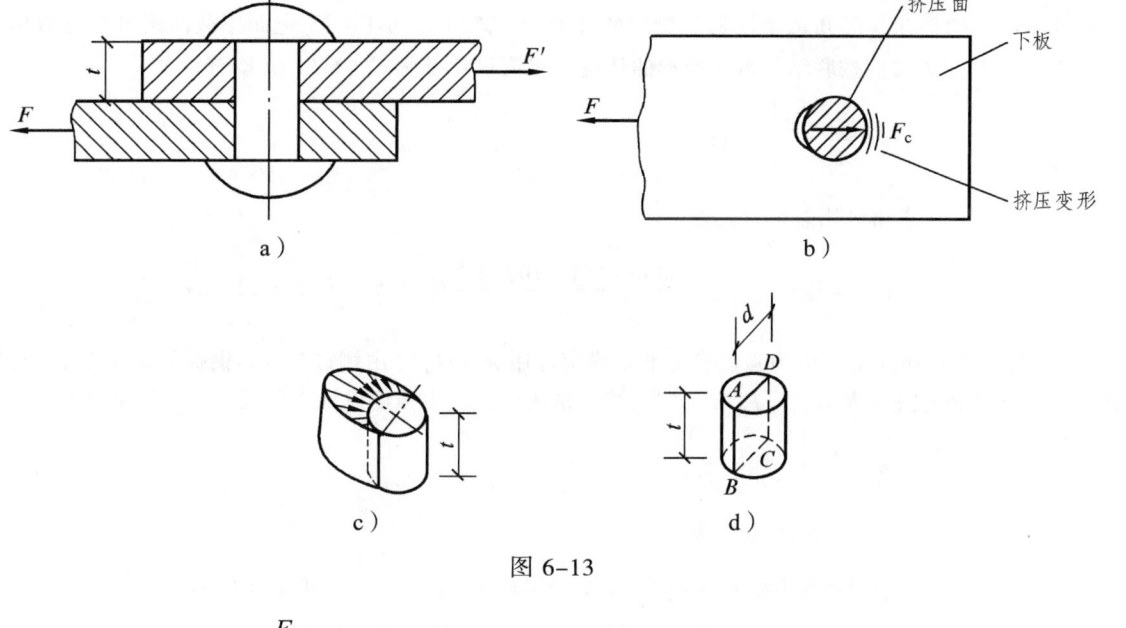

图 6-13

$$\sigma_c = \frac{F_c}{A_c} \leq [\sigma_c] \tag{6-13}$$

式中，$[\sigma_c]$ 为联结件的许用挤压应力，其确定方法与联结件的许用切应力确定方法相类似。对于钢材，一般有 $[\sigma_c] = (1.7 \sim 2.0)[\sigma]$。

应用式（6-13）同样可以按工程要求对联结件进行三方面的挤压正应力强度计算。

【例 6-9】 如图 6-14a 所示为铆钉与钢板的联结。设钢板与铆钉的材料相同，已知许用正应力 $[\sigma] = 160\,\text{MPa}$，许用切应力 $[\tau] = 100\,\text{MPa}$，许用挤压应力 $[\sigma_c] = 300\,\text{MPa}$，钢板厚度 $t = 2\,\text{mm}$，钢板宽度 $b = 25\,\text{mm}$，铆钉直径 $d = 4\,\text{mm}$。试计算该联结件的许用载荷。

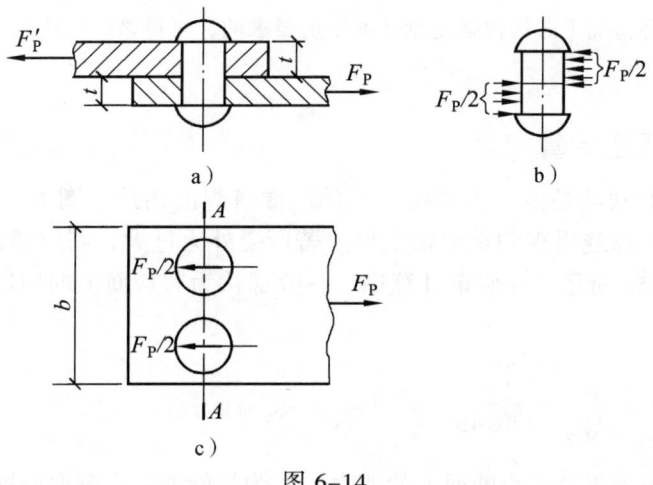

图 6-14

【解】 （1）分析该联结件有可能失效的三种形式：铆钉沿其横截面被剪断，铆钉与钢板孔壁间被挤压而破坏，钢板沿其横截面 A-A 被拉伸断裂。

（2）按铆钉剪切变形的切应力强度设计准则来确定许用载荷$[F_P]$。假设每个铆钉的受力相同，由联结件中钢板的平衡，可知每个铆钉所受到的外力为$F_P/2$（图6-14b），进而用截面法可求得剪切面上的剪力为$F_Q = F_P/2$。按联结件剪切变形的切应力强度设计准则式（6-11），即有

$$\tau = \frac{F_Q}{A_Q} = \frac{2F_P}{\pi d^2} \leqslant [\tau]$$

代入数据计算之，求得许用载荷$[F_P]$为

$$[F_P] = F_P \leqslant \frac{\pi d^2 [\tau]}{2} = \frac{\pi (4 \times 10^{-3})^2 \times 100 \times 10^6}{2} \text{N} = 2.51 \times 10^3 \text{ N} = 2.51 \text{ kN}$$

（3）按联结件挤压的正应力强度设计准则确定许用载荷$[F_P]$。由铆钉与联结钢板的相互作用，可知挤压面上所受到的挤压力为$F_c = F_P/2$。按联结件挤压的正应力强度设计准则式（6-13），即有

$$\sigma_c = \frac{F_c}{A_c} = \frac{F_P}{2dt} \leqslant [\sigma_c]$$

代入数据计算之，求得许用载荷$[F_P]$为

$$[F_P] \leqslant 2dt[\sigma_c] = 2 \times 4 \times 10^{-3} \times 2 \times 10^{-3} \times 300 \times 10^6 \text{ N} = 4.8 \times 10^3 \text{ N} = 4.8 \text{ kN}$$

（4）按钢板的拉伸强度设计准则确定许用载荷$[F_P]$。此联结件铆钉联结的上、下两块钢板的受力情况完全相同。横向截开两个铆钉，取下钢板为分离体（图6-14c），用截面法可求得钢板横截面A-A上的轴力$F_N = F_P$，按直杆轴向拉伸或压缩时的正应力强度设计准则式（6-1），即有

$$\sigma_{\max} = \frac{F_{N\max}}{A} = \frac{F_P}{A} \leqslant [\sigma]$$

代入数据计算之，求得许用载荷$[F_P]$为

$$[F_P] = F_P \leqslant A[\sigma] = (b - 2d)t[\sigma] = (25 - 2 \times 4) \times 10^{-3} \times 2 \times 10^{-3} \times 160 \times 10^6 \text{ N}$$
$$= 5.44 \times 10^3 \text{ N} = 5.44 \text{ kN}$$

综合考虑以上三种情况下各构件强度设计准则所要求的，可得该联结件的许用的载荷应取为铆钉的许用载荷$[F_P] = 2.51$ kN。

三、焊缝的假定计算

工程上有大量的联结是由金属焊接而成的。像搭焊的构件（图6-15a）在受到拉伸或压缩的变形时，其搭焊焊缝出现的是剪切变形。若所受外力过大，则剪切破坏将沿焊缝的最小断面发生，如图6-15b所示。在假定计算中，一般都认为剪切面上的切应力τ是均匀分布的，于是有

$$\tau = \frac{F_Q}{A_Q} = \frac{F_Q}{\delta l \cos 45°} \tag{6-14}$$

式中，F_Q为作用在单条焊缝最小断面上的剪力，A_Q为焊缝的最小断面亦即剪切面面积，δ为焊接板件的厚度，l为焊缝的长度。通过焊接件实物的试验，同样可知焊缝破坏时的剪切强度极限τ_b。考虑一定的强度储备，即有焊缝材料的许用切应力$[\tau]$。由此即得到焊缝的切应力强度设计准则为

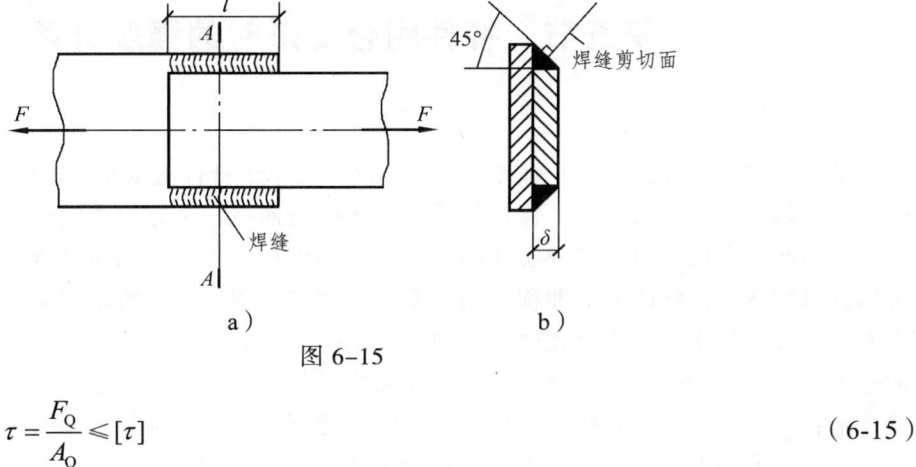

图 6-15

$$\tau = \frac{F_Q}{A_Q} \leqslant [\tau] \tag{6-15}$$

应用式（6-15），同样可以按工程要求对焊缝进行三方面的切应力强度计算。

【例 6-10】 图 6-16a 所示为两块钢板 A 和 B 搭焊在一起，已知钢板的厚度 $\delta = 8$ mm（图 6-16b），所承受的拉力 $F = 150$ kN，焊缝的许用切应力 $[\tau] = 108$ MPa，试求焊缝搭焊时所需的长度。

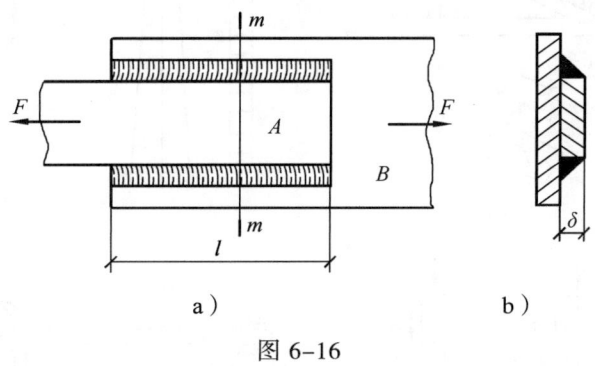

图 6-16

【解】 两块搭焊钢板在图 6-16a 所示的受力情况下，焊缝产生的主要是剪切变形。采用截面法可求得单条焊缝所承受的剪力为 $F_Q = F/2$。焊缝的剪切面面积为 $A_Q = \delta l\cos 45°$，按焊缝的切应力强度设计准则式（6-15），即有

$$\tau = \frac{F_Q}{A_Q} = \frac{F_Q}{2\delta l \cos 45°} \leqslant [\tau]$$

代入数据计算之，求得焊缝搭焊时所需的长度 l 为

$$l \geqslant \frac{F_Q}{2\delta \cos 45°[\tau]} = \frac{150 \times 10^3}{2 \times 8 \times 10^{-3} \times 0.707 \times 108 \times 10^6}\text{m} = 123 \times 10^{-3}\text{m} = 123\text{ mm}$$

在焊接施工工艺上，要考虑到在焊接开始和焊接终了时，两端的焊缝有可能未被焊透。因此在实际焊接时，施工焊缝的长度应稍大于计算长度。一般在计算长度 l 上，再增加两倍所焊钢板厚度 δ 的尺寸，这时得到实际焊缝的长度 l' 为

$$l' = l + 2\delta = (123 + 2 \times 8)\text{mm} = 139\text{ mm} \approx 140\text{ mm}$$

第五节 杆件组合变形时的强度计算

一、概 述

前面在研究杆件的应力及强度设计时,仅涉及单个杆件的变形,如直杆轴向拉伸或压缩、圆轴的扭转、直梁的弯曲等。像这些受简单的外力而在一个方位内的变形,在材料力学中通常称其为**基本变形**。但在工程实际中,有很多杆件在受外力作用时会**同时出现两种或两种以上的基本变形**,这样的变形即称为**组合变形**。例如,图 6-17a 所示屋架上的檩条,在受到铅直方向的载荷作用时,则会在两个平面 xy 和 xz 方位内产生弯曲变形;又如,图 6-17b 所示的烟囱,在自重的作用下除要产生轴向压缩变形外,另还会在水平方向的风力作用下产生弯曲变形;再如,图 6-17c 所示的厂房柱,因为受到偏离房柱轴线的压力作用,所以房柱将产生压缩和弯曲变形;还有,如图 6-17d 所示的机器传动轴,它在皮带轮上的皮带的拉力作用

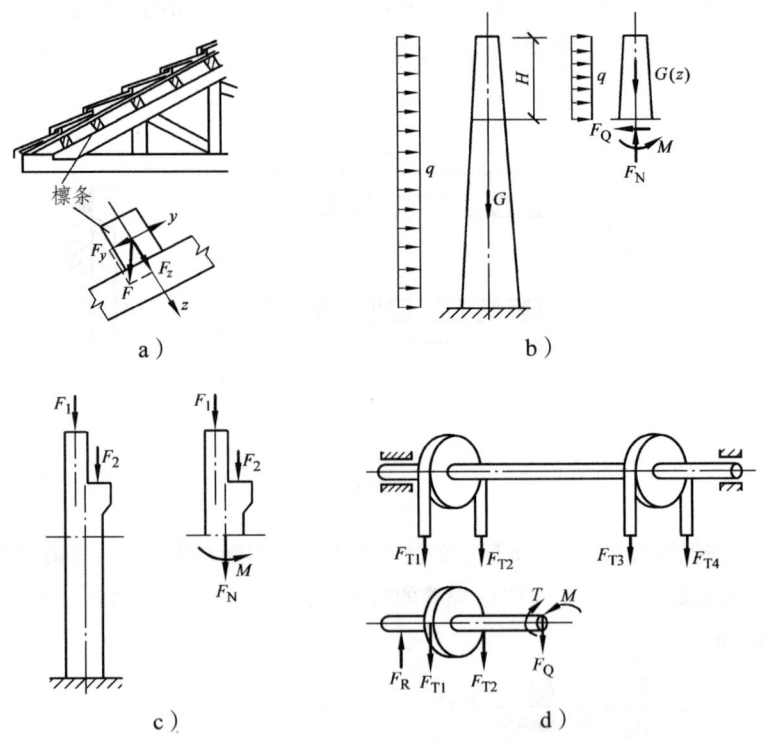

图 6-17

下,显然也有两种基本变形,即扭转和弯曲变形同时发生。

分析杆件组合变形的方法是,首先将杆件所受的外力加以简化,使每一组外力对应一种基本变形,然后再计算每一种基本变形各自产生的应力和变形,最后将所得结果进行叠加,便得到杆件在组合变形时的应力和变形,这也就是固体力学中较常用的叠加原理。应当指出,叠加原理的应用,须保证杆件的应力和变形,与所受的外力具有线性的关系。而杆件材料在线弹性范围内,受力和变形是服从胡克定律这一线性关系的,因此应用叠加原理则是可行的。

二、拉伸或压缩与弯曲组合时的强度计算

如图 6-18a 所示，一矩形截面（图 6-18b）的直梁同时受到轴向力 F' 和横截向力 F 的作用，而发生拉伸与弯曲的组合变形。用截面法求出距支座 A 为 x 的横截面 $m\text{-}m$ 上的轴力和弯矩的大小分别为 F_N 和 M。轴力 F_N 使直梁产生拉伸而引起的拉应力大小 σ_N（图 6-18c）为

$$\sigma_N = F_N/A$$

弯矩 M 使直梁产生弯曲而引起的最大正应力大小 σ_M（图 6-18d）为

$$\sigma_M = M/W_z$$

于是，横截面 $m\text{-}m$ 上的总应力，即为以上两项正应力的叠加。叠加后的正应力大小 σ 分布规律如图 6-18e 所示。可以看出，直梁横截面上危险点的最大压应力和最大拉应力分别为

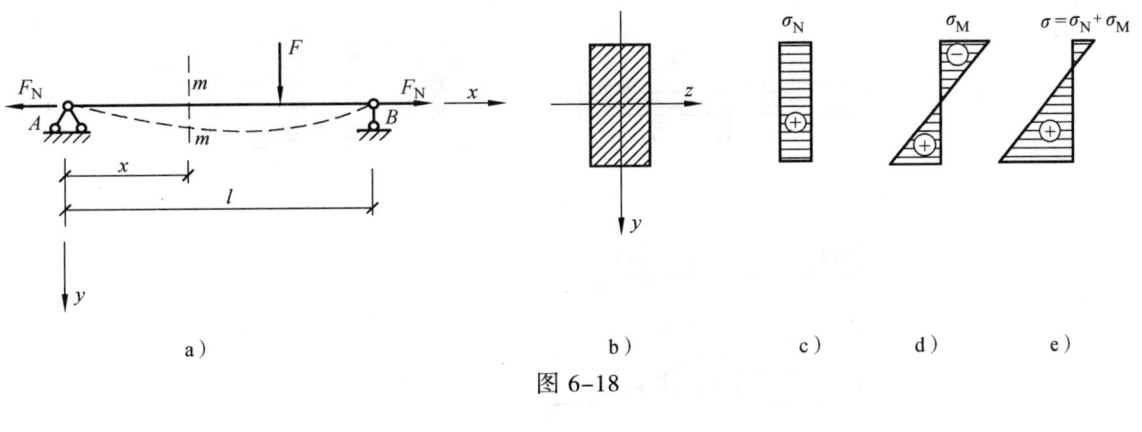

a) b) c) d) e)

图 6-18

$$\sigma_{max}^- = \frac{F_N}{A} - \frac{M}{W_z}$$

$$\sigma_{max}^+ = \frac{F_N}{A} + \frac{M}{W_z}$$

当直梁产生轴向拉伸或压缩与弯曲的组合变形时，对于许用拉应力与许用压应力相同的塑性材料，只须对最大正应力的危险截面进行计算，其强度设计准则为

$$\sigma_{max} = \left|\frac{F_N}{A}\right| \pm \left|\frac{M}{W_z}\right| \leqslant [\sigma] \tag{6-16}$$

对于许用拉应力与许用压应力不同的脆性材料，则分别对具有最大拉应力和最大压应力的危险截面进行计算，其强度设计准则为

$$\begin{aligned}\sigma_{max}^+ &= \frac{F_N}{A} + \frac{M}{W_z} \leqslant [\sigma^+] \\ \sigma_{max}^- &= \left|-\frac{F_N}{A} - \frac{M}{W_z}\right| \leqslant [\sigma^-]\end{aligned} \tag{6-17}$$

应用式（6-16）和（6-17），同样可以按工程要求对组合变形杆件进行三方面的正应力强度计算。

【例 6-11】 6-19a 所示的简易起重机,其最大起吊重量 $F = 15.5$ kN。已知横梁 AB 为工字钢型钢,许用应力 $[\sigma] = 170$ MPa,若不计横梁的自重,试选择工字钢的型号。

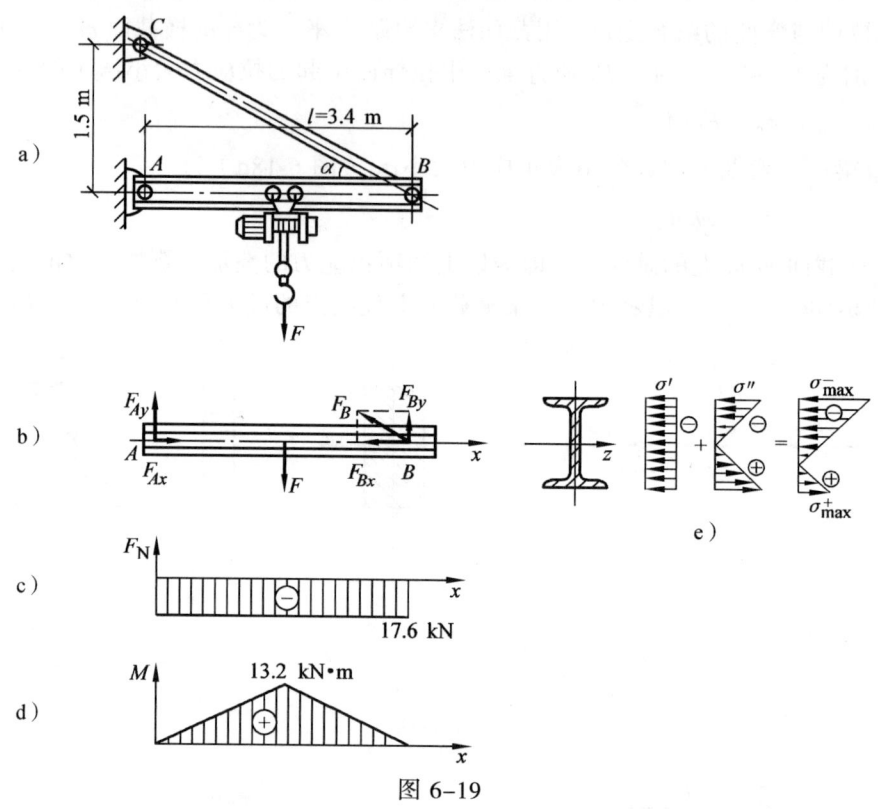

图 6-19

【解】 (1) 先确定横梁危险截面上的内力分量。将横梁简化为简支梁,当起吊重物的电机移动到横梁 AB 的中点时,中点横截面上的弯矩为最大。画出横梁的受力图,并将拉杆 BC 的拉力 F_B 分解为 F_{Bx} 和 F_{By}(图 6-19b),列平衡方程并解之,得

$$F_{By} = F_{Ay} = \frac{F}{2} = 7.75 \text{ kN}$$

$$F_{Bx} = F_{Ax} = F_{By}\cot\alpha = 7.75 \times 10^3 \times \frac{3.4}{1.5} \text{N} = 17.6 \times 10^3 \text{N} = 17.6 \text{ kN}$$

可见,力 F_{Ay}、F 与 F_{By} 沿梁 AB 横向作用而使梁发生弯曲变形,力 F_{Ax} 与 F_{Bx} 沿梁 AB 轴向作用而使梁发生轴向压缩变形,显然梁 AB 发生压缩与弯曲的组合变形。画出梁 AB 的轴力图(图 6-19c)和弯矩图(图 6-19d),由此可知横梁 AB 中点处的横截面为危险截面,其轴力和弯矩分别为

$$F_N = F_{Ax} = 17.6 \text{ kN}$$

$$M_{max} = \frac{Fl}{4} = \frac{15.5 \times 10^3 \times 3.4}{4} \text{N} \cdot \text{m} = 13.2 \times 10^3 \text{N} \cdot \text{m} = 13.2 \text{ kN} \cdot \text{m}$$

(2) 初选横梁工字钢型号。先按梁弯曲时的正应力强度设计准则初选工字钢型号,由式(6-4)计算,即得弯曲截面系数为

$$W_z \geqslant \frac{M_{\max}}{[\sigma]} = \frac{13.2 \times 10^3}{170 \times 10^6} \text{m}^3 = 77.6 \times 10^{-6} \text{m}^3 = 77.6 \text{cm}^3$$

查型钢规格表,选 14 号工字钢,得其弯曲截面系数 $W_z = 102 \text{ cm}^3$,截面面积 $A = 21.5 \text{ cm}^2$。

(3)然后校核横梁组合变形时的正应力强度。最大压应力发生在横梁 AB 的危险截面的边缘各点(图 6-19e)。因横梁 AB 为塑性材料,故按梁弯曲时的正应力强度设计准则式(6-16)计算,即得

$$\sigma_{\max} = \left| \frac{F_N}{A} \right| + \left| \frac{M}{W_z} \right| = \left| \frac{17.6 \times 10^3}{21.5 \times 10^{-4}} \right| \text{Pa} + \left| \frac{13.2 \times 10^3}{102 \times 10^{-6}} \right| \text{Pa}$$
$$= 137.6 \times 10^6 \text{ Pa} = 137.6 \text{ MPa} < [\sigma] = 170 \text{ MPa}$$

计算表明,初选的 14 号工字钢能保证横梁具有足够的强度。若计算结果不符合强度设计准则,则可在此基础上将工字钢型号放大一号再进行校核,直到满足弯曲正应力强度设计准则为止。

三、偏心拉伸或压缩时的强度计算、截面核心

1. 偏心拉伸或压缩时的强度计算 当作用在杆件上的拉力或压力与杆轴线平行但不重合时,杆件将发生拉伸或压缩与弯曲的组合变形,这种组合变形通常又称为偏心拉伸或偏心压缩。如图 6-20a 所示,载荷 F_P 作用在矩形横截面杆的点 E 处,点 E 到横截面形心 O 的距离称为**偏心距**,通常用 e 表示,点 E 的坐标为 e_y 和 e_z。现将载荷 F_P 沿坐标 e_y 和 e_z 进行先后两次平移到横截面形心 O 处,于是此矩形截面杆即显现为受到轴向拉伸和在两个平面内弯曲的组合变形,如图 6-20b 所示。可以看出,这时矩形横截面杆的轴力大小为载荷 F_P,而弯矩

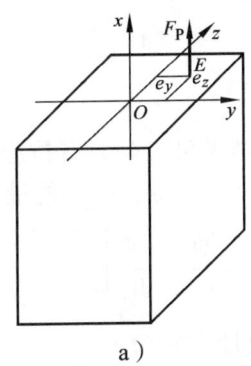
a)
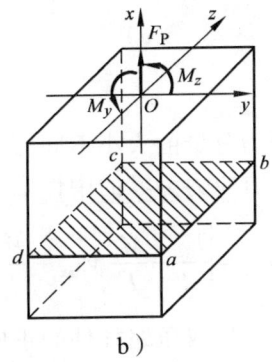
b)

图 6-20

为载荷 F_P 平移时所附加力偶的力偶矩 M_y 和 M_z,亦即

$$F_N = F_P, \quad M_y = F_P \cdot e_z, \quad M_z = F_P \cdot e_y$$

这些内力分量引起的相应的正应力 σ_t、σ_y 和 σ_z,又分别为

$$\sigma_t = \frac{F_N}{A}, \quad \sigma_z = \frac{M_y z}{I_y} = \frac{F_P \cdot e_z \cdot z}{I_y}, \quad \sigma_y = \frac{M_z y}{I_z} = \frac{F_P \cdot e_y \cdot y}{I_z}$$

将以上的正应力叠加,即得偏心拉伸或压缩的总应力 σ 为

$$\sigma = \sigma_t + \sigma_y + \sigma_z = \frac{F_N}{A} + \frac{M_z}{I_y} y + \frac{M_y}{I_z} z \qquad (6-18)$$

须注意，由于横截面上有两个方位作用的弯矩，因此截面上的应力分布区域及中性轴的位置，就会与只在一个方位作用有弯矩时的情况不同。由图 6-21 所示应力分布的示意图可以看出，当载荷作用点在横截面上直角坐标 Oyz 的第一象限时，按上述方法简化后，每一基本变形所引起的拉应力和压应力各自分布在相应的象限中（图 6-21a、b、c），而这时的中性轴位于通过第二和第四象限的位置。因为总应力由拉应力和压应力代数相加而来（图 6-21d），

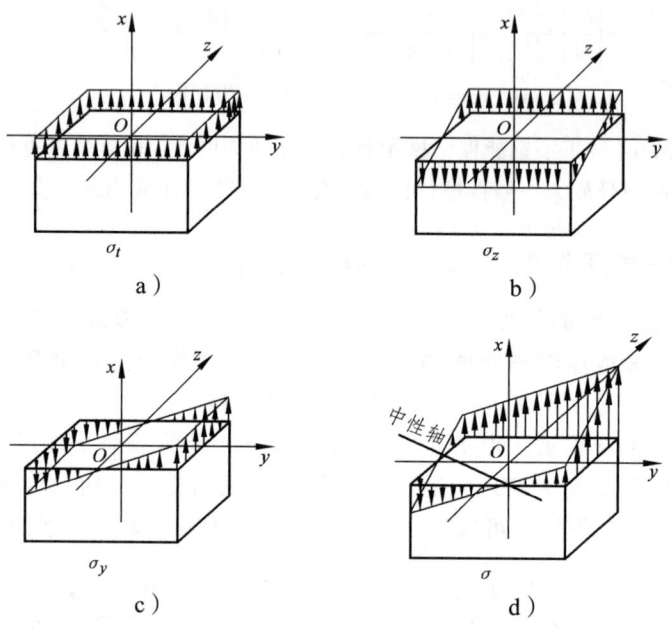

图 6-21

所以根据相应的正应力分量的大小不同，最后叠加的结果可以是只有拉应力或者只有压应力，这时横截面上自然没有应力为零的中性轴。由式（6-18），得总应力的最大值 σ_{max} 为

$$\sigma_{max} = \left| \frac{F_N}{A} + \frac{M_z}{I_y} y_{max} + \frac{M_y}{I_z} z_{max} \right| = \left| \frac{F_N}{A} + \frac{M_z}{W_y} + \frac{M_y}{W_z} \right|$$

最后，得出偏心拉伸或压缩杆件的正应力强度设计准则为

$$\sigma_{max} = \left| \frac{F_N}{A} + \frac{M_z}{W_y} + \frac{M_y}{W_z} \right| \leqslant [\sigma] \tag{6-19}$$

【例 6-12】 带一缺口的钢板如图 6-22a 所示，已知拉力 $F = 80$ kN，钢板宽 $\delta = 10$ mm，钢板缺口深 $t = 10$ mm，钢板的许用应力 $[\sigma] = 140$ MPa。今不考虑带缺口钢板应力集中的影响，试校核该钢板的强度。

【解】 在钢板缺口处用一横截面 A-A 将其切为两段，由左段的平衡得其横截面轴力 $F_N = F = 80$ kN。而此轴力 F_N 并不通过横截面 A-A 的形心，属于偏心拉伸。设轴力 F_N 在横截面上的偏心距为 e，将轴力 F_N 平移至截面 A-A 的形心处（6-22b）所附加力偶的力偶矩，亦即横截面上的弯矩为

$$M = Fe = F\left(\frac{b}{2} - \frac{b-t}{2}\right) = \left[80 \times 10^3 \times \left(\frac{80}{2} - \frac{80-10}{2}\right) \times 10^{-3}\right] \text{N} \cdot \text{m} = 400 \text{ N} \cdot \text{m}$$

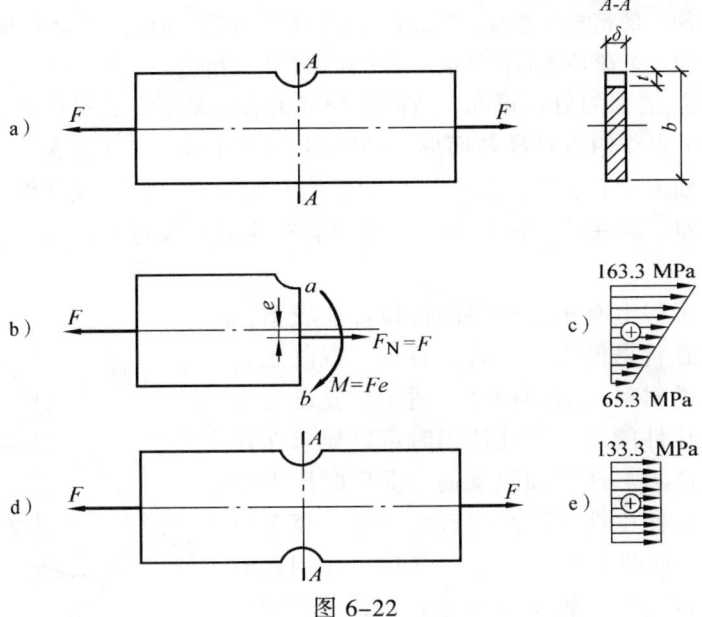

图 6-22

叠加此偏心拉伸变形时发生的两项正应力，就有在横截面 A-A 上，距中性轴最远的 a、b 两点的最大拉应力和最小拉应力分别为

$$\sigma_{\max}^+ = \frac{F_N}{A} + \frac{M}{W_z} = \frac{F}{\delta(b-t)} + \frac{Fe}{\frac{\delta(b-t)^2}{6}}$$

$$= \left[\frac{80 \times 10^3}{10 \times 10^{-3} \times (80-10) \times 10^{-3}} + \frac{400}{\frac{10 \times 10^{-3} \times (80-10)^2 \times 10^{-6}}{6}} \right] \text{Pa}$$

$$= 163.3 \times 10^6 \text{Pa} = 163.3 \text{ MPa}$$

$$\sigma_{\min}^+ = \frac{F_N}{A} - \frac{M}{W_z} = \frac{F}{\delta(b-t)} - \frac{Fe}{\frac{\delta(b-t)^2}{6}}$$

$$= \left[\frac{80 \times 10^3}{10 \times 10^{-3} \times (80-10) \times 10^{-3}} - \frac{400}{\frac{10 \times 10^{-3} \times (80-10)^2 \times 10^{-6}}{6}} \right] \text{Pa}$$

$$= 65.3 \times 10^6 \text{Pa} = 65.3 \text{ MPa}$$

最后，得出带一缺口的钢板拉伸时横截面 A-A 上的应力分布规律，即如图 6-22c 所示。在钢板缺口的最低点 a 处应力值为最大，而且出现 $\sigma_{\max}^+ = 163.3 \text{ MPa} > [\sigma] = 140 \text{ MPa}$，表明钢板的强度不足。今采取措施，在钢板下侧再加工一缺口，并使两缺口正好处于钢板的上、下对称位置（图 6-22d）。这样，拉力 F 对横截面 A-A 的作用不再属于偏心拉伸，而是轴向拉伸，这时横截面上的应力分布规律如图 6-23e 所示。今按偏心拉伸或压缩杆件的正应力强度设计准则试（6-19）计算，即有

$$\sigma_{\max} = \frac{F_N}{A} = \frac{F}{\delta(b-2t)} = \frac{80 \times 10^3}{10 \times 10^{-3} \times (80-2 \times 10) \times 10^{-3}} \text{Pa}$$

$$= 133.3 \times 10^6 \text{Pa} = 133.3 \text{ MPa} < [\sigma] = 140 \text{ MPa}$$

可见，具有对称缺口的钢板拉伸时，符合直杆轴向拉伸或压缩时的正应力强度设计准则。此例明显说明，消除或避免偏心载荷是提高构件承载能力的一个有效措施。

2. 截面核心 从前面的分析可知，当杆件受到偏心压缩时，其横截面上压应力为零的中性轴位置，与偏心压力作用点到横截面形心的距离 e（坐标 e_y、e_z）有关。偏心压力作用点离形心愈近，则中性轴距形心愈远，甚至可以在横截面的外边，此时横截面上就只有一种正号或负号的应力。亦即，若在拉力的作用下，则只有拉应力；反过来，若在压力的作用下，则只有压应力。

另一方面，在工程上有不少材料的抗拉性能较差，而抗压性能较好，且价格低廉，如砖、石材、混凝土、铸铁等。对于由这类材料制成的构件，适于承受压力。由于这类材料的抗拉性能差，因此使用时可以要求在整个横截面上没有拉应力。这就须限制偏心受压时压力作用点的位置，也就是使中性轴移至横截面以外，至多与横截面的边界相切。如图6-23所示，当压应力作用点为1、2、3等点时，对应的中性轴位置即为①、②、③等处。也就是说，压力作用点在1、2、3等点围成的一封闭区域（阴影区）内时，横截面上只有压应力，而这一封闭的区域（阴影区）即称为**截面核心**。所以，**截面核心是指横截面上只产生压应力的压杆压力作用线所在的截面区域**。由此可见，欲使砖、石材或混凝土等材料制成的短柱在横截面上不产生拉应力，其偏心压力应作用在截面核心内。

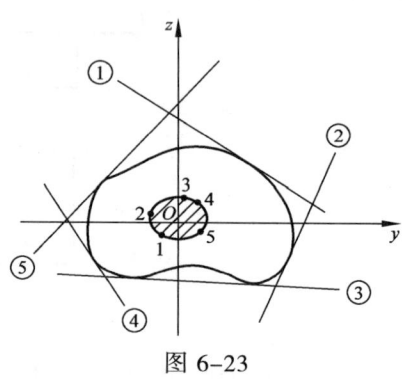

图 6-23

思 考 题

6-1 杆件轴向拉伸或压缩时，轴力最大的横截面一定是危险截面，这种说法对吗？为什么？

6-2 填空题：

（1）为了保证构件受力作用而安全地工作，在构件的强度设计中应把（　　）应力作为构件实际工作应力的最高限度。

（2）安全系数取值大于1的目的是使工程构件具有足够的（　　）储备。

（3）正方形横截面的低碳钢拉伸直杆，受到的轴向拉力3600 N，若许用应力为100 MPa，则此拉伸直杆的横截面边长至少应为（　　）mm。

（4）工程上的混凝土等脆性材料的抗压强度远高于它的（　　）强度。

6-3 判断题（对以下论述正确的在其后的括号内画√，错误的画×）：

（1）两轴向拉伸的杆件，其横截面面积和轴力都相同，其工作应力也都一样，因两杆件所用材料不同，故强度也不同。（　　）

（2）一阶梯形直杆的各段轴力不同，其轴力最大值所在的横截面一定是危险点所在的截面。（　　）

（3）有一全长都为空心圆截面的轴在发生扭转变形时，其危险截面上外边缘各点的切应力具有最大值，而内边缘各点的切应力值为零。（　　）

（4）圆轴的抗扭强度可由其抗扭截面系数和许用切应力的乘积来度量。（　　）

（5）当梁内横截面上的最大拉应力和最大压应力绝对值相等时，此梁的抗拉强度和抗压强度必定相同。（　　）

（6）由脆性材料如铸铁制成的 T 字形横截面的梁，若对其进行强度校核，则无论它所受的载荷情况如何，只要校核了危险点的压应力就可以了。（　　）

（7）梁弯曲时的正应力强度设计准则中的许用正应力，与直杆轴向拉伸或压缩时的正应力强度设计准则中的许用正应力是完全相同的。（　　）

（8）梁弯曲时的切应力强度设计准则中的许用切应力，与圆轴扭转时的切应力强度设计准则中的许用切应力是完全相同的。（　　）

（9）工程上受剪切变形的构件的剪切面总是平面。（　　）

（10）在进行联结件的挤压假定计算时，所取的挤压面面积就是挤压接触面的正投影面面积。（　　）

6-4　两根跨度相同的简支梁，承受相同的载荷作用，问在下列情况下，其内力图是否相同？应力是否相同？强度是否相同？

（1）当两根梁的材料相同，横截面形状和尺寸不同时。

（2）当两根梁的材料不同，横截面形状和尺寸相同时。

6-5　单项选择题（将符合题意的一个答案选项代号填入题文的括号中）：

（1）折杆 $ABCD$ 的 D 端受到三个分力（图 6-24）的作用，当只有一个分力 F_x 作用时，折杆的 AB 段产生的是（　　）的组合变形。

　　A. 拉伸与扭转

　　B. 扭转与弯曲

　　C. 拉伸与弯曲

　　D. 拉伸、扭转与弯曲

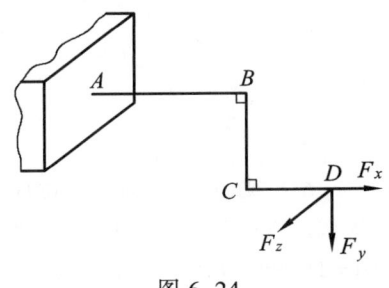

图 6-24

（2）一圆截面折杆 $abcdef$ 的 a、f 端受到一对等值反向的集中载荷 F_P 的作用（图 6-25），这时折杆处于弯曲与扭转组合变形的杆段应当是（　　）。

　　A. 只有 ab 和 ef 段

　　B. 只有 cd 段

　　C. 只有 bc 段、cd 段和 de 段

　　D. 不存在的

（3）对于受偏心压缩的砖块或混凝土短柱，一般要求在横截面上不出现（　　）。

　　A. 压应力　　　　　　B. 拉应力　　　　　　C. 切应力

（4）决定受压杆件截面核心范围的因素是（　　）。

　　A. 压力的大小　　　　　　　　　　B. 杆件材料的强度极限与弹性模量

　　C. 压力的作用点　　　　　　　　　D. 杆件的横截面几何形状与尺寸

6-6　为什么当杆件发生轴向拉伸或压缩与弯曲的组合变形时，对于抗拉强度与抗压强度相同的塑性材料，只须按截面上的应力最大值进行强度计算即可？而对于抗压强度大于抗拉强度的脆性材料，则要分别按最大拉应力和最大压应力进行强度计算？

习 题

6-1 图 6-26 所示为某支架杆件中的一段，它由两根 90 mm × 56 mm × 8 mm 的不等边角钢组成，并且通过铆钉将角钢铆于结点板上。铆钉孔的直径 $d = 23$ mm，支架杆件所受轴力 $F_N = 300$ kN，每根角钢的横截面面积 $A = 11.183$ cm^2。已知该支架杆件的许用应力 $[\sigma] = 160$ MPa。试校核支架的强度。（答：$\sigma = 160$ MPa，安全）

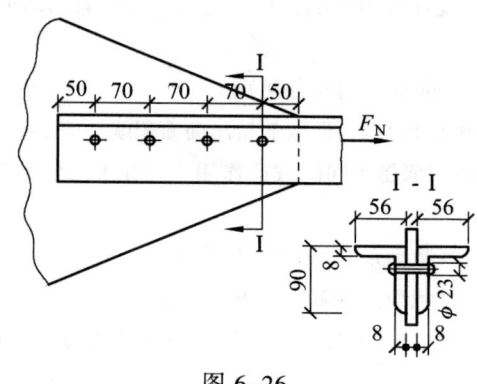

图 6-26

6-2 图 6-27 所示钢制拉杆受轴向载荷 $F = 40$ kN 的作用，已知拉杆的许用应力 $[\sigma] = 100$ MPa，横截面为矩形，而且其长宽尺寸 $b = 2a$。试确定该拉杆的横截面尺寸 a 和 b。（答：$a \geq 14.14$ mm，取 $a = 15$ mm，则 $b = 30$ mm）

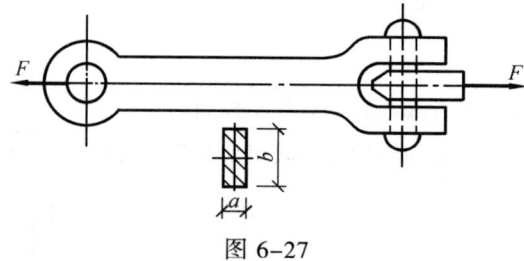

图 6-27

6-3 图 6-28 所示的为一起重设备简图，已知拉索 AB 的横截面面积 $A = 400$ mm^2，其许用应力 $[\sigma] = 60$ MPa。应用直杆拉伸或压缩时的正应力强度设计准则，试确定该起重设备拉索所能起吊的最大重量。（答：$G = 30$ kN）

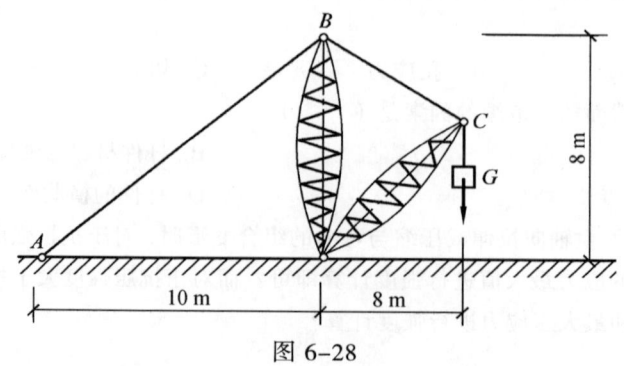

图 6-28

6-4 如图 6-29 所示，已知三角架直杆 1 和直杆 2 的横截面均为圆形，其直径分别为 $d_1 = 30$ mm，$d_2 = 20$ mm，两直杆为同种材料，其许用应力为 $[\sigma] = 160$ MPa。当在三角架的结点 A 处受铅垂力 F 的作用时，试确定三角架的许用载荷。（答：$[F] = 84$ kN）

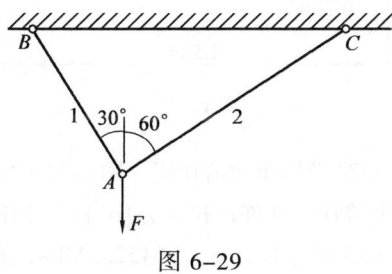

图 6–29

6-5 如图 6-30 所示，一三角架的直杆 AC 和直杆 BC 由金属材料制成，直杆 AC 用两根 No.12b 的槽钢组成，许用正应力 $[\sigma_1] = 160$ MPa；直杆 BC 为一根 No.22a 的工字钢，许用正应力 $[\sigma_2] = 100$ MPa。试按直杆轴向拉伸或压缩时的正应力强度设计准则确定三角架的许用载荷。（答：$[F] = 420$ kN）

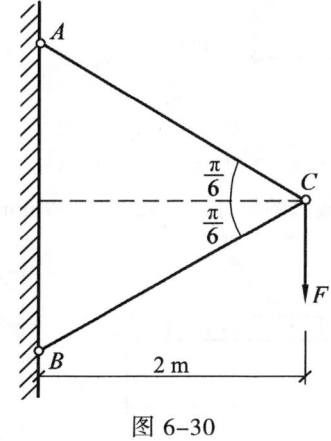

图 6–30

6-6 传动轴直径 $d = 55$ mm，转速 $n = 120$ r/min，传递功率 $P = 18$ kN，轴的许用切应力 $[\tau] = 50$ MPa，试按圆轴扭转时的切应力强度设计准则校核轴的强度。（答：$\tau_{\max} = 43.9$ MPa，安全）

6-7 某传动轴直径 $D = 450$ mm，转速 $n = 120$ r/min，若轴的许用切应力 $[\tau] = 60$ MPa，试求此传动轴所能传递的最大功率。（答：$P_{\max} = 13.5$ kW）

6-8 一受扭圆轴，最大的工作切应力 $\tau_{\max}$ 可达到许用切应力 $[\tau]$ 的 1.5 倍，为了使此轴能安全可靠地工作，将轴的直径由原来的 d_1 增大到 d_2，试确定 d_2 是 d_1 的几倍？（答：$d_2/d_1 = 1.145$）

6-9 传动轴转速 $n = 200$ r/min，传递功率 $P = 50$ kN，轴的许用切应力 $[\tau] = 40$ MPa，试求：（1）该轴是实心轴时的直径；（2）若改为空心轴，其内外直径比 $d/D = 0.6$，则内外直径应是多大；（3）比较两种方案所需用材料的重量。（答：$1. d = 68$ mm；$2. D = 71$ mm；$3. G_空/G_实 = 0.698$）

6-10 图 6-31 所示简支梁由 22b 工字钢制成，已知梁跨度 $l = 1.5$ m，许用正应力 $[\sigma] = 170$ MPa。已知简支梁的最大起吊重量 $F = 150$ kN，试按直梁弯曲时的正应力强度设计准则校核该简支梁的强度。（答：$F_{\max} = 153.8$ MPa，安全）

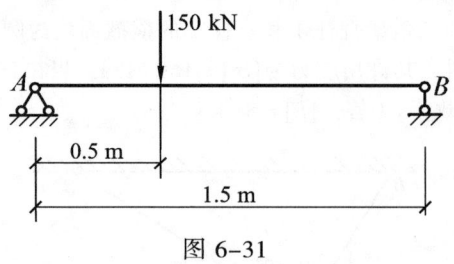

图 6-31

6-11 一个 T 字形横截面的外伸梁受均布载荷作用（图 6-32），已知梁截面形心为 C，截面对轴 z 惯性矩 $I_z = 2.136 \times 10^7 \text{ mm}^4$，材料为铸铁，其许用拉应力 $[\sigma^+] = 30$ MPa，许用压应力 $[\sigma^-] = 60$ MPa，试校核该外伸梁的强度。（答：$\sigma_{\max}^+ = 85.57$ MPa，$\sigma_{\max}^- = 152.2$ MPa，安全）

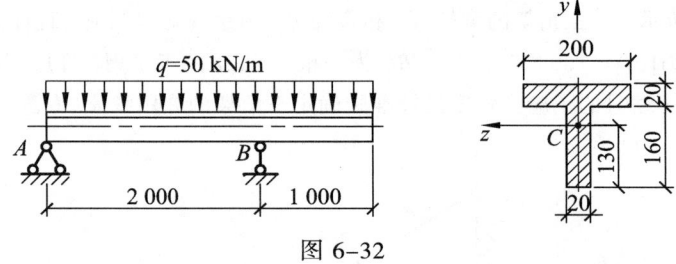

图 6-32

6-12 一矩形横截面的悬臂梁如图 6-33 所示，已知 $l = 4$ m，$b/h = 2/3$，$q = 10$ kN/m，梁的许用应力 $[\sigma] = 10$ MPa。试确定该悬臂梁横截面的尺寸。（答：$b \geq 277$ mm，$h \geq 416$ mm）

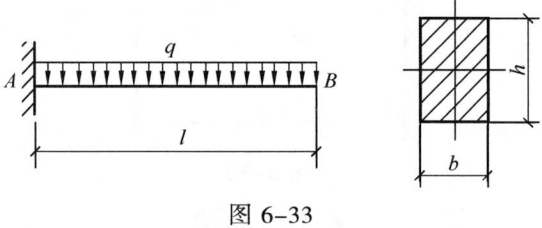

图 6-33

6-13 有一个 20a 工字钢梁，其计算简图如图 6-34 所示。已知许用正应力 $[\sigma] = 160$ MPa，试求此钢梁的许用载荷 $[F_P]$ 为多少？（答：$[F_P] = 56.8$ kN）

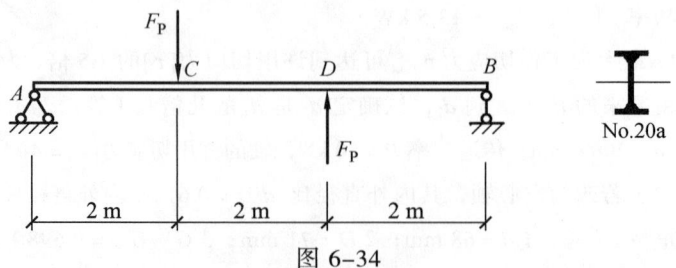

图 6-34

6-14 图 6-35 所示的楼板主梁由工字钢制成。已知主梁的许用正应力 $[\sigma] = 152$ MPa，试选择工字钢的型号。（答：$W_z = 2460 \times 10^{-6}$ m^3，56b 号工字钢）

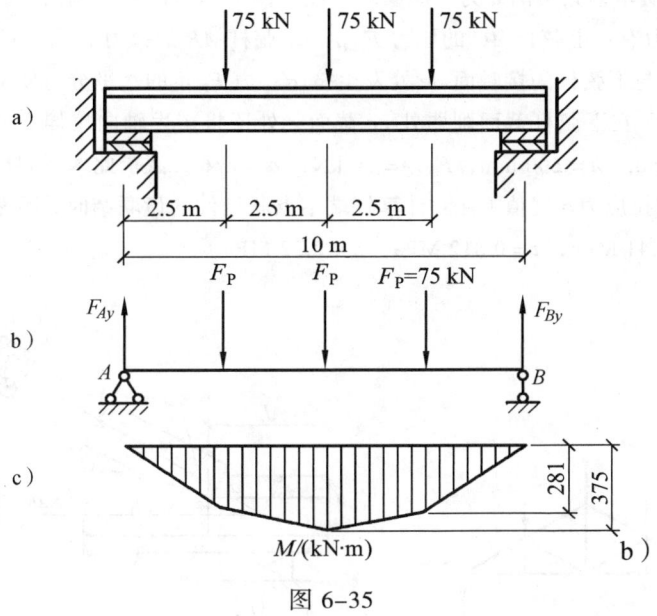

图 6-35

6-15 有一联结件如图 6-36 所示,已知联结件尺寸 $a = 30$ mm,$b = 80$ mm,$c = 10$ mm,所承受的拉力 $F = 120$ kN,许用切应力 $[\tau] = 80$ MPa,许用挤压应力 $[\sigma_c] = 100$ MPa。试按联结件的强度设计准则校核该联结件的强度。(答:$\tau = 50$ MPa,$\sigma_c = 87.5$ MPa,安全)

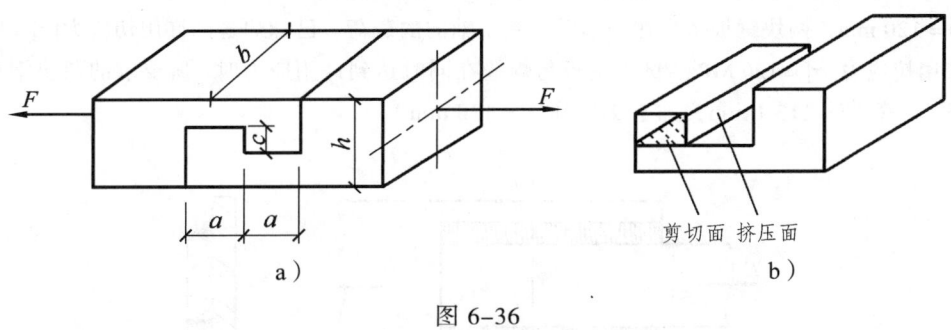

图 6-36

6-16 已知图 6-37 所示的为一用斜键联结的木屋架下弦杆,设下弦杆所受拉力 $F = 60$ kN,键块尺寸 $l = 120$ mm,$b = 100$ mm,$t = 20$ mm,木材顺纹的许用切应力 $[\tau]_顺 = 1.2$ MPa。试校核该斜键块的剪切强度(注:对斜放键块仍按顺纹受剪计算)。(答:$\tau = 1.23$ MPa,不安全)

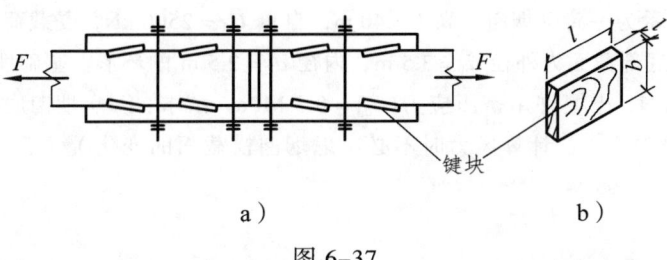

图 6-37

6-17 如图 6-38 所示，其中图 a 为木屋架示意图，图 b 为木屋架杆端结点的齿联结详图。已知在该结点上受到的作用力有：上弦杆 AC 的压力 F_{NAC}，下弦杆 AB 的拉力 F_{NAB}，还有支座 A 的约束反力 F_R。力 F_{NAC} 使上弦杆与下弦杆的接触面 ae 处发生挤压；力 F_{NAC} 的水平分力使下弦杆的端部沿剪切面 ed 处发生剪切。此外，在下弦杆截面削弱处 ec 截面 c 处还将产生轴向拉伸变形。已知 $l = 400$ mm，$h_1 = 60$ mm，$b = 160$ mm，$h = 200$ mm，$F_{NAC} = 60$ kN，$\alpha = \pi/6$。试求此木屋架杆端结点的联结件的挤压应力 σ_c、切应力 τ 和拉应力 σ 之值（注：计算杆端结点联结件的齿联结时，不考虑保险螺栓与齿的共同工作）。（答：$\sigma_c = 5.41$ MPa，$\tau = 0.812$ MPa，$\sigma = 2.32$ MPa）

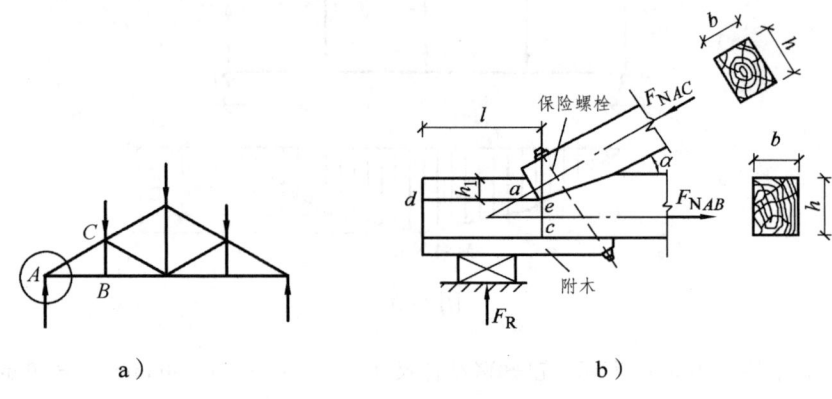

图 6-38

6-18 如图 6-39a 所示，两块钢板搭焊在一起，其厚度均为 $\delta = 12$ mm（图 6-39b）。焊在左端的钢板宽度 $b = 120$ mm，两块钢板搭焊在一起后承受了轴向的载荷。已知焊缝的许用切应力 $[\tau] = 90$ MPa，钢板的许用拉应力 $[\sigma] = 120$ MPa。试求钢板与焊缝在同时达到许用应力时，所要求的两块钢板搭接焊缝的长度。（答：$l = 113.1$ mm，加上 2δ 后取 $l = 138$ mm）

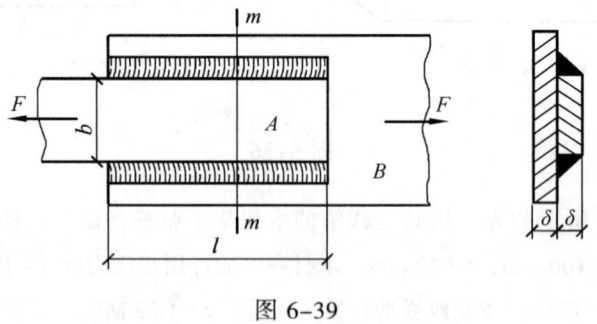

图 6-39

6-19 图 6-40 所示为一砖砌烟囱，高 $h = 40$ m，自重 $G_1 = 2500$ kN，受载荷集度 $q = 1.21$ kN/m 的水平风力作用。烟囱底部截面为外径 $d_1 = 3.5$ m，内径 $d_2 = 2.5$ m 的环形。基础埋深 $h_1 = 5$ m，基础和填土总重 $G_2 = 1500$ kN，土壤许用挤压应力 $[\sigma_c] = 0.3$ MPa。试求：（1）烟囱底部横截面上的最大压应力；（2）基础直径 D（注：计算风力时不必考虑烟囱横截面的变化）。（答：1. $\sigma_c = -0.84$ MPa；2. $D = 5.01$ m）

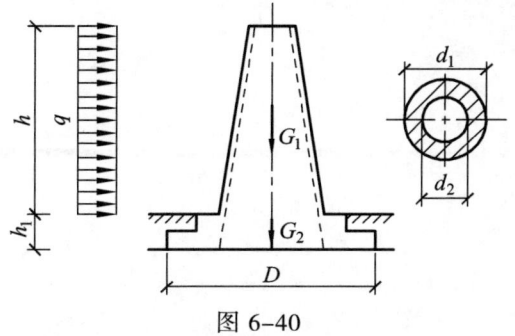

图 6-40

[辅助学习材料]

双切应力强度理论

强度理论的研究最早始于伽利略时代，以后随着科学技术的不断深入发展，逐步涌现出许多新的强度理论，如 1773 年的最大切应力准则，1913 年的形状改变比能准则，再如 20 世纪 40 年代的联合强度理论，60 年代的剑桥帽子模型，80 年代的各种本构模型和多参数准则，以及双切应力强度理论，等。在这一系列的由不少国家学者提出的几百个强度理论中，一些经典的强度理论都是经历了反复的研究和实验验证，才得以逐步完善的。

双切应力强度理论最早见于 50 年代苏联力学家伊夫列夫撰写的《塑性力学》一书中。到了 60 年代，我国不少专家、学者又进行了深入研究，现在已成为一个较系统的强度理论，它的相当应力表达式为

$$\sigma_r = \left[\sigma_1 - \frac{1}{2}(\sigma_2 + \sigma_3)\right] \quad \text{或} \quad \sigma_r = \left[\frac{1}{2}(\sigma_1 + \sigma_2) - \sigma_3\right]$$

但从双切应力强度理论的实际应用看，它对于铝合金在复杂应力状态下的强度计算，较之采用其他强度理论进行计算更要符合实验结果些。

不过，双切应力强度理论给出的解析表达式还是比较复杂。因此在理解、掌握以及在实际的应用上还是有一定的难度。当然，从拓宽强度理论体系的应用范围看，它还是有着很重要的意义的。有关双切应力强度理论的概念，以及由这一理论所包含的 14 种计算准则，请参考俞茂鋐著《强度理论新体系》一书。

第七章

杆件的刚度设计

杆件静力学设计,除强度设计外还有刚度设计。

所谓刚度设计,就是根据工程的要求,保证杆件在荷载的作用下,其弹性变形不超过规定的数值。杆件的刚度设计必须遵循相应的刚度设计准则。

本章将介绍**直杆轴向拉伸或压缩时的刚度计算**、

圆轴扭转时的刚度计算、

直梁弯曲时的刚度计算等。

为了优化设计,还指出了**杆件承载能力提高的方法**。

第一节 直杆轴向拉伸或压缩时的刚度计算

一、直杆轴向拉伸或压缩时的轴向变形

已知图 7-1a 所示的等直杆的原长度为 l,横截面面积为 A,在轴向拉力 F_T 的作用下等直杆会伸长,其原长度 l 即变为 l_1(图 7-1b)。于是,等直杆的**轴向绝对伸长** Δl 和**轴向相对伸长**或称**轴向正应变** ε,分别表示为

$$\Delta l = l_1 - l \tag{a}$$

$$\varepsilon = \frac{\Delta l}{l} \tag{b}$$

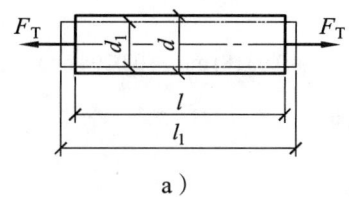
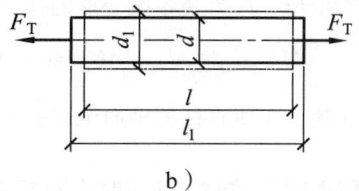

图 7-1

在此同时，直杆在轴向拉力 F_T 的作用下，其横截面上的正应力为

$$\sigma = \frac{F_N}{A} = \frac{F_T}{A} \quad (c)$$

由胡克定律式（5-7），亦即根据 $\varepsilon = \sigma/E$，等直杆的绝对变形 Δl 又可表示为

$$\Delta l = \frac{F_N l}{EA} \quad (7-1)$$

这时的式（7-1）称为杆件的**轴向拉伸或压缩变形公式**，也就是胡克定律的另一种表达形式。它表明，在杆件材料的比例极限范围内，其轴向绝对变形 Δl 与轴力 F_N、直杆长度 l 成正比，与乘积 EA 成反比。另还可以看出，在长度 l 和轴力 F_N 一定的条件下，EA 越大，Δl 越小。EA 反映了杆件抵抗拉伸或压缩变形的能力，通常将其称为杆件的**抗拉刚度**或**抗压刚度**。

由式（7-1）还可知，直杆的轴向绝对变形 Δl 与轴力 F_N 的正负号是对应的。当轴力 F_N 为正时，其轴向绝对变形 Δl 也为正，反之亦然。

【**例 7-1**】 试求图 7-2 所示直杆的轴向绝对变形。已知直杆所受的轴向载荷 $F_{P1} = 30$ kN，$F_{P2} = 50$ kN，$F_{P3} = 20$ kN，直杆 AC 段的直径 $d_1 = 30$ mm，CD 段的直径 $d_2 = 20$ mm，直杆材料的弹性模量 $E = 200$ GPa。

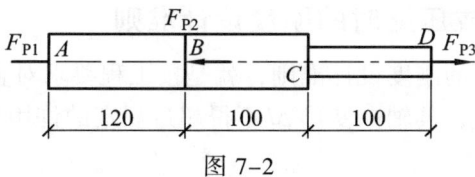

图 7-2

【**解**】 采用截面法求得直杆各段的轴力分别为 $F_{NAB} = -30$ kN，$F_{NBC} = F_{NCD} = 20$ kN。因直杆各段的轴力及几何尺寸不同，变形也不同，故分为三段分别予以计算，即

$$\Delta l_{AB} = \frac{F_{NAB} l_{AB}}{EA_{AB}} = \frac{-30 \times 10^3 \times 120 \times 10^{-3}}{200 \times 10^9 \times \frac{\pi}{4} \times 30^2 \times 10^{-6}} \text{m} = -2.55 \times 10^{-5} \text{m} = -0.0255 \text{mm}$$

$$\Delta l_{BC} = \frac{F_{NBC} l_{BC}}{EA_{BC}} = \frac{20 \times 10^3 \times 100 \times 10^{-3}}{200 \times 10^9 \times \frac{\pi}{4} \times 30^2 \times 10^{-6}} \text{m} = 1.41 \times 10^{-5} \text{m} = 0.0141 \text{mm}$$

$$\Delta l_{CD} = \frac{F_{NCD} l_{CD}}{EA_{CD}} = \frac{20 \times 10^3 \times 100 \times 10^{-3}}{200 \times 10^9 \times \frac{\pi}{4} \times 20^2 \times 10^{-6}} \text{m} = 3.18 \times 10^{-5} \text{m} = 0.0318 \text{mm}$$

直杆总的轴向绝对变形，应为其各段变形的代数和，即

$$\Delta l = \Delta l_{AB} + \Delta l_{BC} + \Delta l_{CD} = (-0.0255 + 0.0141 + 0.0318)\,\text{mm} = 0.0204\,\text{mm}$$

计算结果为正值，表明直杆的轴向绝对变形是伸长的。

二、直杆轴向拉伸或压缩时的横向变形

设图 7-1 所示的等直杆的横截面为圆形，其直径为 d，在轴向拉力 F_T 的作用下，原直径变为 d_1。于是，等直杆的**横向绝对缩短** Δd 和**横向相对缩短**或称**横向正应变** ε'，分别表示为

$$\Delta d = d_1 - d \tag{d}$$

$$\varepsilon' = \frac{\Delta d}{d} \tag{e}$$

轴向正应变 ε 和横向正应变 ε' 都是量纲为 1 的量，因正应变是长度增量与原长度的比值，故又称为**线应变**。另由试验可知，杆件拉伸时，其轴向尺寸伸长，横向尺寸缩短。换言之，**杆件的轴向正应变为正，横向正应变为负**，表明轴向拉伸杆件的轴向正应变 ε 与横向正应变 ε' 的正负符号总是相反的。物体受外力作用且变形在线弹性范围内时，物体上任意一点在两个方向上的正应变存在一定的线性关系，亦即有 $\varepsilon_y = -\nu\varepsilon_x$。或者说，在应力不超过材料的比例极限时，杆件的横向正应变 ε' 与轴向正应变 ε 之比的绝对值为一常量 ν，即

$$\nu = \left|\frac{\varepsilon'}{\varepsilon}\right| = -\frac{\varepsilon'}{\varepsilon} \tag{7-2}$$

上式中线应变比值 ν 称为**横向变形系数**，或者称为**泊松比**，是工程材料的又一弹性常数。对于大多数工程材料，泊松比 ν 一般为 0.25 ~ 0.33。

三、直杆轴向拉伸或压缩时的刚度设计准则

直杆轴向拉伸或压缩时的刚度设计准则，就是按工程要求对直杆进行静力学设计时，必须保证直杆在载荷的作用下，其轴向变形 Δl 不得超过规定的许用值，即

$$\Delta l = \frac{F_N l}{EA} \leq [\Delta l] \tag{7-3}$$

式中，$[\Delta l]$ 为轴向拉伸或压缩直杆的许用变形，其值在相关的设计标准中都有规定。

【例 7-2】 一简易起重机的钢拉索长度 $l = 3\,\text{m}$，承受拉力 $F_T = 24\,\text{kN}$，其弹性模量 $E = 200\,\text{GPa}$，许用应力 $[\sigma] = 120\,\text{MPa}$，钢拉索在弹性范围内的许用变形 $[\Delta l] = 2\,\text{mm}$。试求钢拉索在这种情况下的横截面面积至少应是多大？

【解】 钢拉索工作时要发生轴向拉伸变形，其轴力 $F_N = F_T = 24\,\text{kN}$。由直杆轴向拉伸或压缩时的正应力强度设计准则，选择钢拉索的横截面面积 A 的大小必须是

$$A \geq \frac{F_N}{[\sigma]} = \frac{24 \times 10^3}{120 \times 10^6}\,\text{m}^2 = 200 \times 10^{-6}\,\text{m}^2 = 200\,\text{mm}^2$$

另由直杆轴向拉伸或压缩时的刚度设计准则，按工程要求选择钢拉索的横截面面积 A 则应为

$$A \geq \frac{F_N l}{E[\Delta l]} = \frac{24 \times 10^3}{200 \times 10^9 \times 2 \times 10^{-3}} \mathrm{m}^2 = 180 \times 10^{-6} \mathrm{m}^2 = 180 \mathrm{mm}^2$$

受力作用的钢拉索，要同时满足钢拉索的强度设计和刚度设计准则才能安全工作。为此，钢拉索的横截面面积至少应取$[A] = 200 \mathrm{mm}^2$。

第二节　圆轴扭转时的刚度计算

一、圆轴扭转时的相对扭转角

圆轴扭转时的变形，由圆轴的两个横截面绕轴线相对转动的角位移，亦即相对扭转角 φ 来度量。一等直圆轴扭转时，圆轴上相距为 l 的两横截面 A 和 B 之间的相对扭转角 φ_{AB}（图7-3）为

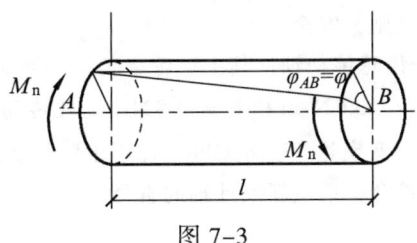

图 7-3

$$\varphi_{AB} = \int_0^\varphi \mathrm{d}\varphi = \int_0^\varphi \frac{M_n}{GI_P} \mathrm{d}x = \frac{M_n l}{GI_P} \tag{7-4}$$

式中：相对扭转角 φ_{AB} 的单位为弧度（rad）。由上式可以看出，相对扭转角 φ_{AB} 与 GI_P 成反比，GI_P 愈大，圆轴愈不容易发生扭转变形。GI_P 反映了圆轴抵抗扭转变形的能力，因此称 GI_P 为圆轴的抗扭刚度。

二、圆轴扭转时的刚度设计准则

在实际工程中，扭转圆轴在各横截面上的扭矩有可能不完全相同，有时圆轴的各段长度及粗细也不尽一样。或者说，圆轴各段内的极惯性矩 I_P 会有差异，例如阶梯轴即如此。这样计算的扭转圆轴两横截面的相对扭转角，应是各段长度两端横截面的相对扭转角叠加的结果。圆轴扭转时的相对扭转角 φ，因为与圆轴的长度 l 有关，所以在进行圆轴的刚度设计时，通常要消除长度的影响，而采用**单位长度相对扭转角** $\theta = \varphi/l$ 来表示扭转变形的大小程度。

将单位长度相对扭转角的最大值限制在工程要求的数值以下，即得到圆轴扭转时的刚度设计准则为

$$\theta_{\max} = \frac{M_{n\max}}{GI_P} \leq [\theta] \tag{7-5}$$

式中，$[\theta]$ 称为许用单位长度相对扭转角。工程上，习惯把度/米（°/m）作为 θ 的单位，于是上式即写为

$$\theta_{\max} = \frac{M_{n\max}}{GI_P} \times \frac{180°}{\pi} \leq [\theta] \tag{7-6}$$

各种圆轴类零件的许用单位长度扭转角 $[\theta]$ 值，可从有关的规范和标准手册中查到。对于常规应用的传动轴，$[\theta]$ 在 $0.5°/m \sim 1.0°/m$；对于刚度要求不很高的轴，$[\theta]$ 在 $2°/m \sim 4°/m$。另还要指出，以上计算公式都只适用于材料在线弹性范围内的等直圆轴。

【例 7-3】 电动机传动轴的直径 $d=40mm$，传递转矩 $M_n=204 N \cdot m$，转动轴由 45 号钢制成，其切变模量 $G=80GPa$，许用单位长度相对扭转角 $[\theta]=2°/m$。试校核该传动轴的刚度。

【解】 计算传动轴横截面的极惯性矩 I_P 为

$$I_P = \frac{\pi d^4}{32} = \frac{\pi \times 40^4 \times 10^{-12}}{32} m^4 = 25.1 \times 10^{-8} m^4$$

计算转动轴在传递转矩 M_n 时的单位长度相对扭转角并校核其值，即

$$[\theta]_{max} = \frac{M_n}{GI_P} \times \frac{180°}{\pi} = \left(\frac{204}{80 \times 10^9 \times 25.1 \times 10^{-8}} \times \frac{180°}{\pi} \right)°/m = 0.58°/m < [\theta] = 2°/m$$

符合圆轴扭转时的刚度设计准则，安全。

【例 7-4】 图 7-4a 所示为一齿轮传动轴，其主动轮 A 传递的转矩 $T_A=275.5 N \cdot m$，从动轮 B 和从动轮 C 传递的外力偶矩分别为 $T_B=183.6 N \cdot m$ 和 $T_C=91.9 N \cdot m$。此传动轴按强度设计准则计算得其直径 $d=31.5 mm$。已知传动轴材料的切变模量 $G=80GPa$，许用单位长度相对扭转角 $[\theta]=1°/m$。试校核该轴是否符合刚度设计准则，若不符合，请重新设计轴的直径。

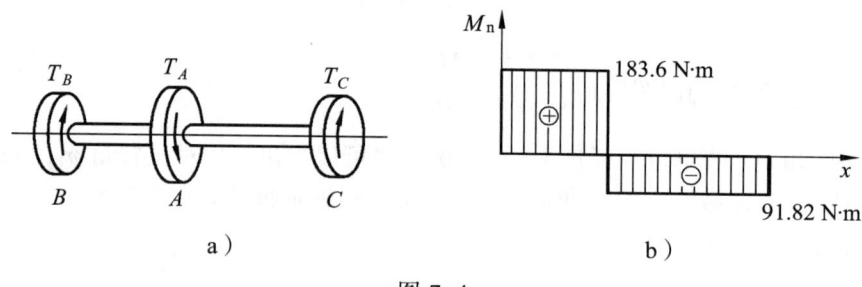

图 7-4

【解】 画出传动轴扭转时的扭矩图（图 7-4b）。可以看出，该轴的最大扭矩 $M_{n max}=183.6 N \cdot m$ 发生在轴的 AB 段内，由圆轴扭转时的刚度设计准则式（7-6）计算并校核之，即

$$[\theta]_{max} = \frac{M_{n max}}{GI_P} \times \frac{180°}{\pi} = \left[\frac{183.6 \times 32}{80 \times 10^9 \times \pi \times 31.5^4 \times 10^{-12}} \times \frac{180°}{\pi} \right] = 1.36°/m > [\theta] = 1°/m$$

计算结果表明，该传动轴不符合圆轴扭转时的刚度设计准则。因此，要根据圆轴工作时必须满足的许用单位长度相对扭转角 $[\theta]=1°/m$ 来重新设计轴的直径 d，也就是

$$d \geq \sqrt[4]{\frac{32 \times M_{n max} \times 180}{\pi^2 G [\theta]}} = \sqrt[4]{\frac{32 \times 183.6 \times 180}{3.14^2 \times 80 \times 10^9 \times 1}} m = 34 \times 10^{-3} m = 34 mm$$

第三节　直梁弯曲时的刚度计算

一、直梁弯曲时的挠度和转角

在研究直梁的弯曲变形时，在这里选取的参照坐标，是以梁变形前的向右为正的有向线

段为 x 轴，而以梁横截面上垂直于轴 x 并设定向下为正的有向线段为 w 轴。也就是说选取的参照坐标为平面直角坐标 xAw，并位于梁上外力作用的纵向对称面内。梁在弯曲时，其轴线会变为平面直角坐标 xAw 内的一条平面曲线，称为**挠曲线**（图 7-5）；另外，在这里还将梁弯

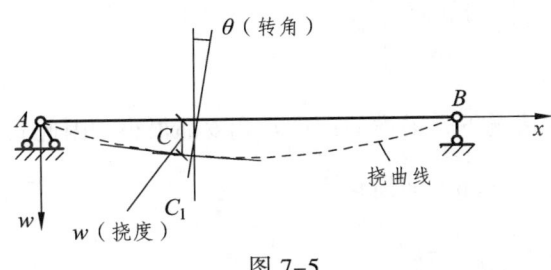

图 7-5

曲时的剪力对梁变形的影响忽略不计。于是，度量梁弯曲变形的两个基本量就用梁横截面形心的挠度和横截面的转角来描述。所谓**挠度，就是梁横截面形心沿轴 w 方向的线位移**，以 w 示之。梁弯曲时，轴线 x 上不同坐标值处对应的横截面形心的挠度 w 通常用梁的挠曲线方程来表示，亦即

$$w = f(x) \tag{7-7}$$

因为所研究的梁的弯曲变形属于线弹性范围内的变形，所以式（7-7）又称为**梁的弹性挠曲线方程**。所谓转角，就是**梁的横截面相对于原来位置转过的角度**，以 θ 示之。根据平面假设，梁变形后的横截面仍是垂直于梁变形后的轴线的。因此梁的任意一横截面的转角 θ，就可用挠曲线在该截面形心处的切线与轴线 x 的夹角来表示。加之梁的变形很小，于是就有

$$\theta \approx \tan\theta = \frac{dw}{dx} = w' \tag{7-8}$$

式（7-8）表明，梁的任意一横截面的转角 θ，近似等于挠曲线在该截面形心处的斜率。式（7-8）又称梁的**转角方程**。由此可见，只要知道式（7-7）和式（7-8），就能确定梁的任意一处横截面的挠度和转角的大小。

挠度和转角的正负号与所选定坐标系中坐标轴的正负有关，在图 7-5 所示的坐标系中，已规定**向下的挠度为正，反之为负**；另还规定**横截面沿顺时针转向的转角为正，反之为负**。这样，对于图 7-5 所示的简支梁，在弯曲变形后 C 处横截面的挠度和转角均为正。

二、直梁弯曲时的挠曲线近似微分方程

梁在纯弯曲的情况下，其变形挠曲线的曲率与弯矩的关系可表示为

$$\frac{1}{\rho} = \frac{M}{EI} \tag{7-9}$$

梁在横力弯曲时，其横截面上的剪力会影响梁的弯曲变形。但对于跨度远大于横截面高度的梁，这种影响可以忽略不计。式（7-9）中的曲率 $\frac{1}{\rho}$ 和弯矩 M 均为 x 的函数，于是就有

$$\frac{1}{\rho(x)} = \frac{M(x)}{EI} \tag{a}$$

式（a）所表示的是梁横力弯曲时的曲率与弯矩的关系，由高等数学的知识可知，在平面

直角坐标系中，一平面曲线 $w = f(x)$ 上任意一点的曲率可表示为

$$\frac{1}{\rho(x)} = \pm \frac{\dfrac{d^2 w}{dx^2}}{\left[1 + \left(\dfrac{dw}{dx}\right)^2\right]^{3/2}} \qquad (b)$$

当其在梁的弯曲小变形的情况下，梁横截面的转角 θ 都很小，因此式（b）中的 $\left(\dfrac{dw}{dx}\right)^2$ 远小于 1，可以忽略不计。这样，式（b）即简化为

$$\frac{1}{\rho(x)} \approx \pm \frac{d^2 w}{dx^2} = \pm w'' \qquad (c)$$

将式（c）代入式（a），即有

$$w'' = \frac{d^2 w}{dx^2} = \pm \frac{M(x)}{EI} \qquad (7\text{-}10)$$

此即梁弯曲时的**挠曲线近似微分方程**，它适用于梁弯曲变形的任意一种情况。在这里试问：为何这一推导结果要称之为近似微分方程？回答：这是因为第一略去了剪力对梁弯曲变形的影响，第二略去了式（b）中 $\left(\dfrac{dw}{dx}\right)^2$ 这一项。在图 7-5 所示的坐标系中，给出的轴 w 方向以向下为正。当梁段内的弯矩为负即 $M<0$ 时，挠曲线凹向下（图 7-6a），w'' 为正号；反之，当梁段内的弯矩为正即 $M>0$ 时，挠曲线凹向上（图 7-6b），w'' 为负号。因此，在图示坐标轴的取向中，

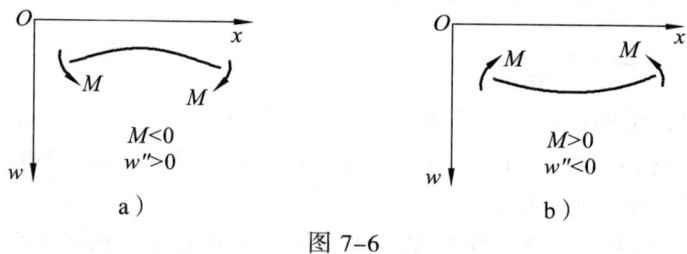

图 7-6

$M(x)$ 与 w'' 的正负号总是相反的。于是，式（7-10）中的 "$\pm$" 号应选取 "$-$" 号，即为

$$w'' = \frac{d^2 w}{dx^2} = -\frac{M(x)}{EI} \qquad (7\text{-}11)$$

至此，利用式（7-11），便可求解梁弯曲时的挠度和转角。

三、直梁弯曲时挠度和转角的求法

1. 积分法　将挠曲线近似微分方程式（7-11）的两边乘以 dx，积分得梁的转角方程为

$$\theta \approx \tan\theta = w' = \frac{dw}{dx} = -\int \frac{M(x)}{EI} dx + C \qquad (7\text{-}12)$$

式（7-11）的两边再乘以 dx，再积分得梁的挠度方程为

$$w = -\iint \left(\frac{M(x)}{EI} dx\right) dx + Cx + D \qquad (7\text{-}13)$$

式中的 C、D 为积分常数，可通过梁的某些**已知的挠度和转角的条件**来确定，而这些已知条件通常又称为**边界条件和连续条件**。如梁在固定支座处的挠度和转角均为零，在固定铰链支座处的挠度为零等，就是梁变形的边界条件；又如梁的分段交界处的挠度和转角都相同，就是梁变形的连续条件。通过对梁的挠曲线近似微分方程的积分，就可得到其挠度方程和转角方程。将梁轴 x 坐标数值代入方程，就可求出梁弯曲时在 x 处的挠度和转角；这种求梁弯曲时的挠度和转角的方法，称为**积分法**。但积分法由于求积分常数的冗繁，因此在一般设计中，通常是将常见载荷作用下简单弯曲梁的变形积分结果列成表格，而直接予以引用。表 7-1 所列的即为梁的挠度方程，以及梁的端截面转角和梁的最大挠度的表达式。

表 7-1 常见载荷作用下简单梁的挠度方程，端截面转角和最大挠度公式

序号	梁的简图	挠度方程	端截面转角	最大挠度
1		$w = \dfrac{Mx^2}{2EI}$	$\theta_B = \dfrac{Ml}{EI}$	$w_B = \dfrac{Ml^2}{2EI}$
2		$w = \dfrac{Fx^2}{6EI}(3l - x)$	$\theta_B = \dfrac{Fl^2}{2EI}$	$w_B = \dfrac{Fl^3}{3EI}$
3		$w = \dfrac{qx^2}{24EI}(x^2 - 4lx + 6l^2)$	$\theta_B = \dfrac{ql^3}{6EI}$	$w_B = \dfrac{ql^4}{8EI}$
4		$w = \dfrac{Fbx}{6EIl}(l^2 - x^2 - b^2)$ $(0 \leq x \leq a)$ $w = \dfrac{Fb}{6EIl}\left[(l^2 - b^2 - x^2)x + \dfrac{l}{b}(x-a)^3\right]$ $(a \leq x \leq l)$	$\theta_A = \dfrac{Fab(l+b)}{6EIl}$ $\theta_B = -\dfrac{Fab(l+a)}{6EIl}$	设 $a > b$ 在 $x = \sqrt{\dfrac{l^2 - b^2}{3}}$ 处，$w_{max} = \dfrac{Fb(l^2 - b^2)^{\frac{3}{2}}}{9\sqrt{3}EIl}$
5		$w = \dfrac{Fx}{48EI}(3l^2 - 4x^2)$ $\left(0 \leq x \leq \dfrac{l}{2}\right)$	$\theta_A = -\theta_B = \dfrac{Fl^2}{16EI}$	$w_{max} = \dfrac{Fl^3}{48EI}$
6		$w = \dfrac{Mx}{6EIl}(l^2 - x^2)$	$\theta_A = \dfrac{Ml}{6EI}$ $\theta_B = -\dfrac{Ml}{3EI}$	在 $x = \dfrac{l}{\sqrt{3}}$ 处，$w_{max} = \dfrac{Ml^2}{9\sqrt{3}EI}$；在 $x = \dfrac{l}{2}$ 处，$w_{\frac{l}{2}} = \dfrac{Ml^2}{16EI}$
7		$w = \dfrac{qx}{24EI}(l^3 - 2lx^2 + x^3)$	$\theta_A = -\theta = \dfrac{ql^3}{24EI}$	$w = \dfrac{5ql^4}{384EI}$

2. 叠加法 因为梁变形时的挠曲线近似微分方程是在小变形及材料服从胡克定律的条件下推导出来的，所以梁的挠度和转角均与在梁上作用的载荷成线性关系。基于这一点，对于在几个载荷作用下梁上某一处的挠度和转角，就可采用叠加法。首先分别求出每个载荷单独作用下梁上在该处的挠度和转角，然后求其代数和，即得到梁的总的挠度和转角。

【**例 7-5**】 有一抗弯刚度为 EI 的简支梁（图 7-7a），受到载荷集度为 q 的均布载荷和力偶矩为 M 的外力偶的作用，已知 $M = ql^2$。试用叠加法求梁中点 C 处的挠度 w_C 和梁支座 A 处的转角 θ_A。

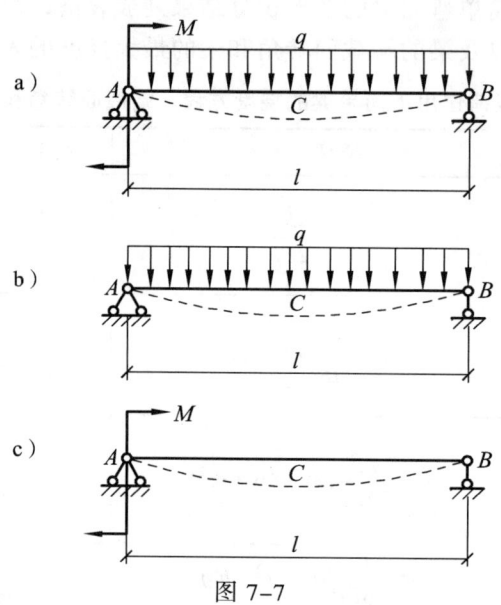

图 7-7

【**解**】 简支梁上作用有两种载荷，首先由表 7-1 分别查出这两种载荷单独作用于梁上（图 7-7b、c）时，在相应点处引起的挠度、转角，然后再用叠加法求其代数和，即得

$$w_C = w_{Cq} + w_{CM} = \frac{5ql^4}{384EI} + \frac{Ml^2}{16EI} = \frac{29ql^4}{384EI}$$

$$\theta_A = \theta_{Aq} + \theta_{AM} = \frac{ql^3}{24EI} + \frac{Ml}{3EI} = \frac{3ql^3}{8EI}$$

求得的挠度 w_C 和 θ_A 均为正，表示梁中点 C 处挠度向下，梁支座 A 处转角为顺时针方向。

四、直梁弯曲时的刚度设计准则

梁弯曲时，若挠度和转角过大，则会影响杆件的正常工作。例如，桥梁的挠度过大，车辆通行时会使桥梁发生很大的振动；又如，机床主轴的挠度或在轴承支撑处的转角过大，会使工件的加工精度降低，同时加剧轴承的磨损；还有，水闸闸门主梁的挠度和转角过大，将会使闸门的开启或关闭产生困难，等等。因此在工程设计中，对梁使用时的变形须给出一定的限度。

梁的刚度计算，就是按工程要求，将梁弯曲时梁上某一处的挠度和转角限制在一定的范围内，也就是要使其满足梁弯曲时的刚度设计准则，即

$$w_{\max} \leqslant [w] \tag{7-14}$$

$$\theta_{\max} \leqslant [\theta] \tag{7-15}$$

式中，$[w]$ 和 $[\theta]$ 称梁的许用挠度和许用转角，二者通常按构件的工程用途或生产工艺的要求来确定。在机械工程中，例如，对于一般的转动轴，许用挠度 $[w]$ 限制在 $(0.0003 \sim 0.0005)l$ 的范围内；在转动轴的支座轴承处，许用转角 $[\theta]$ 限制在 $0.005 \sim 0.01 \text{ rad}$ 的范围内。对于机械工程构件，一般都是校核挠度和转角；而对于土建工程杆件，大多数情况只校核挠度。在校核挠度时，通常是给出梁的挠度与梁的跨度的许用比值 $\left[\dfrac{w}{l}\right]$ 限制。这样，在有了载荷作用下梁产生的最大挠度 $w_{\max}$ 后，即得

$$\frac{w_{\max}}{l} \leqslant \left[\frac{w}{l}\right] \tag{7-16}$$

这就是直梁弯曲时的刚度设计准则。式（7-16）中的许用比值 $\left[\dfrac{w}{l}\right]$，在有些设计规范中，取值为 $1/1000 \sim 1/250$。对于土建工程构件，一般是在进行了强度设计后，再用刚度设计准则进行校核即可。由实际经验可知，大多数满足强度设计准则的构件，通常都符合刚度设计准则。

【**例 7-6**】 如图 7-8a 所示，一桥式起重机的横梁采用工字钢制成。已知工字钢材料的弹性模量 $E = 200 \text{ GPa}$，起重机的横梁跨度 $l = 8 \text{ m}$，最大吊起重量 $G = 10 \text{ kN}$（包括电胡芦的自重）。已知起重机横梁 AB 的许用挠度 $[w] = \dfrac{l}{500}$，试按刚度设计准则确定工字钢的型号。

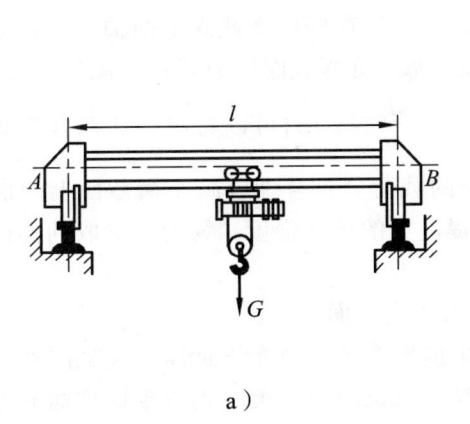
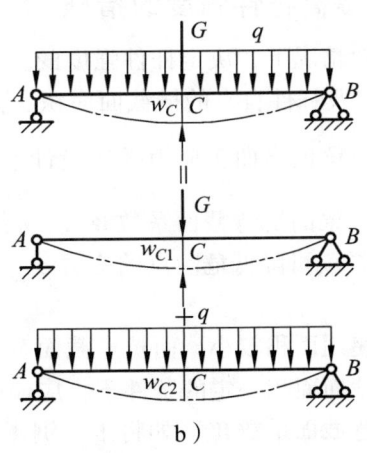

图 7-8

【**解**】 根据已知条件画出起重机横梁的计算简图，即如图 7-8b 所示的简支梁。当集中力 G 作用于横梁中点 C 处时，梁的挠度为最大。给出梁的许用挠度值 $[w] = \dfrac{l}{500} = \dfrac{8}{500} \text{ m} = 16 \text{ mm}$，并先不计梁的自重。当集中力 G 作用于横梁中点 C 时，查表 7-1，应用梁弯曲时的刚度设计准则式（7-14），即

$$w_{C1} = \frac{Fl^3}{48EI} \leqslant [w]$$

由此得所用工字钢型号的横截面惯性矩为

$$I \geqslant \frac{Gl^3}{48E[w]} = \frac{10 \times 10^3 \times 8^3 \times 500}{48 \times 200 \times 10^9 \times 8} \text{m}^4 = 0.33 \times 10^{-4} \text{m}^4 = 3333 \text{cm}^4$$

由以上惯性矩值查型钢规格表，取工字钢型号 22a，计算出梁的重量为 33.07 kg/m × 8 m × 9.8 m/s² ≈ 2593 N。可见，梁自重引起的变形所占的比例较大。因此，取较大工字钢型号 25b，查型钢规格表得惯性矩 $I = I_x = 5280 \text{cm}^4$，其理论重量 $q = 42.030$ kg/m × 9.8 m/s² ≈ 412 N/m。这时，再由取较大工字钢型号的后梁的自重来校核其刚度。查表（7-1），采用叠加法求梁的挠度，即得

$$w_C = w_{C1} + w_{C2} = \frac{Gl^3}{48EI} + \frac{5ql^4}{384EI}$$

$$= \left(\frac{10 \times 10^3 \times 8^3}{48 \times 200 \times 10^9 \times 5280 \times 10^{-8}} + \frac{5 \times 412 \times 8^4}{384 \times 200 \times 10^9 \times 5280 \times 10^{-8}} \right) \text{m}$$

$$= 12.18 \times 10^{-3} \text{m} = 12.18 \text{mm} < [w] = 16 \text{mm}$$

计算结果说明，最后选用的型号为 25b 的工字钢，符合梁弯曲时的刚度设计准则。

第四节　杆件承载能力提高的方法

工程杆件的设计原则，就是在不增加或减少杆件材料的前提下，能保证它可以正常工作，即便在承受较大的载荷时也不致出现失效。简单地说，就是要提高杆件的承载能力，亦即提高杆件的强度和刚度。

一、提高杆件强度的措施

在一般情况下，决定杆件强度的主要因素，是发生在杆件横截面上的轴力、扭矩、弯矩等内力，以及杆件自身的横截面面积、抗扭截面系数、抗弯截面系数等截面图形的几何性质。例如，从直梁的弯曲正应力强度设计准则式 $\sigma_{max} = \frac{M_{max}}{W_z} \leqslant [\sigma]$ 可以看出，选择合理的横截面形状来增大梁的抗弯截面系数 W_z，或者使梁受的载荷分布合理以减小横截面上的最大弯矩 M_{max}，这样就可降低危险点的应力 σ_{max}，从而提高梁的抗弯强度。为此，采取的具体措施通常就是：

（1）使用面积较小，而抗弯截面系数 W_z 较大的横截面。

在横截面面积一定的条件下，应使受弯曲梁的更多材料分布于远离中性轴的地方，以增大梁的抗弯截面系数 W_z。如将工字钢用作受弯梁，就是因为这类型钢位于横截面的绝大部分材料都远离中性轴，所以可提高梁的抵抗弯曲变形的能力；又如对于圆形截面的实心轴，因它有较多的材料是分布在靠近中性轴的地方，故不宜用作抗弯梁。在这种情况下，可将实心圆形截面改为空心圆形截面，或将实心的矩形截面改为工字形或箱形截面等，从而实现截面材料的更充分的利用。

同理，对于受扭转变形的圆轴，也应当尽可能地采用材料分布是远离轴线的空心圆环形截面，以增大圆轴横截面的抗扭截面系数 W_p，从而降低危险点的切应力 τ_{max}。还有在房屋的建造中，常用带圆孔以减少材料的预制板梁，也是这一道理。

横截面形状的合理与否，还与杆件材料的力学行为密切相关。对于抗拉强度与抗压强度

相同的塑性材料梁，宜采用工字形、圆形、矩形等对称于中性轴的图形截面；对于抗拉强度低于抗压强度的脆性材料，宜采用上下不对称于中性轴的图形截面（图 7-9）。这种图形截面

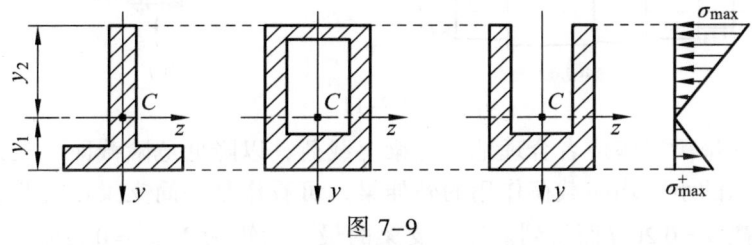

图 7-9

的中性轴到上下边缘的距离 y_1 与 y_2 并不相等，而直梁的弯曲正应力沿截面高度分布规律所显示的，最大拉应力与最大压应力的绝对值也就不相等。这正好对应了一些材料许用拉应力 $[\sigma]^+$ 和许用压应力 $[\sigma]^-$ 有明显差异的特征，也就是满足了以下的对应关系，即

$$\frac{\sigma_{max}^+}{\sigma_{max}^-} = \frac{W_1}{W_2} = \frac{[\sigma]^+}{[\sigma]^-}$$

另外，梁发生弯曲变形时，其横截面弯矩一般沿梁轴线是变化的。对于按最大弯矩所设计的等截面直梁来说，其强度设计准则是使危险截面上危险点的工作应力值限制在许用应力以内，而其余截面的工作应力则也远在许用应力以内，这样的等截面的梁的抗弯能力显然未能得到充分发挥。为此，在工程实际中，通常致使梁截面变化，以适应梁弯矩沿轴线变化的规律，于是将梁设计成变截面的。即在梁弯矩较大处，取抗弯截面系数 W_z 较大的截面；反之，在梁弯矩较小处，则取抗弯截面系数 W_z 较小的截面。这种**抗弯截面系数 W_z 沿轴线变化的梁，称为变截面梁**。例如，摇臂钻床床身的外伸悬臂梁（图 7-10a）、桥梁结构中的鱼腹梁（图 7-10b）

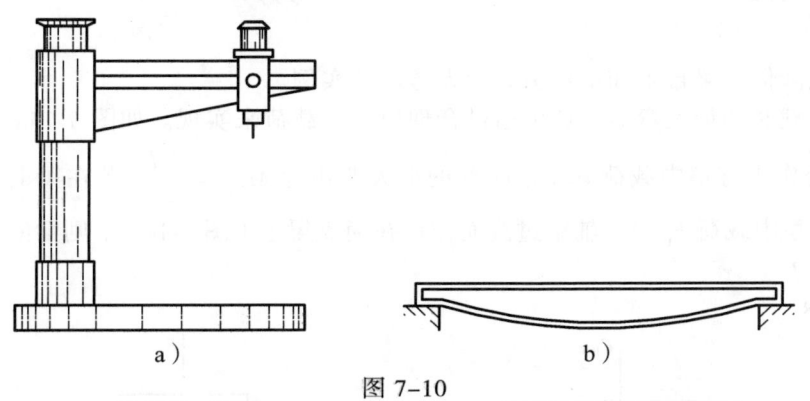

图 7-10

等，采用的就是变截面梁。而就梁本身的抗弯强度而言，理想的变截面梁，应该是梁弯曲时所有横截面上的最大弯曲正应力均相同，而且均等于许用应力，即所谓**等强度梁**。根据这一原则，等强度梁的抗弯截面系数就须按下式来进行设计，即

$$W(x) = \frac{M(x)}{[\sigma]}$$

但鉴于制造工艺或结构本身使用功能的要求，所制成的实际杆件往往只会是近似等强度的，如机器中的阶梯轴（图 7-11a）、车辆上的叠板弹簧（7-11b）等就是这样。

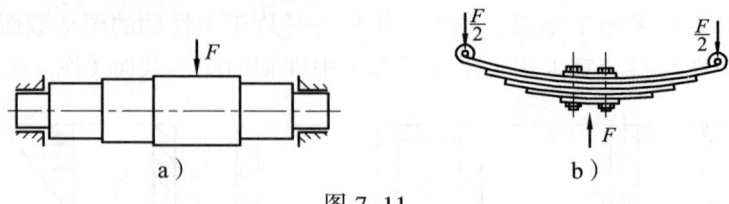

图 7-11

（2）合理地安排梁支座或者合理地配置梁上载荷，以降低危险截面的最大弯矩 M_{max}。

图 7-12a 所示的承受均布载荷作用的外伸梁，可看作是一简支梁左右两端的铰支座，由外向内移动了距离 $a=0.207l$ 而得到。原简支梁的最大弯矩为 $M_{max}=0.125ql^2$，现外伸梁的最大弯矩为 $M_{max}=0.0215ql^2$（图 7-12b），仅为原简支梁最大弯矩的 17.2%，明显降低了危险截面的最大弯矩。试问在该举例中，特选择了铰支座由外向内移动 $a=0.207l$ 的距离，这是为什么？请读者思考。又如图 7-13 所示的门式起重机，其立柱在横梁构架内侧安置，所显现的也

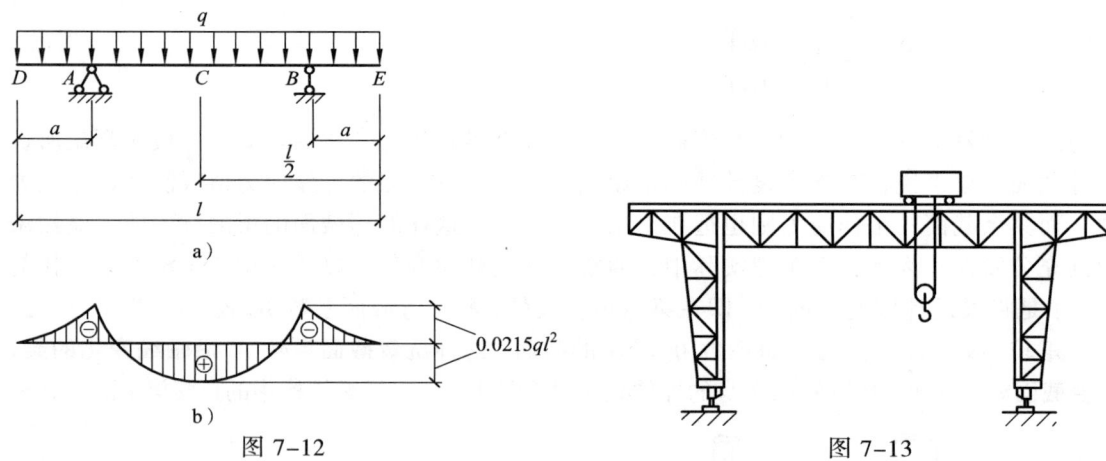

图 7-12

图 7-13

正是一个有效降低横梁自重和吊重引起最大弯矩的实例。

降低梁受载时的最大弯矩，还可通过合理地配置载荷来实现。如图 7-14a 所示简支梁，在跨度中点处作用有集中载荷 F_P，这时梁的最大弯矩为 $M_{max}=\dfrac{F_P l}{4}$。若在梁上配置一长为 $\dfrac{l}{2}$ 的辅梁，再使集中载荷 F_P 通过辅梁过渡而作用在简支梁上（图 7-14b），则梁的最大弯矩即减小为 $M_{max}=\dfrac{F_P l}{8}$。

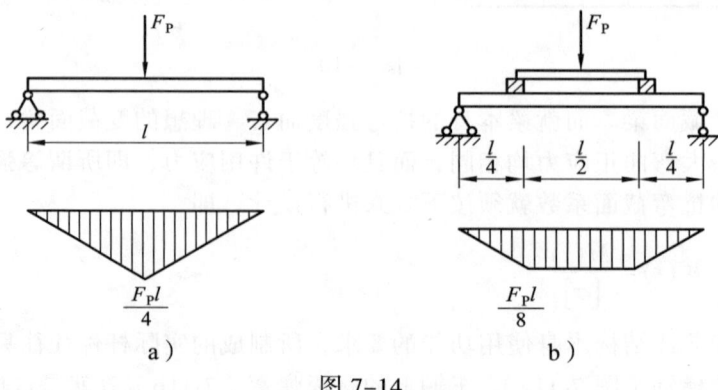

图 7-14

同样，对于扭转圆轴，若合理地配置其上作用的外力偶，也能明显地降低圆轴扭转时的最大扭矩。如图 7-15a 所示的齿轮传动轴，齿轮工作时，圆轴所传递的最大扭矩为 $M_{n\max}=4\text{kN}\cdot\text{m}$（图 7-15b）。如果将齿轮 A、B 的安装位置互换，那么圆轴所传递的最大扭矩将增大为 $M_{n\max}=7\text{kN}\cdot\text{m}$（图 7-15c）。可见，齿轮在圆轴上安装的合理与否，确实也关系到

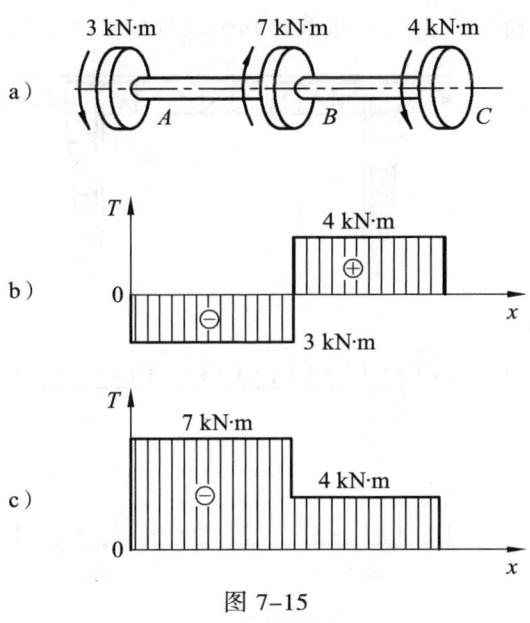

图 7-15

扭转圆轴承载能力的高低。

二、提高杆件刚度的措施

杆件要正常工作，既要满足强度设计准则，又要满足刚度设计准则。如果在杆件正常工作的前提下，要提高杆件的刚度，那么就得从杆件的变形入手而予以考虑。由直梁弯曲变形的公式可知，挠度和转角与梁跨度 l 的高次幂成正比，故可通过减小梁的跨度 l 来实现。工程中若跨度不便减小，则可在跨中增加支座。如车床在加工长工件时，有时为了降低因切削力作用而造成工件挠度的加大，通常在卡盘和尾座之间安装一个支架（图 7-16）来避免。再如，

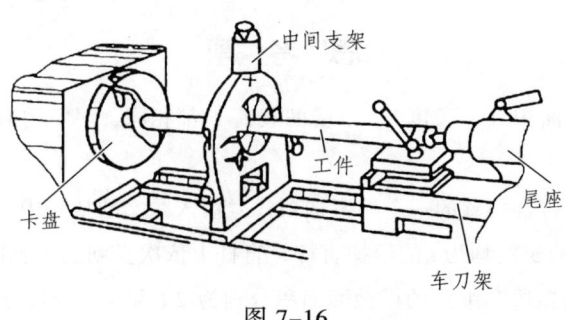

图 7-16

前面提到的门式起重机，其立柱在横梁两端的内侧安装，从而使横梁的跨度缩短，横梁弯曲变形的最大弯矩降低，相应地挠度和转角也随之减小，自然刚度得以提高。还有，门式起重

机工作时，横梁会因吊重作用而产生变形。由于立柱由外向内移，使横梁跨度缩短了，因而吊重这一集中力引起的变形明显减小。此外还有，横梁本身自重简化为均布载荷后，在这时它所引起变形的减小，不也是很明显的么？是的，是很明显的。不妨看看这一门式起重机（图7-17a）经简化而成的外伸梁的变形，横梁中段 AB 受到均布载荷的作用而使外伸梁产生向上的挠度（图 7-17b），横梁外伸段上的均布载荷则引起外伸梁产生向下的挠度（图 7-17c），这

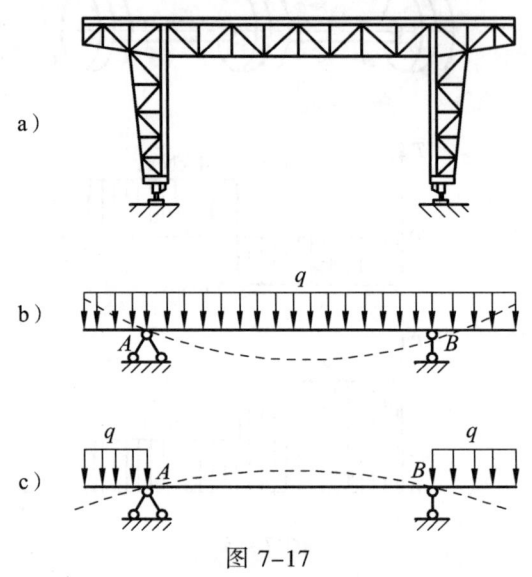

图 7-17

两个不同方向的挠度就正好可以互相抵消或抵消掉一部分。

另外，从直梁弯曲变形的公式还可以看出，梁的挠度和转角与梁的抗弯刚度 EI 成反比，说明增大公式里是分母的 EI 值可以减小梁的变形，即提高梁的刚度。对于钢梁来说，增大 EI 值，主要通过增大梁横截面的惯性矩 I。如工程杆件横截面较常采用的工字形、槽形、T字形、空心圆形等，就比具有同样面积的矩形、实心圆形有更大的惯性矩。同样，对于圆轴的扭转，增大抗扭刚度 GI_p 值也可提高圆轴的刚度。惯性矩 I 和极惯性矩 I_p 的加大，既可以提高构件的刚度，又能减小杆件横截面上的应力，自然对提高杆件的强度也很有意义。

思 考 题

7-1 两拉杆的横截面面积 A、长度 l、承受的载荷 F 都相同，但所用的材料不同，试问它们的横截面应力与变形是否相同？

7-2 单项选择题（将符合题意的一个答案选项代号填入题文的括号中）：

（1）有一根分为三段的长度均为 l 的阶梯直杆，直杆上依次受到三个轴向力 F、$2F$、F 的作用，如图 7-18 所示。设直杆的粗段和细段的横截面面积分别为 $2A$ 和 A，经过分析可知杆段 1 的轴向变形应为（　　）。

A. $\Delta l_1 = \dfrac{Fl}{EA}$ B. $\Delta l_1 = \dfrac{2Fl}{EA}$ C. $\Delta l_1 = 0$

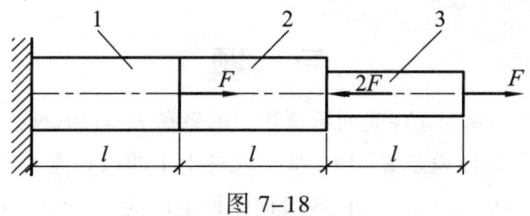

图 7–18

（2）校核一低碳钢绞车主轴的扭转刚度时，发现单位长度相对扭转角超过了许用值，为了增加主轴的抗扭刚度，采取（　　）的措施是最有效的。

　　A. 改用合金钢　　　　B. 改用铸铁　　　　C. 增大主轴直径

（3）将一块硬纸片的左右两端支承后再在中间放一支笔，由于笔的重力过大而使纸片难于将其支撑住（图 7-19a）。为此，把纸片两长边折叠 90°后再放此笔即可将其支撑住（图 7-19b）。这说明纸片横截面面积未变，但横截面形状作了这种改变后而使它的刚度（　　）。

　　A. 和强度都增加了　　　B. 增加了，而强度则不变　　　C. 不变，而强度则增加了

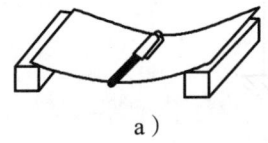
a）
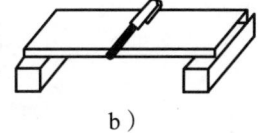
b）

图 7–19

（4）在工程实际中，对一些长条铸件进行人工时效时，可采用如图 7-20 所示的方式进行堆放。这里从减小长条铸件弯曲变形的角度考虑，应选用（　　）的方式堆放最为合理。

　　A. 图 a 所示　　　　B. 图 b 所示　　　　C. 图 c 所示

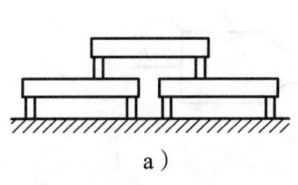
a）
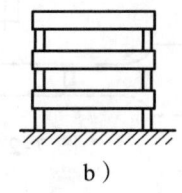
b）
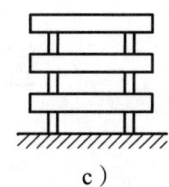
c）

图 7–20

7-3　判断题（对以下论述正确的在其后的括号内画√，错误的画×）：

（1）在结构允许的条件下，应使受扭圆轴上的齿轮尽可能地远离支座安装，这样就会使齿轮间作用的力对圆轴的弯曲变形的影响减小。（　　）

（2）在车床上车削工件时，除了要用到车床上的尾顶尖外，有时还要增加中心架或跟刀架，这些都是减小车削工件产生弯曲变形的有效措施。（　　）

（3）将作用于梁上的集中力分散成分布力，也是一项减小梁弯矩和弯曲变形的措施。（　　）

（4）梁弯曲变形的最大挠度超过了它的许用挠度，梁就会破坏。（　　）

7-4　铸铁制成的悬臂托架为什么常用 T 字形截面形状？

习 题

7-1 厂房立柱如图 7-21 所示。立柱受到屋顶作用的载荷 $F_1=120\,\text{kN}$，受到移动吊车架作用的载荷 $F_2=100\,\text{kN}$。已知立柱材料的弹性模量 $E=18\,\text{GPa}$，立柱上下两段长度 $l_1=3\,\text{m}$，$l_2=7\,\text{m}$，横截面面积 $A_1=400\,\text{cm}^2$，$A_2=600\,\text{cm}^2$。试求：（1）立柱各段横截面上的应力；（2）立柱的绝对变形 Δl；（3）立柱各段的轴向正应变。（答：1. $\sigma_\text{上}=-3\,\text{MPa}$，$\sigma_\text{下}=-5.33\,\text{MPa}$；2. $\Delta l=-2.57\,\text{mm}$；3. $\varepsilon_\text{上}=-1.67\times10^{-4}$，$\varepsilon_\text{下}=-2.96\times10^{-4}$）

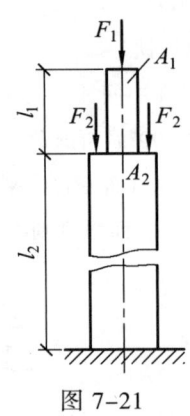

图 7-21

7-2 平板拉伸试样（图 7-22）的宽度 $h=29.8\,\text{mm}$，厚度 $b=4.1\,\text{mm}$。在试验中当其每增加 3 kN 的拉力时，由其上所贴的轴向和横向电阻应变片分别测得相应的轴向线应变为 $\varepsilon=120\times10^{-6}$，横向线应变为 $\varepsilon'=-38\times10^{-6}$。试计算拉伸试样材料的弹性模量 E 和泊松比 ν。

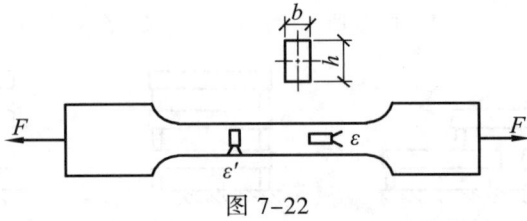

图 7-22

7-3 一根等截面直杆的受力如图 7-23 所示。已知直杆的横截面面积 A 和材料的弹性模量 E。试画出该直杆的轴力图，并求出直杆端点 D 的位移。（答：$\Delta_D=\dfrac{Fl}{3EA}$）

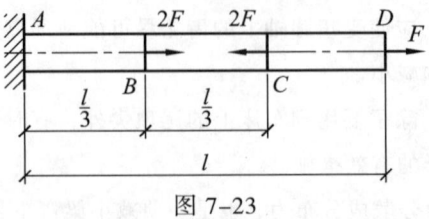

图 7-23

7-4 一木柱的受力如图 7-24 所示。已知木柱的横截面是边长为 200 mm 的正方形，木柱的弹性模量 $E=10\,\text{GPa}$。如不计木柱的自重，试求：（1）木柱 AC 段和 BC 段的轴向线应变；（2）木柱的总伸长。（答：1. $\varepsilon_{AC}=-0.25\times10^{-3}$，$\varepsilon_{CB}=-0.65\times10^{-3}$；2. $\Delta l=-1.35\,\text{mm}$）

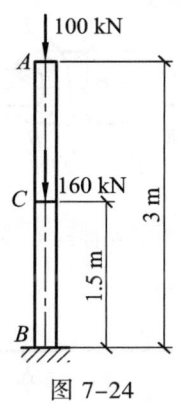

图 7-24

7-5 一根直径为 $d=16\,\mathrm{mm}$，长度 $l=3\,\mathrm{m}$ 的圆形截面杆件，承受轴向拉力 $F=30\,\mathrm{kN}$，轴向变形后的绝对伸长 $\Delta l = 2.2\,\mathrm{mm}$。试求此杆件横截面上的正应力和材料的弹性模量。（答：$\sigma=149\,\mathrm{MPa}$，$E=203\,\mathrm{GPa}$）

7-6 如图 7-25 所示的变截面直杆。已知粗细两端的横截面面积分别为 $A_1=8\,\mathrm{cm}^2$ 和 $A_2=4\,\mathrm{cm}^2$，直杆的弹性模量 $E=200\,\mathrm{GPa}$。试求此变截面直杆的总伸长 Δl。（答：$\Delta l=0.075\,\mathrm{mm}$）

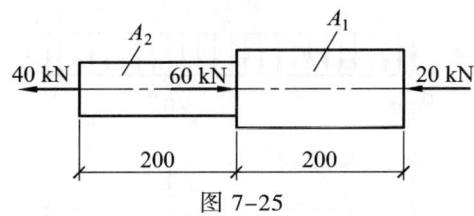

图 7-25

7-7 如图 7-26 所示的传动轴，其上主动轮Ⅰ，所传递力偶的力偶矩为 $1\,\mathrm{kN\cdot m}$，从动轮Ⅱ传力偶的力偶矩为 $0.6\,\mathrm{kN\cdot m}$。已知传动轴的直径 $d=40\,\mathrm{mm}$，各轮的间距 $l=500\,\mathrm{mm}$，传动轴材料的切变模量 $G=80\,\mathrm{GPa}$。试求：（1）合理布置各轮的位置；（2）传动轴在合理位置时的最大切应力 $\tau_{\max}$ 和最大相对扭转角 $\varphi_{AB\max}$。（答：1. 略；2. $\tau_{\max}=47.8\,\mathrm{MPa}$，$\varphi_{AB\max}=0.015\,\mathrm{rad}$）

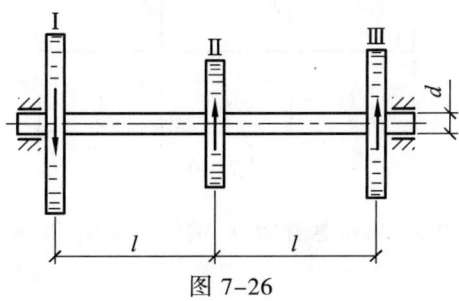

图 7-26

7-8 有一阶梯形圆轴，其空心段 AE 的外径 $D=140\,\mathrm{mm}$，内径 $d=100\,\mathrm{mm}$，其实心段 BC 的直径 $d=100\,\mathrm{mm}$（图 7-27）。已知在圆轴的 A、B、C 三处作用的外力偶的力偶矩分别为 $T_A=18\,\mathrm{kN\cdot m}$，$T_B=32\,\mathrm{kN\cdot m}$，$T_C=14\,\mathrm{kN\cdot m}$，圆轴的许用切应力 $[\tau]=80\,\mathrm{MPa}$，许用单位长度相对扭转角 $[\theta]=1.2°/\mathrm{m}$，切变模量 $G=80\,\mathrm{GPa}$。试校核此阶梯形圆轴的强度和刚度。（答：AE 段，$\tau_{\max}=43.8\,\mathrm{MPa}$，$\theta=0.44°/\mathrm{m}$；BC 段，$\tau_{\max}=71.3\,\mathrm{MPa}$，$\theta=1.02°/\mathrm{m}$；都安全）

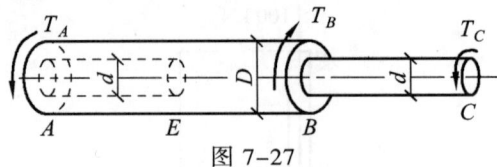

图 7-27

7-9 试用积分法求出图 7-28 所示的外伸梁外伸段 C 端的挠度 w_C。（答：$w_C = \dfrac{Fa^3}{EA}$）

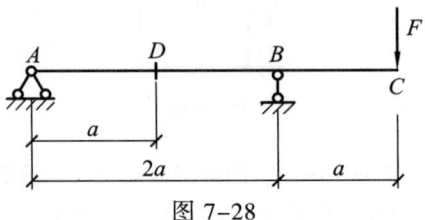

图 7-28

7-10 试用积分法求出图 7-29 所示的外伸梁 D 处的挠度 w_D 和 A 处的横截面的转角 θ_A。（答：$w_D = \dfrac{qa^4}{12EA}$，$\theta_A = \dfrac{qa^3}{6EI}$）

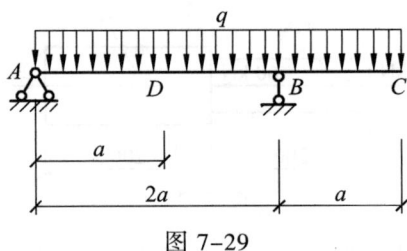

图 7-29

7-11 试用叠加法求出图 7-30 所示的悬臂梁 B 端的挠度 w_B。（答：$w_B = \dfrac{Fl^3}{9EA}$）

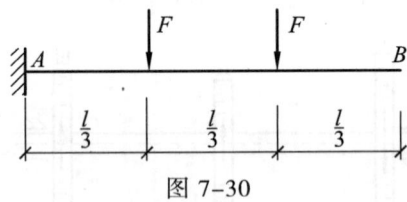

图 7-30

7-12 试用叠加法求出图 7-31 所示悬臂梁 B 端的挠度 w_B 和 B 端的横截面的转角 θ_B。（答：$w_B = \dfrac{qa^3}{24EA}(3a+4b)$，$\theta_B = \dfrac{qa^3}{6EI}$）

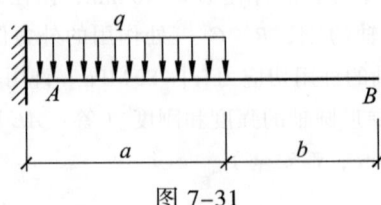

图 7-31

7-13 一工字钢简支梁上所承受的载荷如图 7-32 所示。已知梁跨度 $l=6\,\text{m}$，集中载荷 $F=10\,\text{kN}$，均布载荷的载荷集度 $q=4\,\text{kN/m}$，梁的挠度与跨度的许用比值 $\left[\dfrac{w}{l}\right]=\dfrac{1}{400}$，工字钢的型号为 20b，其弹性模量 $E=2\times10^5\,\text{MPa}$，试校核梁的刚度。

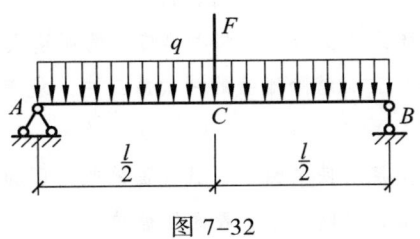

图 7-32

7-14 一工字钢简支梁上所承受的载荷如图 7-33 所示。已知梁跨度 $l=6\,\text{m}$，均布载荷的载荷集度 $q=8\,\text{kN/m}$，梁的两端所作用的力偶的力偶矩 $M=4\,\text{kN}\cdot\text{m}$，梁的许用应力 $[\sigma]=70\,\text{MPa}$，弹性模量 $E=2\times10^5\,\text{MPa}$，梁的挠度与跨度的许用比值 $\left[\dfrac{w}{l}\right]=\dfrac{1}{400}$，试选择工字钢的型号并校核梁的刚度。

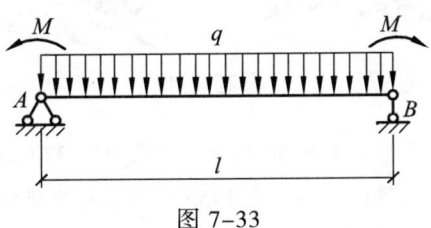

图 7-33

7-15 图 7-34 所示木梁的右端由钢拉杆支承。已知木梁的横截面图形为边长等于 0.2 m 的正方形，均布载荷的载荷集度 $q=40\,\text{kN/m}$，弹性模量 $E_1=10\,\text{GPa}$；钢拉杆的横截面面积 $A_2=250\,\text{mm}^2$，弹性模量 $E_2=210\,\text{GPa}$。试求钢拉杆的伸长 Δl 及木梁中点的挠度。（答：$\Delta l=2.28\,\text{mm}$，$w=7.39\,\text{mm}$）

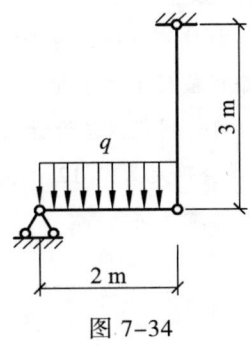

图 7-34

7-16 松木桁条的横截面为圆形，此桁条简化为简支梁，其跨度为 4 m，全梁上作用有载荷集度为 $q=1.82\,\text{kN/m}$ 的均布载荷。已知松木的许用应力 $[\sigma]=10\,\text{MPa}$，弹性模量 $E=10\,\text{GPa}$。桁条挠度与跨度的许用比值 $\left[\dfrac{w}{l}\right]=\dfrac{1}{200}$，今视桁条为一等直圆木梁，试求其横截面所需的直径。（答：$d=158\,\text{mm}$）

[辅助学习材料]

国际土木工程历史上的里程碑

人们常用"坚如磐石"来形容事物的牢不可破，同时也说明巨大的岩石的确不易凿开。古埃及人开凿大块石料首先在石料表面按所需轮廓凿出沟槽，再沿着沟槽打深孔，然后将木楔打入孔里，使之浸在水中膨胀到岩石裂开。我国先民开凿岩石是利用热应力的所谓火烧水淋法。据《华阳国志·蜀志》记载，战国时秦蜀守李冰在今四川宜宾清除滩险的一次施工中，就曾采用"其崖崭峻不可凿，乃积薪烧之，故其处悬崖有赤白五色。"

因为用火慢慢烧热岩石，然后浇水使之骤冷，其表面的收缩因为比内部来得快，从而受到了拉应力的作用。由于岩石的抗拉强度低，所以在岩石表面处被拉开。

合理利用石料的典型例子，在历史上莫过于我国隋代工匠李春创建的赵州桥（图辅 7-1）。赵州桥

图辅 7-1

位于河北赵县，建于公元 600 年前后，桥长 50.82 m，主孔净跨 37.02 m，拱矢净高 7.23 m。1300 多年来，赵州桥经受过许多次洪水、地震的考验，在 1955 年按最初桥修缮时，仍在通行载重汽车。

我们知道，岩石的抗压强度比抗拉强度高得多。而矩形梁弯曲时，其横截面上的最大拉应力和最大压应力绝对值相等，岩石受拉时容易破坏。拱的横截面上除了弯矩和剪力外，一般还有轴向压力，这样就降低了拱的最大拉应力，因而桥就不容易破坏了。赵州桥不仅是世界上现存最早的敞肩圆弧拱桥，而且在 14 世纪法国建造赛兰特圆拱桥以前，赵州桥是世界上净跨最大的石拱桥，而在 16 世纪 60 年代佛罗伦萨的圣三一桥建似前，赵州桥还是世界上矢跨比最小的石拱桥。

用结构力学中弹难的原理对赵州桥进行核算可知，由于在拱肩上总共附有四个小拱，并且采用尺寸适宜的薄拱顶填石，因而造成拱圈各个横截面上均承受了压应力，但拉应力又较小。这就充分发挥了石料抗压能力远大于抗拉能力的特点，符合现代拱桥设计的原理。

1991 年，赵州桥被美国土木工程师学会确定为第 12 个国际土木工程历史上的里程碑。在此之前入围的还有伦敦铁桥、巴黎埃菲尔铁塔、巴拿马运河等。

第八章

压杆的稳定性设计

压杆的失效，不但包括强度失效和刚度失效，而且还包括失去稳定性的屈曲失效。所以，对压杆的静力学设计，还应包括对压杆的稳定性设计。本章首先了解压杆的稳定性概念，然后再了解两端铰支细长压杆的临界力和不同杆端约束情况下压杆的临界力的基础上，进一步明确压杆的临界应力与欧拉公式的适用范围，从而掌握压杆的稳定性计算。最后介绍提高压杆稳定性的措施。

第一节 压杆的稳定性概念

由材料的力学性能可知，当受拉或受压杆件横截面上的应力达到屈服极限或强度极限时，会产生明显的塑性变形或断裂，表明杆件在此时已失去抵抗破坏的能力，或者说杆件发生了强度失效。但是，当细长的杆件受到轴向压力时，情况会有所不同。如图 8-1a 所示，两端为铰支的细长压杆，在轴向压力 F_P 的作用下保持了一定的直线平衡状态。今对该细长压杆施加一微小的横向干扰力 F_1，使其处于弯曲状态。当轴向压力 F_P 较小时，若撤去横向干扰力，则压杆会立即回复到原来的直线平衡状态（图 8-1b），说明细长压杆所处的这一直线平衡状态属于稳定平衡状态;但当轴向压力 F_P 增大到某一极限值 F_{Pcr} 时,再对该压杆施加一微小的横向干扰力使之轻微弯曲,若撤去横向干扰力,则压杆会在一种轻微弯曲的状态下保持新的平衡状态。也就是说,此时的压杆处在了一个将由稳定平衡状态向不稳定平衡状态转化的临界平衡状态。当轴向压力 F_P 超过极限 F_{Pcr} 时,再对压杆施加一微小的横向干扰力,压杆就会在原来的轻微弯曲平衡的状态下继续弯曲,直至弯曲断裂。这时压杆所处的状态,已是一种不稳定平衡状态(图 8-1c)。这里将**压杆临界平衡状态**

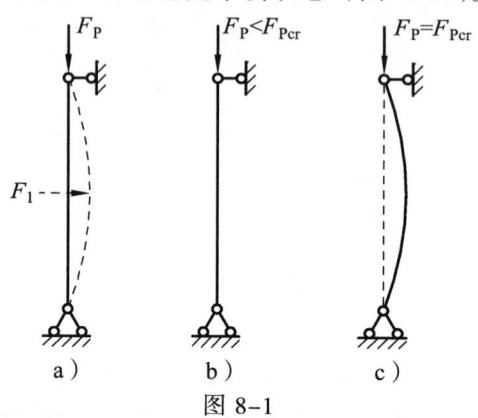

图 8-1

时所受到的轴向压力的极限值 F_{Pcr},称为临界力或临界载荷。压杆的这种由直线平衡状态转化为曲线平衡状态的现象,称之为**失稳**。压杆一旦失稳,也就失去了承受原设计载荷的能力。**压杆出现的这种由平衡状态突然转向不稳定平衡状态的失稳变形,即称为屈曲失效**。压杆的屈曲失效与其强度失效、刚度失效有着根本的差别,前者失效时的承载量远远低于后者,而且往往是突发的。在工业革命的土建史上,有不少桥梁的坍塌就是因压杆的失稳而造成的。如 1891 年 5 月 14 日,一辆客车通过瑞士明汉斯太因村的铁路桥时,由于桥梁桁架失稳,致使整个铁桥破坏,最终造成 12 节车厢颠覆,200 多人罹难。可见,在工程受压杆件的设计中,其稳定性问题也是不可忽视的。

实际上,压杆在临界力作用下,既可在直线状态下保持平衡,也可在轻微弯曲状态下保持平衡。但是,当压杆的轴向压力一旦达到或超过临界力时,压杆就会失稳。因此,工程上设计细长压杆时,应使其轴向压力足够小于临界力。试问:这里为什么要讲"足够小于"临界力呢?回答:是因为在设计细长压杆时,还要考虑到使之有一定的强度储备。

除细长压杆外,还有一些受力构件也存在一定的稳定性问题。如狭长的板条梁在平面弯曲时会发生侧向弯曲(图 8-2a),薄壁圆管在受到外压作用时的环形截面会变成椭圆形截面(图 8-2b),等等,这些都是因构件受力作用后发生失稳而出现了屈曲失效。

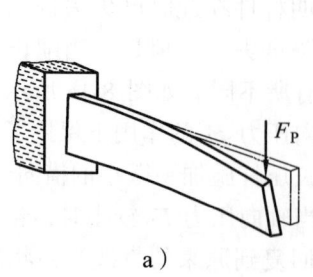
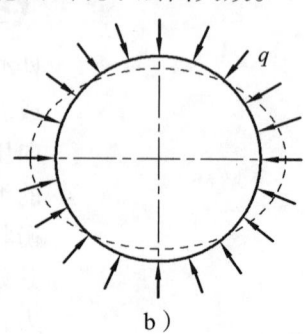

图 8-2

第二节 两端铰支细长压杆的临界力

一、两端铰支细长压杆的临界力

有一两端铰支（球铰）的细长直杆，当两端承受的轴向压力 F_P 逐渐增加到临界力 F_{Pcr} 时，压杆的直线平衡状态将会由稳定转变为不稳定。所谓不稳定，也就是压杆在此时也有可能处于轻微弯曲的曲线平衡状态。假设压杆在轴向压力作用下，呈现了轻微弯曲的曲线平衡状态。今选取图 8-3 所示的坐标系，在距离压杆铰链支座 O 为 x 的任意一横截面处，有挠度为 y，采用截面法取分离体，该处横截面上的弯矩由平衡方程，即得

$$M(x) = -F_{Pcr} y \tag{a}$$

由前一章可知，弹性杆件即梁弯曲时，它的变形挠曲线近似微分方程为

$$\frac{d^2 y}{dx^2} = \frac{M(x)}{EI} \tag{b}$$

现将式（a）代入式（b），得

$$\frac{d^2 y}{dx^2} = -\frac{F_{Pcr}}{EI} y \tag{c}$$

所得式（c）为一个二阶常系数线性微分方程，今由压杆的边界条件求解，即得两端铰支细长压杆的临界力 F_{Pcr} 的计算公式，也就是

$$F_{Pcr} = \frac{\pi^2 EI}{l^2} \tag{8-1}$$

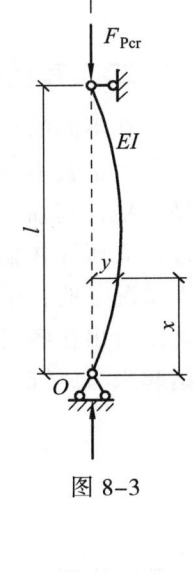

图 8-3

因式（8-1）是 200 多年前由瑞士数学家欧拉首先推导出来的，故又称**欧拉临界力公式**。

由式（8-1）可以看出，压杆的临界力 F_{Pcr} 与压杆的抗弯刚度 EI 成正比。就是说，压杆的抗弯刚度 EI 越大，相应的临界力 F_{Pcr} 也就越大，压杆抗失稳的能力也就越强。但应注意，式（8-1）是以两端为球铰约束的细长压杆推导而得出的。当压杆失稳时，显然压杆是绕横截面抗弯刚度 EI 值取得最小的轴的方向弯曲。由式（8-1）还可以看出，压杆的临界力 F_{Pcr} 与压杆的长度 l 的平方成反比，所以压杆的长度 l 对临界力的大小影响很大。一般长度为 l 的压杆与长度为 $2l$ 或 $3l$ 的压杆比较，若其他条件均相同，则后者的临界力大小只有前者的 1/4 或 1/9。可见，压杆的长度只要稍微增加，其临界力就大为减小。

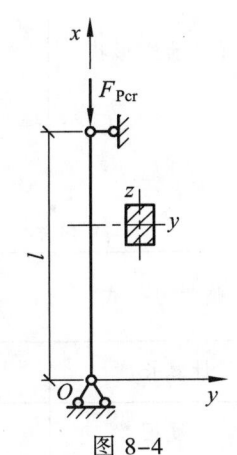

图 8-4

【**例 8-1**】 如图 8-4 所示，一横截面中心有压力作用的直杆，其长度 $l = 8$ m，直杆横截面为矩形的宽度 $b = 120$ mm，高度 $h = 200$ mm。已知直杆上下两端为球铰链支座，材料弹性模量 $E = 10$ GPa，试确定该受压直杆的临界力 F_{Pcr} 的大小。

【**解**】 当受压直杆两端在各个方向上的约束情况都相同时，它的失稳

总是朝着横截面抗弯刚度 EI 值取得最小的方向弯曲。为此，计算出横截面的过形心轴最小惯性矩，即为

$$I = I_z = \frac{bh^3}{12} = \frac{1}{12} \times 200 \times 10^{-3} \times (120 \times 10^{-3})^3 \, \text{m}^4$$
$$= 2.88 \times 10^{-5} \, \text{m}^4 = 2.88 \times 10^7 \, \text{mm}^4$$

由欧拉公式，计算出该受压直杆的临界力，即为

$$F_{\text{Pcr}} = \frac{\pi^2 EI}{l^2} = \frac{3.14^2 \times 10 \times 10^9 \times 2.88 \times 10^{-5}}{8^2} \, \text{N} = 44.37 \times 10^3 \, \text{N} = 44.37 \, \text{kN}$$

二、其他杆端约束情况下的细长压杆的临界力

在不同的杆端约束情况下，由于细长压杆受到的限制变形的程度会不同，因此压杆的抗弯能力也就不一样。压杆两端对杆的约束越强，压杆的抗弯能力也就越强，自然也就越不容易失稳，其临界力的值也就越高。压杆在不同杆端约束情况下的临界力计算公式，同样可通过建立压杆在临界平衡时的弯曲挠曲线近似微分方程求得。在这里，我们将几种常见杆端约束情况下的，等截面细长压杆的临界力计算公式列于表 8-1 中。比较表中各临界力的表达式，可以看出在各式分母中，只是压杆长度 l 前的系数有所不同。于是，把表达式中的各分母归纳起来写成统一的式子，即为

$$F_{\text{Pcr}} = \frac{\pi^2 EI}{(\mu l)^2} \tag{8-2}$$

表 8-1　不同杆端约束情况下的等截面细长压杆的临界力计算公式

杆端约束情况	两端铰支	一端固定一端自由	一端固定，一端可上下移动（不能转动）	一端固定，一端铰支
弹性曲线形状				
临界力公式	$F_{\text{Pcr}} = \dfrac{\pi^2 EI}{l^2}$	$F_{\text{Pcr}} = \dfrac{\pi^2 EI}{(2l)^2}$	$F_{\text{Pcr}} = \dfrac{\pi^2 EI}{(0.5l)^2}$	$F_{\text{Pcr}} = \dfrac{\pi^2 EI}{(0.7l)^2}$
计算长度	l	$2l$	$0.5l$	$0.7l$
长度因数	$\mu = 1$	$\mu = 2$	$\mu = 0.5$	$\mu = 0.7$

式（8-2）即为欧拉公式的普遍表达式。式中的μl，是把不同杆端约束的压杆长度，折算后写成了杆端约束为两端铰支的细长压杆的长度表达形式，通常将其称为**计算长度**，杆长度l前的μ称为**长度因数**。长度因素μ反映了杆端约束情况对临界力的影响。由此看来，要说细长压杆的失稳总是在朝着截面抗弯刚度EI值取得最小的方向而弯曲，当然还要看这些压杆在各方向的约束情况是否都一样。若压杆在各方向的约束情况不同，则临界力表达式中的计算长度因素μ就会不一样。因此，要论压杆稳定性的强弱，不能单从压杆的抗弯刚度来分析，其中压杆的长度因数μ也影响着压杆稳定性的强弱。在工程的有关设计规范中，对于不同杆端约束的压杆的长度因数μ之值都有明确的规定，计算时可直接查用。

第三节 压杆的临界应力与欧拉公式的适用范围

一、临界应力

当细长压杆在临界力F_{Pcr}的作用下，而处于一个由稳定平衡状态向不稳定平衡状态转化的临界平衡状态时，其横截面上的压应力，可直接采用直杆轴向拉伸或压缩时横截面上的正应力公式来计算。这样由欧拉公式（8-2），即得压杆临界应力σ_{cr}为

$$\sigma_{cr} = \frac{F_{Pcr}}{A} = \frac{\pi^2 EI}{(\mu l)^2 A} = \frac{\pi^2 E}{(\mu l)^2} \times \frac{I}{A} \tag{8-3}$$

式中，令$\sqrt{\dfrac{I}{A}} = i$，i称为压杆横截面对中性轴的惯性半径。于是，式（8-3）又可写成

$$\sigma_{cr} = \frac{F_{Pcr}}{A} = \frac{\pi^2 E}{(\mu l)^2} \times i^2 = \frac{\pi^2 E}{\left(\dfrac{\mu l}{i}\right)^2}$$

由于压杆的计算长度μl和惯性半径i都是表征压杆几何性质的量，因此将两者集中放一处，用其比值$\dfrac{\mu l}{i}$来表示压杆的长细程度，并以符号λ示之。λ称为**压杆的柔度或长细比**，它是一个量纲为1的量。这时的式（8-3），由此还可写成

$$\sigma_{cr} = \frac{\pi^2 E}{\lambda^2} \tag{8-4}$$

式（8-4）仍为压杆临界应力的计算公式，是欧拉公式的另一种表达形式。由式（8-4）还可以看出，对于同一种材料制成的压杆，其柔度λ越大，临界应力σ_{cr}就越小，压杆就越容易失稳。但应注意，若压杆在不同平面内的杆端约束情况不同时，则必须先分别算出不同平面内相应的柔度λ，然后再按柔度λ较大者算出压杆的临界应力σ_{cr}，因为压杆总是在柔度λ较大的平面内首先失稳。

说到这里，不妨问一下：在实际工程的应用中，应当如何来提高压杆的稳定性？可以说，要提高细长压杆稳定性，关键是提高压杆的临界力。为此，从以下两个方面入手考虑：

第一，从压杆柔度方面考虑，应选择合理的截面形状。因为临界应力与柔度λ有关，柔

度越小则临界应力就越高。对于长度和杆端约束情况一定的压杆，在横截面面积一定的情况下，应尽量使截面面积分布远离中性轴，以增大其惯性矩 I。但要注意，当压杆在各方向的杆端约束情况相同时，为了避免压杆在柔度 λ 较大的平面内先失稳而弯曲，应选择能使压杆在各方向的惯性矩都相同或相近的截面形状。如两端约束为球铰或固定端的压杆，就宜选用中空的圆形或正方形截面。因为这里选用的压杆的杆端约束在各方向的约束情况都相同，同时也保证了惯性矩在各方向都相同或相近，在工程实际中选用这样的截面无疑也是最经济的。另外，由于压杆所具备的约束程度越强，所表现出的柔度就越小，因此应尽量采用长度因数 μ 值较小的约束形式，以提高压杆的稳定性。还有，因压杆的临界力 F_{Pcr} 的大小与压杆的长度 l 的平方成反比，故减小压杆的长度可以大幅度地提高压杆的稳定性。

第二，从压杆材料方面考虑。当压杆的其他各种条件都相同时，应选择弹性模量较高的材料，这样也可以提高压杆的稳定性。但就钢材料而言，因各种不同类型的钢材料的弹性模量大致相同，故选择高强度钢去代替普通钢，对提高压杆临界力的作用甚微，其结果反倒造成材料浪费。但对于中、小柔度杆，因为压杆的临界力与材料的比例极限或抗压强度都有关，所以选用高强度的材料，显然有利于提高压杆的稳定性。

二、欧拉公式的适用范围

因为欧拉公式是通过压杆在临界平衡状态时的弯曲挠曲线近似微分方程建立的，而此微分方程又是建立在胡克定律基础上的，所以由该方程推导而来的欧拉公式，也仅适用于压杆的临界应力 σ_{cr} 不超过材料的比例极限 σ_P 时的情形。现将压杆的欧拉临界应力公式（8-4）的适用范围，用一数学式表达出来，即为

$$\sigma_{cr} = \frac{\pi^2 E}{\lambda^2} \leqslant \sigma_p \quad \text{或} \quad \lambda \geqslant \pi \sqrt{\frac{E}{\sigma_p}}$$

令 $\lambda_p = \pi \sqrt{\dfrac{E}{\sigma_p}}$，以上适用范围的数学表达式，又可写成为

$$\lambda \geqslant \lambda_p = \pi \sqrt{\frac{E}{\sigma_p}} \tag{8-5}$$

式中，λ_p 为对应于材料比例极限时的柔度值。不同材料的压杆，其 λ_p 数值也不同。如 Q235 钢，已知其弹性模量 $E = 205\,\text{GPa}$，比例极限 $\sigma_p = 200\,\text{MPa}$，代入式（8-5），即得

$$\lambda_p = \sqrt{\frac{2.06 \times 10^5}{200}} \approx 100$$

这说明由 Q235 钢制成的压杆，只有柔度当 $\lambda \geqslant 100$ 时，才能应用欧拉公式计算临界应力。对于满足上述公式条件的压杆，通常称为大柔度杆或细长压杆，也就是指 $\lambda \geqslant \lambda_p$ 的压杆。由此看来，欧拉公式是只适用于大柔度杆的。

【例 8-2】 已知一中心受压木柱，长度 $l = 9\,\text{m}$，横截面为矩形，其尺寸 $b \times h = 120\,\text{mm} \times 250\,\text{mm}$。受压木柱杆端的支承情况：在最大刚度平面内弯曲时（横截面绕轴 y 转动），柱子两端为铰支，如图 8-5a 所示；在最小刚度平面内弯曲时（横截面绕 z 轴转动），柱子两端为固定，如图 8-5b 所示。木柱的弹性模量 $E = 10\,\text{GPa}$，柔度 $\lambda_p = 110$，试求木柱的临界应力和临界力。

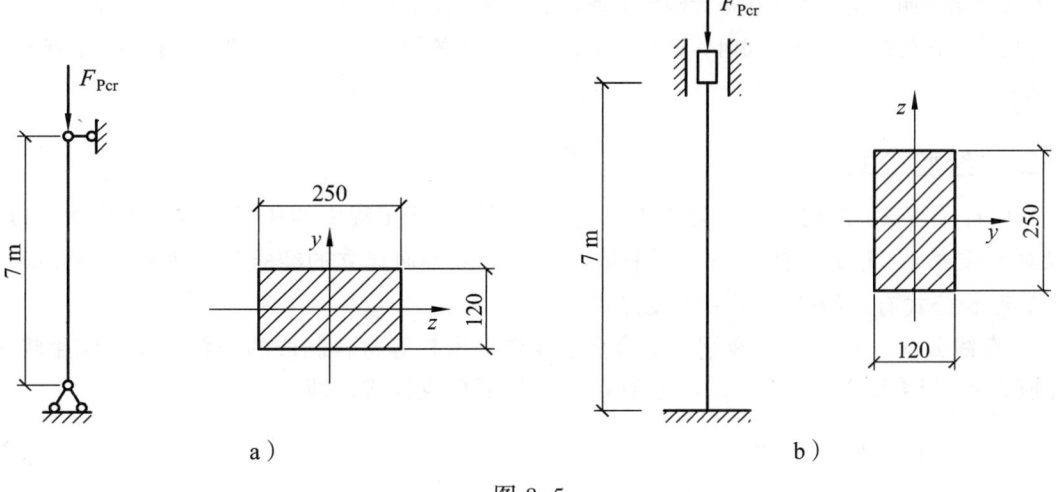

图 8-5

【解】 （1）计算受压木柱在最大刚度平面内弯曲时的临界应力和临界力。木柱之矩形横截面对轴 y 的惯性半径为

$$i_y = \sqrt{\frac{I_y}{A}} = \frac{h}{\sqrt{12}} = \frac{250 \times 10^{-3}}{\sqrt{12}}\text{m} = 72.17 \times 10^{-3}\text{m} = 72.17\text{ mm}$$

木柱在最大刚度平面内弯曲的约束为两端铰支，其长度系数 $\mu = 1$，柔度即为

$$\lambda_y = \frac{\mu l}{i_y} = \frac{1 \times 9}{72.17 \times 10^{-3}} = 125 > 110$$

木柱为细长压杆，用欧拉公式计算得临界应力和临界力为

$$\sigma_{cr} = \frac{\pi^2 E}{\lambda_y^2} = \frac{\pi^2 \times 10 \times 10^9}{125^2}\text{Pa} = 6.3 \times 10^6\text{Pa} = 6.3\text{ MPa}$$

$$F_{Pcr} = A \cdot \sigma_{cr} = 120 \times 10^{-3} \times 250 \times 10^{-3} \times 6.3 \times 10^6 \text{N} = 189 \times 10^3 \text{N} = 189 \text{ kN}$$

（2）计算受压木柱在最小刚度平面内弯曲时的临界应力和临界力。木柱之矩形截面对轴 z 的惯性半径

$$i_z = \frac{h}{\sqrt{12}} = \frac{120 \times 10^{-3}}{\sqrt{12}}\text{m} = 36.64 \times 10^{-3}\text{m} = 34.64\text{ mm}$$

木柱在最小刚度平面内弯曲的约束为两端固定，其长度系数 $\mu = 0.5$，柔度即为

$$\lambda_z = \frac{\mu l}{i_z} = \frac{0.5 \times 9 \times 10^3}{36.64} = 123 > 110$$

木杆为细长压杆，用欧拉公式计算得临界应力和临界力为

$$\sigma_{cr} = \frac{\pi^2 E}{\lambda_z^2} = \frac{\pi^2 \times 10 \times 10^9}{123^2}\text{Pa} = 6.5 \times 10^6\text{Pa} = 6.5\text{ MPa}$$

$$F_{Pcr} = A \cdot \sigma_{cr} = 120 \times 10^{-3} \times 250 \times 10^{-3} \times 6.5 \times 10^6 \text{N} = 195 \times 10^3 \text{N} = 195 \text{ kN}$$

计算结果表明，受压木柱在最大刚度平面内的临界力要小些，将最先失稳。由此可见，当压杆在两个方向平面内的杆端约束不同时，还是要通过对其约束的相关计算，才能判断压杆是朝着哪个方向弯曲而失稳。

三、经验公式

当压杆柔度 $\lambda < \lambda_p$ 时，欧拉公式不再适用。因为实际工程中的压杆又较少采用大柔度杆，所以对于柔度 $\lambda < \lambda_p$ 的压杆，一般都采用以实验为基础而建立的经验公式来确定临界应力。常用的经验公式有直线公式和抛物线公式。

1. 直线公式 对于用合金钢、铝合金、铸铁、木材等材料制成的压杆，通常应用将压杆临界应力 σ_{cr} 与柔度 λ 之间的关系，近似表示为如下直线公式，即

$$\sigma_{cr} = a - b\lambda \tag{8-6}$$

式中，a、b 都是与压杆材料力学性能有关的常数，其值随材料的不同而不同。工程上几种常用材料的常数 a、b，以及柔度 λ_p、λ_s 列于表 8-2 中。表中的 λ_s 是柔度的最小极限值，它的大小与材料的压缩极限应力有关。大量钢制压杆的失效试验表明，不同柔度压杆对应不同的失效区域，因此对不同柔度压杆应按不同的方式处理：对于柔度 $\lambda < \lambda_s$ 的小柔度杆，不论是在多大的轴向压力下，都不存在失稳现象，仅按强度问题对待；对于 $\lambda_s \leq \lambda < \lambda_p$ 的中柔度杆，用直线公式（8-6）进行临界应力的计算；对于 $\lambda \geq \lambda_p$ 的大柔度杆，用欧拉公式进行临界应力的计算。

表 8-2　几种常用材料的常数 a、b 及 λ_p、λ_s 的值

材　料	a/MPa	b/MPa	λ_p	λ_s
Q235 钢	304	1.12	100	60
优质碳素钢	461	2.57	86	44
硅钢	577	3.74	100	60
铬钼钢	980	5.29	55	0
硬铝	372	2.14	50	0
铸铁	332	1.45		
松木	28.7	0.2	59	0

另外，对于塑性材料的压缩极限应力达到材料的屈服强度 σ_s 时，可令公式（8-6）中的 $\sigma_{cr} = \sigma_s$，即得塑性材料使用直线公式时的柔度最小值为

$$\lambda_s = \frac{a - \sigma_s}{b} \tag{8-7}$$

如果将上式中的 σ_s 换成脆性材料的抗拉强度 σ_b，那么也可到得脆性材料压杆使用直线公式时的柔度最小值 λ_b。

综上所述，将各类柔度的压杆临界应力计算公式归纳之，即如下：

对于细长压杆（$\lambda \geq \lambda_p$），用欧拉公式 $\sigma_{cr} = \dfrac{\pi^2 E}{\lambda^2}$；对于中长压杆（$\lambda_s \leq \lambda < \lambda_p$），用经验

公式 $\sigma_{cr}=a-b\lambda$；对于短粗压杆（$\lambda<\lambda_s$），用压缩强度公式 $\sigma_{cr}=\sigma_s$。

对于以上三种情况，今以柔度 λ 为横坐标，临界应力 σ_{cr} 为纵坐标，将临界应力与柔度的关系曲线绘于图 8-6 中，即得到全面反映各类柔度压杆**临界应力随柔度变化的临界应力总图**。

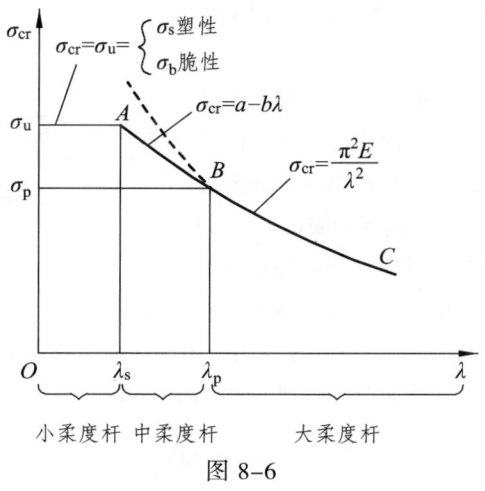

图 8-6

2. 抛物线公式 对于合金钢、铅金钢等材料制成的非细长压杆，一般采用如下介绍的抛物线公式来计算临界应力，即

$$\sigma_{cr}=a_1-b_1\lambda^2 \tag{8-8}$$

式中，a_1、b_1 都是与材料力学性能有关的常数，随材料的不同而不同，不同材料在不同柔度的范围内，对应着不同临界应力的表达式。

如 Q235 钢（$\sigma_s=235$ MPa）和 16 Mn 钢（$\sigma_s=343$ MPa）对应于各自的抛物线公式分别为

$$\sigma_{cr}=(235-0.006\,68\,\lambda^2)\text{ MPa}\ (\lambda\leqslant 123) \tag{8-9}$$

$$\sigma_{cr}=(343-0.0142\,\lambda^2)\text{ MPa}\ (\lambda\leqslant 102) \tag{8-10}$$

对于大柔度压杆，采用欧拉公式计算临界应力，对于小柔度压杆和中柔度压杆，采用以上给出的抛物线公式计算临界应力。今给出 Q235 钢压杆的临界应力总图，即如图 8-7 所示。

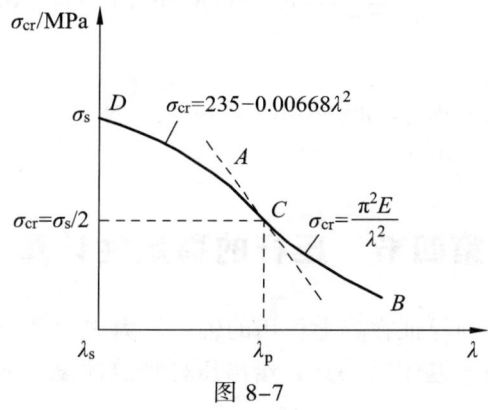

图 8-7

一般情况下，通常将欧拉双曲线与抛物线的连接点取在 $\sigma_{cr}=\sigma_s/2$ 处。

【例 8-3】 由 Q235 钢制成的横截面为矩形的受压直杆,其两端的约束为销钉联结,如图 8-8 所示。已知受压直杆的长度 $l = 2300$ mm,横截面宽度 $b = 40$ mm,高度 $h = 60$ mm,压杆材料的弹性模量 $E = 205$ GPa。试求此压杆的临界力。

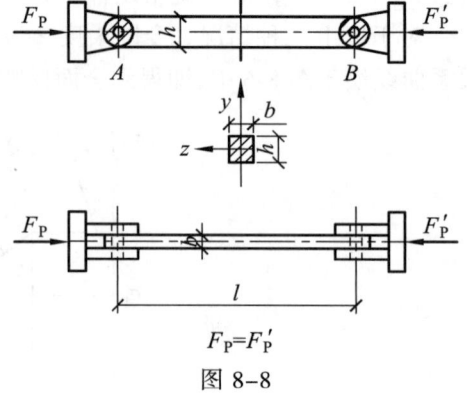

图 8-8

【解】 压杆两端约束为销钉联结,是不同于球铰链约束的。当压杆在图所示的主视图平面内弯曲时,两端约束可以转动,相当于圆柱铰链;当压杆在图所示的俯视图平面内弯曲时,两端约束不能转动,相当于固定端。因此,压杆在主视图平面内失稳弯曲时,其矩形横截面将绕轴 z 转动;而在俯视图平面内失稳弯曲时,其矩形横截面将绕轴 y 转动。基于这一点,先算出压杆在这两个平面内的柔度,以确定在哪一个平面内失稳。在俯视图平面内,取长度因数 $\mu = 0.5$,矩形横截面对中性轴 y 的惯性半径为

$$i_y = \sqrt{\frac{I_y}{A}} = \frac{b}{2\sqrt{3}} = \frac{40 \times 10^{-3}}{2\sqrt{3}} \text{ m} = 11.55 \text{ mm}$$

压杆的柔度为

$$\lambda_y = \frac{\mu l}{i_y} = \frac{0.5 \times 2300 \times 10^{-3}}{11.55 \times 10^{-3}} = 99.57$$

在主视图平面内,取长度因数 $\mu = 1$,矩形横截面对中性轴 z 的惯性半径为

$$i_z = \sqrt{\frac{I_z}{A}} = \frac{h}{2\sqrt{3}} = \frac{60 \times 10^{-3}}{2\sqrt{3}} \text{ m} = 17.32 \text{ mm}$$

压杆的柔度为

$$\lambda_z = \frac{\mu l}{i_z} = \frac{1 \times 2300 \times 10^{-3}}{17.32 \times 10^{-3}} = 132.79$$

对于由 Q235 钢制成的压杆,在主视图平面内因有柔度 $\lambda_z > \lambda_p = 100$,属于细长压杆,故用欧拉公式计算得临界应力为

$$\sigma_{cr} = \frac{\pi^2 E}{\lambda_z^2} = \frac{3.14^2 \times 205 \times 10^9}{132.79^2} \text{ Pa} = 114.6 \times 10^6 \text{ Pa} = 114.6 \text{ MPa}$$

临界力为

$$F_{Pcr} = A\sigma_{cr} = bh\sigma_{cr} = 40 \times 60 \times 10^{-6} \times 114.6 \times 10^6 \text{ N}$$
$$= 275.1 \times 10^3 \text{ N} = 275.1 \text{ kN}$$

第四节 压杆的稳定性计算

对于正常工作的压杆,须保证在其上作用的轴向压力 F_P 不得超过压杆的临界力 F_{Pcr},同时还应具备一定的安全储备。基于这一点,给出压杆稳定性设计准则,即为

$$F_P \leqslant \frac{F_{Pcr}}{n_{st}} = [F]_{st} \tag{8-11}$$

式中，n_{st} 为稳定安全因数，$[F]_{st}$ 为稳定许用载荷。或以临界应力表达以上准则，即写成

$$\sigma \leqslant \frac{\sigma_{cr}}{n_{st}} = [\sigma]_{st} \tag{8-12}$$

这就是说，压杆正常工作时，其横截面上的应力 σ 不能超过压杆的稳定许用应力 $[\sigma]_{st}$。因为工程上正常工作的压杆并非都是很理想的直杆，如在制造时不可避免地会出现初始曲率或局部削弱等，这些缺陷均会造成压杆上作用的载荷偏心，从而引起压杆临界力下降。所以，通常选定的稳定安全因数，要大于压杆的强度安全因数。为了计算的实用和方便，又将稳定许用应力 $[\sigma]_{st}$ 取为强度许用应力 $[\sigma]$ 乘以折减系数 φ，即

$$[\sigma]_{st} \leqslant \frac{\sigma_{cr}}{n_{st}} = \varphi[\sigma]$$

式中，φ 值总是小于 1 的。须指出，这里的稳定许用应力 $[\sigma]_{st}$ 和强度许用应力 $[\sigma]$ 有着明显的本质上的差别。$[\sigma]$ 只取决于压杆的材料，材料一定，许用应力 $[\sigma]$ 即为定值。而 $[\sigma]_{st}$ 不单与压杆的材料有关，而且还与显示压杆长细尺寸的柔度 λ 有关。同一种材料制成的不同柔度 λ 的压杆，其 $[\sigma]_{st}$ 是不同的。因为同种材料的压杆的折减系数 φ，是随压杆柔度 λ 的变化而变化的。表 8-3 列出了一些工程上常用材料压杆的折减系数。

表 8-3 工程上常用材料压杆的折减系数

λ	折减系数 φ 值				
	Q235 钢	16 锰钢	铸 铁	木 材	混凝土
0	1.000	1.000	1.00	1.000	1.00
20	0.981	0.973	0.91	0.932	0.96
40	0.927	0.895	0.69	0.822	0.83
60	0.842	0.776	0.44	0.668	0.70
70	0.789	0.705	0.34	0.575	0.63
80	0.731	0.627	0.26	0.470	0.57
90	0.669	0.546	0.20	0.371	0.51
100	0.604	0.462	0.16	0.300	0.46
110	0.536	0.384		0.248	
120	0.466	0.325		0.209	
130	0.401	0.279		0.178	
140	0.349	0.242		0.153	
150	0.306	0.213		0.134	
160	0.272	0.188		0.117	
170	0.243	0.168		0.104	
180	0.218	0.151		0.093	
190	0.197	0.136		0.083	
200	0.180	0.124		0.075	

压杆在工程上的设计规范，通常采用的是以下的稳定性设计准则，即

$$\sigma = \frac{F_P}{A} \leqslant \varphi[\sigma] \tag{8-13}$$

应用式（8-13），可按工程要求对压杆进行两方面的计算：

一、压杆的稳定性校核

已知压杆的长度、支承情况、材料、横截面尺寸，以及作用于压杆的轴向压力，用式（8-13）进行计算，即校核压杆是否符合稳定性设计准则。计算时，首先按压杆的支撑情况查表 8-1，确定长度因数 μ 值，然后由已知的横截面尺寸计算其横截面面积 A、惯性距 I、惯性半径 i 和柔度 λ，接着根据压杆的材料和柔度 λ，由表 8-3 查出折减系数 φ 值，最后代入式（8-13）进行计算。

二、压杆的截面合理选择

以上的压杆稳定性设计准则式（8-13），若写成以下形式

$$A \geqslant \frac{F_P}{\varphi[\sigma]} \tag{8-14}$$

则可以看出，欲确定压杆的横截面面积 A，需要先知道折减系数 φ。由于折减系数 φ 与柔度 λ 有关，而柔度 λ 和惯性半径 i 又与横截面尺寸有关，所以在横截面尺寸未确定之前，也就无法知道 λ 以及 φ。为此，在工程上通常采用试算的办法来解决，其计算步骤是：

（1）先假设一适中的折减系数 φ_1（通常取 $\varphi_1 = 0.5 \sim 0.6$）值，代入式（8-14），计算出压杆的横截面面积 A_1。

（2）按初步计算出的横截面面积 A_1，再去计算惯性矩 I_1、惯性半径 i_1 及柔度 λ_1，然后根据压杆的柔度 λ_1 及压杆的材料，通过表 8-3 查出相应的 φ_1' 值；接着比较查出的 φ_1' 与假设的 φ_1 值的大小，若两者相差较小，则可由最初计算出的横截面面积 A_1 和查出的 φ_1' 进行稳定性校核，计算压杆是否符合稳定性设计准则。

（3）在比较查出的 φ_1' 与假设的 φ_1 值的大小时，若两者相差较大，则要再假设 φ_2 值。这时假设的 $\varphi_2 = \dfrac{\varphi_1' + \varphi_1}{2}$。接着重复上述步骤（1）、（2），进行第二轮乃至第三轮的计算，直到使后来查出的 φ_n' 与假设的 φ_n 值的大小较为接近为止，最后对所选择的截面进行一次稳定性校核。

【例 8-4】 已知一木柱高度 $h = 3.5$ m，木柱的横截面为圆形，两端的约束为铰支，承受着轴向压力 $F_P = 75$ kN，木材的许用应力 $[\sigma] = 10$ MPa。试求此木柱受压而又符合稳定性设计准则的直径。

【解】 （1）先假设折减系数 $\varphi_1 = 0.5$，由稳定性设计准则式（8-14）初步算出木柱的横截面面积 A_1 为

$$A_1 \geqslant \frac{F_P}{\varphi_1[\sigma]} = \frac{75 \times 10^3}{0.5 \times 10 \times 10^6} \text{m}^2 = 15 \times 10^{-3} \text{m}^2 = 15 \times 10^3 \text{mm}^2$$

由此再计算出木柱的直径 d 为

$$d_1 = \sqrt{\frac{4A_1}{\pi}} = \sqrt{\frac{4 \times 15 \times 10^{-3}}{3.14}}\text{m} = 13.8 \times 10^{-2}\text{m} = 138\text{mm}$$

取直径 $d_1 = 140$ mm。

（2）按初选木柱的直径 $d_1 = 140$ mm，再计算横截面惯性半径 i_1 及柔度 λ_1 为

$$i_1 = \frac{d_1}{4} = \frac{140}{4}\text{mm} = 35\text{mm}, \quad \lambda_1 = \frac{\mu l}{i_1} = \frac{1 \times 3500}{35} = 100$$

通过表 8-3 查出相应的折减系数 $\varphi_1' = 0.3$，与假设的折减系数 $\varphi_1 = 0.5$ 相差较大。于是，再假设折减系数 φ_2 并重新计算。

（3）假设折减系数 $\varphi_2 = \frac{\varphi_1' + \varphi_1}{2} = \frac{0.3 + 0.5}{2} = 0.4$，重复上述步骤计算出木柱的横截面面积及直径 d_2 为

$$A_2 \geqslant \frac{F_P}{\varphi_2[\sigma]} = \frac{75 \times 10^3}{0.4 \times 10 \times 10^6}\text{m}^2 = 18.75 \times 10^{-3}\text{m}^2 = 18.75 \times 10^3\text{mm}^2$$

$$d_2 = \sqrt{\frac{4A_2}{\pi}} = \sqrt{\frac{4 \times 18.75 \times 10^{-3}}{3.14}}\text{m} = 15.45 \times 10^{-2}\text{m} = 154.5\text{mm}$$

取直径 $d_2 = 160$ mm。

（4）按再选的直径 $d_2 = 160$ mm，计算其横截面惯性半径 i_2 及柔度 λ_2 为

$$i_2 = \frac{d_2}{4} = \frac{160}{4}\text{mm} = 40\text{mm}, \quad \lambda_2 = \frac{\mu l}{i_2} = \frac{1 \times 3500}{40} = 87.5$$

通过表 8-3 查出折减系数 $\varphi_2' = 0.393$，与再次假设的折减系数 $\varphi_2 = 0.4$ 较为接近，故不必再选。

（5）最后，对所选择的横截面进行一次稳定性校核。木柱受压时，其横截面的工作应力为

$$\sigma = \frac{F_P}{A} = \frac{75 \times 10^3}{\frac{\pi}{4} \times (160 \times 10^{-3})^2}\text{Pa} = 3.73\text{MPa}$$

相应的稳定许用应力为

$$[\sigma]_{st} = \varphi[\sigma] = 0.393 \times 10 \times 10^6 \text{Pa} = 3.93\text{MPa}$$

因为有 $\sigma < [\sigma]_{st} = \varphi[\sigma]$，所以可知木柱在此时承受的轴向压力下是符合稳定性设计准则的，最后确定木柱的直径为 160 mm。

第五节　提高压杆稳定性的措施

压杆稳定性的提高，就是要提高压杆的临界力。从临界力或临界应力的公式可以看出，影响临界力的因素主要在以下几个方面，即压杆的截面形状、压杆的长度、压杆的约束情况，以及材料的力学性能等。为了提高压杆的稳定性，通常采用的措施是：

一、选择合理的截面形状

由以上分析可知，压杆的稳定性与压杆的柔度有关。柔度越大，则稳定性越差，如果有

两根压杆的横截面面积相等，但是截面形状不同，那么压杆的承载力也就不同。由于压杆的柔度λ与横截面的最小惯性半径i成反比，因此，对于各个方向杆端约束相同的压杆，就要求截面对形心主惯性轴的惯性半径相等：$i_y = i_z$（即$I_y = I_z$），而且尽可能增大横截面的惯性矩。如面积相等的正方形截面（图8-9a）与矩形截面（图8-9b）相比较，矩形截面的i_y比正

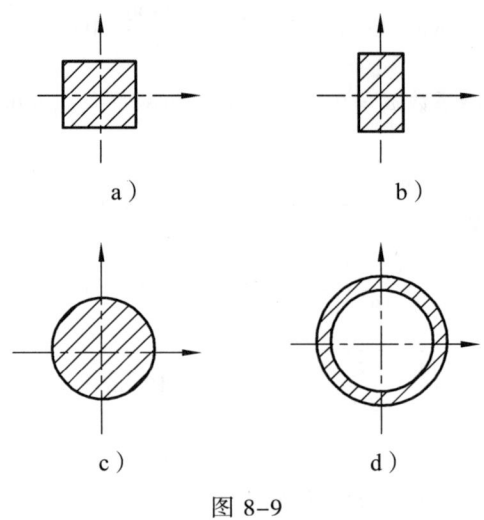

图 8-9

方形截面的要小，说明选用压杆截面为正方形的比较合理。又如面积相同的实心圆截面与空心圆截面相比较（图8-9c、d），因为空心圆截面的材料多分散在离截面形心轴的较远处，其惯性矩、惯性半径必然大于实心圆截面的值，所以选用空心圆截面比较为合理。再如由槽钢制成的压杆有两种截面的放置形式，其中图8-10b较图8-10a更合理，因为图8-10a中截面对

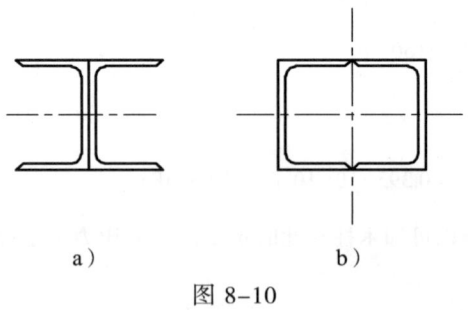

图 8-10

竖轴的惯性矩比对横轴的要小很多，这就降低了压杆的临界力。所以在钢结构中，常见方格结构式的截面，就是利用了合理放置截面来提高杆件的稳定性的。

二、减小压杆长度

从细长压杆的欧拉公式可以看出，临界力与压杆长度的平方成反比。所以，在压杆的设计中应尽量减小压杆的长度，或者在不便减小压杆的长度时通过设置中间支座来降低跨的长度，从而实现压杆稳定性的提高。例如，在实际工程中常见到的厂房柱的柱间支撑，房建施工中脚手架横撑等，这些都是采用此措施来提高受压杆的稳定性的。

三、改善约束条件

对细长压杆来说，临界力与反映杆端约束条件的长度系数 μ 的平方是成反比的。这样在工程上往往通过增强杆端约束的紧固程度来降低 μ 值，从而提高了压杆的临界力。

四、合理选择材料

欧拉公式表明，临界力与压杆材料的弹性模量成正比。用弹性模量高的材料制成的压杆，其稳定性就好。在实际工程的应用中，虽然合金钢等优质钢材的强度指标比普通低碳钢要高，但其弹性模量与低碳钢来比却相差无几。因此，对于大柔度杆选用优质钢材，对提高压杆的稳定性作用不大。而对于中小柔度杆，因为其临界力与材料的强度指标有关，所以选用高强度材料对提高中小柔度杆的稳定性还是有一定的作用的。

思 考 题

8-1 判断题（对以下论述正确的在其后的括号内画√，错误的画×）：

（1）只要是轴向压杆，其临界力均可使用欧拉公式进行计算。（　　）

（2）采用高强度钢材能有效地提高中长压杆的临界应力，而不能有效地提高细长压杆的临界应力。（　　）

（3）只要压杆具有足够的强度，就不会再失效。（　　）

（4）优质钢材制成的压杆的材料成本虽高，但它的抗失稳能力肯定比普通钢材料制成的压杆好很多。（　　）

（5）当压杆屈曲失效时，其横截面上的应力往往会低于压杆强度失效时的应力。（　　）

（6）对于长度、横截面面积、材料和杆端约束完全相同的两根细长压杆，它们的临界应力不一定是相等的。（　　）

（7）压杆的柔度越大表明压杆的稳定性就越好。（　　）

（8）当压杆在各个弯曲平面内的约束情况相同时，为了避免压杆在最小刚度平面内失稳，则应使压杆横截面在各方向上的惯性矩接近相等。（　　）

8-2 如图 8-11a 所示，把一件竖直的卡片纸立在桌子上，其自重的压力就可使它弯曲；而如图 8-11b 所示，把卡片纸折成直角形立在桌子上，其自重的压力就不会再使它弯曲了；又如图 8-11c 所示，把卡片纸卷成圆筒形立在桌子上，即使在其顶部施加一小砝码也不会把它压弯。请回答这是为什么。

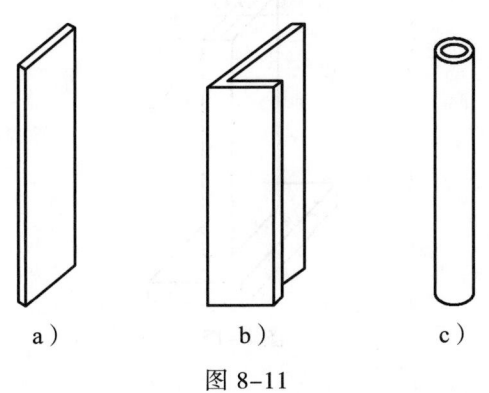

图 8-11

8-3 如图 8-12 所示的压杆横截面，在各个方向上的支承情况都相同，当压杆失稳时，其横截面将会绕哪一根轴转动？

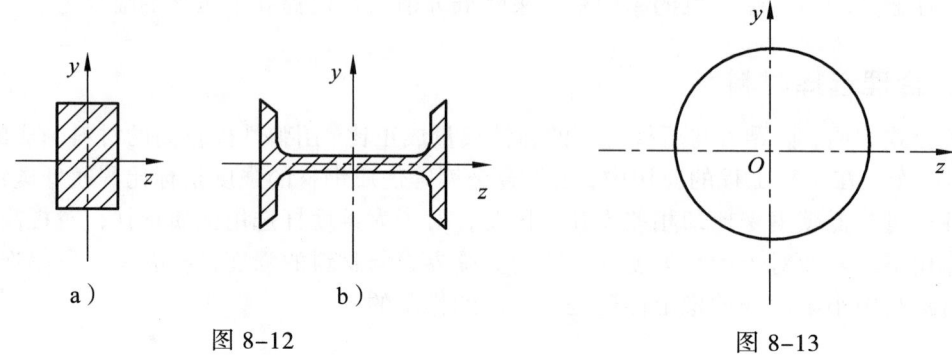

图 8-12　　　　　　　　　　　　图 8-13

8-4 两端为球形铰链的细长压杆，若选用如图 8-13 所示的横截面形状，试问它们失稳时会朝着压杆横截面绕哪根轴转动的方向失稳？

8-5 图 8-14 所示的四根细长压杆，已知它们的材料、横截面形状大小均相同，试问其中的哪根压杆失稳时临界力为最大？哪根压杆的为最小？

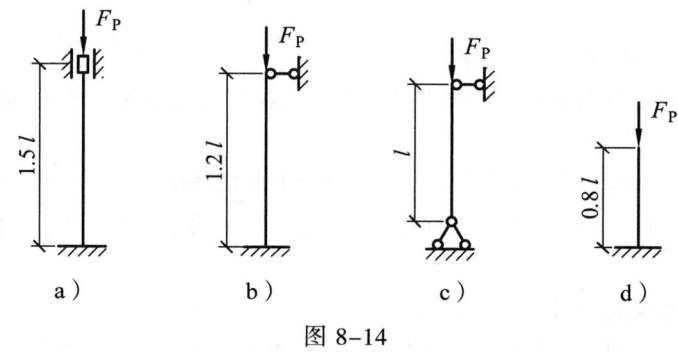

图 8-14

8-6 一压杆如图 8-15 所示，试问在计算临界力时，应该用哪一个轴的惯性矩和惯性半径？

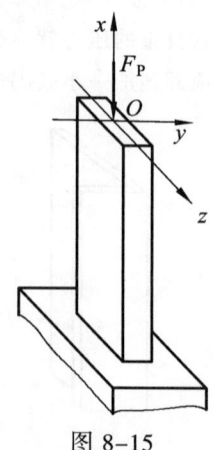

图 8-15

习 题

8-1 一圆形截面的细长木柱,其长度 $l=4\text{m}$,直径 $d=250\text{mm}$,材料的弹性模量 $E=10\text{GPa}$,试求当木柱一端固定,一端自由时的临界力和临界应力大小。(答:$F_{\text{Pcr}}=94.03\text{kN}$,$\sigma_{\text{cr}}=1.92\text{MPa}$)

8-2 由 22a 普通热轧工字钢所制成的细长压杆,两端为球形铰支。已知压杆长度 $l=4\text{m}$,弹性模量 $E=200\text{GPa}$,试计算压杆的临界力和临界应力的大小。(答:$F_{\text{Pcr}}=277.6\text{kN}$,$\sigma_{\text{cr}}=66.1\text{MPa}$)

8-3 现有 A、B 两杆,材料均为低碳钢,柔度 $\lambda_p=123$。其中:A 杆两端为铰支,惯性半径 $i=1.2\text{cm}$,长度 $l=96\text{cm}$;另外,B 杆一端固定,另一端自由,惯性半径 $i=2\text{cm}$,长度 $l=130\text{cm}$。试分别计算柔度,判断压杆的类型。(答:$\lambda_A=80$,$\lambda_B=130$)

8-4 图 8-16 所示压杆由等边角钢 $100\text{mm}\times100\text{mm}$ 制成,钢材的弹性模量 $E=200\text{GPa}$,试计算此压杆的临界应力。(答:$\sigma_{\text{cr}}=227.51\text{MPa}$)

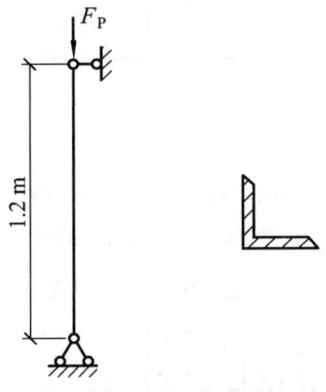

图 8-16

8-5 有两个型号相同的不等边角钢组成(图 8-17a、b)的中心受压杆,杆两端均为铰支(图 8-17c),从压杆的稳定性强弱考虑,压杆横截面可采用图 a 和 b 两种形式布置中,试问哪种布置更合理。

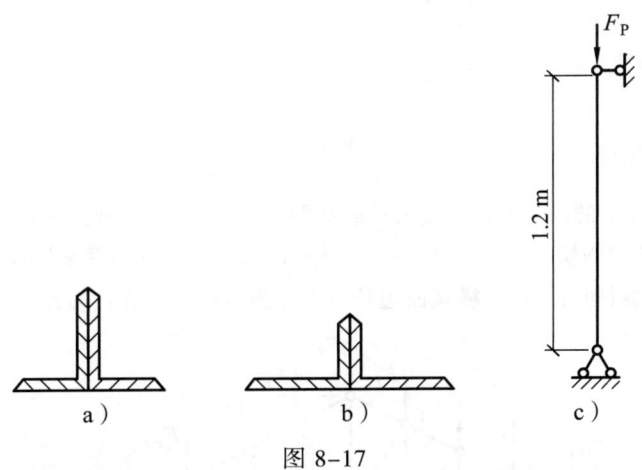

图 8-17

8-6 压杆的长度 $l=1.5\text{m}$,由一对 $56\text{mm}\times56\text{mm}$ 的等边角钢组合而成,如图 8-18 所示。压杆两端均为铰支,承受轴向压力 $F_P=150\text{kN}$,材料弹性模量 $E=200\text{GPa}$,比例极限 $\sigma_p=200\text{MPa}$,用抛物线型公式 $\sigma_{\text{cr}}=235-0.00668\lambda^2$ 求压杆的临界应力。(答:$\sigma_{\text{cr}}=182\text{MPa}$)

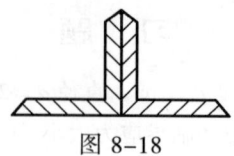

图 8-18

8-7 压杆由两根等边角钢 140 mm×140 mm 组成（图 8-19），杆长度 $l=2.4$ m，两端铰支，承受轴向压力 $F_P=800$ kN，许用应力 $[\sigma]=160$ MPa，铆钉孔的直径 $d=23$ mm，试对压杆作稳定和强度校核。（答：$F_{Pcr}=895.1$ kN，$[F_P]=952.1$ kN）

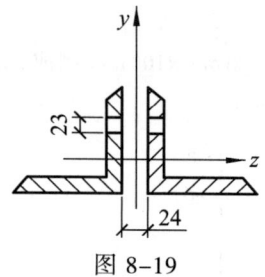

图 8-19

8-8 图 8-20 所示托架，斜撑 CD 为圆木杆，两端铰支，横杆 AB 作用有载荷集度 $q=50$ kN/m 的均布载荷，木杆许用应力 $[\sigma]=10$ MPa，试确定斜撑 CD 所需的直径。（答：$d=160$ mm）

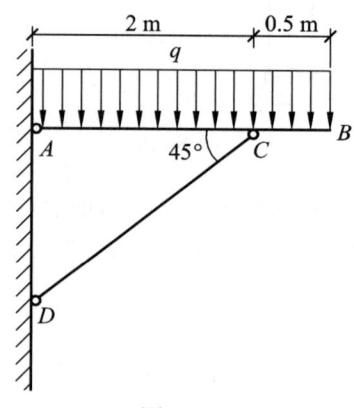

图 8-20

8-9 一三角形木屋架的尺寸及所承受的荷载如图 8-21 所示，已知 $F_P=10$ kN，斜腹杆 CD 按结构造型要求选用正方形截面的松木杆，其许用应力 $[\sigma]=10$ MPa。若杆的两端按铰支考虑，为了保证杆在受压时不致失稳，则此斜腹杆 CD 的横截面边长应设计为多少？（答：边长 $a=100$ mm）

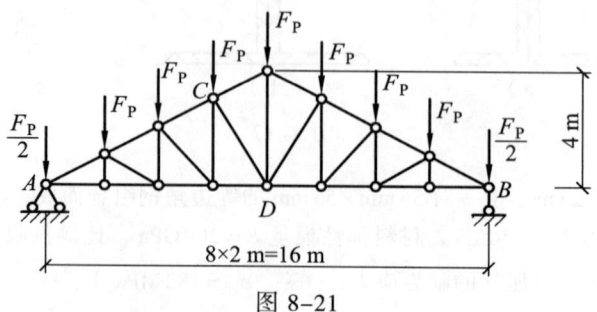

图 8-21

[辅助学习材料]

压杆稳定与实际工程结构的关联

由于压杆的失稳破坏导致的工程事故很多。最初人们仅仅对杆件的强度方面过于强调，对压杆失稳的这种现象没有足够的重视。比如1907年加拿大魁北克省13.4 km横跨圣劳伦斯河上的钢结构大桥，在施工中，由于桁架中一根受压弦杆突然失稳，造成了整个大桥的垮塌，9 000 t钢结构变成了一堆废铁，在桥上施工的86名工人中有75人丧生。

在事故发生的前23天，已发现悬臂桁架西侧的下弦杆有两节变弯，工程技术人员认为是构件加工中存在的问题。前9天又发现东侧下弦杆有三节变弯，还是没有引起工程人员的重视。前2天的早晨发展到侧跨的西侧也有一节变弯了，之后还发现多处存在类似问题，技术负责人虽然向上级主管做了报告，但认为问题不大，误认为压杆最大工作应力小于许用应力（前者不超过后者的85%），应是安全的。事故发生的当天早晨，设计顾问电话通知说，桥上不能再增加载荷了，要立即修复已经弯曲的杆件。虽然他已经体察到事态有些严重，但还不清楚下弦杆已经失稳，要想逆转事态的发展已经不可能了。

还有，1925年苏联的莫兹尔桥和1940年美国的塔科马桥的毁坏，也都是由压杆失稳引起的重大工程事故。1891年瑞士一座长42 m的铁路桥，当列车通过时，因结构失稳而坍塌，致使12节车厢中的7节落入河中，200多人遇难。

由于缺乏对构件稳定性失效的足够认识，因此在脚手架工程中也常引发严重的工程事故。1983年10月4日，地处北京某科研楼建筑工地的钢脚手架在距地面五六米处突然外弯，顷刻间这座高达54.2 m、长17.25 m、总重565.4 kN的大型脚手架轰然坍塌，造成5人死亡，7人受伤，脚手架所用材料大部分报废，经济损失达4.6万元，工期推迟一个月。

现场调查结果表明，钢脚手架结构本身存在严重缺陷，致使构件失稳，是这次灾难性事故的直接原因。调查中发现支设脚手架上存在以下问题：

① 钢管脚手架是在未经清理和夯实的地面上搭起的。这样在自重和外载荷作用下必然使某些竖杆所受压力过大，受力很不均匀。

② 脚手架未设"扫地横杆"。各大横杆之间的距离太大，最大达2.2 m，比规定值大0.5 m。两横杆之间的竖杆，相当于两端铰支的压杆，由于过大的横杆间距，使竖杆的临界载荷变小。

③ 高层脚手架在每一层均应设有与建筑物墙体相连的牢固联结点，而这座脚手架竟有8层未设置与墙体的联结点，也就是说缺乏必要的约束和侧向支承。

④ 此类脚手架的稳定安全因数规范规定为3.0，而这座脚手架的稳定安全因数，在内层杆只有1.75，在外层杆仅为1.11。

以上就是导致该脚手架坍塌的主要原因。

值得一提的是，在这里的稳定性理论，讨论的是对于单个细长压杆，尽管压杆在发生弹性失稳后仍能继续承载，但结构是每一都关联的体系，由于其中的一根或几根压杆发生了失稳，将可能导致整个结构发生破坏。可见，在工程实际中通过减小压杆的长细比，增加约束的牢固性，增加支承等才能有效提高整个体系的稳定性。

压杆稳定的知识在我们今后的施工现场中是要经常遇到的，除了脚手架工程，在模板支护、塔式起重机的支设、基坑支护工程等中都是必要的基础理论知识。

第九章

静定结构的位移计算

前面曾研究了杆件受力作用时的变形情况。杆件变形的计算，其实就是杆件上点位移和横截面位移的计算。位移计算，一是为了对杆件进行刚度设计，二是为了给以后的超静定结构的内力计算打下基础。本章首先介绍**结构位移计算的基本概念**。然后，介绍变形体系的虚功原理和**结构位移计算的一般公式**，以及**静定结构在载荷作用下的位移计算**，并给出梁和刚架位移计算的一种简便方法，即**图乘法计算位移**。最后，简单介绍**静定结构在支座移动、温度改变时的位移计算**和用于超静定结构内力计算的**互等定理**。

第一节 结构位移计算的基本概念

杆件在不同类型载荷的作用下，会发生不同形式的变形。杆件变形时，其横截面或横截面上的点的位置就会改变，也就是横截面会转动或横截面上的点会移动。这种**转动**或**移动**统称为**位移**。引起位移的原因，除载荷作用外，还有其他原因如温度改变、支座移动等。另外，杆件的制造误差也会引起位移。但当结构横截面或横截面上的点有位移时，结构内部并不一定会有变形发生。

如图 9-1a 所示，当右支座 B 下沉到 B' 处时，杆件 AB 将绕支座 A 转过一个角度 φ_A；同时，杆件横截面 m-m 也会转过一相同的角度，即 $\varphi_C = \varphi_A$；另外，横截面 m-m 的形心 C 还会下降一距离 CC'。可见，简支梁这时出现的只是刚性的位移，而其变形或应变为零。但是在图 9-1b 中，当外力偶作用于简支梁时，横截面 m-m 的形心 C 下降一距离 CC'，亦即形心 C

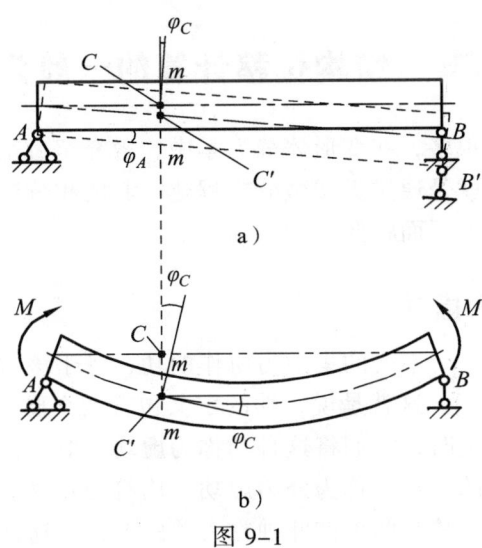

图 9-1

点有了竖向线位移。同时，横截面 m-m 也转过一相同的角度 φ_C，亦即横截面 m-m 有了角位移。可见，简支梁在这种外力偶作用下弯曲时，有变形发生，如一侧纵向纤维伸长，一侧纵向纤维缩短。

又如，图 9-2 所示的悬臂刚梁，在内侧温度升高时，发生了如图中虚线所示的变形。此

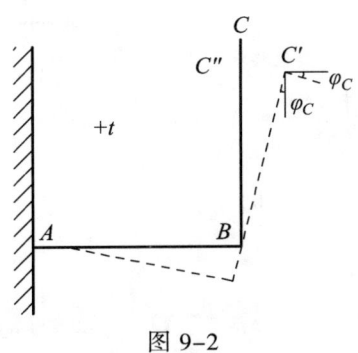

图 9-2

时，刚架上的点 C 移至点 C'，点 C 出现的线位移为 CC'。若此线位移沿水平和竖直方向分解，则有分量 $C''C'$ 和 CC''，分别称为点 C 的水平位移和竖向位移。与此同时，刚架的截面 C 还转过一个角度 φ_C，即横截面出现了角位移。

在工程上计算位移，一个目的是验算结构在使用过程中是否有超过允许的位移极限值(如吊车梁允许的挠度限值规定为跨度的 1/600 等)，另一个很重要的目的，就是为超静定结构的内力计算打下基础。因为超静定结构的内力计算，不仅要用到静力学平衡条件，而且还要用到结构的位移谐调条件。此外，在结构的建造、架设等过程中，常常需要预先知道承载结构在

有了位移后的所在位置，以便在施工时采取相应的措施，这时也需要对结构的位移进行计算。

位移的计算是一个几何问题。如图 9-1a 所示的简支梁是刚体体系时，当支座 B 因下沉而有了线位移 BB' 后，相应的支座 A 的角位移 φ_A 可通过几何法求得；而此简支梁是变形体系时，因载荷作用而出现的线位移 CC' 或角位移 φ_C，一样可通过其挠度和转角公式求得。

第二节　结构位移计算的一般公式

结构位移的计算方法有很多，在变形体静力学中，曾介绍过结构单一杆件的位移计算，如梁的挠度和转角的计算，就是通过近似微分方程建立起的积分法等方法来进行求解的。但是最好的也最简单的方法，即下面将要介绍的虚功法。

一、外力虚功和内力虚功

动力学中功的定义是：一个不变的集中力所作的功，等于该力的大小与其作用点沿力作用线方向所产生的位移的乘积。这就是说，功的定义包含两个要素——力和位移。当作功的力与相应的位移彼此独立无关时，我们将这种功称为**虚功**。对于作用在结构上的外力（包括载荷和支座约束反力）所作的虚功，称为**外力虚功**，用符号 W 表示。

在虚功的定义中，力和位移是两个彼此独立无关的要素，这样就可将虚功中的两个要素看成分别属于同一结构的两种彼此无关的状态。其中，属于力（包括力系）的称为**力状态**（图 9-3a），属于位移的称为**位移状态**（图 9-3b）。

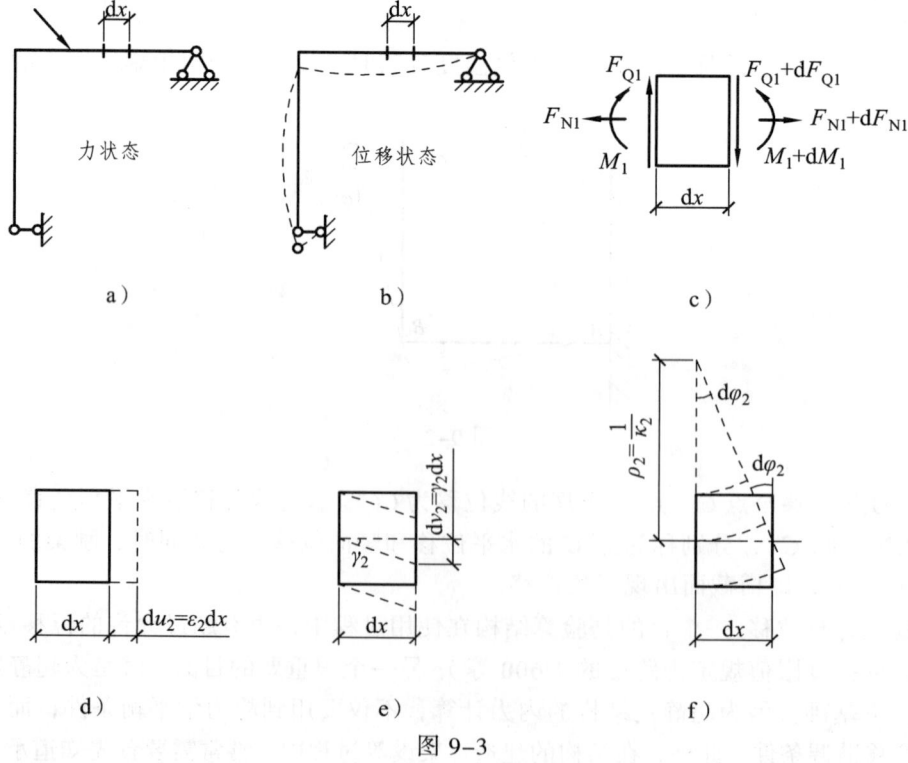

图 9-3

当结构的力状态的外力因结构的位移状态的位移作虚功时，力状态的内力也因位移状态的相对变形而作虚功，这种虚功称为**内力虚功**或**虚变形能**，用符号 V 表示。

在图 9-3a 所示杆件结构的力状态中，设杆件上任意一微段 dx 的内力为 F_{N1}、F_{Q1}、M_1（图 9-3c），而在图 9-3b 所示的位移状态中，对应于此微段的因位移发生的相对变形，分别为正应变 ε_2、切应变 γ_2 和曲率 κ_2（图 9-3d、e、f）。据此由内力虚功的定义，即可得任意一微段上的内力虚功（不计高阶微量）为

$$dV = F_{N1}du_2 + F_{Q1}dv_2 + M_1d\varphi_2$$

将上式沿杆件长度进行积分，然后再对结构全部杆件的积分结果求和，即得结构的内力虚功为

$$V = \sum\int F_{N1}du_2 + \sum\int F_{Q1}dv_2 + \sum\int M_1d\varphi_2 = \sum\int F_{N1}\varepsilon_2 dx + \sum\int F_{Q1}\gamma_2 dx + \sum\int M_1\kappa_2 dx \quad (9\text{-}1)$$

二、虚功原理

变形体系的虚功原理可表达为：若设变形体系在力系作用下处于平衡状态（力状态），又设该变形体系由于某种原因而发生符合约束条件的微小的连续变形（位移状态），则力状态的外力在位移状态的位移上所作的虚功 W，恒等于力状态的内力在位移状态的变形上所作的虚功即内力虚功 V，简写为

$$外力虚功\ W = 内力虚功\ V$$

于是，对于杆件的虚功原理就可表达为

$$W = \sum\int F_{N1}du_2 + \sum\int F_{Q1}dv_2 + \sum\int M_1d\varphi_2 = \sum\int F_{N1}\varepsilon_2 dx + \sum\int F_{Q1}\gamma_2 dx + \sum\int M_1\kappa_2 dx \quad (9\text{-}2)$$

式（9-2）又称为**杆件结构的虚功方程**。

三、利用虚功方程计算结构的位移

如图 9-4a 所示，杆件结构由于载荷 F_{P1} 和 F_{P2}，以及支座 A 的位移 c_1 和 c_2 等各种外因的作用，因此发生了图中虚线所示的变形，这里将此状态称为**结构的实际状态**。现欲求结构变形实际状态中竖柱上点 D 的水平位移 Δ_{DH}，就把这一**实际状态作为结构的位移状态**。

在利用虚功方程计算点 D 的水平位移 Δ_{DH} 时，因位移状态是已给定的，故**力状态可虚设**。为了便于求出点 D 的水平位移 Δ_{DH}，虚设力状态的意图，就是希望在虚功方程中除去欲求的位移 Δ_{DH} 外，而不再包含别的未知量。为此，在虚设力状态时应当只在拟求位移 Δ_{DH} 的方向上设置单位载荷。对于图 9-4a 所示的实际状态，虚设如图 9-4b 所示的力状态，也就是在该结构的点 D 处沿水平方向加上一个单位载荷 $F_{P1}=1$。这时，在虚拟状态中支座 A 将产生约束反力 $\bar{R}_1$、$\bar{R}_2$，支座 B 将产生约束反力 $\bar{F}_{By}$，这些力组成一虚设的平衡力系，至于结构的内力则用 $\bar{M}$、$\bar{F}_N$、$\bar{F}_Q$ 来表示。因为结构的力状态是虚设的，所以又称为**结构的虚拟状态**。这时，虚设的平衡力系的外力，在实际状态位移上所作的总的外力虚功 W 即为

$$W = 1\times\Delta + \bar{R}_1 c_1 + \bar{R}_2 c_2$$

或简写成

$$W = \Delta + \sum \overline{R}c$$

式中，$\overline{R}$ 代表虚拟状态中的支座约束反力，c 代表实际状态中的支座位移，$\sum \overline{R}c$ 即为支座约束反力之虚功之和。今以 $\mathrm{d}\varphi$、$\mathrm{d}u$、$\mathrm{d}v$ 表示实际状态中微段的变形（图 9-4c），于是总的内力

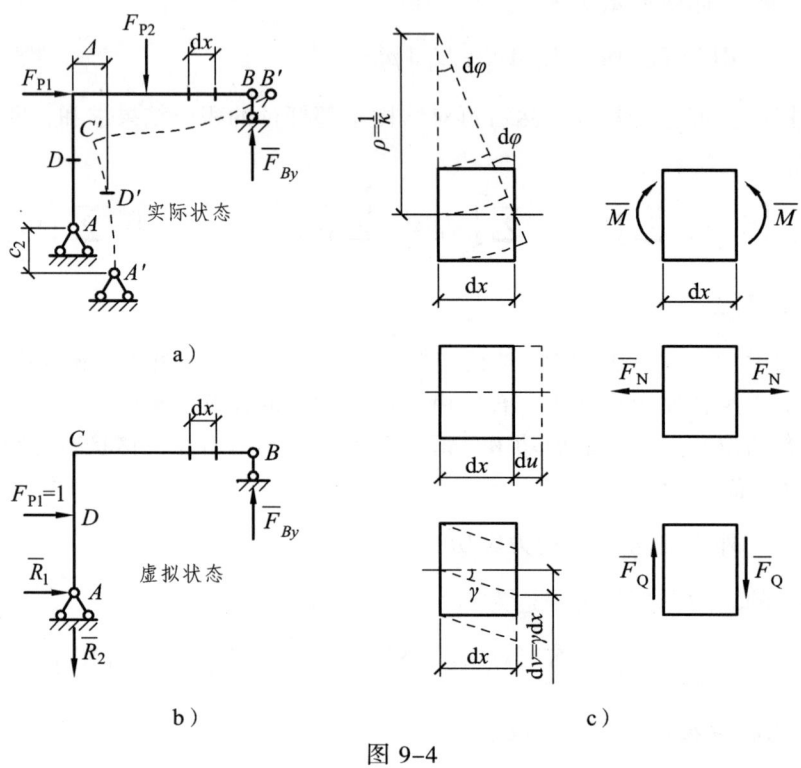

图 9-4

虚功 V 即为

$$V = \sum \int_l \overline{F}_N \mathrm{d}u + \sum \int_l \overline{F}_Q \mathrm{d}v + \sum \int_l \overline{M} \mathrm{d}\varphi$$

由杆件结构的虚功方程式（9-2），得

$$W = \Delta + \sum \overline{R}c = \sum \int_l F_{N1}\varepsilon_2 \mathrm{d}x + \sum \int_l F_{Q1}\gamma_2 \mathrm{d}x + \sum \int_l M_1 \kappa_2 \mathrm{d}x$$

亦即

$$\Delta = \sum \int_l F_{N1}\varepsilon_2 \mathrm{d}x + \sum \int_l F_{Q1}\gamma_2 \mathrm{d}x + \sum \int_l M_1 \kappa_2 \mathrm{d}x - \sum \overline{R}c \tag{9-3}$$

这就是结构位移计算的一般公式。

以上利用虚设单位载荷来求结构位移的方法，又称为**单位载荷法**。须指出，应用单位载荷法每次只能求得一个位移，计算时虚设单位载荷的方向是可任意假定的。若按公式（9-3）计算所得的结果为正，则表示实际位移方向与虚设单位载荷方向相同，否则相反。这是因为

公式中位移 Δ 实际上为虚设单位载荷所作的虚功。若计算结果为负，则表示虚设单位载荷的功为负，即实际位移方向与虚设单位载荷方向相反。

单位载荷法既可用来计算结构的线位移，也可用来计算结构的其他形式的位移，如一个截面的角位移，或两个截面的相对位移，等等。鉴于此，所虚设的单位载荷，除了是一个单位集中力外，也可以是力偶矩为一个单位的单位力偶，甚至还可以是作用于两个不同截面的一对单位集中力或一对单位力偶。例如，若要求结构上某两点连线方向的相对线位移，则就在该两点处沿所求相对位移的方向上加两个方向相反的一对单位集中力（图 9-5a、b）；若要求结构上某一截面 K 的角位移，则就在该截面处加一个单位力偶（图 9-5c）；若要求结构上联结铰 C 处左右两个截面的相对角位移，则就在该处的两个截面上加一对方向相反的单位力偶（图 9-5d）；若要求桁架结构上某一杆件 i 的角位移，则就在这一杆件的两端加一个单位力偶，组成这一个单位力偶的每一个力的大小等于杆长 l_i 的倒数，而方向与杆件垂直（图 9-5e）；同理，可知图 9-5f 所示的，就是要求 i、j 两杆件的相对角位移。

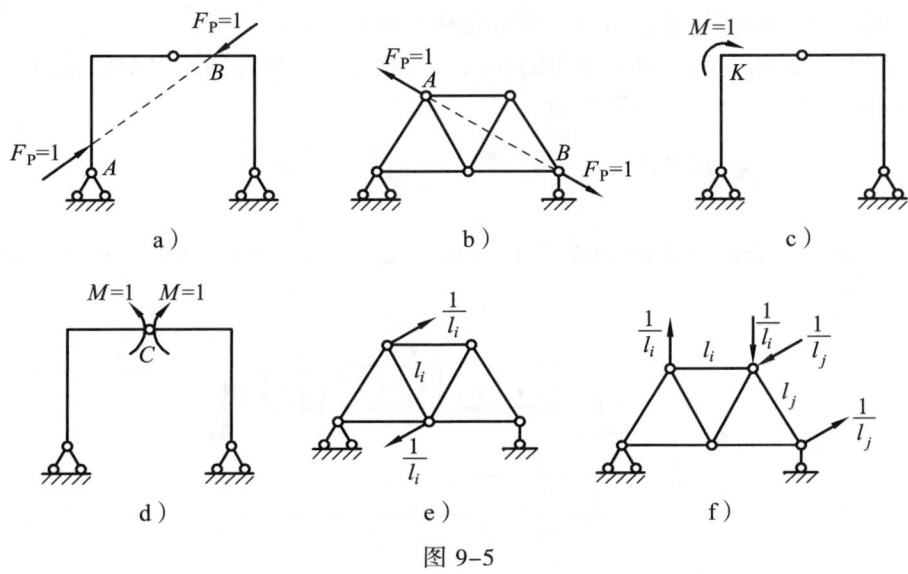

图 9-5

第三节　静定结构在载荷作用下的位移计算

已知结构只受到载荷的作用，今以 M_P、F_{NP}、F_{QP} 表示结构在实际状态下的内力，相应的在实际状态下的微段变形表示，即为

$$\left.\begin{array}{l} d\varphi = \kappa dx = \dfrac{M_P}{EI}dx \\ du = \varepsilon dx = \dfrac{F_{NP}}{EA}dx \\ dv = \gamma dx = \dfrac{kF_{QP}}{GA}dx \end{array}\right\} \quad (9-4)$$

式中，EI、EA 和 GA 分别为杆件的抗弯、抗拉（压）刚度和抗剪刚度；k 为截面的切应力分

布不均匀系数，它与截面的形状有关，例如当横截面为矩形截面时 $k=1.2$，为圆形截面时 $k=1.1$。将式（9-4）代入式（9-3），并注意到此时无支座位移亦即 $c=0$，于是得

$$\varDelta = \sum \int_l \frac{\overline{M} M_P}{EI} dx + \sum \int_l \frac{\overline{F}_N F_{NP}}{EA} dx + \sum \int_l \frac{k\overline{F}_Q F_{QP}}{GA} dx \tag{9-5}$$

这就是在载荷作用下静定结构位移计算的一般公式。式中，$\overline{M}$、$\overline{F}_N$ 和 $\overline{F}_Q$ 代表结构在虚拟状态下由于单位载荷作用而产生的内力。

对于梁和刚架，在受载荷作用时，其轴向变形和剪切变形都很小，可以略去不计。也就是位移计算只考虑弯曲变形一项，于是式（9-5）简化为

$$\varDelta = \sum \int_l \frac{\overline{M} M_P}{EI} dx \tag{9-6}$$

又如对于实体拱，在受载荷作用时，对其位移的计算，也只考虑弯曲变形一项就足够精确。但对于扁平拱，则就须考虑轴向变形对位移的影响了。

再如对于桁架结构，由于只有轴力的作用，而且每一根杆件的内力及横截面面积都沿杆件长度 l 不变，因此式（9-5）即简化为

$$\varDelta = \sum \frac{\overline{F}_N \overline{F}_{NP} l}{EA} \tag{9-7}$$

【例 9-1】 求 9-6a 所示的承受均布载荷作用的等截面简支梁中点 C 的竖向位移 $\varDelta_{CV}$。已知梁的抗弯刚度 EI 为常数。

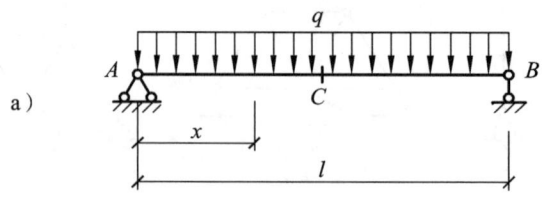

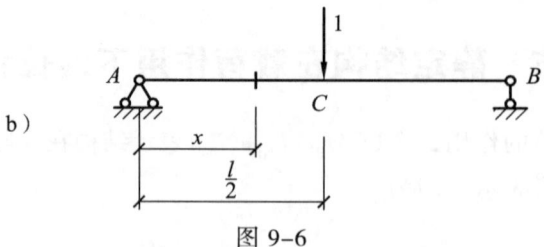

图 9-6

【解】 在梁中点 C 加一竖向单位集中力作为虚拟状态（图 9-6b），分别求出实际载荷和单位载荷作用下梁的弯矩。现以左支座 θ 为坐标原点，当 $0 \leqslant x \leqslant \frac{l}{2}$ 时，有

$$\overline{M} = \frac{1}{2} x, \quad M_P = \frac{q}{2}(lx - x^2)$$

因为梁的构成形状和所承受的载荷左右对称，故由式（9-6），即得

$$\Delta_{CV} = 2\int_0^{\frac{l}{2}} \frac{1}{EI} \times \frac{x}{2} \times \frac{q}{2}(lx - x^2)dx = \frac{q}{2EI}\int_0^{\frac{l}{2}}(lx^2 - x^3)dx = \frac{5ql^4}{384EI}(\downarrow)$$

计算结果为正,表示梁中点 C 的实际竖向位移方向与虚设单位载荷的方向相同,即方向向下。

【例 9-2】 试求图 9-7a 所示刚架横梁右端 C 的水平位移 Δ_{CH} 和角位移 φ_C。已知刚架的抗弯刚度 EI 为常数。

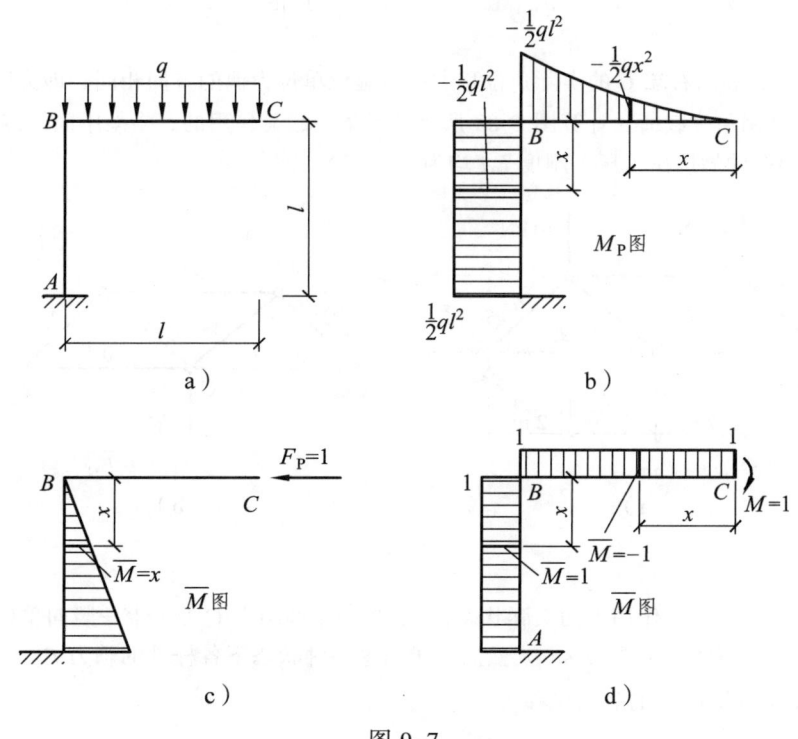

图 9-7

【解】 不计刚架的轴向变形和剪切变形的影响,只考虑弯曲变形。刚架在载荷作用下,其实际状态的弯矩图如图 9-7b 所示。先求横梁右端 C 的水平位移,即在右端 C 处加上一方向向左的水平单位集中力 $F_P = 1$,作为刚架的虚拟状态,并画出其弯矩图如图 9-7c 所示。由此得出两种状态下刚架横梁和竖柱上的弯矩为

在横梁 BC 上 $\overline{M} = 0$, $M_P = -\frac{1}{2}qx^2$

在竖柱 AB 上 $\overline{M} = x$, $M_P = -\frac{1}{2}ql^2$

代入式(9-6),得横梁右端 C 的水平位移 Δ_{CH} 为

$$\Delta_{CH} = \sum \int \frac{\overline{M}M_P}{EI}dx = \frac{1}{EI}\int_0^l x\left(-\frac{1}{2}ql^2\right)dx = -\frac{ql^4}{4EI}(\rightarrow)$$

计算结果为负,表示右端 C 的实际水平位移方向与虚设单位载荷的方向相反,即方向向右。

再求横梁右端 C 的角位移。在右端 C 处加一个顺时针方向的、力偶矩为一个单位即 $M = 1$ 的集中力偶,作为刚架的虚拟状态,并画出其弯矩图如图 9-7d 所示。由此得出两种状态下刚架横梁和竖柱上的弯矩为

在横梁 BC 上　　$\bar{M}=-1$，$M_P=-\dfrac{1}{2}qx^2$

在竖柱 AB 上　　$\bar{M}=-1$，$M_P=-\dfrac{1}{2}ql^2$

代入式（9-6），得横梁右端 C 的角位移 φ_C 为

$$\varphi_C=\dfrac{1}{EI}\int_0^l(-1)\left(-\dfrac{1}{2}qx^2\right)\mathrm{d}x+\dfrac{1}{EI}\int_0^l(-1)\left(-\dfrac{1}{2}ql^2\right)\mathrm{d}x=\dfrac{2ql^2}{3EI}\quad(\rightarrow)$$

计算结果为正，表示右端 C 的实际角位移方向与虚设单位力偶的方向相同，即为顺时针方向。

【例 9-3】 试用单位载荷法计算图 9-8a 所示的受集中载荷作用的、桁架中间结点 C 的竖向位移 Δ_{CV}。已知各桁架杆件的抗拉（压）刚度 EA 均为 2×10^5 kN。

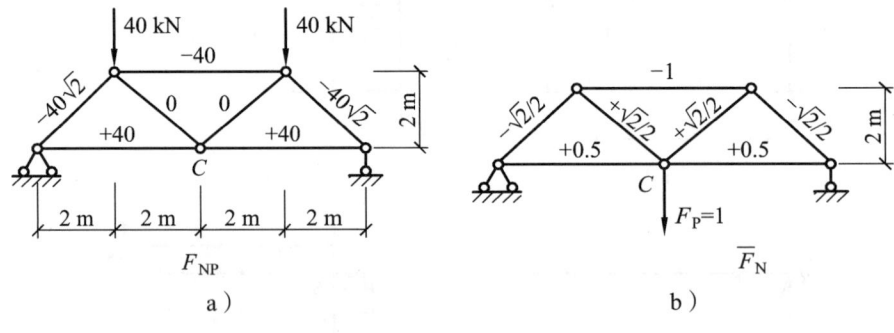

图 9-8

【解】 已知桁架在载荷作用下的实际状态，今在桁架中间结点 C 处加上一竖向单位集中力 $F_P=1$，以作为桁架结构的虚拟状态（图 9-8b）。然后，求出这两种状态下各杆件的轴力 F_{NP} 和 $\bar{F}_N$，并代入式（9-7），即得桁架中间结点 C 的竖向位移为

$$\Delta_{CV}=\dfrac{1}{2\times10^5}\left[-40\sqrt{2}\times\left(-\dfrac{\sqrt{2}}{2}\right)\times2\sqrt{2}\times2+40\times0.5\times4\times2+(-40)\times(-1)\times4\right]\text{m}$$

$$=2.73\times10^{-3}\text{ m}=2.73\text{ mm}(\downarrow)$$

计算结果为正，表示桁架中间结点 C 的实际竖向位移方向与虚设单位载荷的方向相同，即方向向下。

第四节　　图乘法计算位移

在计算梁和刚架在载荷作用下的位移时，需要用到以下积分式，即

$$\Delta=\int_l\dfrac{\bar{M}M_P}{EI}\mathrm{d}x$$

式中的 $\bar{M}M_P$ 是两个弯矩函数的乘积，对于等截面直杆来说，当其抗弯刚度 EI 沿杆长度不变，而且在直杆的一段或直杆各段的 $\bar{M}$ 和 M_P 图中，有一个或至少有一个是直线图形时，就可以利用两个弯矩图的图形几何量，通过代数相乘的简便方法来计算此积分的结果，这种方法就是所谓的**图乘法**。现以图 9-9 所示的直杆 AB 的弯矩图来说明图乘法的含义及应用。

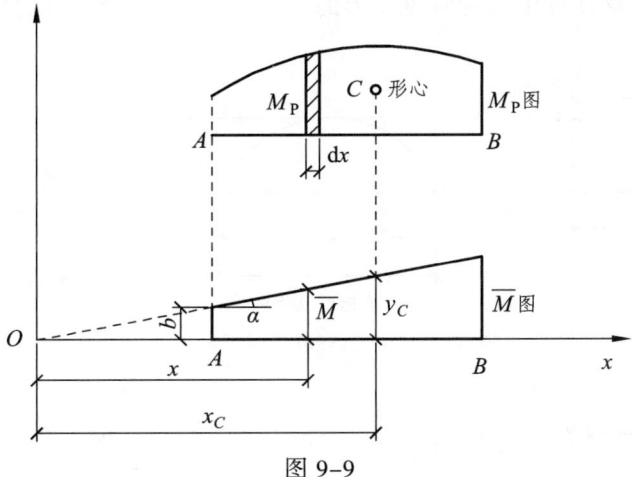

图 9-9

其中，$\bar{M}$ 图为直线，M_P 图可以为任何形状的图线。设点 O 为 $\bar{M}$ 图横坐标的原点，角度 α 为 $\bar{M}$ 图直线的倾角，继而由它们的几何关系，即得 $\bar{M}$ 图直线上任意一点的弯矩竖标为

$$\bar{M} = x\tan\alpha$$

将此弯矩竖标 $\bar{M}$ 代入以上积分式（9-6），即有

$$\int_l \frac{\bar{M}M_P}{EI}\mathrm{d}x = \frac{1}{EI}\tan\alpha\int_A^B xM_P\mathrm{d}x \tag{a}$$

令 $\mathrm{d}A = M_P\mathrm{d}x$ 为 M_P 图中的微元面积，于是 $x\mathrm{d}A$ 即为此微元面积对轴 y 的静矩。若用 x_C 来表示 M_P 图形心 C 到轴 y 的距离，则得出 M_P 图的面积 A 对轴 y 的静矩如下，即

$$\int_A^B xM_P\mathrm{d}x = \int_A^B x\mathrm{d}A = Ax_C \tag{b}$$

将式（b）代入式（a），又得

$$\int_l \frac{\bar{M}M_P}{EI}\mathrm{d}x = \frac{1}{EI}\tan\alpha\int_A^B xM_P\mathrm{d}x = \frac{1}{EI}Ax_C\tan\alpha$$

由 $\bar{M}$ 图中线条的几何关系，容易看出

$$x_C\tan\alpha = y_C$$

其中，y_C 为 M_P 图形心 C 在 $\bar{M}$ 图中对应的竖标。于是式（a）可写成

$$\Delta = \int_A^B \frac{\bar{M}M_P}{EI}\mathrm{d}x = \frac{1}{EI}Ay_C \tag{9-8}$$

上式即为定义图乘法的运算公式。它将上述位移计算的积分，转化为了图形的面积，与图形形心对应的另一图形竖标代数相乘，然后再除以抗弯刚度 EI 的简单四则运算。其运算结果的正负规则是：**面积 A 与竖标 y_C 取在基线的同一侧时为正，不在同一侧时为负**。但应注意，**竖标 y_C 必须从直线图形上取得**。

图 9-10 给出了位移计算中几种常见图形的面积计算式和其形心的坐标位置。在应用图乘

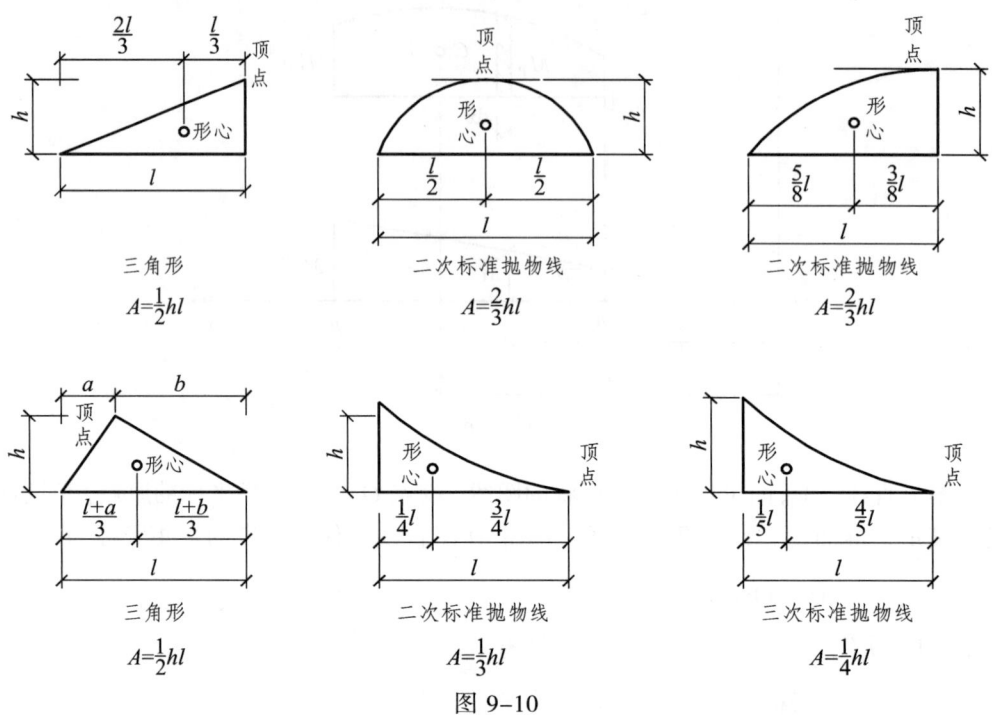

图 9-10

法时，还有几个具体问题必须注意：

（1）若一个图形是曲线，另一个图形是由几段直线组成的，则应分段进行图乘。如图 9-11

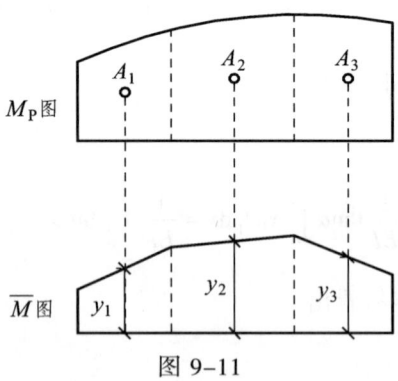

图 9-11

所示的情形，即有

$$\int \overline{M} M_P dx = A_1 y_1 + A_2 y_2 + A_3 y_3$$

（2）若两个图形都是梯形，则可以不必求出梯形的形心坐标位置，而是把其中一个梯形分为两个三角形，或者分为一个矩形和一个三角形后再进行图乘。如图 9-12 所示的情形，即有

$$\int \overline{M} M_P dx = A_1 y_1 + A_2 y_2$$

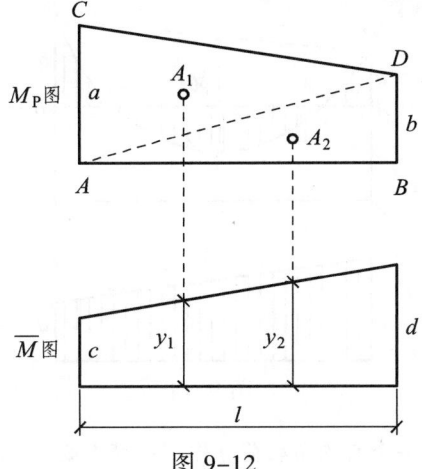

图 9-12

其中，y_1 和 y_2 用下式计算

$$y_1 = \frac{2}{3}c + \frac{1}{3}d, \quad y_2 = \frac{1}{3}c + \frac{2}{3}d$$

（3）当两个图形皆为直线，并都为含有不同符号的两部分，如图 9-13 所示的情形，这时

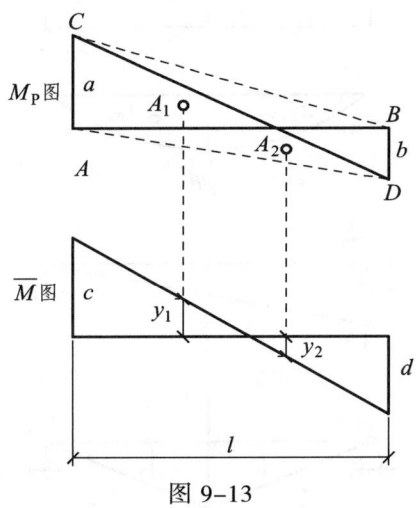

图 9-13

就可将其中一个图形如 M_P 图分成两个三角形后再进行图乘。因为 M_P 图的任意一截面的竖标等于对应的两个三角形竖标的代数和，所以按上述方法计算，即有

$$\int \overline{M} M_P \mathrm{d}x = A_1 y_1 + A_2 y_2$$

$$y_1 = \frac{2}{3}c - \frac{1}{3}d, \quad y_2 = \frac{2}{3}d - \frac{1}{3}c$$

（4）若是对于如图 9-14a 所示的一段直杆在均布载荷作用下的 MP 图，则可将其看成是由两端弯矩竖标连成的梯形弯矩图，和简支梁在均布载荷作用下的抛物线弯矩图叠加而成。这样，在应用图乘法时，就可将这两个图形分别与 $\overline{M}$ 图（9-14b）相乘，然后求其代数和，即得到最后的结果。

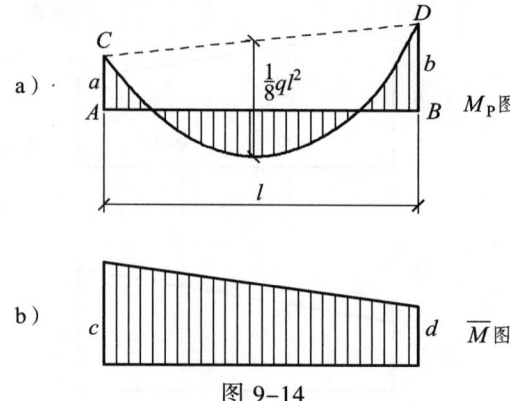

图 9-14

【例 9-4】 如图 9-15a 所示，一个有均布载荷 q 作用的简支梁，试用图乘法求其左端 A 的角位移 φ_A 和中点 C 的竖向位移 Δ_{CV}。已知梁的抗弯刚度 EI 为常数。

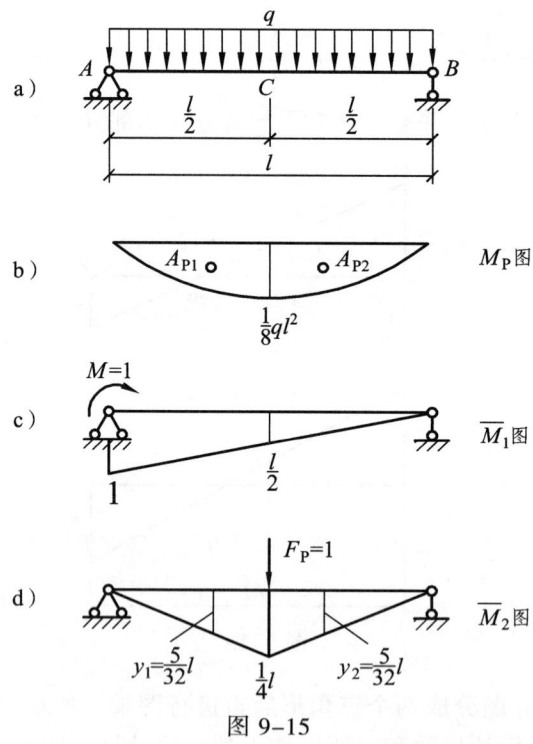

图 9-15

【解】 画出梁在均布载荷作用下的弯矩图即 M_P 图（图 9-15b），以及两个虚设单位载荷作用下的弯矩图即 $\overline{M}_1$ 和 $\overline{M}_2$（图 9-15c、d）。将图 9-15b 与图 9-15c 相乘，即得角位移 φ_A 为

$$\varphi_A = \frac{1}{EI} A y_C = \frac{1}{EI}\left(\frac{2}{3} \times l \times \frac{ql^2}{8}\right) \times \frac{1}{2} = \frac{ql^3}{24EI} \; (\rightarrow)$$

将图 9-15b 与图 9-15d 相乘，即得竖向位移 Δ_{CV} 为

$$\Delta_{CV} = \frac{1}{EI}(A_1 y_1 + A_2 y_2) = \frac{2}{EI}\left(\frac{2}{3} \times \frac{l}{2} \times \frac{ql^2}{8}\right) \times \frac{5}{32} l = \frac{5ql^4}{384EI} \; (\downarrow)$$

以上两计算结果为正，表示欲求梁左端 A 的转角，和中点 C 的竖向位移方向与虚设单位载荷方向均相同，即为顺时针方向和方向向下。

【例 9-5】 试求图 9-16a 所示刚架右上端点 C 的水平位移 Δ_{CH}。已知刚架各杆的抗弯刚度 EI 为常数。

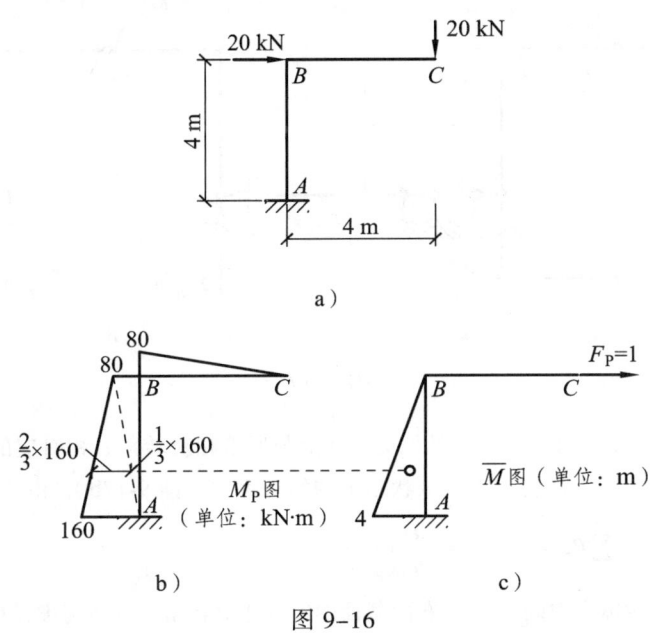

图 9-16

【解】 画出刚架在实际载荷作用下的弯矩图 M_P 图（9-16b），以及在虚设水平单位集中力 $F_P = 1$ 作用下的弯矩图 $\overline{M}$ 图（9-16c）。因 $\overline{M}$ 图中的 BC 段的弯矩为零，故只需对 AB 段对应的弯矩图进行图乘。又因 $\overline{M}$ 图和 M_P 图在 AB 段都是直线图形，故为了图乘简便，宜在面积计算相对较简单的 $\overline{M}$ 图上取面积，而在 M_P 图上取对应的竖标。于是由式（9-8），即得水平位移 Δ_{CH} 为

$$\Delta_{CH} = \frac{1}{EI} \times \frac{1}{2} \times 4 \times 4 \times \left(\frac{1}{3} \times 80 \times 10^3 + \frac{2}{3} \times 160 \times 10^3 \right) = \frac{1.067 \times 10^6}{EI} \quad (\rightarrow)$$

计算结果为正，表示欲求右上端点 C 的水平位移方向与虚设单位载荷方向相同，即方向向右。

须指出，对于梁和刚架在载荷作用下的位移计算，用图乘法大大简化了运算过程。但从以上图乘法计算式（9-8）的建立可以看出，图乘法的应用必须符合三个条件：① 杆件刚度 EI 为常数；② 杆件轴线为直线；③ M_P 图和 $\overline{M}$ 图中至少有一个为直线图形。

第五节 静定结构在支座移动、温度改变时的位移计算

一、支座移动时的位移

对于静定结构，支座移动时并不会使结构产生内力，而引起结构的位移也只是刚体位移。于是，静定结构位移计算的一般公式（9-3）即简化为

$$\Delta = -\sum \overline{R} c \tag{9-9}$$

式中，$\sum \overline{R} c$ 为虚拟状态中的约束反力在实际状态的支座位移上所作的虚功之和。

232 建筑工程力学

【例 9-6】 图 9-17a 所示三铰刚架结构,已知刚架右支座 B 发生水平位移而向右移动了一段距离 a。试求中间铰 C 左截面和右截面之间的相对转角 φ。

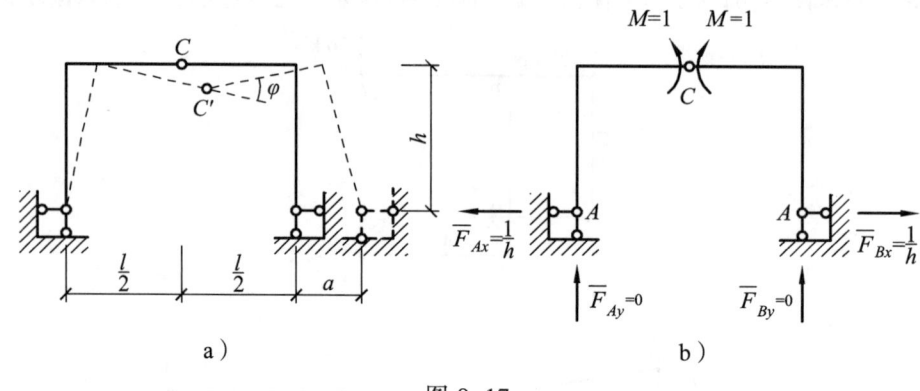

图 9-17

【解】 在中间铰 C 左截面和右截面的两处,加上与所求相对转角 φ 相对应的两方向相反的、力偶矩为一个单位即 $M=1$ 的集中力偶,求出该状态下的约束反力(图 9-17b),由式(9-9),即得

$$\varphi = -\sum \overline{R}c = -\frac{1}{h} \times a = -\frac{a}{h} \quad (\rightarrow\leftarrow)$$

计算结果为负,表示欲求中间铰 C 左右两截面的实际相对转角的方向与虚设单位载荷的方向相反。

二、温度改变时的位移

对于静定结构,温度改变时并不会使结构产生内力。如图 9-18a 所示刚架结构,因温度改变而发生变形。为了计算刚架右端点 C 的竖向位移 Δ,取刚架的虚拟状态如图 8-24b 所示,在此状态下刚架结构的内力用 $\overline{M}$、$\overline{F}_N$、$\overline{F}_Q$ 表示。这时由位移计算公式(9-3),并注意到支座约束反力 $\sum \overline{R}c = 0$,即有

$$\Delta = \sum \int_l \overline{M} d\varphi + \sum \int_l \overline{F}_N du + \sum \int_l \overline{F}_Q dv \tag{9-10}$$

式中,$d\varphi$、du 和 dv 为实际状态中杆件微段因温度改变而发生的变形。设刚架横竖杆件外侧温度升高为 t_1,内侧温度升高为 t_2。在温度变化沿杆截面由内到外按线性规律变化时,杆件只发生轴向变形和弯曲变形,没有剪切变形,如图 9-18c 所示杆件微段 dx 的变形。当杆件横

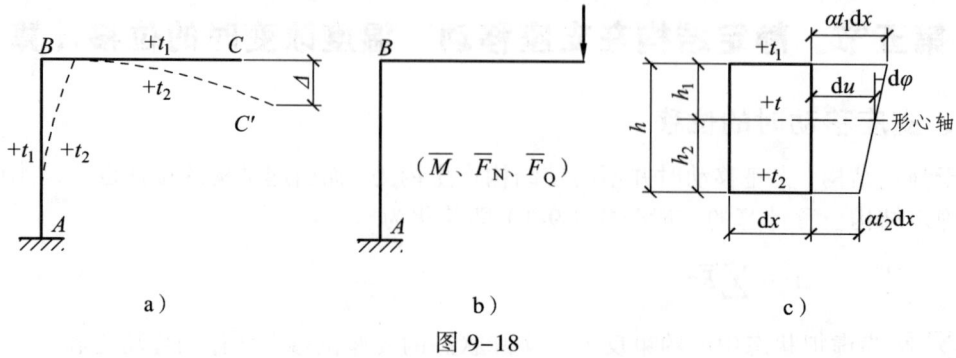

图 9-18

截面在对称于形心轴（$h_1 = h_2$）的情况下，其形心轴处的温度变化 t 为

$$t = \frac{1}{2}(t_1 + t_2)$$

当杆件截面不对称于形心轴（$h_1 \neq h_2$）的情况下，其形心轴处的温度变化 t 为

$$t = \frac{t_1 h_2 + t_2 h_1}{h}$$

若以 α 表示材料的线膨胀系数，则杆件微段 dx 因温度改变而发生的变形为

$$du = \alpha t dx, \quad d\varphi = \frac{\alpha(t_1 - t_2)}{h}dx = \frac{\alpha \Delta t}{h}dx$$

式中，$\Delta t = t_1 - t_2$ 为杆件内外侧的温度变化之差。因为杆件的温度改变没有引起剪切变形，所以 $\gamma = 0$，$dv = 0$。至此，将以上变形代入式（9-10），即得

$$\varDelta = \sum (\pm) \alpha \int \overline{M} \frac{\Delta t}{h} dx + \sum (\pm) \alpha \int \overline{F}_N t dx \tag{9-11}$$

这就是静定结构因温度改变而引起的位移的计算公式。式中的正负号可通过比较实际状态与虚拟状态的变形的方法来确定：若两者的变形方向相同，则取正号，反之取负号。当每一根杆件沿其全长的温度改变相同，且横截面尺寸不变时，式（9-11）可写为

$$\varDelta = \sum (\pm) \alpha \frac{\Delta t}{h} A_{\overline{M}} + \sum (\pm) \overline{F}_N \alpha t l \tag{9-12}$$

式中，$A_{\overline{M}} = \int \overline{M} dx$ 为 $\overline{M}$ 图的面积，l 为杆件的长度。

须指出，在计算温度改变而引起的位移时，是不能略去杆件轴向变形的影响的。

【例 9-7】 如图 9-19a 所示结构，当其杆件内侧的温度升高 10 ℃ 而外侧的温度无改变时，试求水平杆件右端点 C 所产生的竖向位移。已知各杆件的横截面均为对称于形心轴的矩形，横截面高度为 h。

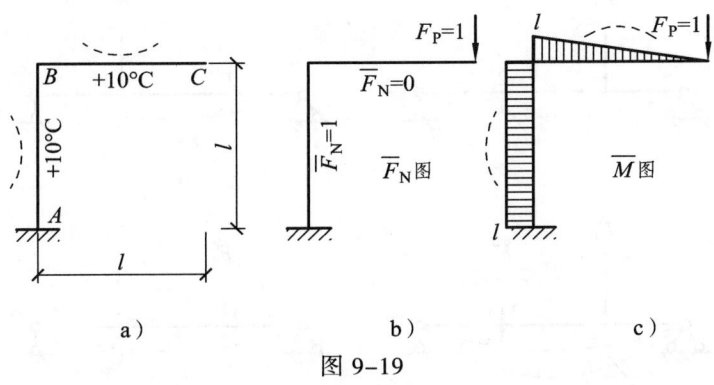

图 9-19

【解】 在水平杆件右端点 C 处加一竖向单位集中力，计算各杆件的轴力 $\overline{F}_N$ 并画出 $\overline{M}$ 图（图 9-19b、c）。图 9-19a、c 中所示弧形虚线表示了杆件弯曲变形的趋势。可以看出，各杆件在实际状态下弯曲的方向都与在虚拟状态下弯曲的方向相反，而且两杆件的尺寸及温度改变都相同。因此，两杆件的 $\overline{M}$ 图

面积 $A_{\overline{M}}$ 合计为

$$A_{\overline{M}} = l \times l + \frac{1}{2} \times l \times l = 1.5l^2$$

杆件形心轴处的温度变化 t 及内外侧的温度变化之差 Δt 分别为

$$t = \frac{1}{2} \times (0\,°C + 10\,°C) = 5\,°C, \quad \Delta t = |0\,°C - 10\,°C| = 10\,°C$$

以上各值均为绝对值，这是因为求温度改变而引起的位移时，其正负号将由变形的方向来确定。在目前情况下，温度改变使竖直杆和水平杆内侧伸长，而虚拟状态下的弯曲变形方向正好与此结果相反，故取负值。另外，在两种状态下杆件轴向变形的方向也相反，一样取负值。于是，由式（9-12）即得水平杆件右端点 C 的竖向位移为

$$\Delta_{CV} = \sum \left(-\alpha \frac{\Delta t}{h} A_{\overline{M}} \right) + \sum (-\overline{F} \alpha t l) = -\alpha \frac{10}{h} \left(l^2 + \frac{l^2}{2} \right) - \alpha \times 5 \times (l + 0) = -15\alpha \frac{l^2}{h} - 5\alpha l$$

计算结果为负，表示水平杆件右端点 C 的竖向位移方向与虚设单位载荷的方向相反。

第六节　互等定理

一、功的互等定理

如图 9-20 所示，同一结构分别受到一组外力 F_1 和另一组外力 F_2 的作用。为方便起见，在此将前者称为结构的第一状态（图 9-20a），产生的内力为 M_1、F_{N1}、F_{Q1}；而后者称为结构的第二状态（图 9-20b），产生的内力为 M_2、F_{N2}、F_{Q2}。若把第一状态作为力状态，第二状态作为位移状态，则根据虚功原理，第一状态的外力在第二状态的相应位移上所作的外力虚功（图 9-20c），等于第一状态的内力在第二状态的相应变形上所作的内力虚功，即

$$W_{12} = \sum F_1 \Delta_{12} = \sum \int M_1 \frac{M_2}{EI} dx + \sum \int F_{N1} \frac{F_{N2}}{EA} dx + \int k F_{Q1} \frac{F_{Q2}}{GA} dx \tag{a}$$

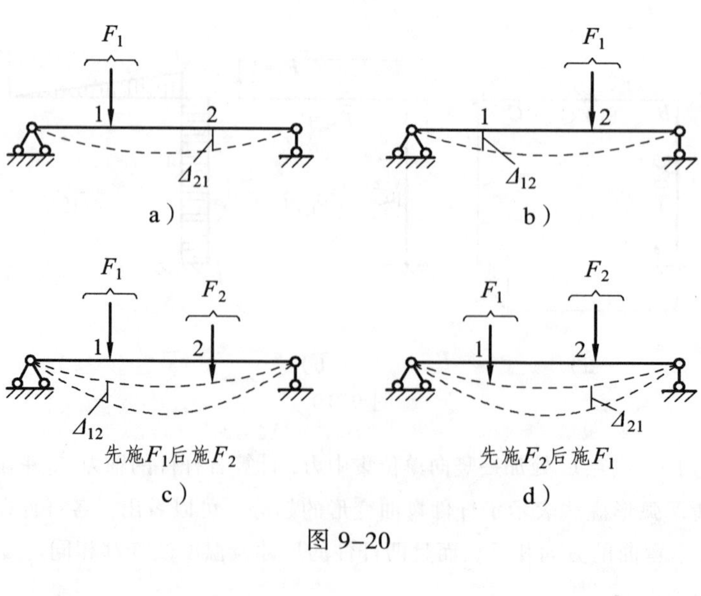

图 9-20

反过来，若把第一状态作为位移状态，第二状态作为力状态，则根据虚功原理，第二状态的外力在第一状态的相应位移上所作的外力虚功（图 9-20d），等于第二状态的内力在第一状态的相应变形上所作的内力虚功，即

$$W_{21} = \sum F_2 \Delta_{21} = \sum \int M_2 \frac{M_1}{EI} \mathrm{d}x + \sum \int F_{N2} \frac{F_{N1}}{EA} \mathrm{d}x + \sum \int k F_{Q2} \frac{F_{Q1}}{GA} \mathrm{d}x \qquad (\mathrm{b})$$

因式（a）及式（b）的右边彼此相等，故有

$$W_{12} = W_{21} \qquad (9\text{-}13)$$

或写为

$$\sum F_1 \Delta_{12} = \sum F_2 \Delta_{21} \qquad (9\text{-}14)$$

上式表明，**第一状态的外力在第二状态的相应位移上所作的虚功，等于第二状态的外力在第一状态的相应位移上所作的虚功，这就是功的互等定理。**

二、位移互等定理

功的互等定理有这样一个特殊的情况，即同一结构的两个状态是都只受到一个单位载荷 $F_1 = 1$ 和 $F_2 = 1$ 的作用。为了清楚起见，在这里将单位载荷所引起的位移分别用 δ_{12} 和 δ_{21} 表示，如图 9-21a、b 所示。于是，根据功的互等定理式（9-14），即有

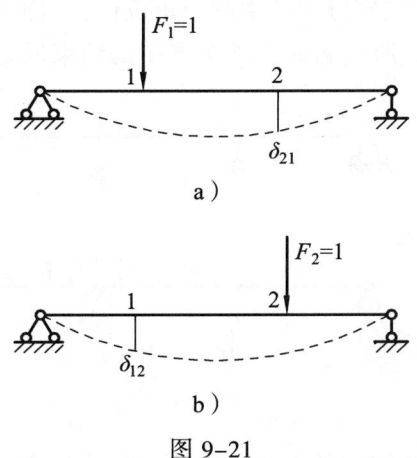

图 9-21

$$1 \times \delta_{12} = 1 \times \delta_{21} \quad 或 \quad \delta_{12} = \delta_{21} \qquad (9\text{-}15)$$

此即位移互等定理。该定理表明，**由第一个单位载荷 $F_1 = 1$ 作用所引起的在第二个单位载荷作用点处沿其方向上的位移，等于第二个单位载荷 $F_2 = 1$ 作用所引起的在第一个单位载荷作用点处沿其方向上的位移。**

应当指出，这里的载荷可以是广义力，因而位移也可以是相应的广义位移。如图 9-22a、b 所示的，即为两个单位载荷所引起的角位移互等的情况，而图 9-23a、b 所示的，即为两个单位载荷所引起的线位移和角位移互等的情况。尽管 δ_{21} 是单位集中力所引起的角位移，δ_{12} 是单位力偶所引起的线位移，两者的物理含义并不一样，但两者的数值、量纲是相同的。

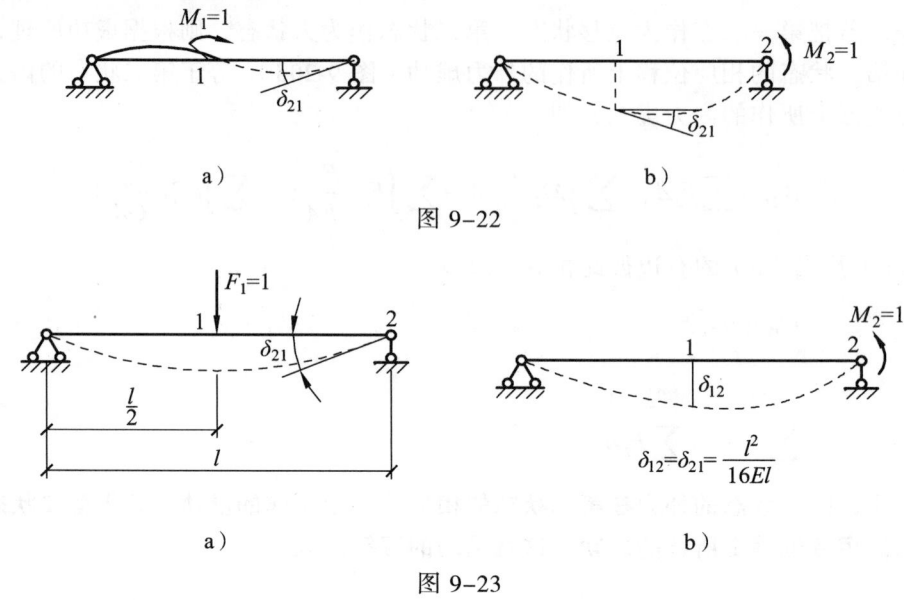

图 9-22

图 9-23

三、反力互等定理

反力互等定理,也是功的互等定理的一种特殊情况。该定理所反映的就是当超静定结构的两个支座分别产生单位位移时,在这两种状态中相应反力的互等关系。

图 9-24a、b 表示的是两个支座分别产生两个单位位移时的两种状态。图 9-24a 表示的是支座 1 产生单位位移 $\Delta_1 = 1$ 时,所引起的支座 2 产生的约束反力为 r_{21}。图 9-24b 表示的是支

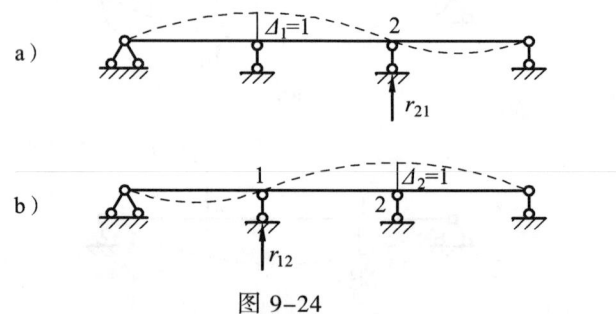

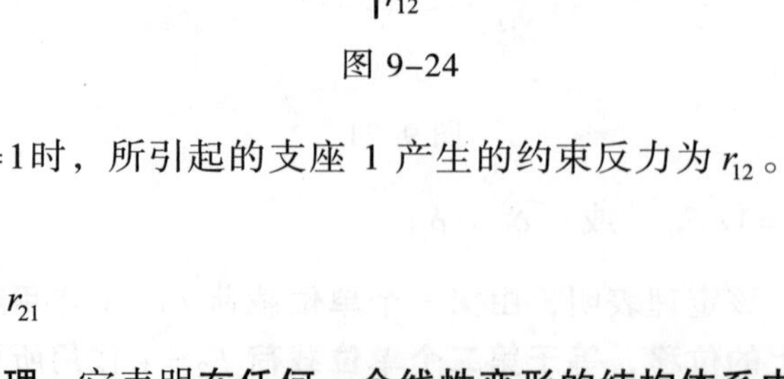

图 9-24

座 2 产生单位位移 $\Delta_2 = 1$ 时,所引起的支座 1 产生的约束反力为 r_{12}。根据功的互等定理,同样可以证明

$$r_{12} = r_{21} \tag{9-16}$$

这就是**反力互等定理**,它表明在任何一个线性变形的结构体系中,**支座 1 由于支座 2 的单位位移所引起的反力 r_{12},与支座 2 由于支座 1 的单位位移所引起的反力 r_{21} 相等**。

这里的支座位移可以是广义位移,支座约束反力也可以是相应的广义反力。如图 9-25a、b 表示的就是由单位位移 $\Delta_1 = 1$ 引起的与位移 Δ_2 相应的反力,在数值上等于由单位位移 $\Delta_2 = 1$ 引起的与位移 Δ_1 相应的反力。

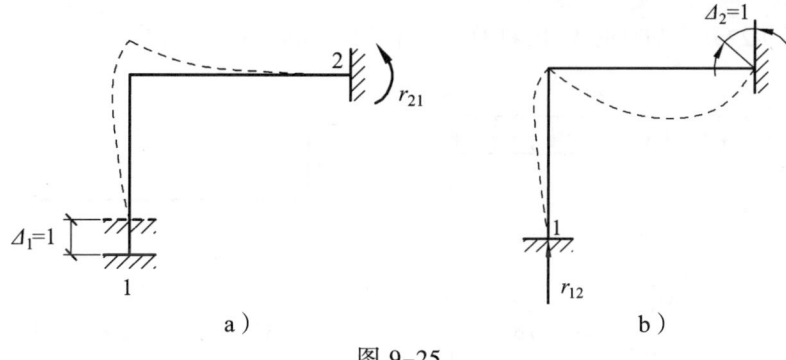

图 9-25

思 考 题

9-1 载荷作用下静定结构位移计算的一般公式，可以对不同形式的结构进行位移计算，但图乘法则只能用于（　　）结构的计算。请选择以下答案中正确的选项填入题中的括号里。

A. 梁　　　　　　　B. 刚架　　　　　　　C. 桁架　　　　　　　D. 拱

9-2 判断题（对以下论述正确的在其后的括号内画√，错误的画×）：

（1）在虚功原理中，用到的结构的实际状态与所设的虚拟状态是彼此独立无关的。（　　）

（2）单位载荷法只能用于计算结构上某一点的线位移和某一截面的角位移。（　　）

（3）对于等截面直杆，只要其杆段的图 $\bar{M}$ 和 M_P 图中有一个为直线图，就可用图乘法来计算。（　　）

（4）静定结构支座移动时并不引起内力，故可用刚体系统的虚功原理来计算位移。（　　）

9-3 应用虚功原理求位移时，应怎样选择单位载荷？

9-4 载荷作用下静定结构位移计算的一般公式及其各项的物理意义是什么？

9-5 计算位移时为什么要虚设单位载荷？虚设单位载荷的原则是什么？试举例说明之。

9-6 用公式 $\Delta = \sum \int_l \dfrac{\bar{M} M_P \mathrm{d}x}{EI}$ 计算梁和刚架的位移时，需预先写出弯矩 $\bar{M}$ 和 M_P 的表达式，在同一区段内写这两个弯矩表达式，可否将坐标原点分别取在不同的位置？为什么？

9-7 用图乘法计算位移时，如何确定图乘结果的正负号？

9-8 应用图乘法计算位移时，根据图 9-26 所示的弯矩图，亦即 M_P 图和 $\bar{M}$ 图而写出相应的以下图乘法计算式是否正确？写出的与图 9-26a、b 分别相应的图乘计算式为：

A. $\int \bar{M} M_P \mathrm{d}x = A_1 y_1 + A_2 y_2$　　　　　　B. $\int \bar{M} M_P \mathrm{d}x = \left(\dfrac{2}{3} \times \dfrac{ql^2}{8} \times l\right) \times \dfrac{l}{4}$

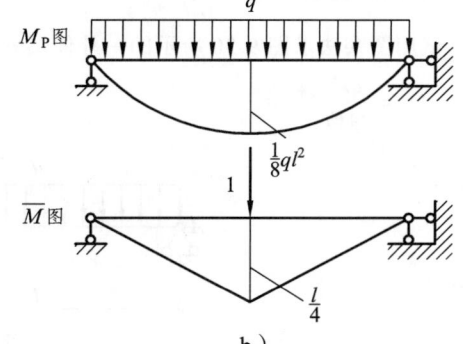

图 9-26

9-9 得到图 9-27 所示的梁的 M_P 图和 $\overline{M}$ 图，采用式 $\int \overline{M} M_P \mathrm{d}x = \left(\dfrac{1}{3} \times ql^2 \times l\right) \times \dfrac{3l}{4}$ 计算位移对吗？

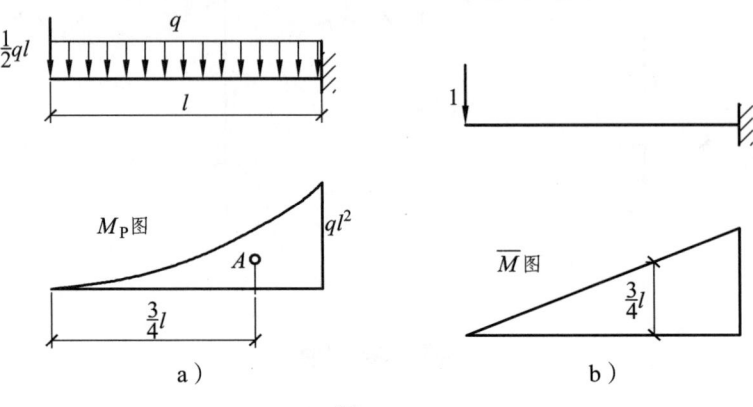

图 9-27

9-9 互等定理是否可用于静定结构？试述其理由。

习　题

9-1 试求图 9-28 所示的，受均布载荷作用的悬臂梁右端点 A 的竖向位移（考虑剪力和弯矩的影响），现设梁材料的横向变形系数 $\nu = 0.333$，梁横截面图形为矩形。试求剪切变形和弯曲变形引起的位移，并比较这两个位移。[答：$\Delta_{CV} = \Delta_1 + \Delta_2 = \dfrac{ql^4}{8EI} + \dfrac{0.6ql^2}{GA}(\downarrow)$，$\dfrac{\Delta_2}{\Delta_1} = 1.07\left(\dfrac{h}{l}\right)^2$]

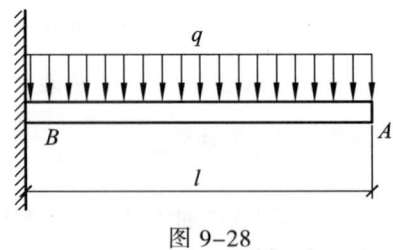

图 9-28

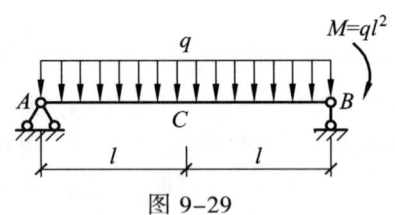

图 9-29

9-2 试用图乘法求图 9-29 所示的，受均布载荷作用的简支梁右支座 B 的转角。已知简支梁的抗弯刚度 EI 为常数。[答：$\varphi_B = \dfrac{ql^3}{3EI}$ (↷)]

9-3 试用图乘法求图 9-30 所示的一外伸梁外伸端 C 的竖向位移。已知外伸梁的抗弯刚度 EI 为常数。[答：$\Delta_{CV} = \dfrac{ql^4}{24EI}(\uparrow)$]

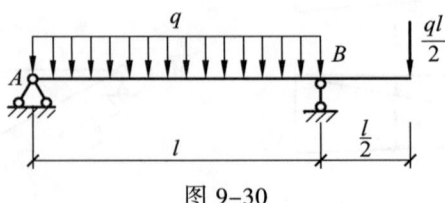

图 9-30

9-4 图 9-31 所示外伸梁为一钢筋混凝土墙板在起吊时的计算简图。已知混凝土墙板宽度 $b = 1$ m，厚度 $t = 2.5$ cm，混凝土体积重量 $q = 25$ kN/m³，弹性模量 $E = 33$ GPa，支座 A 和支座 B 系墙板起吊点。试求此外伸梁外伸点 C 的竖向位移。[答：$\Delta_{CV} = 0.24$ cm($\uparrow$)]

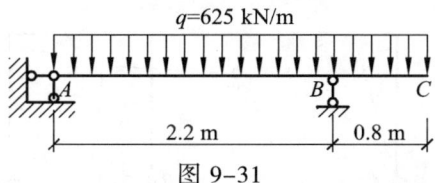

图 9-31

9-5 试求图 9-32 所示桁架结点 B 的竖向位移。桁架的各杆件的抗拉（压）刚度 $EA = 21 \times 10^4$ kN 均为已知。[答：$\Delta_{BV} = 0.768$ cm($\downarrow$)]

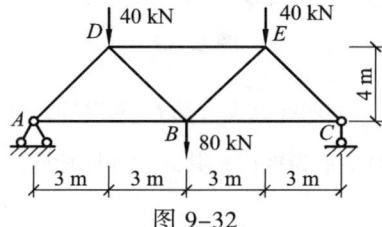

图 9-32

9-6 试求图 9-33 所示刚架结点 B 点的水平位移。抗弯刚度 EI 为常数。[答：$\Delta_{BH} = \dfrac{3ql^4}{8EI}(\rightarrow)$]

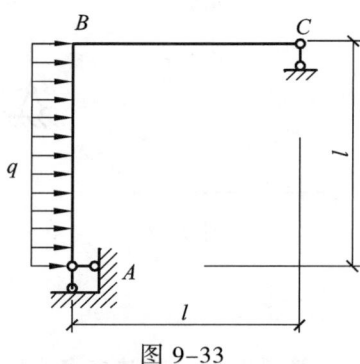

图 9-33

9-7 试求图 9-34 所示刚架刚结点 B 的转角 φ_B 和铰结点 C 的竖向位移 Δ_{CV}。设刚架的抗弯刚度 EI 为常数。[答：$\varphi_B = \dfrac{F_P l^2}{12EI}$ ($\curvearrowright$)，$\Delta_{CV} = \dfrac{F_P l^3}{12EI}(\downarrow)$]

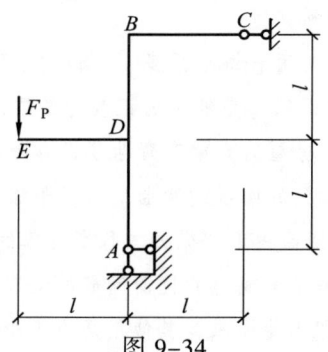

图 9-34

9-8 图 9-35 所示结构支座 B 发生了水平移动距离 a 和竖向移动距离 b。试求此支座移动后引起铰 C 左、右两截面的相对转角和铰 C 的竖向位移。[答：$\Delta\varphi_C = \dfrac{a}{h}$（↶↷），$\Delta_{CV} = \dfrac{al}{4h} + \dfrac{b}{2}$(↓)]

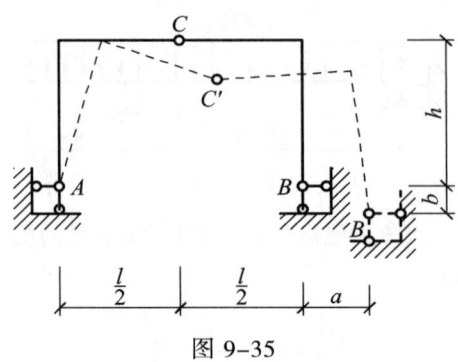

图 9-35

9-10 图 9-36 所示三铰刚架，当其内部温度升高 $t = 30\ ^\circ\mathrm{C}$ 时，试求中间铰 C 的竖向位移。已知材料的线膨胀系数为 α，各杆件横截面图形为矩形，其高度 h 皆相同。[答：$\Delta_{CV} = 15\alpha l + 7.5\dfrac{\alpha l^2}{h}$(↑)]

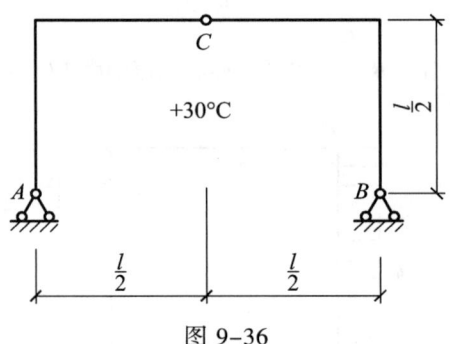

图 9-36

[辅助学习材料]

计算梁变形的方法知多少

计算梁变形的方法，学生在力学教学中只学习了几种，而未学的其他方法还有很多。

1863 年，在山西朔县峙峪村发掘出一枚石镞，峙峪村遗址的年代距今近三万年。从外形和品质特征看，这个石镞既薄又长，且前锋锐利。

不过，人类使用弓箭的年代要比使用石镞早很多。弓箭的出现，标志着人类对固体材料的弹性变形已有了初步的认识。关于弯曲变形，以《易经》的记载为最早，其中在《易·大过》篇中写到"大过：栋挠"，"栋挠，凶"。这就是说，房屋的大梁变弯曲了，有坍塌的危险，所以凶多吉少。从当时的科学水平分析，"挠"是指肉眼所能看到的明显的弯曲变形，即栋梁已经弯曲得相当厉害，而用今天的术语来说就是大变形，并不是用梁的挠曲线近似微分方程所计算的小挠度问题。我国许多古籍，如《墨经》《考工记》《韩非子》等等，都有关于梁或杆的挠曲问题的记载。今天我们讨论梁变形时所用的"挠曲线""挠度"等名词中的"挠"字即由此而来，其使用历史至少有两千多年了。

最早提出挠曲线问题的是纳莫尔（Jordanus de Nemore，13 世纪）。几百年之后，雅各布·伯努利又仔细研究了这个问题。他考察了矩形截面悬臂梁在自由端受集中力作用时的变形，而对于微段的变形，伯努利采用了中性轴在凹面一边的假设，并且假设横截面在梁变形后仍保持为平面。于是得到的弯曲变形为横截面绕凹面一侧的轴（亦垂直于纸面）转动，而不是绕中性轴转动，其纵向纤维的伸长与到此轴的距离成正比。尽管最终在定量上伯努利的这一公式有错误，但在定性上它却正确地表示了挠曲线上任一点处的曲率与该处的弯矩成正比的关系，而且还成为了后来欧拉等人进一步研究弯曲变形的基础。

欧拉根据雅各布·伯努利侄子丹尼尔·伯努利提供的关于弹性板条变形能为最小的原理，用他自己发明的变分法得到了雅各布·伯努利的结果。而欧拉的研究并不局限于梁变形的小挠度问题，他利用级数积分，最后得到了弹性曲线的近似微分方程为一个四阶微分方程。还有，欧拉从弹性曲线的研究中还得到了压杆稳定的临界力公式。

总之，人们为了计算梁的变形提出了很多种方法。泊松在《力学教程》中首次用三角级数研究了梁的挠度方程；1834 年以后，彭赛列（J. V. Poncelet）在讲授的力学课程中，又首次把剪力的影响引入梁的挠度公式；圣维南在纳维材料力学讲义的基础上通过悬臂梁自由端受集中力作用时的情形，第一个提出了计算梁变形的面积矩法……计算梁变形的方法知多少？过去的文献曾列出二十多种，如积分法、图解法、叠加法、差分法、奇异函数法、单位荷载法、图乘法、三角级数法、近似计算法、面积向量法等等。由此可见，为使梁变形的计算更方便、快捷和更具有适应性，人们确实付出了大量的十分艰巨的劳动。

第十章

力 法

超静定结构在工程实际中应用较为普遍,本章首先介绍了超静定结构的静力特性和几何组成特性。计算超静定结构内力的方法较多,其中力法是最基本也是使用较早的一种方法。本章在介绍了**力法基本原理**、**结构超静定次数的确定**,以及**力法典型方程**后,还要通过**力法计算超静定结构示例**说明这一方法的计算步骤。最后,再用力法讨论等截面单跨超静定梁的杆端内力计算,而这一计算结果在以后的位移法、力矩分配法中还将得到应用。

第一节 力法基本原理

一、超静定结构的组成

一个结构,它的支座约束反力和截面内力都是用静力平衡方程唯一地确定,这种结构即称为**静定结构**。**在实际工程中,大多数的结构都是超静定结构**。而超静定结构因为有多余约束,所以它的**约束反力和各截面内力就不能完全由静力平衡方程唯一地确定**。如图 10-1a 所示的连续梁,其水平方向的约束反力可由静力平衡方程求得,但竖直方向的约束反力只凭静力平衡方程是无法得到的,因而也就无法求得连续梁的全部内力。又如图 10-1b 所示的桁架,其支座约束反力和部分杆件的内力可由静力平衡方程求得,但还是无法求得全部杆件的内力。再如图 10-1c 所示的梁桁结构,虽然它的约束反力可由静力平衡方程得到,但由静力平衡方程却不能求得梁和每一杆件的内力。如果要求出超静定结构的全部约束反力和内力,除了要利用静力平衡方程外,还须再补充方程,而这些补充的独立方程,要通过结构杆件的变形谐调关系来建立。

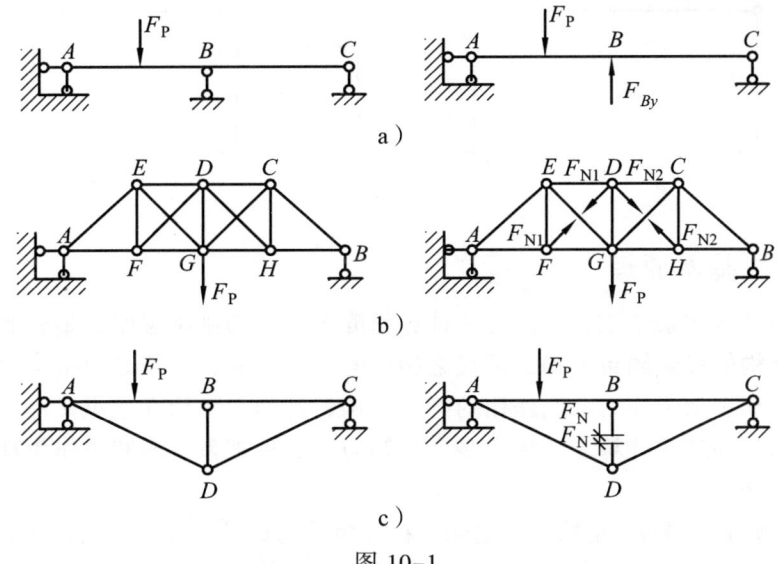

图 10-1

常见的超静定结构类型中有超静定梁（图 10-2）、超静定刚架（图 10-3）、超静定桁架（图 10-4）、超静定拱（图 10-5）、超静定组合结构（图 10-6）、铰接排架（图 10-7），等等。

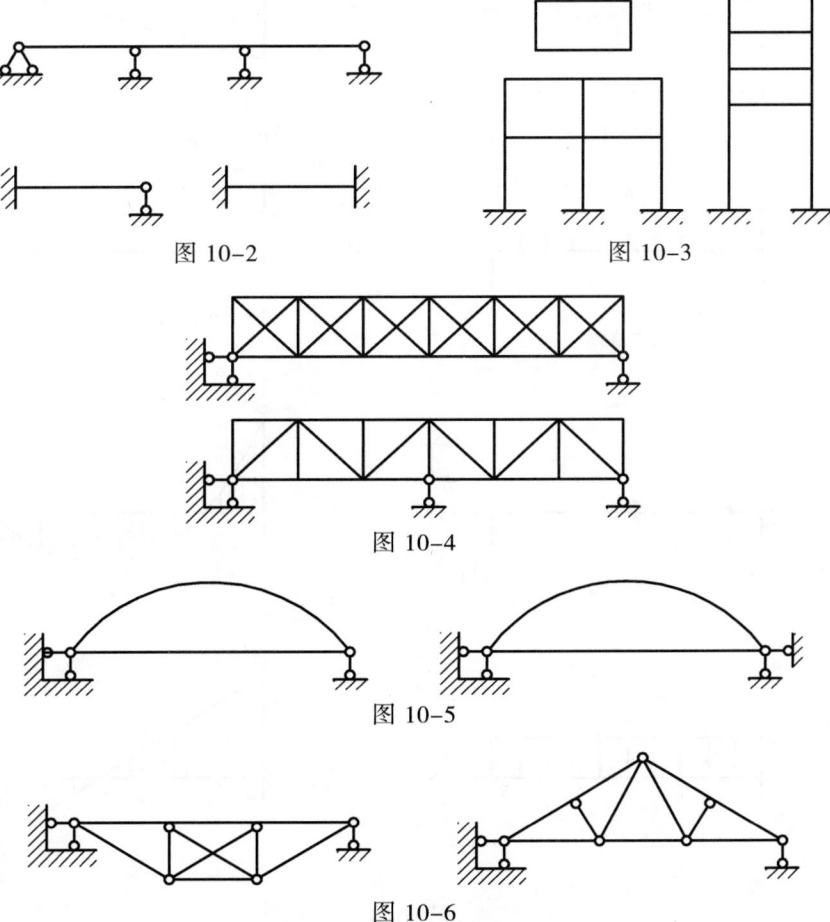

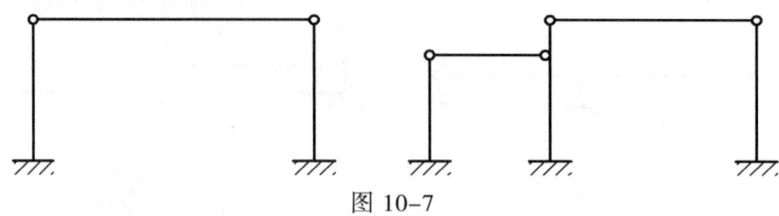

图 10-7

二、力法的基本原理

超静定结构具有多余约束，采用力法计算超静定结构的基本思路，是先要将原来的超静定结构或称原结构**的多余约束去掉，而代之相应的多余未知力**，于是原结构就转化为一个受载荷、约束反力和多余未知力共同作用的静定结构，此静定结构在这里又称为**基本结构**。然后，利用求解静定问题的计算方法求出多余未知力。这种**把多余未知力作为基本未知量的计算方法，称为力法**。

如图 10-8a 所示，梁 AB 左端为固定端，右端为活动铰链支座。显然，这就是一个**具有一个多余约束的超静定结构，又称为一次超静定梁**。此超静定结构共有四个支座约束反力，即

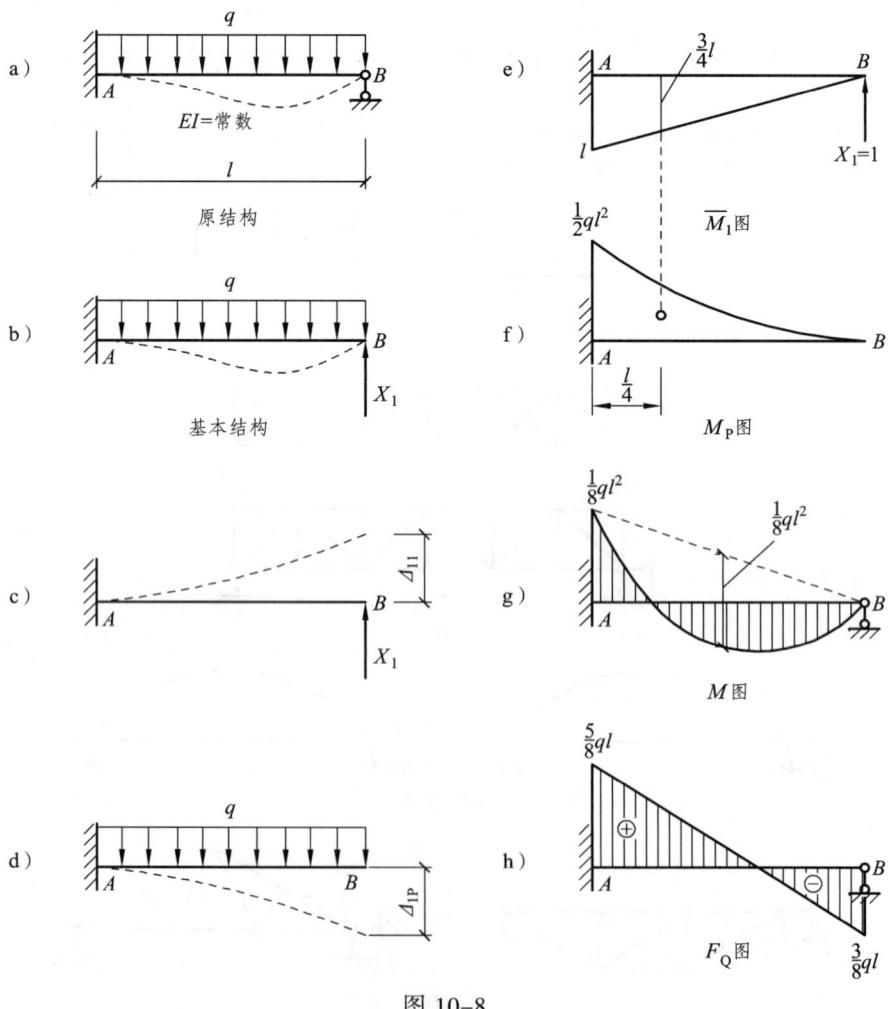

图 10-8

F_{Ax}、F_{Ay}、M_A 和 F_{By}，无法用三个静力平衡方程求出全部力。若用力法进行计算，则可将 B 支座链杆看作多余约束，予以去掉，然后代之以相应的多未知余力 X_1。这时，原超静定梁就转化为图 10-8b 所示的承受载荷、约束反力和多余未知力 X_1 共同作用的静定悬臂梁，这样的悬臂梁，即为用**力法计算超静定结构的基本结构**。如果能设法求出这个多余未知力，那么**原结构**的其余未知力，就可利用静力平衡方程而将其求出。在力法中，往往是从原结构与基本结构的**变形谐调条件**入手。本例从梁的原结构到基本结构的变形谐调条件为：梁的右端 B 的竖向位移等于零。换句话说，也就是在多余未知力 X_1 和集度为 q 的均布载荷的共同作用下，在基本结构上去掉多余约束处的竖向位移，与所对应的原结构约束处的竖向位移相等。

今以 Δ_{11} 和 Δ_{1P} 分别表示基本结构在多余未知力 X_1 和集度为 q 的均布载荷单独作用时，右端活动铰链支座 B 沿 X_1 方向的位移（图 10-8c、d），并且规定这一位移与多余未知力方向相同时为正。在所用符号 Δ_{11} 和 Δ_{1P} 两个下标中，第一个下标表示位移发生的地点，在这里将多余未知力 X_1 作用的地点亦即梁右端 B 定义为 1；第二个下标表示引起位移的原因，在这里引起位移的原因是多余未知力 X_1 与集度为 q 的均布载荷共同作用的结果，将其统称为载荷，并以下标 P 表示。根据变形谐调条件并通过叠加原理，即得基本结构在 X_1 和集度为 q 的均布荷载共同作用时梁右端 B 的竖向位移 Δ_1 为

$$\Delta_1 = \Delta_{11} + \Delta_{1P} = 0$$

今以 δ_{11} 表示多余未知力 X_1 为单位力即 $\overline{X}_1 = 1$ 时，梁的右支座 B 的竖向位移为 δ_{11}。于是，多余未知力 X_1 单独作用于梁右端 B 沿 X_1 方向的位移为 $\Delta_{11} = \delta_{11} X_1$，这样上式就可写成

$$\Delta_{11} = \delta_{11} X_1 + \Delta_{1P} = 0 \tag{10-1}$$

由于 δ_{11} 和 Δ_{1P} 都是静定结构在已知外力作用下的位移，因此可用位移计算方法求得。可以看出，式（10-1）是借助原结构与基本静定结构的变形谐调条件而建立的补充方程，即一个独立的**变形谐调方程**。有了这一方程，即可确定多余未知力 X_1 的大小。这就说明，超静定结构只有唯一的一组解答能同时满足变形谐调方程和静力平衡方程，此即为**超静定结构解答的唯一性定理**。

要计算式（10-1）中的 δ_{11} 和 Δ_{1P}，可应用图乘法。为此，先分别画出 $\overline{X}_1 = 1$ 和集度为 q 的均布载荷单独作用在基本结构上时的弯矩图 $\overline{M}_1$（又称单位弯矩图，图 10-8e）和弯矩图 M_P（又称载荷弯矩图，图 10-8f），然后再通过图 $\overline{M}_1$ 中的各几何量自乘，图 $\overline{M}_1$ 和图 M_P 中的各几何量互乘，即得

$$\delta_{11} = \frac{1}{EI} \times \frac{l^2}{2} \times \frac{2l}{3} = \frac{l^3}{3EI}$$

$$\Delta_{1P} = -\frac{1}{EI} \left(\frac{1}{3} \times l \times \frac{ql^2}{2} \right) \times \frac{3l}{4} = -\frac{ql^4}{8EI}$$

将所得到的 δ_{11} 和 Δ_{1P} 之值代入以上变形谐调方程式（10-1）求解，即得

$$X_1 = -\frac{\Delta_{1P}}{\delta_{11}} = \frac{ql^4}{8EI} \times \frac{3EI}{l^3} = \frac{3}{8} ql$$

所得的多余未知力 X_1 为正，表示多余未知力 X_1 的实际方向与原虚设的方向相同。

多余未知力 X_1 求得后，即可按静力平衡方程求出其余的支座约束反力和内力。而要画出梁的最后弯矩图 M，则可利用已画出的弯矩图 $\overline{M}_1$ 和 M_P 通过叠加原理得到，即

$$M = \overline{M}_1 X_1 + M_P$$

例如，利用上式计算梁固定端 A 的弯矩值大小就是

$$M_{AB} = X_1 l - ql \times \frac{1}{2} = \frac{3}{8}ql^2 - \frac{1}{2}ql^2 = -\frac{1}{8}ql^2$$

最后，画出原超静定梁的弯矩图和剪力图，分别如图 10-8g、h 所示。

综上所述，力法基本原理是以多余未知力作为基本未知量，首先通过去掉多余约束而得到力法的基本结构，然后再由多余约束处的相应位移条件而建立变形（或位移）谐调方程，求出多余未知力，最后结合静力学平衡方程求出全部约束反力。可以说，力法就是把超静定结构的内力计算，转化为静定结构的内力计算的一种方法，因而可用它来分析任何类型的超静定结构。

第二节　结构超静定次数的确定

用力法计算超静定结构，必须先要确定结构的超静定次数。超静定次数从结构的几何组成上看，就是指超静定结构中多余约束的个数，或等于把原超静定结构变成静定结构时所需去掉的约束个数。结构超静定次数的确定方法是：去掉多余约束，使原结构变为一个静定的结构，这个静定结构即称为力法中原结构的基本结构。去掉的多余约束的数目，就是原结构的超静定次数。在超静定结构上去掉多余约束的方法通常有以下几种：

（1）**去掉一个支座链杆或切断一根链杆，就相当于去掉一个约束**。图 10-9a 所示超静定结构在切断一根链杆后，即得到如图 10-9b 所示的静定结构，原超静定结构的超静定次数为一次。又如图 10-10a 所示的超静定梁在去掉一个支座链杆，即得到如图 10-10b 所示的静定梁。原超静定梁的超静定次数为一次。当然，此超静定梁也可在原结构的固定端 A 处去掉一个阻止转动的约束，而得到图 10-10c 所示的静定梁。

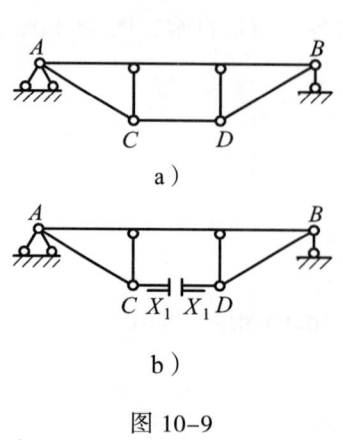

图 10-9

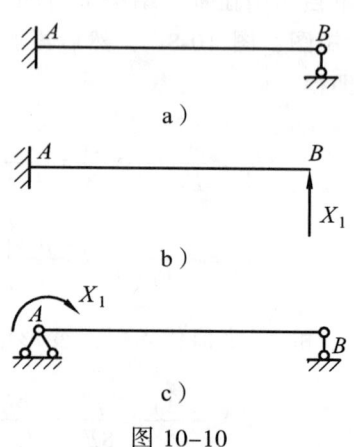

图 10-10

（2）去掉一个联结两刚片的单铰或去掉一个固定铰支座，就相当于去掉两个约束。如图 10-11a、b 所示的超静定刚架，在去掉一个单铰后，即得到如图 10-11c、d 所示的静定刚架，

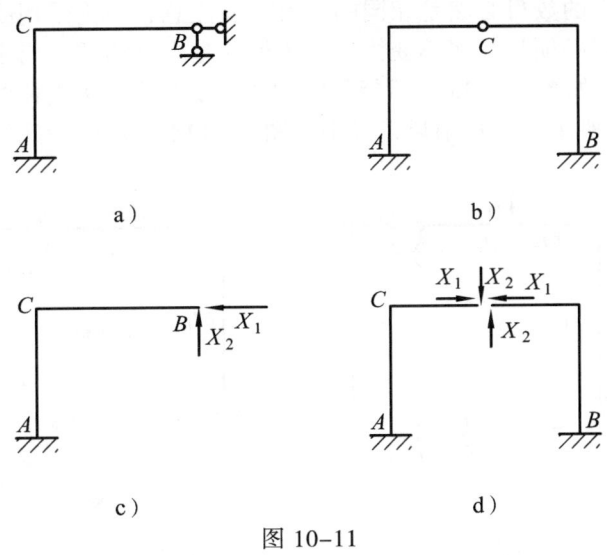

图 10-11

原超静定刚架的超静定次数为两次。

（3）将一个固定端支座改成固定铰支座，或将受弯杆件的刚结点处改为单铰联结，就相当于去掉一个约束。如图 10-12a 所示的超静定刚架，将左右两固定端支座都改为固定铰支座，就相当于两端共去掉了两个约束；再将刚结点 C 改为单铰联结，相当于又去掉了一个约束，最后得到如图 10-12b 所示的三铰静定刚架，原超静定刚架的超静定次数为三次。

（4）切开一根梁式杆或去掉一个固定端支座，相当于去掉三个约束。如图 10-12a 所示的超静定刚架，将固定端支座 B 去掉，亦即去掉了三个约束，即得到如图 10-12c 所示的悬臂刚架，原超静定刚架的超静定次数为三次。若将此超静定刚架从横梁中间切断，也相当于去掉了三个约束，即得到如图 10-12d 所示的两个悬臂刚架，原超静定刚架的超静定次数为三次。

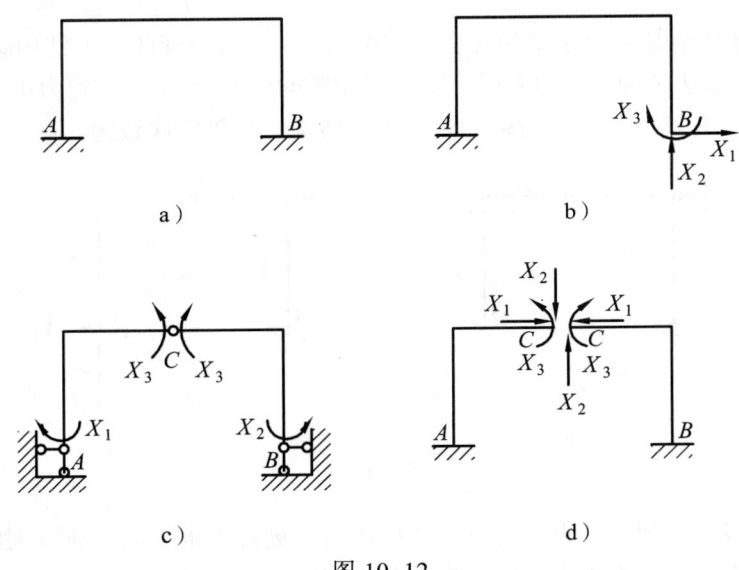

图 10-12

应用以上去掉多余约束的方法，可以确定任何超静定结构的超静定次数。对于同一结构，可以应用不同方法去掉多余约束，而得到不同支座约束的静定结构。但是不论采用哪种方法，最后所去掉的多余约束的数目必然是相同的。另还要注意，不论采用哪种方法去掉多余约束而得到的基本结构，都必须是几何不变体系。为保证基本结构的几何不变性，一些必要的约束是绝对不能去掉的。如图10-13a所示超静定刚架，按上述方法去掉两个多余约束而分别得到如图10-13b、c、d所示的三种结果，其中的图10-13d所示的为几何可变体系，显然不能

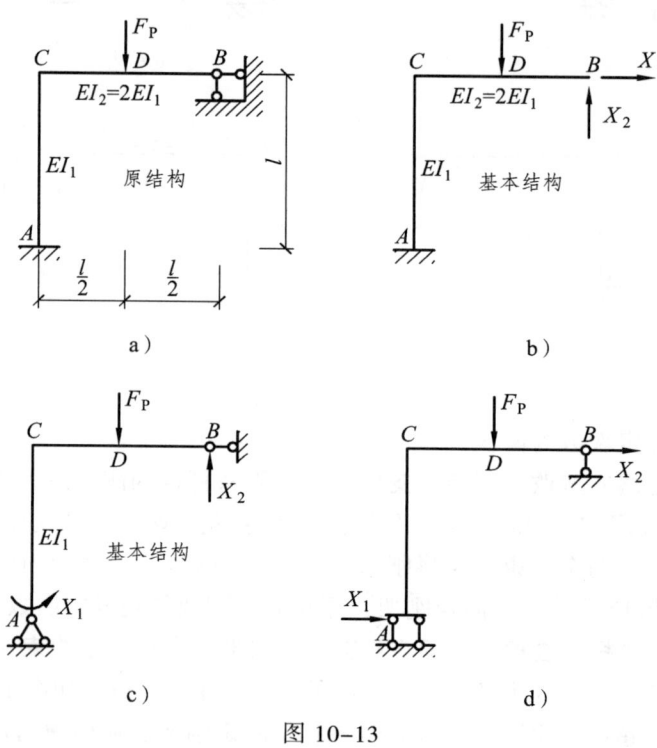

图 10-13

算是基本结构。

除此之外，还要清楚超静定结构在去掉多余约束后，所得到的基本结构必须是静定结构。否则，就得继续把未去掉的多余约束再去掉，直到把全部多余约束都去掉为止。如图10-14a所示的超静定结构，去掉三个多余约束，即视作原结构的超静定次数为三次（图10-14b），相

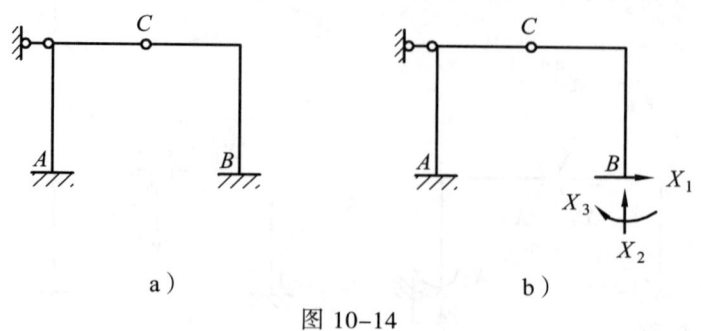

图 10-14

应地也就有三个多余未知力，但这还是无法应用力法进行求解，因为所得到的结构仍为一个超静定结构，故不能将此作为力法原结构的基本结构。

第三节 力法典型方程

用力法计算超静定结构的关键,就在于用位移条件来建立力法方程。下面通过一个三次超静定刚架,来说明如何用相应的位移条件来建立力法方程的过程。

图 10-15a 所示为一个承受载荷 F_{P1}、F_{P2} 作用的三次超静定刚架,要得到基本结构,必须去掉三个约束。现去掉固定端支座 B,代之以相应的多余未知力 X_1、X_2 和 X_3 去替换固定端支座 B 处三个约束的作用,得到如图 10-15b 所示的基本结构。由于原结构 B 为固定端支座,在该处不可能有任何水平位移、竖向位移和转角位移。因此,基本结构在载荷及多余未知力 X_1、X_2 和 X_3 的共同作用下,B 点沿 X_1、X_2 和 X_3 方向的位移都等于零,即

$$\Delta_1 = 0, \quad \Delta_2 = 0, \quad \Delta_3 = 0$$

这就是说,对于已知载荷和每一个多余未知力在基本结构上一点引起的三种位移,应与原结构上同一点产生的位移相一致,亦即存在一个变形谐调关系,相应地可以有一个变形谐调方程。于是,写出基本结构在每一种力单独作用时的位移,亦即:

(1)设 $\overline{X}_1 = 1$ 单独作用时,基本结构上截面 B 处沿 X_1、X_2 和 X_3 方向的位移分别为 δ_{11}、δ_{21} 和 δ_{31}(图 10-15c)。于是,多余未知力 X_1 单独作用时,相应的沿 X_1、X_2 和 X_3 方向的位移为 $\delta_{11} X_1$、$\delta_{21} X_1$ 和 $\delta_{31} X_1$。

(2)设 $\overline{X}_2 = 1$ 单独作用时,基本结构上截面 B 处沿 X_1、X_2 和 X_3 方向的位移为 δ_{12}、δ_{22} 和 δ_{32}(图 10-15d)。相应地沿 X_1、X_2 和 X_3 的位移为 $\delta_{12} X_2$、$\delta_{22} X_2$ 和 $\delta_{32} X_2$。

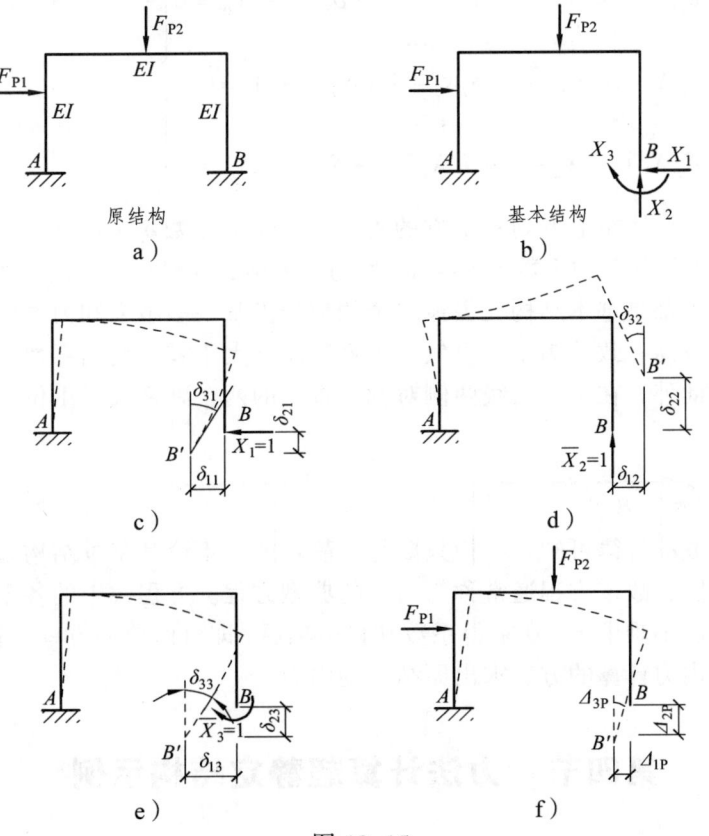

图 10-15

（3）设 $\overline{X}_3 = 1$ 单独作用时，基本结构上截面 B 处沿 X_1、X_2 和 X_3 方向的位移为 δ_{13}、δ_{23} 和 δ_{33}（图 10-15e）。相应地沿 X_1、X_2 和 X_3 的位移为 $\delta_{13}X_3$、$\delta_{23}X_3$ 和 $\delta_{33}X_3$。

（4）设载荷 F_{P1}、F_{P2} 单独作用时，基本结构上截面 B 处沿 X_1、X_2 和 X_3 方向的位移为 Δ_{1P}、Δ_{2P} 和 Δ_{3P}（图 10-15f）。

应用叠加原理，将载荷和多余未知力 X_1、X_2 和 X_3 共同作用于基本结构上截面 B 处产生的位移叠加，即得到相应的变形谐调方程就是

$$\begin{aligned}\Delta_1 &= \delta_{11}X_1 + \delta_{12}X_2 + \delta_{13}X_3 + \Delta_{1P} = 0 \\ \Delta_2 &= \delta_{21}X_1 + \delta_{22}X_2 + \delta_{23}X_3 + \Delta_{2P} = 0 \\ \Delta_3 &= \delta_{31}X_1 + \delta_{32}X_2 + \delta_{33}X_3 + \Delta_{3P} = 0\end{aligned} \quad (10\text{-}2)$$

上式就是根据超静定结构在多余约束处的变形谐调条件建立的方程组，用以计算原三次超静定刚架中的多余未知力 X_1、X_2 和 X_3。这组方程表达的物理意义是：**在基本结构中，因载荷和全部多余未知力的共同作用，在去掉多余约束处的位移与原结构相应的位移是相等的。**

对于 n 次超静定结构，在原结构中去掉 n 个多余约束后，代之以 n 个多余未知力，而所对应的就是由 n 个变形谐调条件建立的 n 个变形谐调方程，由这些方程即可求出 n 个多余未知力，亦即

$$\left.\begin{aligned} \delta_{11}X_1 + \delta_{12}X_2 + \cdots + \delta_{1i}X_i + \cdots + \delta_{1n}X_n + \Delta_{1P} &= 0 \\ \delta_{21}X_1 + \delta_{22}X_2 + \cdots + \delta_{2i}X_i + \cdots + \delta_{2n}X_n + \Delta_{2P} &= 0 \\ &\cdots\cdots\cdots \\ \delta_{i1}X_1 + \delta_{i2}X_2 + \cdots + \delta_{ii}X_i + \cdots + \delta_{in}X_n + \Delta_{iP} &= 0 \\ &\cdots\cdots\cdots \\ \delta_{n1}X_1 + \delta_{n2}X_2 + \cdots + \delta_{ni}X_i + \cdots + \delta_{nn}X_n + \Delta_{nP} &= 0 \end{aligned}\right\} \quad (10\text{-}3)$$

式（10-3）中，在从左上方到右下方的主对角线上的系数 δ_{ii}（$i = 1、2、\cdots、n$）称为**主系数**，以上方程组中的其余的系数 δ_{ik}（$i \neq k$）称为**副系数**，方程组的最后一列 Δ_{iP} 称为**自由项**。所有的系数和自由项都是基本结构在去掉多余约束处沿某一多余未知力方向的位移，并规定与所设多余未知力方向一致的为正。显然，主系数总是大于零。而副系数和自由项则可能为正、为负或为零。此外，在主对角线两侧对称位置上的两个副系数，由位移互等定理可知它们有互等关系，即

$$\delta_{ik} = \delta_{ki}$$

由上述方程组成的规律可知，结构只要是超静定的，不论其基本结构如何选取，它的计算方程都与上式相同，故该方程通常称为**力法的典型方程**。方程式中的各系数和自由项由第八章的位移计算方法不难求出，在求得系数和自由项后，即可由典型方程计算出多余未知力，最后再按静定结构内力计算的方法求出原结构的内力。

第四节 力法计算超静定结构示例

根据以上所述，将力法计算超静定结构的步骤归纳如下：

（1）选取基本结构。 确定结构超静定的次数，去掉原结构的多余约束，代之以相应的多余未知力，即得到一个静定的基本结构。

（2）建立典型方程。 根据基本结构在载荷和多余未知力的共同作用下，由多余未知力作用点沿多余未知力方向产生的位移，应当与原结构中多余约束处位移相同的条件，建立力法典型方程。画出基本结构的单位内力和载荷内力图，并且按照求位移的方法计算出系数和自由项。

（3）求多余未知力。 将计算出的系数和自由项代入力法典型方程，求出各多余未知力。

（4）画原结构的内力图。 多余未知力确定后，按静定结构的内力图画法，画出原结构的内力图，又称最后内力图。此内力图也可利用求出的多余未知力，以及已画好的基本结构的单位内力图和载荷内力图叠加得出。

现举例说明如何用力法计算超静定梁和超静定刚架。

【例 10-1】 画出图 10-16a 所示单跨超静定梁的内力图。已知梁的抗弯刚度 EI 为常数。

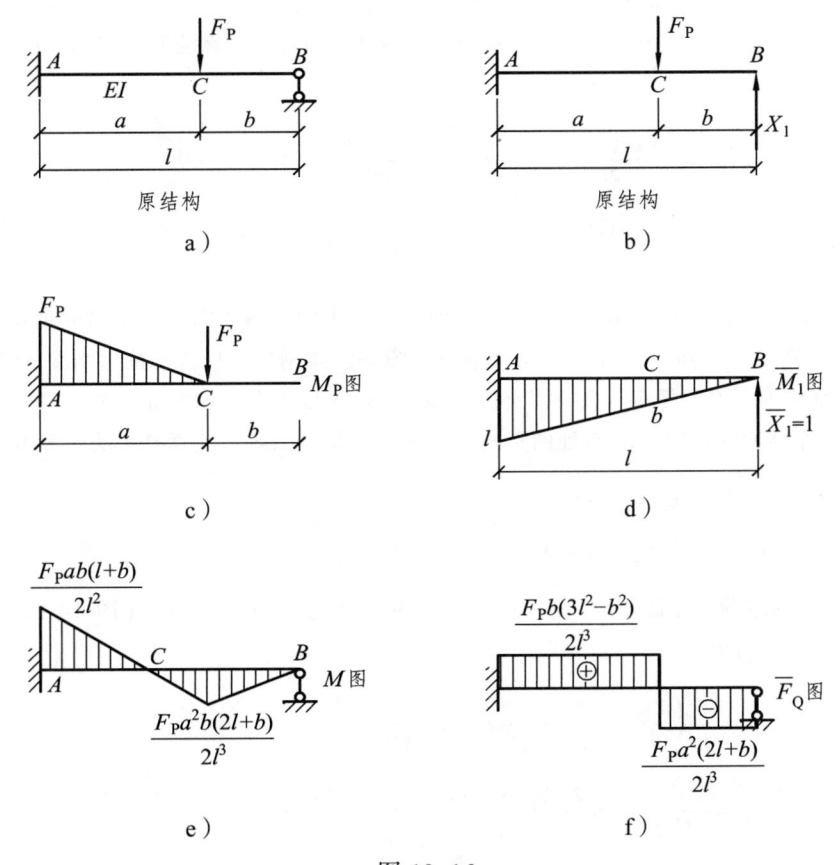

图 10-16

【解】 （1）选取基本结构。图 10-16a 单跨超静定梁为一次超静定梁，去掉活动铰链支座 B 的链杆，代之以多余未知力 X_1，即得到基本结构如图 10-16b 所示。

（2）建立典型方程。因原结构在支座 B 处无竖向位移，故 $\Delta_1 = 0$，建立力法典型方程为

$$\delta_{11} X_1 + \Delta_{1P} = 0$$

（3）用图乘法计算系数 δ_{11} 和自由项 Δ_{1P}。画出基本结构载荷弯矩图 M_P（图 10-16 c）和单位力弯矩图 $\bar{M}_1$（图 10-16d），亦即

$$\delta_{11} = \frac{1}{EI}\left(\frac{1}{2} \times l \times l \times \frac{2l}{3}\right) = \frac{l^3}{3EI}$$

$$\Delta_{1P} = -\frac{1}{EI}\left[\frac{1}{2} \times F_P \times a \times a \times \left(\frac{2l}{3} + \frac{b}{3}\right)\right] = -\frac{F_P a^2(2l+b)}{6EI}$$

（4）求解多余未知力。将以上求得的 δ_{11} 和 Δ_{1P} 代入力法典型方程，得

$$\frac{l^3}{3EI}X_1 - \frac{F_P a^2(2l+b)}{6EI} = 0$$

解之，得

$$X_1 = \frac{F_P a^2(2l+b)}{2l^3}(\uparrow)$$

（5）画内力图。先画弯矩图，根据叠加原理 $M = X_1\bar{M}_1 + M_P$，计算控制截面 A、C 处弯矩 M_{AB}、M_{CB} 为

$$M_{AB} = l \times \frac{F_P a^2(2l+b)}{2l^3} - F_P a = -\frac{F_P ab(l+b)}{2l^2} \quad \text{（上侧受拉）}$$

$$M_{CB} = b \times \frac{F_P a^2(2l+b)}{2l^3} + 0 = \frac{F_P a^2 b(2l+b)}{2l^3} \quad \text{（下侧受拉）}$$

最后，画出梁的弯矩图如图 10-16e 所示，继而由弯矩图画出剪力图如图 10-16f 所示。

【例 10-2】 画出 10-17a 所示超静定刚架的内力图。已知刚架各杆件的抗弯刚度 EI 为常数。

【解】 此刚架为二次超静定，去掉固定铰支座 C，代之以多余未知力 X_1、X_2，得到基本结构如图 10-17b 所示。因原结构固定铰支座 C 处的竖向位移和水平位移为零，建立其力法典型方程为

$$\delta_{11}X_1 + \delta_{12}X_2 + \Delta_{1P} = 0$$

$$\delta_{21}X_1 + \delta_{22}X_2 + \Delta_{2P} = 0$$

画出基本结构的载荷弯矩图 M_P（图 10-17 c）和单位力弯矩图 $\bar{M}_1$、$\bar{M}_2$（图 10-17d、e），用图乘法计算系数和自由项，即

$$\delta_{11} = \frac{1}{EI}\left(\frac{1}{2} \times a^2 \times \frac{2}{3}a + a \times a \times a\right) = \frac{4a^3}{3EI}$$

$$\delta_{22} = \frac{1}{EI}\left(\frac{1}{2} \times a^2 \times \frac{2}{3}a\right) = \frac{a^3}{3EI}$$

$$\delta_{12} = \delta_{21} = -\frac{1}{EI}\left(\frac{1}{2} \times a^2 \times a\right) = -\frac{a^3}{2EI}$$

$$\Delta_{1P} = \frac{1}{EI}\left(\frac{1}{3} \times a \times \frac{1}{2}qa^2 \times \frac{3}{4}a + \frac{1}{2}qa^2 \times a \times a\right) = \frac{5qa^4}{8EI}$$

$$\Delta_{2P} = -\frac{1}{EI}\left(\frac{1}{2} \times a^2 \times \frac{1}{2}qa^2\right) = -\frac{qa^4}{4EI}$$

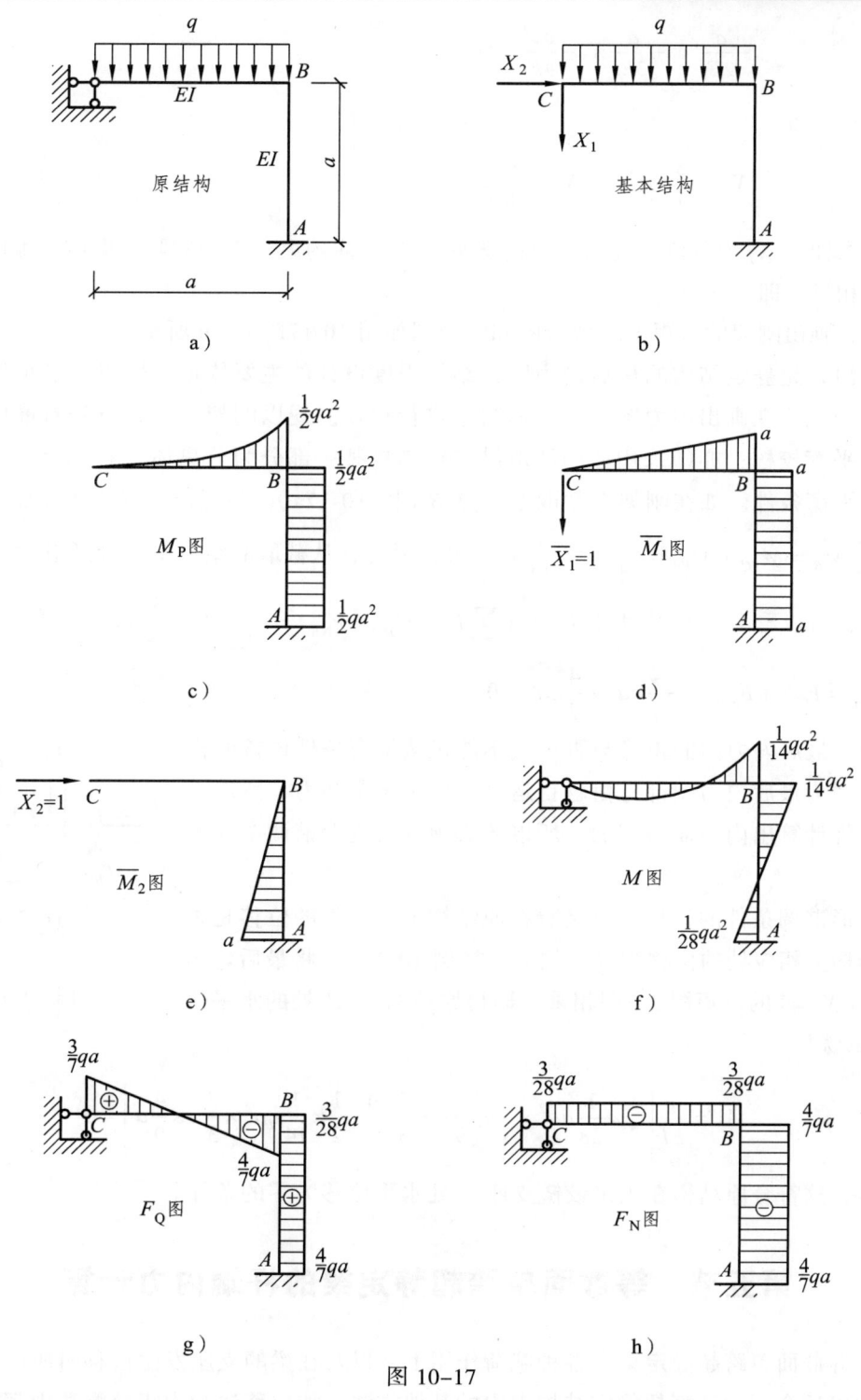

图 10-17

将以上计算出的系数和自由项代入力法典型方程，得

$$\frac{4a^3}{3EI}X_1 - \frac{a^3}{2EI}X_2 + \frac{5qa^4}{8EI} = 0$$

$$-\frac{a^3}{2EI}X_1 + \frac{a^3}{3EI}X_2 - \frac{qa^4}{4EI} = 0$$

解之，得

$$X_1 = -\frac{3}{7}qa(\uparrow), \quad X_2 = \frac{3}{28}qa(\rightarrow)$$

多余未知力 X_1 为负值，说明固定铰支座 C 的竖向约束反力的实际方向应与虚假设单位未知方向相反，即方向应向上。

最后，画出刚架的弯矩图、剪力图和轴力图如图 10-17f、g、h 所示。

须指出，超静定结构的最后内力图是结构强度设计的主要依据。所以，必须保证它的正确性。为此，在画出内力图后，还需对它进行校核。现以刚架为例，首先对最后弯矩图进行静力平衡校核：亦即采用截面法取结点或结构某一部分为分离体，看其上的弯矩是否满足静力平衡条件。如在刚架上截取刚结点 B（图 10-17a），并画出其受力图（图 10-18），显然有 $\sum M_B = M_{BC} + M_{BA} = \frac{1}{14}qa^2 - \frac{1}{14}qa^2 = 0$。另外，从截取的结点 B 还能看出什么样的平衡关系呢？可以看出：① 沿水平方向有 $\sum F_x = F_{QBA} + F_{NBC} = -\frac{3}{28}qa + \frac{3}{28}qa = 0$；② 沿竖直方向有 $\sum F_y = F_{QBA} + F_{NBC} = -\frac{4}{7}qa^2 + \frac{4}{7}qa^2 = 0$。

但是，最后内力图的正确与否，还不能仅从平衡条件校核而检验出来。因为最后内力图都是由题目运算求出多余未知力，然后再由平衡条件计算出内力而得到的，所以还必须进行变形谐调条件的校核。

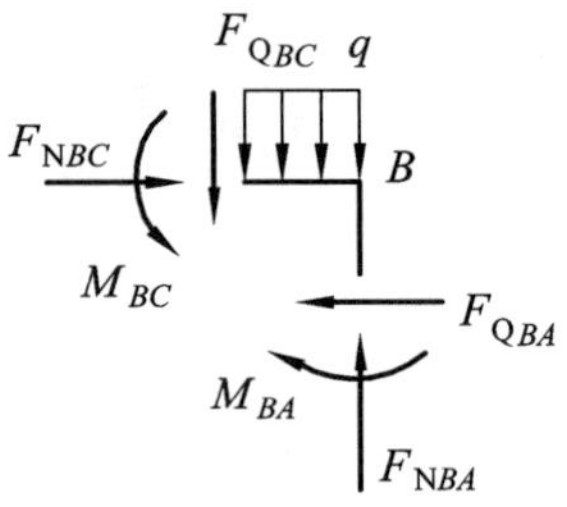

对变形谐调条件的校核，就是看在原结构上某一处的位移是否与基本结构上相应处的位移相等。例如，在例 10-2 中，将最后弯矩图 M 图与 $\bar{X}_2 = 1$ 的弯矩图 $\bar{M}_2$ 图相乘，即得原结构在 C 处的水平位移 Δ_2，也就是

图 10-18

$$\Delta_2 = \frac{1}{EI}\left[\frac{1}{2} \times \frac{1}{28}qa^2 \times \frac{1}{3}a\left(\frac{2}{9}a + \frac{2}{3}a\right) - \frac{1}{2} \times \frac{1}{14}qa^2 \times \frac{2}{3}a \times \frac{4}{9}a\right] = 0$$

显然，这符合原结构在固定铰链支座 C 处水平位移为零的条件。

第五节 等截面单跨超静定梁的杆端内力计算

关于等截面单跨超静定梁在各种载荷作用下，以及在梁的支座发生位移时所产生的杆端内力，在以后介绍的计算超静定结构内力的其他方法，如位移法和力矩分配法中都要用到。如图 10-19 所示，为等截面单跨超静定梁的三种基本类型，它们两端的约束分别是：两端固定，一端固定另一端铰支，一端固定另一端定向支座。

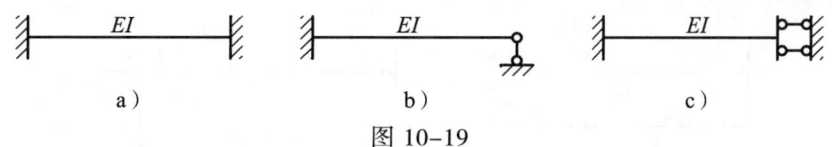

图 10-19

为了更明确地显示杆端内力,在内力字母的右下角采用了表明杆端内力的两个字符。其中第一个字符表示杆端内力所在杆件的近端,第二个字符表示杆端内力所在杆件的远端。如图 10-20 所示的梁 AB,位于梁近端 A 的杆端弯矩用 M_{AB} 表示,而梁远端 B 的杆端弯矩用 M_{BA} 表示;位于梁近端 A 的杆端剪力用 F_{QAB} 表示,而梁远端 B 的杆端剪力用 F_{QBA} 表示。并对它们的正负号作如下规定:对杆端而言,弯矩以顺时针方向为正,反之为负;对结点或支座而言,弯矩以逆时针方向为正,反之为负。而对于杆端剪力正负号的规定与前面的规定是完全相同的。如图 10-20 所示,梁在载荷的作用下,梁 AB 的 A 端弯矩 M_{AB} 对杆端而言为逆时针方向,而对支座而言则为顺时针方向,因此弯矩 M_{AB} 为负;而 B 端弯矩 M_{BA} 的实际方向按此规定则为正。显然,这里所用到的弯矩正负号规定与前面材料力学中用到的弯矩正负号规定是不同的,故应加以注意。对于杆端剪力,除采用两个能够表明剪力属于杆件近远端的字符外,其余正负号的规定与前页的规定是完全相同的。

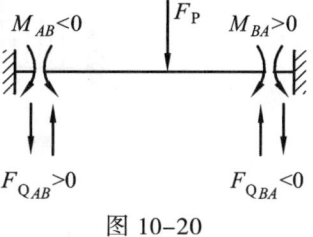

图 10-20

载荷单独作用在单跨超静定梁上产生的杆端弯矩,通常称为**固端弯矩**,并以 M_{AB}^F 和 M_{BA}^F 表示;相应的杆端剪力称为**固端剪力**,并以 F_{QAB}^F 和 F_{QBA}^F 表示。对于如何用力法计算固端弯矩和固端剪力,且看图 10-21a 所示的等截面单跨超静定梁。该梁为三次超静定结构,若去掉右端的固定端支座 B 即去掉三个约束,以多余未知力 X_1、X_2 和 X_3 代之,则得到图 10-21b 所示的静定悬臂梁,此即为原结构的基本结构。现以多余未知力 X_1、X_2 和 X_3 来替换去掉约束的作用。在这里,因弯曲直杆的轴向变形是较次要的,故通常不予考虑。也就是认为弯曲直杆变形后,不计轴向变形,两端之间的距离始终保持不变,多余未知力 $X_3 = 0$。这样一来,此单跨超静定梁就只需按沿 X_1 和 X_2 的变形谐调方程求解。原结构中,右端 B 处的转角和竖向位移等于零,写出其力法典型方程应为

$$\delta_{11}X_1 + \delta_{12}X_2 + \Delta_{1P} = 0$$
$$\delta_{21}X_1 + \delta_{22}X_2 + \Delta_{2P} = 0$$

画出基本结构的两个单位力弯矩图 $\bar{M}_1$、$\bar{M}_2$(图 10-21c、d)和载荷弯矩 M_P 图(图 10-21e),并用图乘法进行计算,即得

$$\delta_{11} = \frac{1}{EI} \times 1 \times l \times 1 = \frac{l}{EI}$$

$$\delta_{22} = \frac{1}{EI} \times \frac{1}{2} \times l \times l \times \frac{2}{3}l = \frac{l^3}{3EI}$$

$$\delta_{12} = \delta_{21} = \frac{1}{EI}\left(\frac{1}{2} \times l \times l \times 1\right) = \frac{l^2}{2EI}$$

$$\Delta_{1P} = \frac{1}{EI} \times \frac{F_P a^2}{2} \times 1 = \frac{F_P a^2}{2EI}$$

256 建筑工程力学

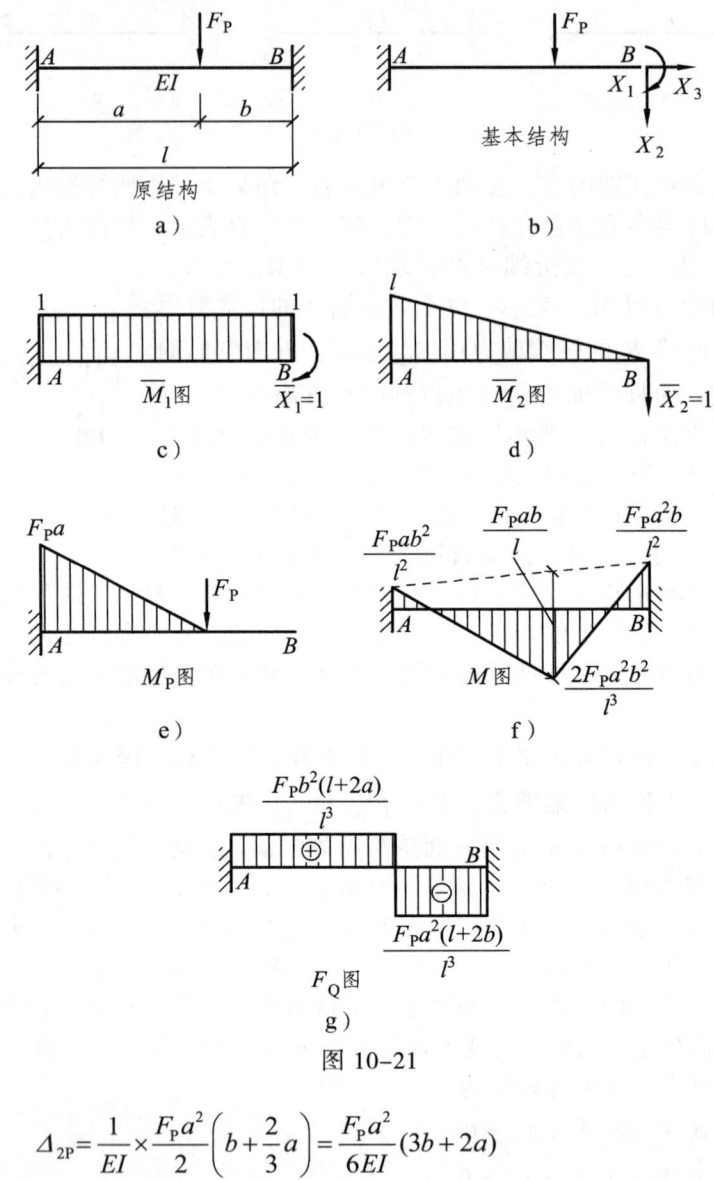

图 10-21

$$\Delta_{2P} = \frac{1}{EI} \times \frac{F_P a^2}{2}\left(b + \frac{2}{3}a\right) = \frac{F_P a^2}{6EI}(3b+2a)$$

将以上系数和自由项代入力法典型方程，并消去 $\frac{1}{EI}$，得

$$lX_1 + \frac{l^2}{2}X_2 + \frac{F_P a^2}{2} = 0$$

$$\frac{l^2}{2}X_1 + \frac{l^3}{3}X_2 + \frac{F_P a^2}{6}(3b+2a) = 0$$

解之，得

$$X_1 = \frac{F_P a^2 b}{l^2} \ (\curvearrowright), \quad X_2 = -\frac{F_P a^2(l+2b)}{l^3}(\uparrow)$$

梁 AB 的 B 端的杆端弯矩和杆端剪力为

$$M_{BA} = \frac{F_P a^2 b}{l^2} \text{（上侧受拉）}, \quad F_{QBA} = -\frac{F_P a^2(l+2b)}{l^3}$$

再由静力平衡条件求得 A 端的杆端弯矩和杆端剪力为

$$M_{AB} = -\frac{F_P a b^2}{l^2} \text{（上侧受拉）}, \quad F_{QAB} = \frac{F_P b^2(l+2a)}{l^3}$$

画出梁的最后弯矩图和剪力图，即如图 10-21f、g 所示。

现在来讨论梁的支座发生位移时所产生的杆端内力。图 10-22a 所示的等截面单跨静定梁，已知固定端 A 端发生了一顺时针方向的角位移 φ_A。今取基本结构如图 10-22b 所示，写出其力法典型方程，即为

$$\delta_{11}X_1 + \delta_{12}X_2 + \Delta_{1C} = 0$$

$$\delta_{21}X_1 + \delta_{22}X_2 + \Delta_{2C} = 0$$

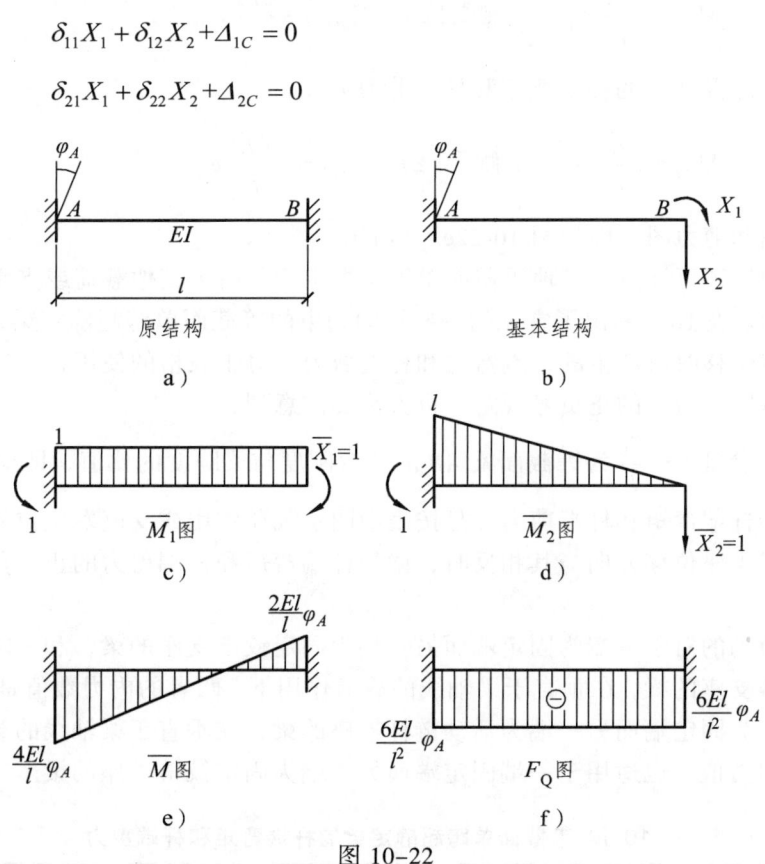

图 10-22

式中的自由项 Δ_{1C} 和 Δ_{2C} 分别表示基本结构固定端 A 顺时针转动角度 φ_A 时，右端 B 发生的沿 X_1 方向的角位移和沿 X_2 方向的线位移。画出基本结构的两个单位力弯矩图 $\overline{M}_1$、$\overline{M}_2$（图 10-22c、d），计算出系数和自由项。按支座移动而引起的位移计算公式进行计算，即得

$$\Delta_{1C} = -\sum \overline{R}c = -(-1 \times \varphi_A) = \varphi_A$$

$$\Delta_{2C} = -\sum \overline{R}c = -(-l \times \varphi_A) = l\varphi_A$$

将以上各系数和自由项代入力法典型方程，得

$$\frac{l}{EI}X_1 + \frac{l^2}{2EI}X_2 + \varphi_A = 0$$

$$\frac{l^2}{2EI}X_1 + \frac{l^3}{3EI}X_2 + l\varphi_A = 0$$

解之，得

$$X_1 = \frac{2EI}{l}\varphi_A \; (\curvearrowright), \quad X_2 = -\frac{6EI}{l^2}\varphi_A(\uparrow)$$

梁 AB 的 B 端的杆端弯矩和杆端剪力为

$$M_{BA} = \frac{2EI}{l}\varphi_A \text{（上侧受拉）}, \quad F_{QBA} = -\frac{6EI}{l^2}\varphi_A$$

再由静力平衡条件得 A 端的杆端弯矩和杆端剪力为

$$M_{AB} = \frac{4EI}{l}\varphi_A \text{（下侧受拉）}, \quad F_{QAB} = -\frac{6EI}{l^2}\varphi_A$$

画出最后弯矩图和剪力图，即如图 10-22e、f 所示。

同样，用力法还可计算出其他等截面单跨超静定梁仅由于其他载荷或支座发生位移时所产生的杆端内力。表 10-1 列出了常见的一些不同约束的等截面单跨超静定梁，在各种载荷作用下或支座发生位移时所产生的杆端弯矩和杆端剪力。对于表格的使用，一定要明确有关参数和相应杆端弯矩、剪力的正负号规定。也就是要注意到：

（1）表中的参量 $i = \dfrac{EI}{l}$ 为等截面梁 AB 的抗弯刚度与梁跨度的比值，**即梁的线刚度**。

（2）表中的杆端弯矩和杆端剪力，是按表中图示载荷作用或支座发生位移时得到的，当载荷作用方向或支座位移方向与其相反时，梁的杆端弯矩和杆端剪力的正、负号应作相应的改变。

（3）表中所列的对于一端为固定端而另一端为固定铰链支座的梁，和一端为固定端而另一端为活动铰链支座的梁，在垂直于梁轴线的载荷作用下，两者的内力数值是相等的。因此，表中所列的一端为固定端而另一端为活动链杆支座的梁，在垂直于梁轴线的载荷作用下的杆端弯矩和杆端剪力值，也适用于一端固定端而另一端为固定铰链支座的梁。

表 10-1 等截面单跨超静定梁的杆端弯矩和杆端剪力

编号	梁在载荷作用和支座位移时简图	弯矩及弯矩图		剪 力	
		M_{AB}	M_{BA}	F_{QAB}	F_{QBA}
1	$\theta=1$, A, EI, B, l	$4i$	$2i$	$-\dfrac{6EI}{l^2} = -6\dfrac{i}{l}$	$-\dfrac{6EI}{l^2} = -6\dfrac{i}{l}$

续表

编号	梁在载荷作用和支座位移时简图	弯矩及弯矩图 M_{AB}	M_{BA}	剪力 F_{QAB}	F_{QBA}
2	固定-固定梁,B端下沉1,跨度l,EI	$6\dfrac{i}{l}$	$6\dfrac{i}{l}$	$12\dfrac{EI}{l^3}=12\dfrac{i}{l^2}$	$12\dfrac{EI}{l^3}=12\dfrac{i}{l^2}$
3	固定-固定梁,集中力F,距离a、b	$\dfrac{Fab^2}{l^2}$	$\dfrac{Fa^2b}{l^2}$	$\dfrac{Fb^2(l+2a)}{l^3}$	$-\dfrac{Fa^2(l+2b)}{l^3}$
4	固定-固定梁,均布荷载q	$\dfrac{1}{12}ql^2$	$\dfrac{1}{12}ql^2$	$\dfrac{1}{2}ql$	$-\dfrac{1}{2}ql$
5	固定-固定梁,集中力偶M	$\dfrac{b(3a-l)}{l^2}M$	$\dfrac{a(3b-l)}{l^2}M$	$-\dfrac{6ab}{l^3}M$	$-\dfrac{6ab}{l^3}M$
6	固定-简支梁,A端转角θ=1	$3i$	—	$-\dfrac{3EI}{l^2}=-3\dfrac{i}{l}$	$-\dfrac{3EI}{l^2}=-3\dfrac{i}{l}$
7	固定-简支梁,B端下沉1	$3\dfrac{i}{l}$	—	$\dfrac{3EI}{l^3}=3\dfrac{i}{l^2}$	$\dfrac{3EI}{l^3}=3\dfrac{i}{l^2}$
8	固定-简支梁,集中力F	$\dfrac{Fab(l+b)}{2l^2}$	—	$\dfrac{Fb(3l^2-b^2)}{2l^3}$	$-\dfrac{Fa^2(2l+b)}{2l^3}$
9	固定-简支梁,均布荷载q	$\dfrac{1}{8}ql^2$	—	$\dfrac{5}{8}ql$	$-\dfrac{3}{8}ql$
10	固定-简支梁,集中力偶M	$\dfrac{l^2-3b^2}{2l^2}M$	—	$-\dfrac{3(l^2-b^2)}{2l^3}M$	$-\dfrac{3(l^2-b^2)}{2l^3}M$

编号	梁在载荷作用和支座位移时简图	弯矩及弯矩图 M_{AB}	M_{BA}	剪力 F_{QAB}	F_{QBA}
11	$\theta=1$，A端固定，B端滚动支座，长 l	i（均布）	i	0	0
12	A端固定，跨中集中力 F，$a+b=l$	$\dfrac{Fa(l+b)}{2l}$	$\dfrac{Fa^2}{2l}$	F	0
13	A端固定，B端滚动，均布荷载 q	$\dfrac{1}{3}ql^2$	$\dfrac{1}{6}ql^2$	ql	0

思 考 题

10-1 在力法计算中，选取基本结构有什么作用？能否采用超静定结构为基本结构？

10-2 力法典型方程中系数和自由项的物理意义是什么？

10-3 为什么在力法中主系数必为大于零的正值？而副系数则可能为正值、负值或为零？

10-4 典型方程的右端是否一定为零？在什么情况下不为零？

10-5 构件在没有载荷作用时就没有内力，这个结论在什么情况下适用？什么情况下不适用？

习 题

10-1 试确定图 10-23 所示各结构的超静定次数。

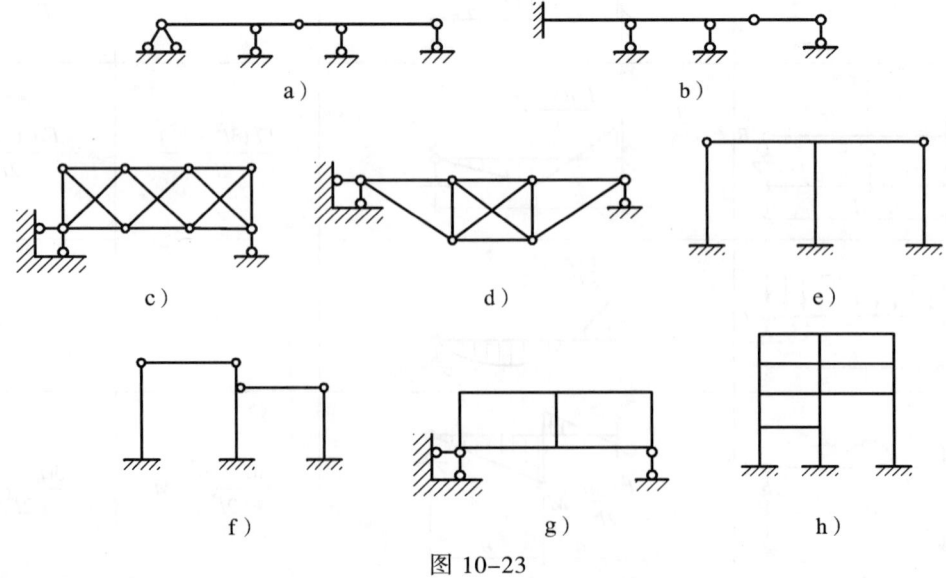

图 10-23

10-2 试对图 10-24 所示超静定结构各选取两种不同形式的基本结构，并写出相应的力法典型方程。

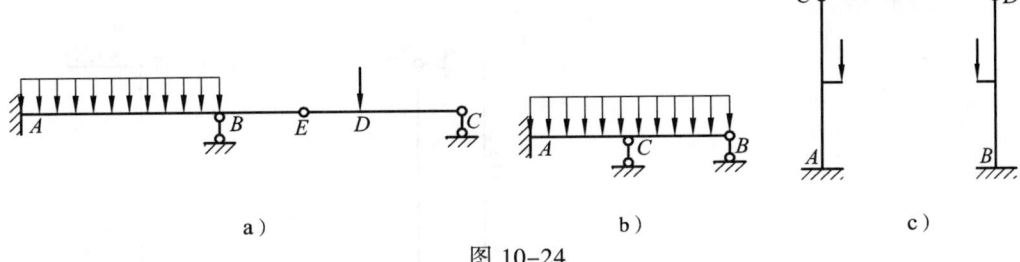

图 10-24

10-3 试画出图 10-25 所示超静定梁的 M、F_Q 图。[答：a. $M_{BA}=\dfrac{3}{32}F_P l$（上侧受拉）;

b. $F_{By}=\dfrac{F_P}{2}\times\dfrac{2l^3-3l^2a+a^3}{l^3-\left(1-\dfrac{I_2}{I_1}\right)a^3}$; c. $M_{BA}=\dfrac{ql^2}{16}$（下侧受拉）; d. $M_{BA}=\dfrac{1}{6}F_P l$（下侧受拉）]

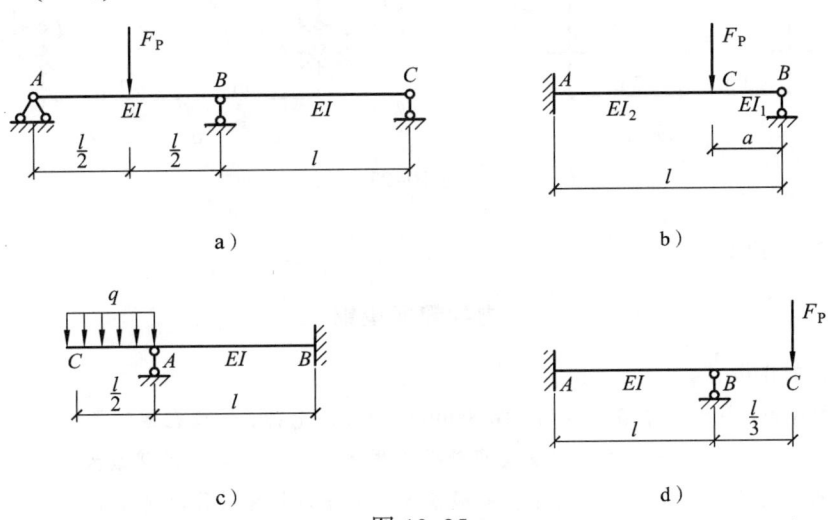

图 10-25

10-4 试用力法计算图 10-26 所示超静定刚架，并画出其 M、F_Q、F_N 图，已知刚架各杆件的抗弯刚度 $EI=$ 常数。[答：a. $M_{BA}=\dfrac{ql^2}{2}-\dfrac{3ql^2(l+4h)}{8(l+3h)}$; b. $M_{CA}=84\,\mathrm{kN\cdot m}$（右侧受拉）]

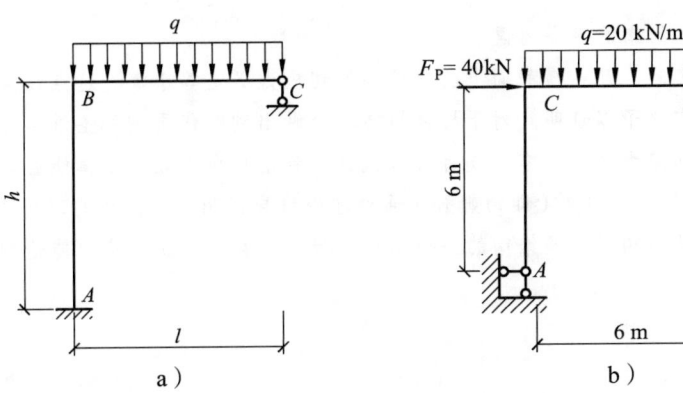

图 10-26

10-5 试用力法计算图 10-27 所示刚架,并画出它的最后弯矩图。(答:a. $M_{AC} = 97.5\,\text{kN} \cdot \text{m}$;b. $M_{CF} = 4.8\,\text{kN} \cdot \text{m}$)

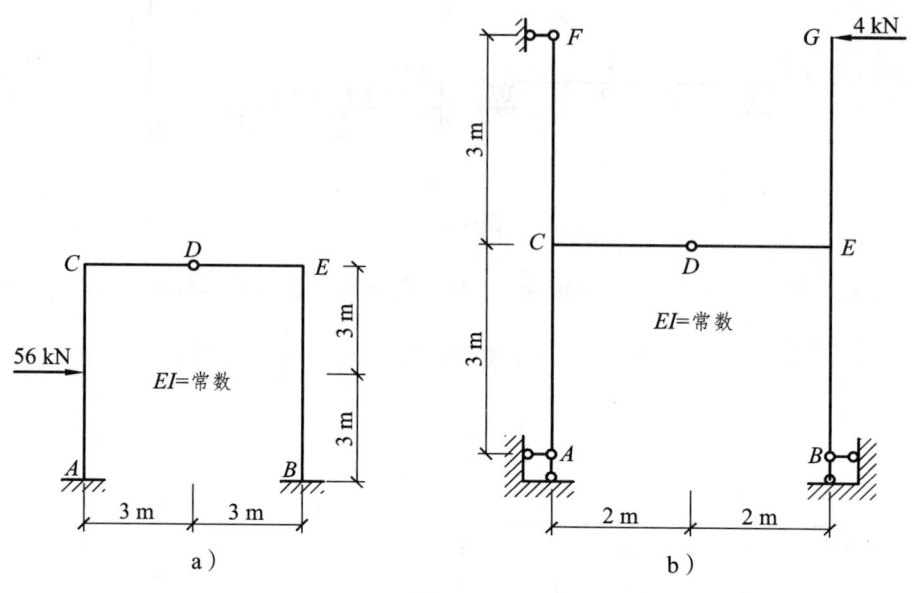

图 10-27

[辅助学习材料]

力学趣闻集锦

一、弯矩图的作用

纳维(H. Navier)是法国学者圣维南(B. Saint-Venat)的老师,他曾在他的那本有关材料力学 1826 年第一版的讲义中,讨论了一段简支架受均布载荷作用的变形问题。当计算最大应力时,他认为最大弯矩发生在分布载荷的合力作用处。对于在一般情况下(分布载荷对称时例外),这当然是错误的。乌克兰出生的科学家铁木辛柯(S. T. moshenko)分析他出错的原因,认为是当时还未曾使用弯矩图的缘故。我们知道,弯矩图最先出现是在 1856 年雷布赫恩(G. Rebhann)的《钢木结构理论》一书中,而用于确定最大弯矩位置的微分关系,是施韦德勒尔门(J.W. Schwedler)在 1851 年《桥梁的梁式理论》一文中首先给出的。

二、开尔文纠正了圣维南的一个错误

非圆截面杆自由扭转时,凡在横截面上凸角顶端处切应力必定等于零。这点读者想必还记得,并且很容易用切应力互等定律予以证明。对于柱体扭转理论做出划时代贡献的圣维南却认为,无论是凸角还是凹角,角顶处的切应力都等于零。读者可以试试,看用切应力互等定律能否证明凹角处切应力也必定等于零。到 1867 年,开尔文(即汤姆孙)通过理论推导证明,在凹角的顶端处,切应力并非等于零,而是为无穷大!从而纠正了圣维南的一个错误。但是,在实际上切应力能达到无穷大吗?读者不妨思考一下。

第十一章

位移法

位移法是一种以位移为基本未知量的计算结构内力的基本方法。
要掌握这种方法，首先要了解
位移法基本原理和
位移法基本未知量数目的确定，
以及如何建立**位移法典型方程**。然后，
通过**位移法计算超静定结构示例**，
进一步说明这种方法的具体应用。

第一节 位移法基本原理

位移法也是计算超静定结构内力的一种基本方法。超静定结构在载荷作用或在发生变形时，结构将产生内力和位移。结构内力与位移之间是存在一定的关系的，即一定的内力总与一定的位移相对应。前面讲到用力法计算超静定结构，首先是以多余未知力为未知量，然后再按结构的几何相容条件将其求出，进而即可确定相应的位移；但在这里，用位移法计算超静定结构，则首先是以某些位移为基本未知量，然后再按结构的平衡条件将其求出，进而即可确定相应的内力。力法与位移法的主要区别，就在于所取基本未知量的不同。

为了说明位移法的基本概念，试看图 11-1a 所示超静定刚架。首先，刚架结构的超静定次数的确定，与力法不一样，也就是不再取决于结构的多余约束数目。这时的刚架在载荷 F_P 的作用下，若忽略杆件 AB、AC 的轴向变形，

并注意到结点 A 是刚结点,则刚架的弯曲变形将是如图中虚线所示的情形。由于此刚架的竖直杆和水平杆长度不变,而且它们的弯曲变形也都很微小,所以结点 A 没有竖直线位移和水平线位移,而只有角位移。今假设其角位移为转角 Z_1,于是刚结点 A 处汇交的两杆件的杆端,均会产生相同的转角为 Z_1 的顺时针方向的转动。如果视刚结点 A 为汇交杆件的固定端支座,那么杆件 AB、AC 均可看作是两个单跨超静定梁,如图 11-1b、c 所示。显然,它们在这种情况下的变形就是:杆件 AB 相当于两端固定的梁在固定端 A 处产生转角 Z_1;而杆件 AC 则相当于左端固定右端铰支的单跨梁受载荷 F_P 作用,并且在固定端 A 处产生转角 Z_1。根据叠加原理,杆件 AC 的变形,即可认为是由图 11-1 d、e 所示两种情况的叠加得到的。据此,查表

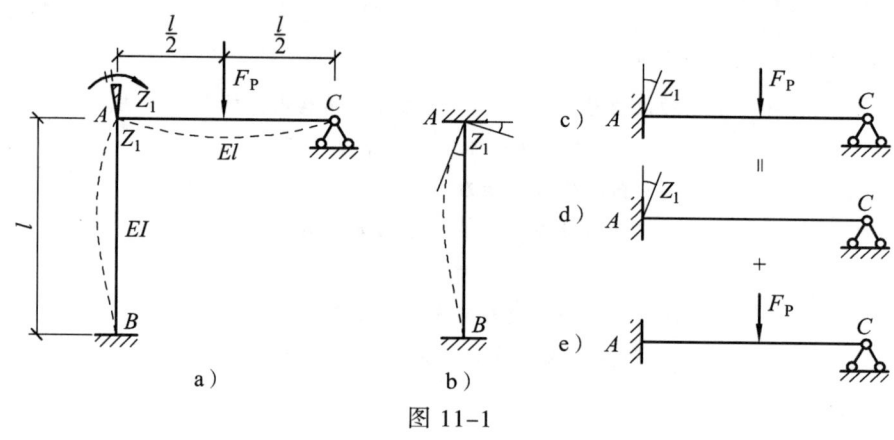

图 11-1

10-1 即可写出这两个单跨超静定梁 AB 和 AC 两端的杆端弯矩,为

$$\left. \begin{array}{l} M_{AB} = \dfrac{4EI}{l}Z_1, \quad M_{BA} = \dfrac{2EI}{l}Z_1 \\ M_{AC} = \dfrac{3EI}{l}Z_1 - \dfrac{3}{16}F_Pl, \quad M_{CA} = 0 \end{array} \right\}$$

转角 Z_1 为未知量,若能求得 Z_1,则就可以确定这两个梁的杆端弯矩 M_{AB} 和 M_{AC}。要知道,在这里无论假设角位移为转角 Z_1 的数值有多大,汇交于刚结点 A 的各杆件杆端都会产生相同的转角,即保持了结构变形的谐调;但与此同时,杆端的内力弯矩也应满足刚结点 A 的力矩平衡条件。于是,截取刚结点 A 为分离体(图 11-2),列力矩平衡方程,即

$$\sum M_A = 0, \quad M_{AB} + M_{AC} = 0$$

将以上写出的梁 AB 和 AC 的杆端弯矩代入上式,则有

$$\left(\dfrac{4EI}{l} + \dfrac{3EI}{l}\right)Z_1 - \dfrac{3}{16}F_Pl = 0$$

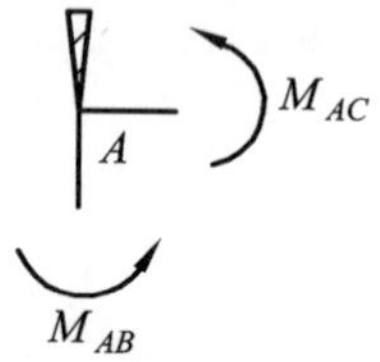

解之,得

图 11-2

$$Z_1 = \dfrac{3}{112EI}F_Pl^2$$

刚结点 A 的角位移未知量转角 Z_1 求得后,再代回梁 AB 和 AC 两端的杆端弯矩表达式里,

即得到它们的杆端弯矩分别为

$$M_{AB} = \frac{6}{56}F_P l, \quad M_{BA} = \frac{3}{56}F_P l$$

$$M_{AC} = -\frac{6}{56}F_P l, \quad M_{CA} = 0$$

最后，根据以上各杆的杆端弯矩，即可画出超静定刚架的弯矩图、剪力图和轴力图，如图 11-3a、b、c 所示。

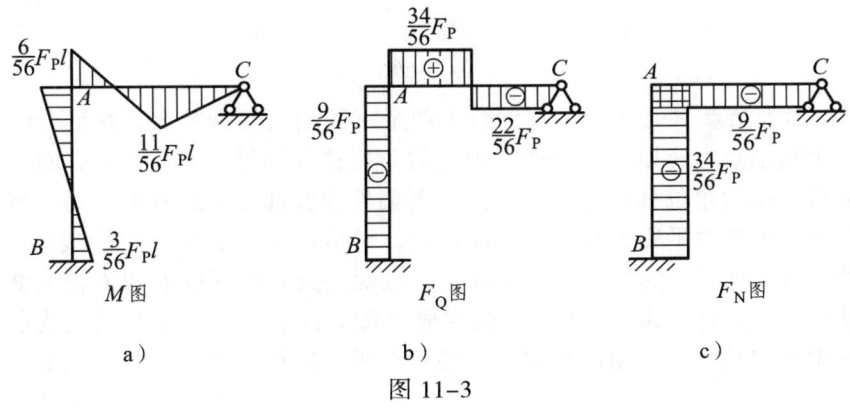

图 11-3

至此，可以看出，位移法是以结点角位移或者以线位移为基本未知量，来建立平衡方程而求出结构内力的。对于有 n 个刚结点的结构，就有 n 个角位移未知量，也就需建立 n 个力矩平衡方程；同样，对于有 m 个结点线位移的结构，也就需建立 m 个力的投影平衡方程。待全部的结点位移求出后，即可确定结构的内力。

归纳起来，位移法计算超静定结构内力的思路是：第一，以结构的刚结点或铰结点为划分点，视结构整体由若干个单跨超静定梁所组成；第二，所视这些单跨超静定梁在原有载荷的作用下，在杆端将产生与原结构相同的杆端位移，据此写出杆端的内力表达式；第三，根据刚结点或结构某些部分的静力平衡条件，建立以结点位移为未知量的方程，这样的方程即称为位移法方程或位移法基本方程；第四，由位移法基本方程求出结点位移未知量，然后再根据求出的结点位移确定结构的杆端内力。

须指出，用位移法确定结构的杆端内力是以单跨超静定梁的受力分析为基础的。而对于单跨超静定梁的杆端内力与杆端位移，以及与所受载荷之间的关系式，则可从表 10-1 得到。

第二节　位移法基本未知量数目的确定

前面已经指出，用位移法计算超静定结构的内力，是以结构结点的位移，亦即以结点的角位移或线位移作为基本未知量的。因此，在计算前必须首先确定结构结点的位移数目。

一、结点角位移数目的确定

确定独立的结点角位移数目比较容易。由于在同一刚结点处的各杆端转角都是相等的，因此一个刚结点即为一个独立的结点角位移未知量。可见，结点角位移基本未知量的数目，即为刚结点的数目。换言之，只要数得刚结点的个数，也就确定了结构的独立结点角位移未知量的数目。如图 11-4a 所示刚架，因刚架上有 B、C 两个刚结点，故得到两个角位移未知量。据此试问，如图 11-4b 所示的刚架，其角位移未知量究竟是 1 个或 2 个呢？还是 3 个呢？

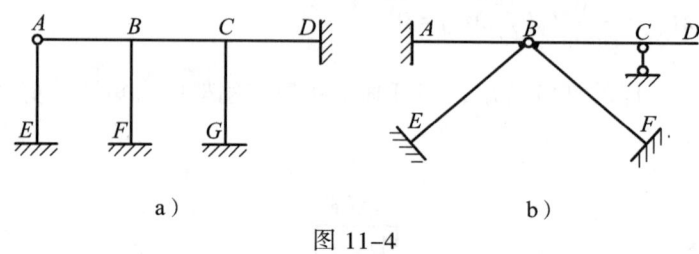

图 11-4

回答之，2 个。因为结点 B 是用一个铰组合了两个三铰刚架的刚结点，在组合铰结点 B 处的左、右各为一个刚结点，所以刚架有两个独立的角位移未知量。但要注意，对于刚架的刚结点 C，则不能将其作为角位移未知量的，因为刚架外伸臂部分 CD 杆的内力求解属于静定问题，其内力完全可由静力平衡方程确定。或者说，刚结点 C 以右的杆件横截面上的内力，只要知道外伸臂部分 CD 杆上的外力就可以确定，也就是只要留下铰 C 以右控制截面上的内力而作为外力就行了。这样一来，杆件 BC 就变成 B 端为固定端，而 C 端为铰支的单跨超静定梁。在位移法中确定基本未知量的数目时，往往会采取这种对静定部分予以简化的手段。

二、结点线位移数目的确定

由于一个动点在平面直角坐标系内有两个移动自由度，因此一个结点在不受约束的情况下有两个线位移。而在这之前，曾假设结构中受弯直杆的轴向变形很微小，亦即完全可略去不计。这就意味着每一受弯直杆，相当于有了一个两端距离不变的约束条件。于是，在确定结构的独立结点线位移数目时，可以先视原结构的所有受弯直杆为刚性链杆，同时将刚结点和固定端支座均改为铰链联结，这样就使刚架变成了一个铰结链杆体系。若这个铰结链杆体系属于几何不变的，则原结构所有结点均无线位移，即线位移数目为零；若这个铰结链杆体系属于几何可变或瞬变体系，则可以通过添加附加链杆而使其成为几何不变体系，这时所要添加的最少附加链杆的总数目，就是原结构的独立结点线位移数目。对于图 11-5a 所示刚架，若将其改成铰结链杆体系，则只要添加 2 根附加链杆约束，就能使之成为几何不变体系图

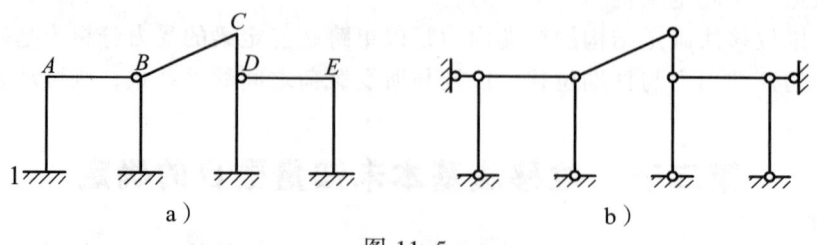

图 11-5

1-5b，所以刚架就有 2 个独立的结点线位移。而对于图 11-6a 所示刚架，若将其改成铰结链杆体系后，则只需添加 1 根附加链杆约束就能使之成为几何不变体系（图 11-6b），说明刚架有 1 个独立的结点线位移。其中，刚结点 B 以右的悬臂部分亦即杆 BC 是静定的，其内力可由静力平衡方程确定，故将其简化而予以去掉之。

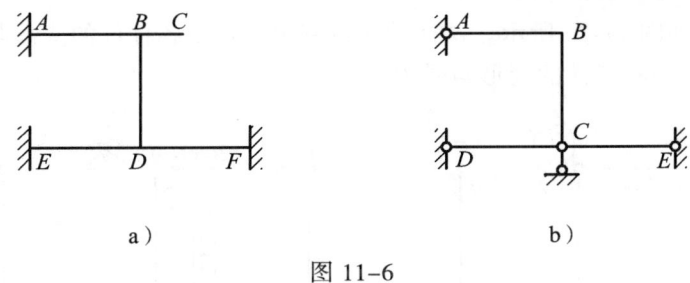

图 11-6

三、位移法基本未知量数目的确定

位移法基本未知量的数目，等于结构独立的结点角位移和结点线位移的数目二者之和。如图 11-5a 所示，刚架有 5 个刚结点 A、B、C、D、E，即有 5 个角位移；接着将该刚架转换成铰接链杆体系，如图 11-5b 所示，此时欲使其成为几何不变体系，所要添加的最少附加链杆数为 2，故刚架有 2 个结点线位移；由此可知，刚架共有 7 个基本未知量。又如图 11-6a 所示，刚架有 2 个刚结点 B、D，即有 2 个结点角位移；再将其转换为铰接链杆体系（图 11-6b），容易判别，此时刚架即有 1 个结点线位移；最后可知，该刚架总共有 3 个基本未知量。

第三节　位移法典型方程

前面在阐述位移法的基本概念中，说明了用位移法计算超静定结构内力的基本方法。也就是：首先确定位移法基本未知量的数目；然后借助表 10-1，写出用基本未知量表达的各杆件的杆端弯矩和杆端剪力表达式；最后取刚结点或结构某些部分为分离体，建立平衡方程求解基本未知量，继而得出超静定结构各杆件的杆端内力。除此之外，也可以在确定了位移法基本未知量的数目后，借助表 10-1，画出基本结构在发生单位位移时的弯矩图和载荷作用时的弯矩图；接着再通过取分离体，列平衡方程解之，即求出系数和自由项；进一步写出位移法典型方程解之，便得到基本未知量。下面我们就以受均布载荷和集中力共同作用而产生位移的刚架（图 11-7a）为例，来说明用位移法计算超静定结构内力的基本步骤：

（1）得出位移法基本结构。如图 11-7a 所示刚架，该刚架的基本未知量总共为 2 个，即刚结点 B 处的角位移和铰结点 C 处的水平线位移。为了显示原结构的各杆件都成为了单跨超静定梁，故在具有独立角位移即转角 Z_1 的刚结点 B 处，加上一个能控制其转动但不能控制其平动的刚臂约束，而这一约束在此称为**附加刚臂**，并以图形 "▽" 画于其上；另外还要在具有独立水平线位移即位移 Z_2 的铰结点 C 处，加上一个能控制其平动但不能控制其转动的水平链杆约束，而这一约束在这里称为**附加链杆**，并以链杆图形画于其上。附加刚臂和附加链杆也可统称为**附加约束**。原结构在有了附加约束后，即成为了由若干单跨超静定梁结合而成的组合体系，这样就得到了**位移法的基本结构**，如图 11-7b 所示。

对于原结构变形，可假设刚结点 B 处有角位移 Z_1，铰结点 C 处有水平线位移 Z_2。为了使基本结构的变形类同于原结构的变形，除了使它所承受的载荷与原结构上的载荷一样外，另还要使它在附加约束上发生的变形与原结构的变形相同，也就是使刚结点 B 处的附加刚臂发生与原结构相同的角位移 Z_1；在此同时，还要使铰结点 C 处的附加链杆产生与原结构相同

的水平线位移 Z_2，如图 11-7c 所示。这样就使得基本结构中各杆件的变形与受力情况，就和图 11-7a 所示原结构中各杆件的变形与受力情况完全类同了。

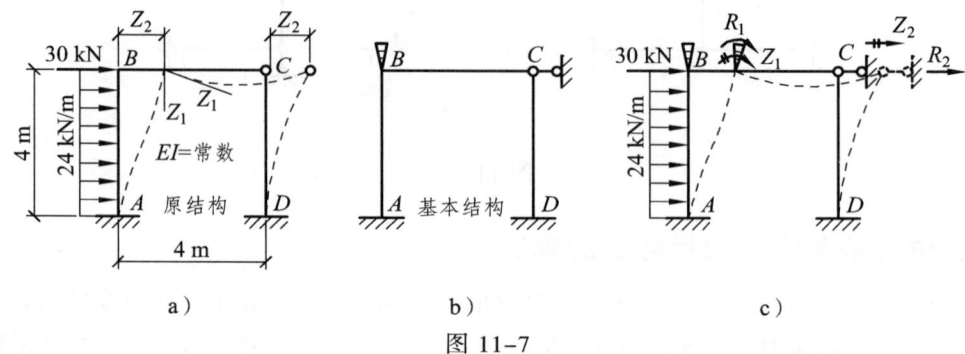

图 11-7

（2）建立位移法典型方程。由于基本结构的结点 B 和 C 都有了附加约束，因此在附加约束上也就有了附加约束反力 R_1 和 R_2。现在，先使结点 B 和 C 发生位移 Z_1 和 Z_2，其结果自然在结点 B 和 C 上引起约束反力 $R_{11}+R_{12}$ 和 $R_{21}+R_{22}$；然后使它们与载荷在结点 B 和 C 上引起的约束反力 R_{1P} 和 R_{2P} 叠加，也正好使前面的附加约束反力 $R_1=0$，$R_2=0$。这样就保证了基本结构的变形与受力情况，与原结构的变形与受力情况完全一致，也就是如图 11-8a、b、c

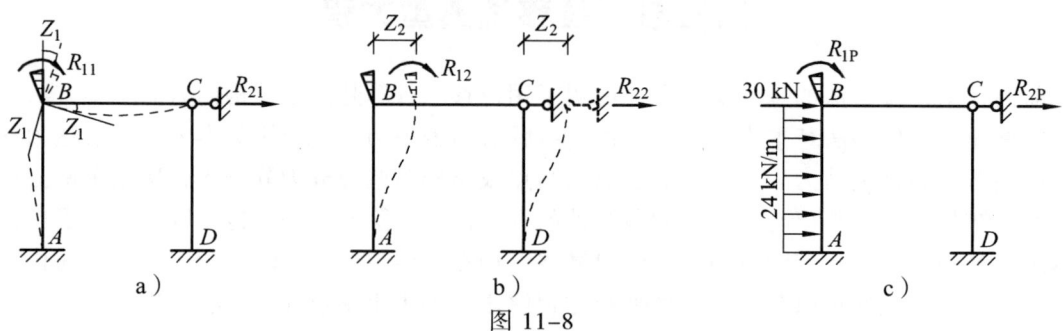

图 11-8

所示三种情况的叠加，即

$$\left.\begin{array}{l}R_1=R_{11}+R_{12}+R_{1P}=0\\R_2=R_{21}+R_{22}+R_{2P}=0\end{array}\right\} \quad (11-1)$$

式中，R_{11}、R_{12} 和 R_{1P} 分别表示基本结构的附加约束在单独发生位移 Z_1、Z_2，和在单独作用有载荷时于附加刚臂上引起的反力矩；而 R_{21}、R_{22} 和 R_{2P} 分别表示基本结构的附加约束，在单独产生位移 Z_1、Z_2，和在单独作用有载荷时于附加链杆上引起的反力。这里，在字符 R_{ij} 和 R_{iP} 的两种形式下标中，前一个下标表示该反力矩或反力作用的位置，后一个下标表示引起该反力矩或反力作用的原因。

现在假设基本结构在单独发生单位角位移 $\overline{Z}_1=1$ 和单位水平线位移 $\overline{Z}_2=1$ 时，在附加刚臂上产生的反力矩分别为 r_{11} 和 r_{12}，而在附加链杆上产生的反力分别为 r_{21} 和 r_{22}。于是，式（11-1）即可写成

$$\left.\begin{array}{l}r_{11}Z_1+r_{12}Z_2+R_{1P}=0\\r_{21}Z_1+r_{22}Z_2+R_{2P}=0\end{array}\right\} \quad (11-2)$$

这就是位移法的典型方程。对于有 n 个独立的结点位移的结构，共有 n 个基本未知量。若要控制每一个结点的位移，则需附加 n 个附加约束。而由每一个附加约束的约束反力应等于零的条件，就可以建立 n 个独立的位移法典型方程，将其写出来，即为

$$\left.\begin{array}{l} r_{11}Z_1 + r_{12}Z_2 + \cdots + r_{1i}Z_i + \cdots + r_{1n}Z_n + R_{1P} = 0 \\ r_{21}Z_1 + r_{22}Z_2 + \cdots + r_{2i}Z_i + \cdots + r_{2n}Z_n + R_{2P} = 0 \\ \cdots\cdots\cdots \\ r_{i1}Z_1 + r_{i2}Z_2 + \cdots + r_{ii}Z_i + \cdots + r_{in}Z_n + R_{iP} = 0 \\ \cdots\cdots\cdots \\ r_{n1}Z_1 + r_{n2}Z_2 + \cdots + r_{ni}Z_i + \cdots + r_{nn}Z_n + R_{nP} = 0 \end{array}\right\} \quad (11\text{-}3)$$

在上式（11-3）所书写的格式中，主对角线上的系数 r_{ii}（$i=1、2、\cdots、n$）称为**主系数**；其它系数 r_{ij}（$i \neq j$）称为**副系数**；R_{iP} 称为**自由项**。由反力互等定理可知，副系数 $r_{ij}=r_{ji}$。关于系数和自由项的正负号规定是：它们的方向与所属附加约束所设的位移方向相同时为正，反之为负；主系数恒为正值，且不会为零；而副系数和自由项可能为正，也可能为负或为零。

（3）求系数和自由项。为了求出典型方程中的系数和自由项，可先借助表10-1，画出基本结构的附加约束在产生单位位移和原有载荷单独作用时的弯矩图，亦即单位弯矩图和载荷弯矩图，如图 11-9a、b、c 所示。然后在图 11-9a、b、c 中分别截取刚结点 B 为分离体，列

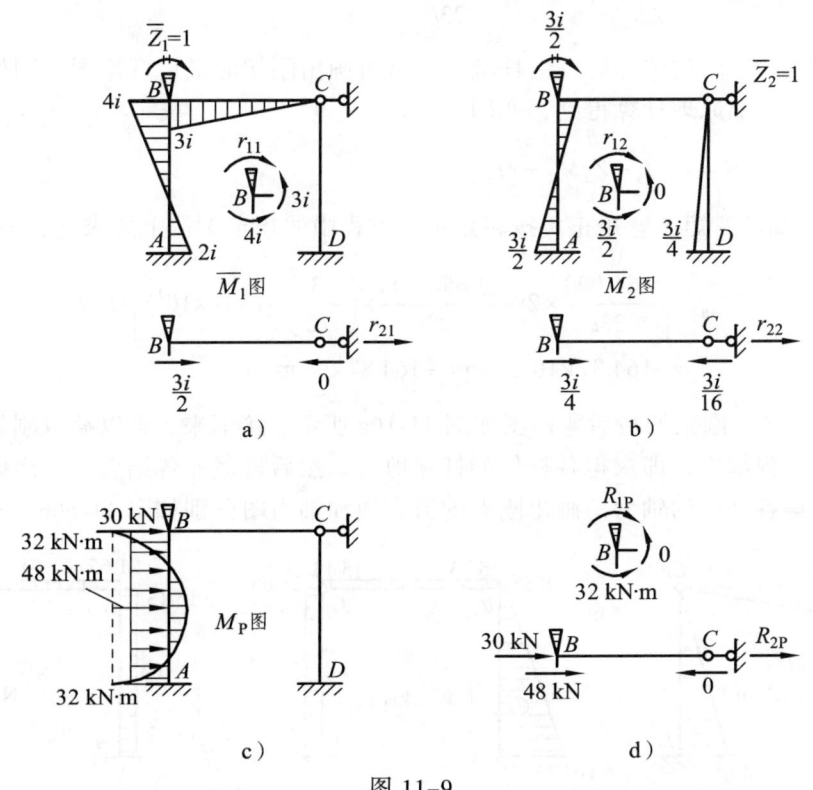

图 11-9

平衡方程 $\sum M_B = 0$ 解之，即可得

$$r_{11} = 7i, \quad r_{12} = -\frac{3i}{2}, \quad R_{1P} = 32 \text{ kN·m}$$

它们均为附加刚臂上的反力矩。

在图 11-9a、b、c 中，截取刚架立柱顶之上的横梁 BC 作为分离体，列平衡方程 $\sum F_x = 0$ 解之，即可求得

$$r_{21} = -\frac{3i}{2}, \quad r_{22} = \frac{15i}{16}, \quad R_{2P} = -78 \text{ kN}$$

它们均为附加链杆上的反力。

（4）建立位移法典型方程并求解。将以上求得的系数及自由项代入位移法典型方程（11-2），即有

$$\left. \begin{array}{l} 7iZ_1 - \dfrac{3i}{2}Z_2 + 32 \times 10^3 = 0 \\ -\dfrac{3i}{2}Z_1 + \dfrac{15i}{16}Z_2 - 78 \times 10^3 = 0 \end{array} \right\}$$

解之，得

$$Z_1 = \frac{464\,000}{23i}, \quad Z_2 = \frac{2\,656\,000}{23i}$$

在求得刚架结点 B、C 的位移后，由杆端弯矩就可画出刚架的最后弯矩图。刚架各杆的最后杆端弯矩，可由叠加原理计算得到，亦即

$$M = Z_1 \overline{M}_1 + Z_2 \overline{M}_2 + M_P$$

例如，AB 杆 A 端的弯矩（弯矩正负按转角位移方程中的规定）按上式求之，即为

$$M_{AB} = \left[\frac{464\,000}{23i} \times 2i + \frac{2\,656\,000}{23i} \times \left(-\frac{3i}{2}\right) + (-32 \times 10^3) \right] \text{N·m}$$
$$= -164.87 \times 10^3 \text{ N·m} = -164.87 \text{ kN·m}$$

（5）画内力图。刚架的最后弯矩图如图 11-10a 所示。接下来，可以截取刚架各杆件为分离体，列平衡方程解之，即求得各杆件的杆端剪力；然后再截取各结点为分离体，列平衡方程解之，即求得各杆件的轴力。画出刚架的剪力图和轴力图分别如图 11-10b、c 所示。

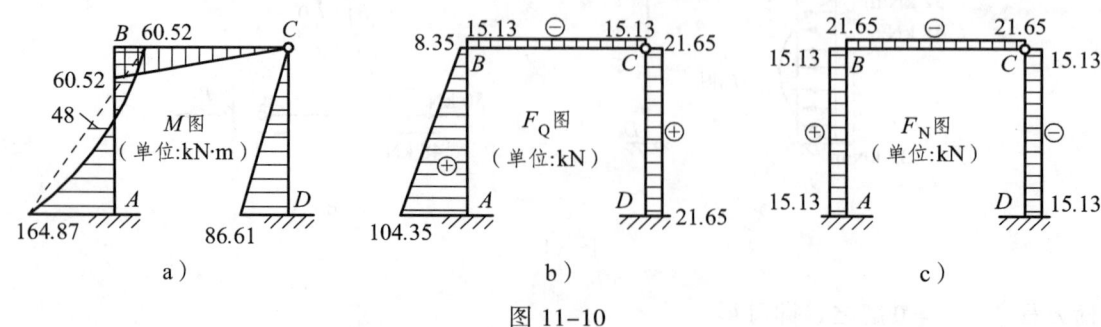

图 11-10

第四节　位移法计算超静定结构示例

在位移法中，利用其基本结构替代原结构来计算超静定结构内力的具体运算步骤，可以归纳为如下几步：

（1）在原结构上添加附加约束，以阻止结点转动或移动，由此得到一个由若干单跨超静梁组成的组合体系，将此体系作为原结构的基本结构。

（2）使基本结构承受与原结构相同的载荷，并假设附加约束发生与原结构相同的位移。然后再根据基本结构在附加约束上的约束反力矩或约束反力为零的条件，建立位移法典型方程。为此，必须做到：第一，分别画出基本结构上每一附加约束在发生单位位移时的弯矩图 $\overline{M}_i$ 图，以及原有载荷单独作用时的弯矩图 M_P 图；第二，列平衡方程求出各系数和自由项。

（3）建立位移法典型方程，求出结点位移基本未知量 $Z_1, Z_2, \cdots, Z_n$。

（4）按叠加原理先画出结构的最后弯矩图，再由最后弯矩图及静力平衡条件得出结构各杆件的杆端剪力和杆端轴力，画出剪力图和轴力图。

【例 11-1】　试用位移法画出图 11-11a 所示连续梁的内力图。

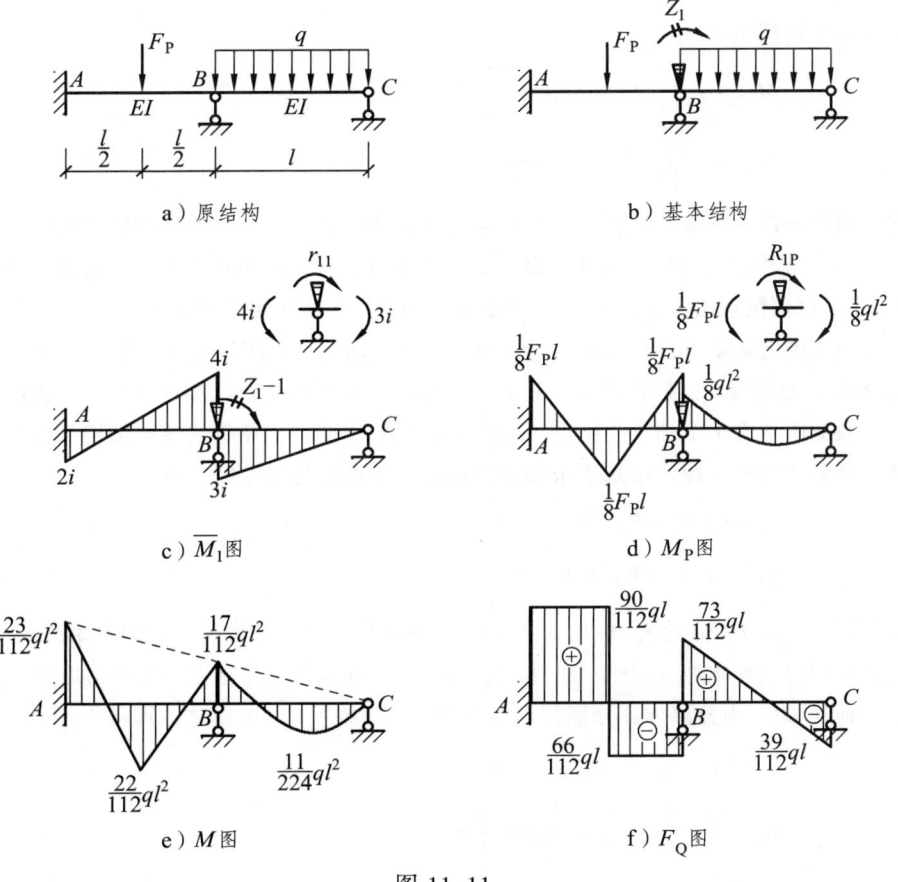

图 11-11

【解】　（1）确定基本未知量数目，得出位移法基本结构。该连续梁为两跨的连续梁，没有线位移。因只有一个刚结点 B，故位移法基本未知量为一个角位移 Z_1。今在刚结点 B 处加上一个附加刚臂，即得到位移法基本结构如图 11-11b 所示。

（2）建立位移法典型方程。由基本未知量数目建立位移法典型方程，即

$$r_{11}Z_1 + R_{1P} = 0$$

（3）求系数和自由项。借助表 10-1，画出连续梁基本结构附加刚臂发生单位位移时的弯矩图 $\overline{M}_1$ 图，以及原有载荷作用时的弯矩图 M_P 图，在这两个弯矩图中分别截取刚结点 B 作为分离体（图 11-11c、d），列平衡方程 $\sum M_B = 0$ 解之，即可得

$$r_{11} = 7i, \quad R_{1P} = \frac{1}{8}F_P l - \frac{1}{8}ql^2$$

（4）建立位移法典型方程。将求出的系数和自由项代入前面的典型方程，即有

$$7iZ_1 + \frac{1}{8}F_P l - \frac{1}{8}ql^2 = 0$$

解之，得

$$Z_1 = \frac{-1}{56i}(F_P l - ql^2)$$

（5）画内力图。若设 $F_P = \frac{3}{2}ql$，则有 $Z_1 = -\frac{1}{112i}ql^2$，将其代入叠加原理式 $M = Z_1\overline{M}_1 + M_P$，即求出连续梁各杆件的杆端弯矩为

$$M_{AB} = -\frac{23}{112}ql^2, \quad M_{BA} = \frac{17}{112}ql^2$$

$$M_{BC} = -\frac{17}{112}ql^2, \quad M_{CB} = 0$$

根据连续梁各杆件的杆端弯矩正负，即可判别杆件受拉的一侧，从而画出整个连续梁的弯矩图，如图 11-11e 所示。再由以上得到的弯矩图及静力平衡条件，又可画出连续梁的剪力图（图 11-11f）。

【例 11-2】 试用位移法计算图 11-12a 所示刚架的弯矩，并画出其弯矩图。

【解】 （1）确定基本未知量数目，得出位移法基本结构。该刚架有 1 个刚结点 E，即有 1 个角位移 Z_1；另将刚架变成铰结链杆体系后，只需在铰结点 F 处添加 1 根附加链杆约束，就能使之成为几何不变体系，故此刚架有 1 个独立的结点水平线位移 Z_2。由此得出位移法基本结构如图 11-12b 所示。

（2）建立位移法典型方程。由基本未知量数目建立位移法典型方程，即

$$r_{11}Z_1 + r_{12}Z_2 + R_{1P} = 0$$
$$r_{21}Z_1 + r_{22}Z_2 + R_{2P} = 0$$

（3）求系数和自由项。借助表 10-1，画出刚架的附加约束发生单位位移时的弯矩图 $\overline{M}_1$ 图和 $\overline{M}_2$ 图，以及原有载荷作用时的弯矩图 M_P 图（图 11-12c、d、e）。在这两个弯矩图中分别截取刚结点 E 和刚架立柱顶之上的横杆 DEF 为分离体，分别列平衡方程 $M = 0$ 和 $\sum F_X = 0$ 解之，即可得

$$r_{11} = 19, \quad r_{12} = -1, \quad R_{1P} = 0$$

$$r_{21} = -1, \quad r_{22} = \frac{1}{2}, \quad R_{2P} = -\frac{3}{8}ql$$

（4）建立移法典型方程。将求出的系数和自由项代入前面的典型方程，即有

$$19Z_1 - Z_2 + 0 = 0$$

$$-Z_1 + \frac{1}{2}Z_2 - \frac{3}{8}ql = 0$$

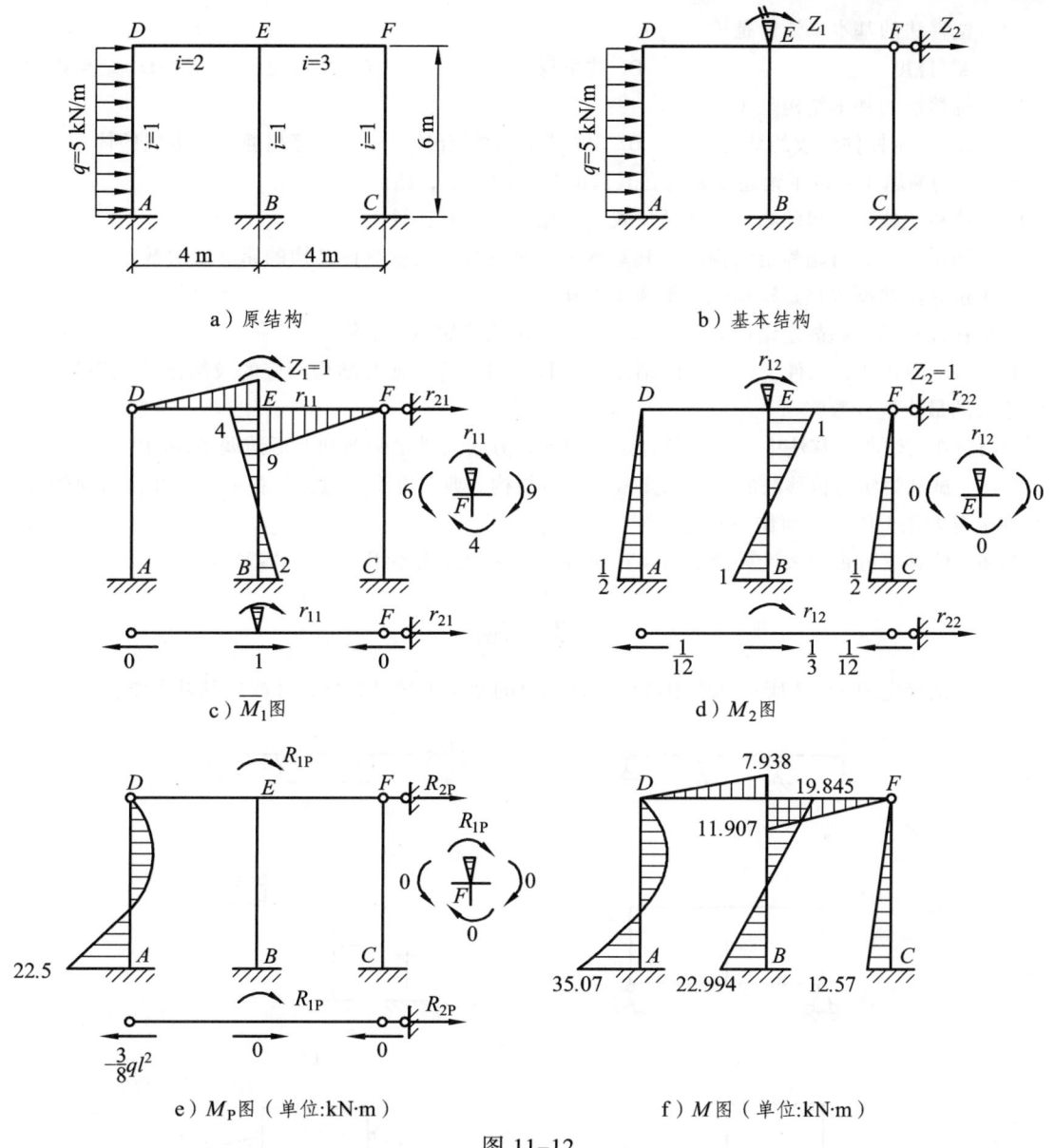

图 11-12

解之,得

$$Z_1 = 0.044ql, \quad Z_2 = 0.838ql$$

其值均为正,可知实际位移方向与假设位移方向相同。

(5)画弯矩图。将求得的结点位移 Z_1、Z_2 代入叠加原理式 $M = \overline{M}_1 Z_1 + \overline{M}_2 Z_2 + M_P$,即求出刚架各杆件的杆端弯矩,从而画出刚架的最后弯矩图,如图 11-12f 所示。

思 考 题

11-1 在以下答案中选择一正确的,填入题中的括号里:

（1）位移法的基本未知量是（ ）。
　　A. 挠度　　　　　　　　B. 约束反力　　　　　C. 结点位移　　　　D. 结点内力
（2）位移法的基本结构是（ ）。
　　A. 静定杆件组成的结构　　B. 单跨静定梁组合体　　C. 单跨超静定梁组成的体系

11-2　判断题（对以下论述正确的在其后的括号内画√，错误的画×）：
（1）位移法典型方程的物理意义是反映了原结构的位移条件。　　　　　　　　（　）
（2）用位移法分析超静定结构时，其基本未知量的数目也就是该结构的超静定次数。（　）
（3）位移法典型方程是根据静力平衡条件建立的。　　　　　　　　　　　　　（　）
（4）在计算某一超静定结构时，应用位移法一定比应用力法更简便。　　　　　（　）

11-3　试问在什么条件下，独立的结点线位移数目，等于使与结构相应的铰结体系成为几何不变所需添加的最少链杆数？

11-4　在力法与位移法中，它们各自是采用什么方式来满足平衡和变形谐调条件的？

11-5　试从力法与位移法的基本未知量、基本结构、典型方程的意义、各个系数和自由项的含义，以及在求解方法上等多方面作一对比。

11-6　位移法可否用来计算静定刚架？如可以，又为什么不用它来计算静定刚架？

习　题

11-1　试确定图 11-13 所示结构用位移法计算时的基本未知量数目，并画出其基本结构。

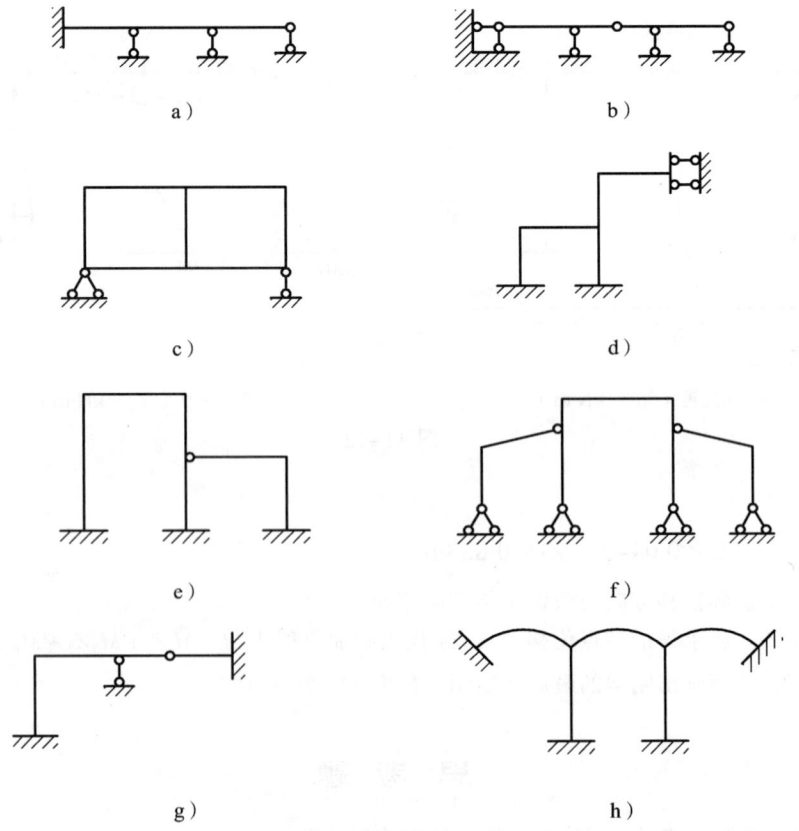

图 11-13

11-2 用位移法计算图 11-14 所示的超静定连续梁，并画出其弯矩图和剪力图。（答：a. $M_{BA}=$ 45 kN·m，$M_{CD}=45$ kN·m，$F_{QAB}=52.5$ kN；b. $M_{BC}=-27$ kN·m，$M_{CB}=31.5$ kN·m，$F_{QBA}=-21.8$ kN）

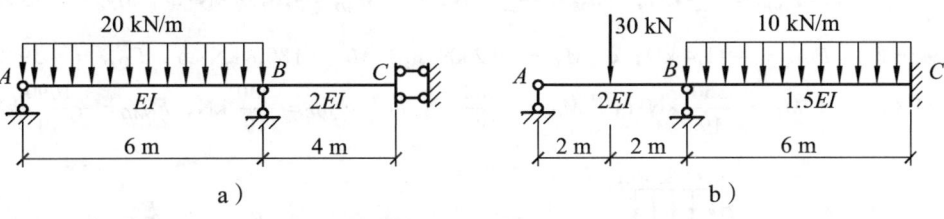

图 11-14

11-3 用位移法计算图 11-15 所示的超静定刚架，并画出其弯矩图和剪力图。（答：a. $M_{BA}=-20$ kN·m，$M_{DA}=-\dfrac{80}{3}$ kN·m，$F_{QCA}=-5$ kN；b. $M_{BA}=79.43$ kN·m，$M_{BC}=40.57$ kN·m，$F_{QBC}=-15.21$ kN；c. $M_{AB}=\dfrac{12}{112}F_{P}l$，$M_{AD}=\dfrac{3}{112}F_{P}l$，$F_{QAC}=\dfrac{71}{112}F_{P}$；d. $M_{CA}=\dfrac{1}{3}M$，$M_{AE}=\dfrac{1}{12}M$，$F_{QAC}=-\dfrac{M}{2l}$）

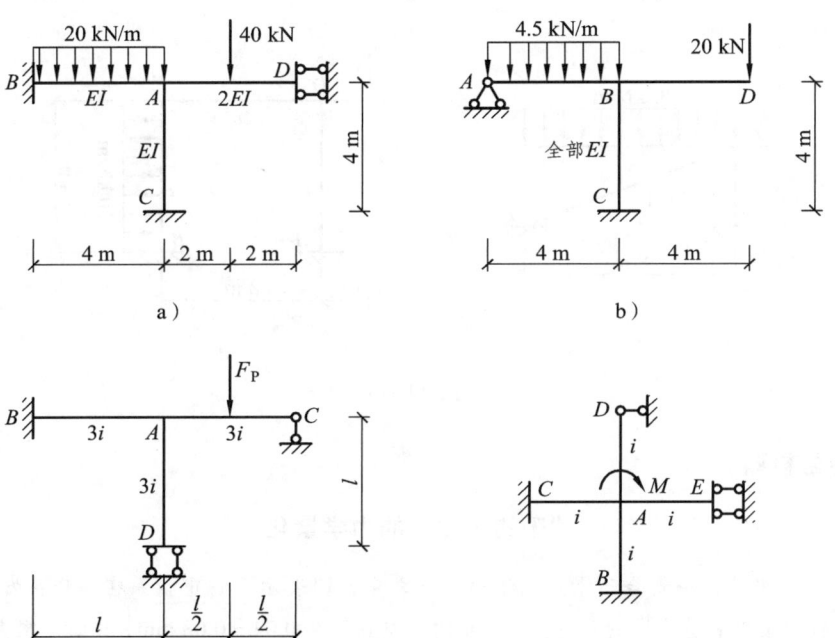

图 11-15

11-4 用位移法计算图 11-16 所示的超静定连续梁，并画出其弯矩图。（答：a. $M_{BA}=30.66$ kN·m，$M_{CB}=20.19$ kN·m，$M_{DC}=34.91$ kN·m，$M_{AB}=-38.26$ kN·m，$M_{BC}=-23.48$ kN·m，$M_{CD}=-25.21$ kN·m）

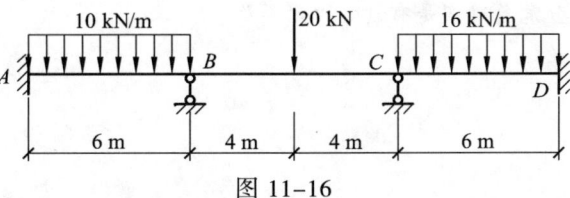

图 11-16

11-5 用位移法计算图 11-17 所示超静定刚架，并画出其内力图。（答：a. $M_{CA} = \dfrac{40}{7}$ kN·m，$M_{DE} = -\dfrac{320}{7}$ kN·m，$F_{QDC} = -\dfrac{60}{7}$ kN，$F_{NDB} = -\dfrac{810}{7}$ kN；b. $M_{AD} = -167.9$ kN·m，$M_{EB} = -139.1$ kN·m，$F_{QCF} = -9.56$ kN，$F_{NDE} = -11.4$ kN；c. $M_{AC} = 59.2$ kN·m，$M_{BC} = 180.8$ kN·m，$F_{QAC} = -59.2$ kN·m，$F_{NBC} = -23.8$ kN；d. $M_{DA} = \dfrac{560}{19}$ kN·m，$M_{BE} = \dfrac{1480}{19}$ kN·m，$F_{QDE} = \dfrac{330}{19}$ kN，$F_{NAD} = -\dfrac{1090}{19}$ kN）

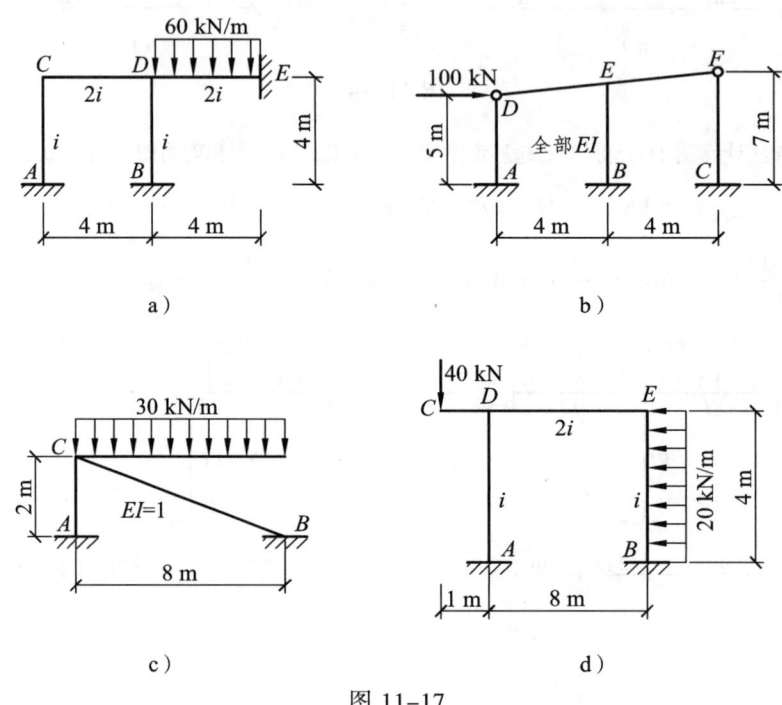

图 11-17

[辅助学习材料]

"千钧一发"的力学量化

钧为古代重量单位，一钧合三十斤。千钧一发之意，即表示千钧重量系在一根头发上。对此，先从材料的力学性能上来看看头发的强度。青少年的头发直径在 0.04~0.08 mm，拉断一根直径为 0.05 mm 的头发要用 0.9 N 的力，若头发增粗到 0.07 mm 则要用 1.6 N，0.08 mm 则要用 1.9 N。也就是说，人的头发的强度极限在 380 MPa~460 MPa，和低碳钢 A_3 钢的强度极限差不多。

今对韩愈在《昌黎集·与孟尚书书》中形容危急所讲"一发引千钧"试算一下，千钧即 176×10^3 N。若发径以 0.06 mm 计，则"一发引千钧"所隐含的拉应力为 62.1×10^6 MPa，这样算下来就要比头发的强度极限要大十多万倍。显然，像古籍《列子·仲尼》中公孙龙所讲的"一发引千钧"是绝对不可能的。但作为成语，比喻万分危急确实是有过之而无不及。

第十二章

力矩分配法

计算超静定结构的力法和位移法都需要解联立方程,当未知量较多时,解方程的工作量非常大。为此,人们提出了不少较实用的通过逐次进行数值修正的渐进法,如本章要介绍的力矩分配法就属于这种。为了说明这种方法,本章将

介绍**力矩分配法基本原理**,以及

用力矩分配法计算连续梁和

用力矩分配法计算无结点线位移刚架的应用。

最后,还给出了一点**计算超静定结构的其他渐进法简介**的常识,如迭代法、附加链杆件法和无剪力分配法等。

第一节 力矩分配法基本原理

计算超静定结构无论用力法还是用位移法,都需要建立并求解典型方程。而对于某些结构,如连续梁和无结点线位移刚架(又称无侧移刚架)的计算,若采用接下来要介绍的力矩分配法,则不需要建立并求解典型方程。而是只通过画出结构简图,列出数据表格直接进行计算,即可求得各杆件的杆端弯矩。换句话说,采用力矩分配法计算某些超静定结构的内力,其过程简单便捷,且容易掌握,故在建筑工程设计计算中常被经常采用。

所谓力矩分配法,就是以位移法为基础的渐近地求解结构杆端弯矩的一种方法。在力矩分配法中,要反复涉及杆端弯矩的正负号,而弯矩正负号的规定完全与位移法的规定相同。即对杆端而言,弯矩以顺时针方向为正,反之为负;对与杆端相对的结点而言,弯矩以逆时针方向为正,反之为负。关于结点转角角位移方向的正负号规定,则是以顺时针方向为正,反之为负。在这里,首先介绍力矩分配法中要频繁使用的几个专用名词术语。

一、转动刚度

如图 12-1a 所示,一等截面单跨超静定直杆 AB,其 A 端为固定铰链支座,B 端为固定端支座。当使 A 端产生单位转角角位移 $\theta = 1$ 时,在 A 端所需施加的力矩,称为杆件 AB 在 A 端的**转动刚度**,并用 S_{AB} 表示。符号 S_{AB} 中第一个下标代表施力的一端或称为**近端**,第二个下标代表远离施力端的另一端或称为**远端**。因为杆件的受力与杆件的杆端位移相关,所以对于图 12-1a 所示杆件的受力,与受力后产生的单位转角角位移 $\theta = 1$ 的变形,和图 12-1b 所示两端为固定端的,杆件 A 端产生单位转角角位移 $\theta = 1$ 时的情况是相同的。这样看来,图 12-1a 中杆件 A 端的转动刚度 S_{AB},即为图 12-1b 中 A 端的杆端弯矩 M_{AB}。对于等截面超静定杆件来说,由表 10-1 可知 $M_{AB} = \dfrac{4EI}{l} = 4i$。于是,图 12-1a 所示杆件的近端 A 端的转动刚度 $S_{AB} = 4i$。再由表 10-1 还可看出,杆件的近端弯矩 M_{AB} 大小与杆件的远端约束情况有关。或者说,杆件近端的转动刚度 S_{AB} 的大小,也与杆件的远端约束情况有关。当等截面单跨超静定直杆的远端约束情况不同时,其近端的转动刚度也将不同,这几种情况如表 12-1 所列。

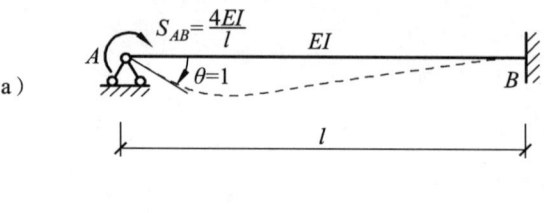

a)

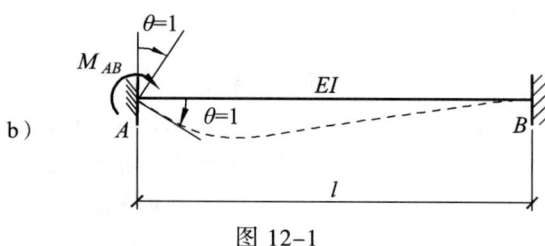

b)

图 12-1

表 12-1 等截面直杆远端不同约束情况时的杆端转动刚度

近端 A 端产生 单位位移简图	近端 A 端的 转动刚度	远端 B 端的 约束情况
	$S_{AB} = \dfrac{4EI}{l} = 4i$	远端固定端支座
	$S_{AB} = \dfrac{3EI}{l} = 3i$	远端活动铰链支座
	$S_{AB} = \dfrac{EI}{l} = i$	远端定向支座

另外,从表中所列的几种情况还可以看出,等截面单跨超静定直杆的转动刚度与杆件的线刚度 i 是有关的。i 值越大,杆端的转动刚度 S_{AB} 也越大,相应地使杆端产生单位转角角位移所需施加的力矩也就越大。可以说,杆端的转动刚度表示了杆端抵抗转动变形的能力。

二、分配系数与分配弯矩

如图 12-2a 所示为一个由等截面直杆组成的只有一个刚结点的刚架。已知在刚结点 1 处作用有一个顺时针方向的力偶矩为 M 的外力偶。在不考虑各杆件轴向变形的情况下，此外力偶只能引起刚结点 1 转动而不能移动。这样就使得汇交于刚结点 1 处的各杆件在 1 端将产生相同的角位移 θ_1，随之各杆件便在 1 端产生杆端弯矩。根据转动刚度的定义，可知这些杆件的杆端弯矩大小应为

$$\left.\begin{aligned} M_{12} &= S_{12}\theta_1 \\ M_{13} &= S_{13}\theta_1 \\ M_{14} &= S_{14}\theta_1 \\ M_{15} &= S_{15}\theta_1 \end{aligned}\right\} \quad (12\text{-}1)$$

然后，由图 12-2b 所示刚结点 1 的力矩平衡条件，得

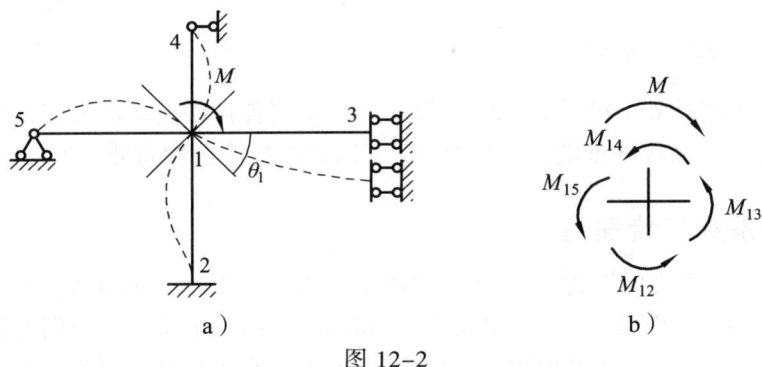

图 12-2

$$M = M_{12} + M_{13} + M_{14} + M_{15} = S_{12}\theta_1 + S_{13}\theta_1 + S_{14}\theta_1 + S_{15}\theta_1$$

于是，角位移 θ_1 即为

$$\theta_1 = \frac{M}{S_{12} + S_{13} + S_{14} + S_{15}} = \frac{M}{\sum_{(1)} S_{1j}}$$

式中，$\sum_{(1)} S_{1j}$ 为汇交于刚结点 1 处的各杆件在 1 端或近端的转动刚度 S_{1j} 之和。而转动刚度 S_{1j} 中的下标 j 表示汇交于刚结点 1 处的各杆件的远端，在这里 j 分别为 2、3、4、5。将以上得到的 θ_1 代入式（12-1），又有

$$\left.\begin{aligned} M_{12} &= \frac{S_{12}}{\sum_{(1)} S_{1j}} M \\ M_{13} &= \frac{S_{13}}{\sum_{(1)} S_{1j}} M \\ M_{14} &= \frac{S_{14}}{\sum_{(1)} S_{1j}} M \\ M_{15} &= \frac{S_{15}}{\sum_{(1)} S_{1j}} M \end{aligned}\right\} \quad (12\text{-}2)$$

式（12-2）表明，各杆件近端所产生的杆端弯矩与该杆件近端的转动刚度成正比。今设

$$\mu_{1j} = \frac{S_{1j}}{\sum_{(1)} S_{1j}} \quad (12\text{-}3)$$

式（12-3）中的 μ_{1j} 称为各杆件近端的**分配系数**，也就是各杆件的近端转动刚度与结点所联结的各杆件近端的转动刚度之和的比值。由此可知，**汇交于同一结点各杆件的近端的分配系数之和等于 1**，亦即

$$\sum_{(1)} \mu_{1j} = \mu_{12} + \mu_{13} + \mu_{14} + \mu_{15} = 1$$

这个结论通常可用来校核杆端的分配系数的计算是否正确。根据式（12-3），式（12-2）也可综合写为

$$M_{1j} = \mu_{1j} M \quad (12\text{-}4)$$

可见，作用于刚结点 1 的外力偶的力偶矩 M，是按各杆件近端的分配系数大小，来分配给各杆件的近端的，而杆件近端杆端弯矩 M_{1j} 又因此被称为**分配弯矩**。

三、传递系数与传递弯矩

在图 12-2a 中，当力偶矩为 M 的外力偶作用于刚结点 1 时，该刚结点 1 处的各杆件将产生同一转角角位移 θ_1，而使得各杆件的近端 1 和远端 j 都有了弯矩。我们把杆件的远端弯矩与近端弯矩的比值，称为杆件弯矩由近端向远端传递的**传递系数**，用 C_{1j} 表示，即为

$$C_{1j} = \frac{M_{j1}}{M_{1j}}$$

杆件远端的杆端弯矩 M_{j1} 又称为**传递弯矩**。若已知杆件的近端弯矩，则由传递系数可得传递弯矩为

$$M_{j1} = C_{1j} M_{1j} \quad (12\text{-}5)$$

对于图 12-2a 所示刚架中的杆件 12 来说，其远端 2 为固定端支座，因为近端 1 产生角位移 θ_1 而引起的近端弯矩（分配弯矩）和远端弯矩（传递弯矩），均可由表 10-1 查得，所以它们分别是

$$M_{12} = 4i_{12}\theta_1, \quad M_{21} = 2i_{12}\theta_1$$

基于上面的定义，就有杆件 12 由近端 1 向远端 2 传递弯矩的传递系数 C_{12}，即为

$$C_{12} = \frac{M_{21}}{M_{12}} = \frac{1}{2}$$

对于其余杆件 13、14、15，因近端 1 产生转角角位移 θ_1 而引起的杆端弯矩，也可由表 10-1 查出，而得到相应的每一近端向远端传递弯矩的传递系数，分别是

远端为定向支座时： $M_{13} = i_{13}\theta_1$ ， $M_{31} = -i_{13}\theta_1$ ， $C_{13} = \dfrac{M_{31}}{M_{13}} = -1$

远端为活动铰链支座时： $M_{14} = 3i_{14}\theta_1$ ， $M_{41} = 0$ ， $C_{14} = \dfrac{M_{41}}{M_{14}} = 0$

远端为固定铰链支座时： $M_{15} = 3i_{15}\theta_1$ ， $M_{51} = 0$ ， $C_{15} = \dfrac{M_{51}}{M_{15}} = 0$

由此看来，杆件由近端向远端传递弯矩的传递系数 C 只与远端的约束情况有关，而与其他的外界因素无关。对于等截面直杆，在远端为不同支座情况下的传递系数可归纳为以下三种，即

远端为固定端支座： $C = \dfrac{1}{2}$

远端为定向支座： $C = -1$

远端为铰链支座： $C = 0$

对于图 12-2a 所示的由四根等截面直杆组成的只有一个刚结点的结构，因为在刚结点 1 处只承受了一个力偶矩为 M 的外力偶的作用，所以在该刚结点处只产生一个角位移 θ_1。这个角位移 θ_1 的计算过程可分为两步进行：首先，根据各杆件的分配系数求出各杆件结点的弯矩，亦即杆件的近端弯矩，这一步称为力矩的分配过程；然后，再将近端弯矩乘以传递系数求出各杆件的远端弯矩，这一步称为力矩的传递过程。这样在经过先后两个步骤后，就可以求出各杆件的杆端弯矩，而不需要建立典型方程去求解了。

第二节　用力矩分配法计算连续梁

对于承受一般载荷作用而且只具有一个刚结点的连续梁结构，就可以利用力矩分配法来进行计算。如图 12-3a 所示的连续梁，在集中力 F_P 的作用下，其变形曲线如图中虚线所示。计算该连续梁时，首先在其刚结点 B 处加上一个附加刚臂，即相当于将刚结点 B 固定以约束住它的角位移。这样也就得到了一个由单跨超静定梁组成的可用力矩分配法进行计算的基本结构（图 12-3b）。然后把原结构承受的载荷作用在基本结构上，这时各单跨超静定梁将产生固端弯矩。可以看出，在基本结构上，梁 BC 因无载荷作用，故 $M_{BC}^F = 0$。由于在刚结点 B 处各梁的固端弯矩不能互相平衡，因此在附加刚臂上必产生约束力矩 M_B^F，其大小可通过图 12-3b 所示的刚结点 B 的力矩平衡条件求得，即

$$M_B^F = M_{BA}^F + M_{BC}^F \tag{12-6}$$

约束力矩 M_B^F 在这里又称为刚结点 B 的**不平衡力矩**，它的大小等于汇交于该结点的单跨超静定梁的杆端固端弯矩的代数和，其方向以顺时针方向为正。

实际上，在原结构的刚结点 B 上并无附加刚臂，自然也没有约束力矩 M_B^F 的作用。因此，在图 12-3b 中的结构的杆端弯矩，也并非原结构在实际状态下的杆端弯矩，应当予以消除。今采取的消除办法是，通过不断修正杆端弯矩来抵消刚结点 B 上的不平衡力矩 M_B^F，最终使其恢复到原来的平衡状态。为此，在刚结点 B 处再附加一个外力偶，并使它的大小等于不平衡力矩 M_B'，而它的方向与 M_B^F 的方向相反（图 12-3c）。然后，再将图 12-3b 和图 12-3c 所示

两种情况下的杆端弯矩叠加，这样就抵消了不平衡力矩 M_B^F 的附加作用。也就是相当于将刚结点 B 放松，从而消除附加刚臂的约束作用，结构即返回到如图 12-3a 所示的原来的平衡状态。这里，将图 12-3b 和图 12-3c 所示两种情况下所叠加的杆端弯矩，就是我们要求的杆端

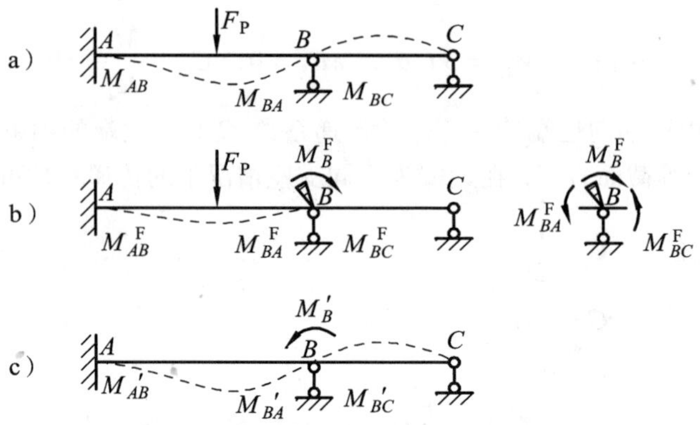

图 12-3

弯矩。例如，连续梁 AB 杆的 B 端的杆端弯矩此时为 $M_{BA} = M_{BA}^F + M_{BA}'$，等等。

须注意，对于图 12-3c 中各梁杆的杆端弯矩的计算仍按前述的方法进行。但对于刚结点 B，在用式（12-4）计算分配弯矩时，应将式（12-4）中的 M 值代之以反方向的不平衡力矩 M_B^F 之值，也就是 $M = -M_B^F$。

归纳一下力矩分配法的计算要点，即如下：首先，加上附加刚臂以固定刚结点 B，形成结构的固定状态，也就是把原结构分成了若干个单跨超静定梁。查表 10-1 求得各梁的固端弯矩，而汇交于刚结点 B 处的各固定端弯矩的代数和，即为该刚结点的不平衡力矩 M_B^F。接着，由式（12-3）计算出汇交于刚结点 B 处的各梁的分配系数，代入式（12-4），得到不平衡力矩后再反号，也就是将 $-M_B^F$ 乘以各梁杆端的分配系数即得到梁近端的分配弯矩。然后，由式（12-5）将分配弯矩乘以传递系数即得到远端的传递弯矩。最后，将各梁的杆端弯矩，包括固端弯矩、分配弯矩和传递弯矩相叠加，就可以求得连续梁中各杆件最后的杆端弯矩。可见，对于具有一个刚结点的连续梁，用力矩分配法计算其内力的确是简单便捷，且容易掌握，并还能得到较为精确的结果。

【例 12-1】 试用力矩分配法计算图 12-4a 所示两跨连续梁的内力，并画出梁的内力图。

【解】 （1）计算连续梁刚结点 B 处汇交各杆件的杆端分配系数。由表 12-1 计算得各杆的杆端转动刚度为

$$S_{BA} = 3i_{BA} = 3 \times \frac{2EI}{12} = 0.5EI$$

$$S_{BC} = 4i_{BC} = 4 \times \frac{EI}{8} = 0.5EI$$

再由式（12-3）计算得分配系数为

$$\mu_{BA} = \frac{S_{BA}}{\sum_{(B)} S_{Bj}} = \frac{0.5EI}{0.5EI + 0.5EI} = 0.5$$

$$\mu_{BC} = \frac{S_{BC}}{\sum_{(B)} S_{Bj}} = \frac{0.5EI}{0.5EI + 0.5EI} = 0.5$$

可见，刚结点 B 处汇交各杆件的杆端分配系数之和 $\sum_{(B)} \mu_{Bj} = \mu_{BA} + \mu_{BC} = 1$。而各杆件的传递系数分别为 $C_{BA} = 0$，$C_{BC} = 0.5$。

（2）由表 10-1 计算得各杆件的固端弯矩为

$$M_{AB}^F = 0$$

$$M_{BA}^F = \frac{1}{8}ql^2 = \frac{1}{8} \times 10 \times 10^3 \times 12^2 \,\text{N} \cdot \text{m} = 180 \times 10^3 \,\text{N} \cdot \text{m} = 180 \,\text{kN} \cdot \text{m}$$

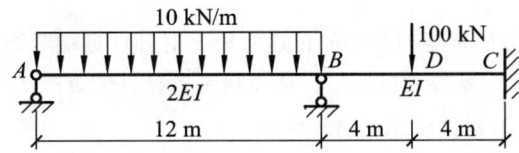

结点	A	B		C
杆端近端至远端	AB	BA	BC	CB
分配系数		0.5	0.5	
固端弯矩/kN·m	0	180	−100	100
分配与传递弯矩/kN·m	0	← −40	−40 →	−20
最后杆端弯矩/kN·m	0	140	−140	80

a）

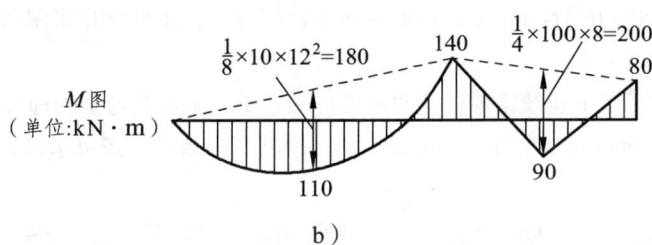

b）

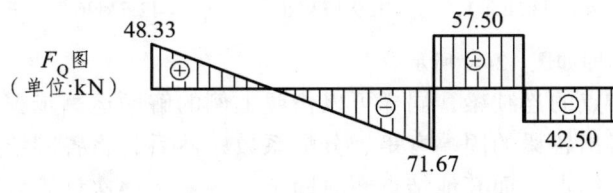

c）

d）

图 12-4

$$M_{BC}^{F} = -\frac{1}{8}F_{P}l = -\frac{1}{8} \times 100 \times 10^{3} \times 8 \, \text{N} \cdot \text{m} = -100 \times 10^{3} \, \text{N} \cdot \text{m} = -100 \, \text{kN} \cdot \text{m}$$

$$M_{CB}^{F} = \frac{1}{8}F_{P}l = \frac{1}{8} \times 100 \times 10^{3} \times 8 \, \text{N} \cdot \text{m} = 100 \times 10^{3} \, \text{N} \cdot \text{m} = 100 \, \text{kN} \cdot \text{m}$$

对于力矩分配法的各步骤计算，通常还要在连续梁简图下画一辅助表格，记录各步骤计算得出的参数。如将上面计算得出的固端弯矩记入表格的第四栏，并由此得到刚结点 B 的不平衡力矩为

$$M_{B}^{F} = M_{BA}^{F} + M_{BC}^{F} = (180 - 100) \, \text{kN} \cdot \text{m} = 80 \, \text{kN} \cdot \text{m}$$

（3）计算各梁杆件近端的分配弯矩与远端的传递弯矩。对杆件近端弯矩进行力矩分配，是将刚结点 B 处的不平衡力矩 M_{B}^{F} 乘以分配系数后再反号，从而得到各杆件的近端的分配弯矩为

$$M_{BA} = 0.5 \times (-80) \, \text{kN} \cdot \text{m} = -40 \, \text{kN} \cdot \text{m}$$

$$M_{BC} = 0.5 \times (-80) \, \text{kN} \cdot \text{m} = -40 \, \text{kN} \cdot \text{m}$$

将梁近端的分配弯矩乘以相应的传递系数，即得到杆件远端的传递弯矩为

$$M_{AB} = M_{BA} \times 0 = 0, \quad M_{CB} = M_{BC} \times 0.5 = -20 \, \text{kN} \cdot \text{m}$$

将以上计算结果记入连续梁简图下所对应的表格内，同时在刚结点 B 处的分配弯矩值下画一横线，表示该结点的力矩已实现平衡；接下来，从近端分配弯矩向远端传递弯矩画一箭头，表示弯矩的传递方向。

（4）计算最后杆端弯矩。将以上计算得到的各杆件的杆端弯矩予以代数相加，即得到整个连续梁的最后杆端弯矩，并记入表格的最后一栏内。可以看出，刚结点 B 处左右两杆件的最后杆端弯矩之值会有 $140 \times 10^{3} \, \text{N} \cdot \text{m} + (-140 \times 10^{3}) \, \text{N} \cdot \text{m} = 0$，说明这两个杆端弯矩，正好满足了刚结点 B 所受力矩的平衡条件，亦即 $\sum M_{B} = 0$。

（5）根据以上所求得整个连续梁各杆件的最后杆端弯矩，画出其弯矩图即如图 12-4b 所示。

（6）画出图 12-4d 所示的三个分离体的受力图，由其平衡条件，还可求得各梁的杆端剪力和梁的支座约束反力为

$$F_{QAB} = 48.33 \, \text{kN}, \quad F_{QBA} = -71.67 \, \text{kN}, \quad F_{QBC} = 57.5 \, \text{kN}, \quad F_{QCB} = -42.5 \, \text{kN}$$

$$F_{Ay} = 48.33 \, \text{kN}(\uparrow), \quad F_{By} = 129.17 \, \text{kN}(\uparrow), \quad F_{Cy} = 42.5 \, \text{kN}(\uparrow), \quad F_{Cx} = 0$$

最后，画出其剪力图即如图 12-4c 所示。

对于具有多个刚结点的连续梁，同样可以仿照上例的解题运算步骤进行计算。首先，将各刚结点固定，计算得出各梁的固端弯矩、分配系数；然后，将各刚结点轮流放松得到分配弯矩，每次只放松一个结点，而其他结点暂时固定；接着，逐次计算各刚结点处的杆端分配弯矩与传递弯矩，直到将杆端弯矩逐次修正到接近真实弯矩时为止。对于这种通过逐次计算来修正数值，而使计算结果的精确度随计算轮次的增加而提高的方法通常称为**渐近法**。为了加快这一逐次计算修正的收敛速度，通常是首先放松不平衡力矩绝对值较大的刚结点，然后再放松相邻的结点。但与此同时，还必须重新固定已放松过的结点。每次放松刚结点计算分配弯矩都是对单个结点处的力矩进行分配，当一个结点第一次放松时，相邻结点的不平衡力矩就会有所改变。也就是原来的不平衡力矩，和由放松的相邻结点传递过来的传递弯矩予以代数相加，即成为相邻结点的新的不平衡力矩；当一个结点第二次放松时，其不平衡力矩即为相邻结点传递过来的传递弯矩。下面再通过一个三跨连续梁的计算来加以说明。

【例 12-2】 图 12-5 所示为一个等截面的三跨连续梁，试用力矩分配法进行计算。

【解】 （1）首先在刚结点 B、C 上加上附加刚臂，即得到由三根单跨超静定梁组成的基本结构。然后由表 10-1 计算得到各梁的固端弯矩为

$$M_{AB}^F = 0, \quad M_{BA}^F = 0$$

$$M_{BC}^F = -\frac{1}{8} \times 400 \times 10^3 \times 6 \, \text{N} \cdot \text{m} = -300 \times 10^3 \, \text{N} \cdot \text{m} = -300 \, \text{kN} \cdot \text{m} = -M_{CB}^F$$

$$M_{CD}^F = -\frac{1}{8} \times 40 \times 10^3 \times 6^2 \, \text{N} \cdot \text{m} = -180 \times 10^3 \, \text{N} \cdot \text{m} = -180 \, \text{kN} \cdot \text{m}, \quad M_{DC}^F = 0$$

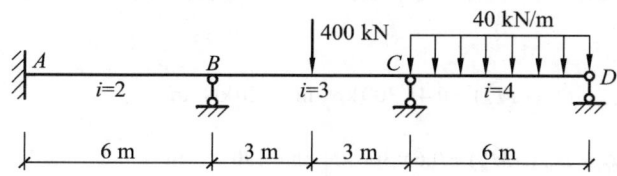

结 点		A	B		C		D
杆端近端至远端		AB	BA	BC	CB	CD	DC
分配系数			0.4	0.6	0.5	0.5	
固端弯矩/kN·m		0	0	−300	300	−180	0
分配与传递 弯矩/kN·m	一次	60.0 ←	120.0	180.0 →	90.0		
				−52.5 ←	−105.0	−105.0 →	0
	二次	10.5 ←	21.0	31.5 →	15.75		
				−3.94 ←	−7.88	−7.88 →	0
	三次	0.79 ←	1.58	2.36 →	1.18		
				−0.30 ←	−0.59	−0.59 →	0
	四次	0.06 ←	0.12	0.18 →	0.09		
				−0.02 ←	−0.04	−0.04 →	0
	五次		0.01	0.01			
杆端最后弯矩/kN·m		71.35	142.71	−142.71	293.51	−293.51	0

图 12-5

计算各梁杆件的杆端转动刚度和各梁的杆端分配系数为

$$S_{BA} = 4 \times 2 = 8, \quad \mu_{BA} = \frac{S_{BA}}{\sum_{(B)} S_{Bj}} = \frac{8}{8+12} = 0.4$$

$$S_{BC} = 4 \times 3 = 12, \quad \mu_{BC} = \frac{S_{BC}}{\sum_{(B)} S_{Bj}} = \frac{12}{8+12} = 0.6$$

$$S_{CB} = 4 \times 3 = 12, \quad \mu_{CB} = \frac{S_{CB}}{\sum_{(C)} S_{Cj}} = \frac{12}{12+12} = 0.5$$

$$S_{CD} = 3 \times 4 = 12, \quad \mu_{CD} = \frac{S_{CD}}{\sum_{(C)} S_{Cj}} = \frac{12}{12+12} = 0.5$$

各梁杆件由近端向远端传递弯矩的传递系数为

$$C_{BA} = 0.5, \ C_{BC} = 0.5, \ C_{CB} = 0.5, \ C_{CD} = 0$$

由各梁杆件的固端弯矩得刚结点 B、C 的不平衡力矩分别为

$$M_B^F = -300 \, \text{kN} \cdot \text{m}, \ M_C^F = 300 - 180 = 120 \, \text{kN} \cdot \text{m}$$

将以上计算结果记入连续梁简图下所对应的表格内。

（2）计算各梁杆件近端的分配弯矩与远端的传递弯矩。设先放松刚结点 B，而刚结点 C 暂时固定。将刚结点 B 处的不平衡力矩 M_B^F 乘以分配系数再反号，从而得到刚结点 B 处汇交各梁杆件的杆端分配弯矩为

$$M_{BA} = \mu_{BA}(-M_B^F) = 0.4 \times 300 \, \text{kN} \cdot \text{m} = 120 \, \text{kN} \cdot \text{m}$$

$$M_{BC} = \mu_{BC}(-M_B^F) = 0.6 \times 300 \, \text{kN} \cdot \text{m} = 180 \, \text{kN} \cdot \text{m}$$

将梁杆件近端的分配弯矩乘以相应的传递系数，即得远端的传递弯矩为

$$M_{AB} = C_{BA} M_{BA} = 0.5 \times 120 \, \text{kN} \cdot \text{m} = 60 \, \text{kN} \cdot \text{m}$$

$$M_{CB} = C_{BC} M_{BC} = 0.5 \times 180 \, \text{kN} \cdot \text{m} = 90 \, \text{kN} \cdot \text{m}$$

将以上计算结果记入连续梁简图下所对应的表格内。同时在刚结点 B 处的分配弯矩值下画一横线，表示该结点处的力矩已实现平衡。而这时的刚结点 C 的不平衡力矩，即为原来的不平衡力矩与放松刚结点 B 后传递过来的传递弯矩相叠加，也就是

$$M_C^F = (300 - 180 + 90) \, \text{kN} \cdot \text{m} = 120 \, \text{kN} \cdot \text{m}$$

为了消除刚结点 C 的新的不平衡力矩 M_C^F，需放松刚结点 C，同时暂时固定刚结点 B，并对新的不平衡力矩进行分配与传递。于是，由相应的分配系数和传递系数得各梁杆件近端的分配弯矩为

$$M_{CB} = \mu_{CB}(-M_C^F) = -0.5 \times 210 \, \text{kN} \cdot \text{m} = -105 \, \text{kN} \cdot \text{m}$$

$$M_{CD} = \mu_{CD}(-M_C^F) = -0.5 \times 210 \, \text{kN} \cdot \text{m} = -105 \, \text{kN} \cdot \text{m}$$

进而得各梁杆件远端的传递弯矩为

$$M_{BC} = C_{CB} M_{CB} = -0.5 \times 105 \, \text{kN} \cdot \text{m} = -52.5 \, \text{kN} \cdot \text{m}$$

$$M_{DC} = C_{CD} M_{CD} = 0 \times 105 \, \text{kN} \cdot \text{m} = 0$$

将以上进行的第一次弯矩分配与传递的计算结果记入表格内，并在刚结点 C 对应的分配弯矩值下画一横线，表示该刚结点 C 处的力矩暂时实现了平衡。但是，这时的刚结点 B 处又有了新的不平衡力矩 $M_{BC} = -52.5 \, \text{kN} \cdot \text{m}$。不过此力矩值已经比前一次的不平衡力矩值 $-300 \, \text{kN} \cdot \text{m}$ 小了很多。然后，再按上述步骤逐次计算来抵消刚结点 B 和 C 的不平衡力矩，使原来的不平衡力矩越来越小，直至小到可以忽略不计为止。这时的计算结果说明已非常接近于真实的平衡状态了。最后，将每一次循环的计算结果都一一记入表格内，并把各梁原有的固端弯矩，以及历次得到的分配弯矩和传递弯矩予以代数相加，即得到整个连续梁的最后杆端弯矩。

第三节　用力矩分配法计算无结点线位移刚架

无结点线位移刚架与无结点线位移连续梁的区别，就在于刚结点处所汇交的杆件的数目多少不同。用力矩分配法计算刚架，仍用上节的计算步骤进行求解。当对刚结点处的不平衡力矩进行分配和传递时，还是先将刚结点的不平衡力矩乘以各杆端的分配系数再反号，从而得到刚结点处汇交的各个杆件的近端分配弯矩。然后，再将各个杆件的传递系数乘以分配弯矩，得到各个杆件的远端传递弯矩。最后，将各个杆件的固端弯矩、分配弯矩，以及传递弯矩予以代数相加，即得到刚架的最后杆端弯矩。

顺便指出，对于有结点线位移刚架的计算，一般不能直接采用力矩分配法，但可以联合应用位移和力矩分配法来进行计算。

【例 12-3】　用力矩分配法计算图 12-6 所示刚架各杆件的杆端弯矩。

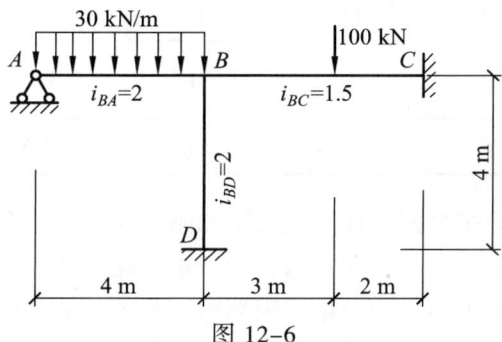

图 12-6

【解】　（1）首先按表 12-1 计算出刚架三杆件的杆端分配系数与传递系数，它们的杆端分配系数分别为

$$\mu_{BA} = \frac{S_{BA}}{\sum\limits_{(B)} S_{Bj}} = \frac{3 \times 2}{3 \times 2 + 4 \times 1.5 + 4 \times 2} = 0.3$$

$$\mu_{BC} = \frac{S_{BC}}{\sum\limits_{(B)} S_{Bj}} = \frac{4 \times 1.5}{3 \times 2 + 4 \times 1.5 + 4 \times 2} = 0.3$$

$$\mu_{BD} = \frac{S_{BD}}{\sum\limits_{(B)} S_{Bj}} = \frac{4 \times 2}{3 \times 2 + 4 \times 1.5 + 4 \times 2} = 0.4$$

显而易见，汇交于刚结点 B 处的三杆件的杆端分配系数之和等于 1，表明计算结果正确。而各杆件的传递系数分别为

$$C_{BA} = 0, \ C_{BC} = C_{BD} = 0.5$$

（2）然后进行弯矩的分配与传递，得出各杆件的最后杆端弯矩。其计算过程可列表进行，而弯矩正负号的规定是：对杆端以取顺时针方向为正，反之为负。将先后求得的分配系数和固端弯矩记入表格内，以便于逐次对分配弯矩和传递弯矩进行计算。刚结点 B 处的不平衡力矩为

$$M_B = M_{BA}^F + M_{BD}^F + M_{BC}^F = [60 + 0 + (-48)] \text{kN} \cdot \text{m} = 12 \text{kN} \cdot \text{m}$$

其中，M_{BA}^F、M_{BD}^F 和 M_{BC}^F 的值由表 10-1 中的弯矩计算公式求得。将此不平衡力矩乘以各杆件的杆端分配系数再反号，即得到相应的分配弯矩。然后再将分配弯矩乘以各杆件的传递系数，即得到各杆件远端的传递弯矩。最后，将各杆件的固端弯矩、分配弯矩及传递弯矩予以代数相加，即得刚架各杆件的最后杆端弯矩。

由于此刚架竖直杆件即立柱上的载荷为零，而立柱柱底与柱顶两端的固端弯矩也为零，所以柱底的弯矩完全是由柱顶的分配弯矩传递来的。整个计算结果记入表 12-2 中。

表 12-2 杆端弯矩值计算

结点	A	B			C	D
杆端近端至远端	AB	BA	BD	BC	CA	DA
分配系数		0.3	0.4	0.3		
固端弯矩/kN·m	0	60.0	0	−48.0	72.0	0
分配弯矩与传递弯矩/kN·m	0	−3.6	−4.8	−3.6	−1.8	−2.4
最后杆端弯矩/kN·m	0	56.4	−4.8	−51.6	70.2	−2.4

说到这里，试问：用力矩分配法计算连续梁和刚架时，为什么刚结点处的不平衡力矩会趋于零或者说计算过程是收敛的？回答：因为用力矩分配法计算含有两个以上刚结点的连续梁和刚架时，一开始要分配的不平衡力矩与固端弯矩有关。随着分配与传递过程的延续，以后的各刚结点处的不平衡力矩就与传递弯矩有关，因刚结点间的传递系数为 0.5，故各杆件的传递弯矩随计算次数的增多而越来越小，自然各刚结点新添的不平衡力矩也就越来越小。这样就使得连续梁和刚架中各杆件的内力，逐渐接近真实平衡状态的内力，所以力矩分配法的计算过程是收敛的。

第四节 计算超静定结构的其他渐进法简介

一、迭代法

迭代法也是基于位移法的一种渐进法，在工程实际中常用来计算有结点线位移刚架。但与力矩分配法不同的是，这种方法不必引入附加约束和力矩的分配、传递等概念，而是直接采用**线性代数中的塞德尔迭代法**，亦即线性代数方程组的数值解法而对刚架进行计算。为了有效地求出各杆件的杆端弯矩，当然不必通过求出结点位移后再求杆端弯矩。而是以转角位移方程为基础，考虑刚架中结点切层平衡关系而推导出转角位移弯矩、侧移弯矩的迭代公式，再经过若干次反复交替的迭代计算，最后将各杆件的杆端固端弯矩与最后一次迭代法计算所得到的近端角位移弯矩、远端角位移弯矩，以及侧移弯矩予以代数叠加，即得到各杆件的最后杆端弯矩。

迭代法中所采用的基本未知量，是任意一杆件 ik 两端的转角弯矩 M'_{ik}、M'_{ki} 和侧移弯矩 M''_{ik}。这组基本未知量与位移的基本未知量，即杆件两端的角位移 θ_i、θ_k 和相对侧移 Δ_{ik} 之间有如下关系：

$$M'_{ik} = 2i_{ik}\theta_i, \quad M'_{ki} = 2i_{ik}\theta_k, \quad M''_{ik} = 6i_{ik}\frac{\Delta_{ik}}{h_{ik}}$$

这样就把位移法的基本未知量，转换为了杆件的角位移弯矩和侧移弯矩的计算，而不必再求结点的位移，也就是可以直接按下式计算求出各杆件的最后弯矩。

$$M_{ik} = 2M'_{ik} + M'_{ki} + M''_{ik} + M^F_{ik}$$

二、附加链杆法

附加链杆法通常用于计算受一般载荷作用的一般结构，该法对任意一个有结点位移的刚架都适用。它的基本原理是：先加上附加链杆以阻止结点移动，此时可采用力矩分配法的基本结构，然后再用力矩分配法来消除附加阻转刚臂的影响。而对于附加链杆的影响，则可采用位移法来消除，这种将位移法与力矩分配法联合应用的方法，通常称为**附加链杆法**。

用附加链杆法计算有侧移刚架时，若线位移数较多，则需解联立方程，不够简便，故该方法多用于计算多跨少层（如一、二层）有结点位移的刚架。

三、无剪力分配法

附加链杆法虽然多用于有结点位移刚架的计算，但是当刚架的结构层数较多亦即结点线位移数目较多时，用附加链杆法求解仍然要去求解多元一次线性方程组，其计算过程也相当烦琐。那么试问，对此能否不通过求解联立方程而直接应用力矩分配法而进行计算呢？回答：这对某些特殊刚架来说是可以的，如图 12-7a 所示刚架，虽有结点线位移，但用力矩分配法和位移法联合计算就很简单，这也就是所谓的**无剪力分配法**。

对于图 12-7a 所示的承受反对称载荷的刚架，在计算时可首先将其简化为半钢架（图 12-7b），亦即在刚架任意一层的柱顶处将其截开，取如图 12-7c 所示分离体，然后由静力平

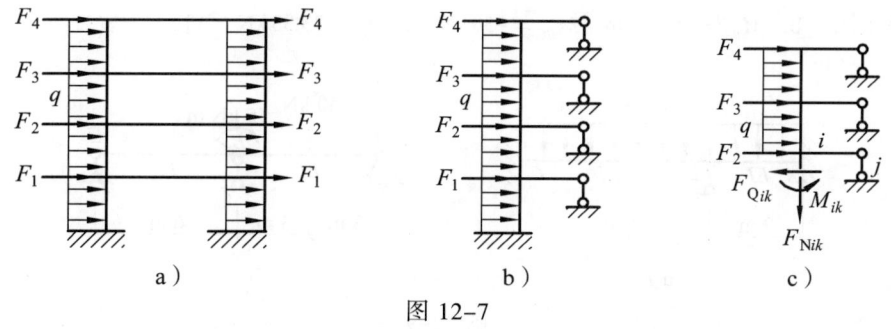

图 12-7

衡方程 $\sum F_x = 0$ 解之，即可得 $F_{Qik} = \sum F_i$。可见，杆件剪力等于柱顶以上所有外力在水平方向投影的代数和，表明剪力这样可求，成了静定问题，故可称其杆件为剪力静定杆。剪力 F_{Qik} 一旦求出，就可消除结点线位移这一未知量，而后再作为无结点线位移刚架，采用力矩分配法进行计算，便能求出各杆件的固端弯矩。

思 考 题

12-1 什么是杆件杆端的转动刚度？影响杆件杆端转动刚度的因素是什么？

12-2 杆件杆端的分配系数与转动刚度有什么关系？杆件杆端分配系数有何特点？

12-3 杆件的固端弯矩与刚结点不平衡力矩是指什么？如何计算不平衡力矩？为什么要将刚结点不平衡力矩反号才能进行分配？

12-4 力矩分配法的基本运算步骤主要有哪些？若结点上只有外力偶作用，则如何进行力矩分配？

12-5 图 12-8 所示刚架能否用力矩分配法来进行计算？为什么？

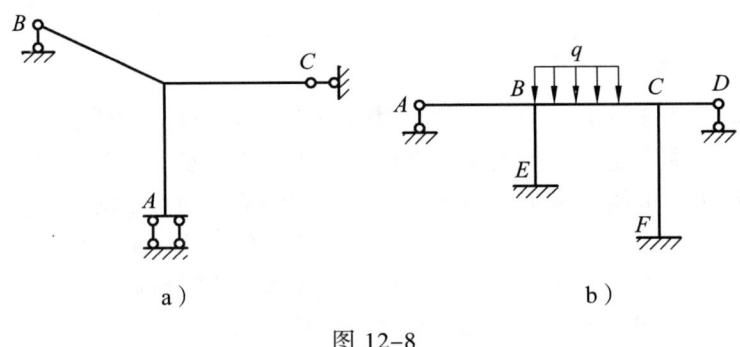

图 12-8

12-6 在力矩分配法的计算过程中，若仅是传递弯矩有误，杆端最后弯矩能否满足结点的力矩平衡条件？为什么？

12-7 为什么力矩分配法不能用于有结点线位移的刚架？

12-8 对于多结点线位移的连续梁，用力矩分配法计算求解时，可否同时放松两个相邻的结点？为什么？

习 题

12-1 试用力矩分配法计算图 12-9 所示连续梁，并画出弯矩图和剪力图。[答：a. $M_{BC}=-14.67\,\text{kN}\cdot\text{m}$，$F_{By}=61.5\,\text{kN}(\uparrow)$；b. $M_{BA}=-5\,\text{kN}\cdot\text{m}$，$M_{BC}=-50\,\text{kN}\cdot\text{m}$，$F_{By}=33.33\,\text{kN}(\uparrow)$]

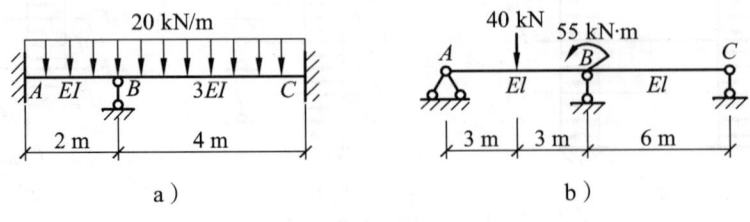

图 12-9

12-2 试用力矩分配法计算图 12-10 所示的连续梁，并画出弯矩图。（答：a. $M_{BA}=50.98\,\text{kN}\cdot\text{m}$，$M_{CB}=-68.3\,\text{kN}\cdot\text{m}$；b. $M_{BA}=36.43\,\text{kN}\cdot\text{m}$，$M_{CB}=20\,\text{kN}\cdot\text{m}$）

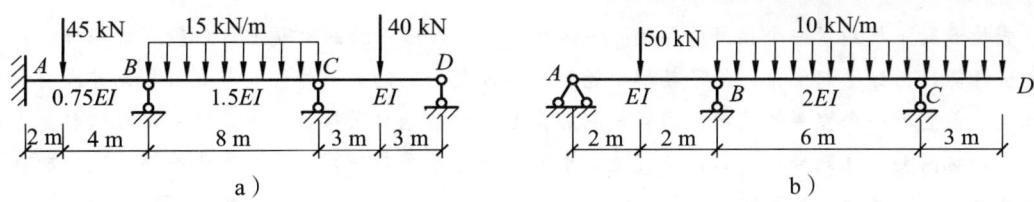

图 12-10

12-3 试用力矩分配法计算图 12-11 所示刚架,并画出弯矩图。(答:a. $M_{AB}=28.2\,\text{kN}\cdot\text{m}$,$M_{BA}=0$,$M_{AC}=-1.8\,\text{kN}\cdot\text{m}$,$M_{CA}=-0.9\,\text{kN}\cdot\text{m}$,$M_{AD}=-26.4\,\text{kN}\cdot\text{m}$,$M_{DA}=34.8\,\text{kN}\cdot\text{m}$;b. $M_{AB}=0$,$M_{BA}=43.4\,\text{kN}\cdot\text{m}$,$M_{BC}=-46.9\,\text{kN}\cdot\text{m}$,$M_{CB}=24.4\,\text{kN}\cdot\text{m}$,$M_{CD}=-14.6\,\text{kN}\cdot\text{m}$,$M_{BE}=3.5\,\text{kN}\cdot\text{m}$,$M_{EB}=1.7\,\text{kN}\cdot\text{m}$,$M_{CF}=-9.8\,\text{kN}\cdot\text{m}$,$M_{FC}=-4.9\,\text{kN}\cdot\text{m}$,$M_D=0$;c. $M_{AC}=2.5\,\text{kN}\cdot\text{m}$,$M_{CD}=-3.5\,\text{kN}\cdot\text{m}$,$M_{CA}=5\,\text{kN}\cdot\text{m}$,$M_{DC}=11\,\text{kN}\cdot\text{m}$)

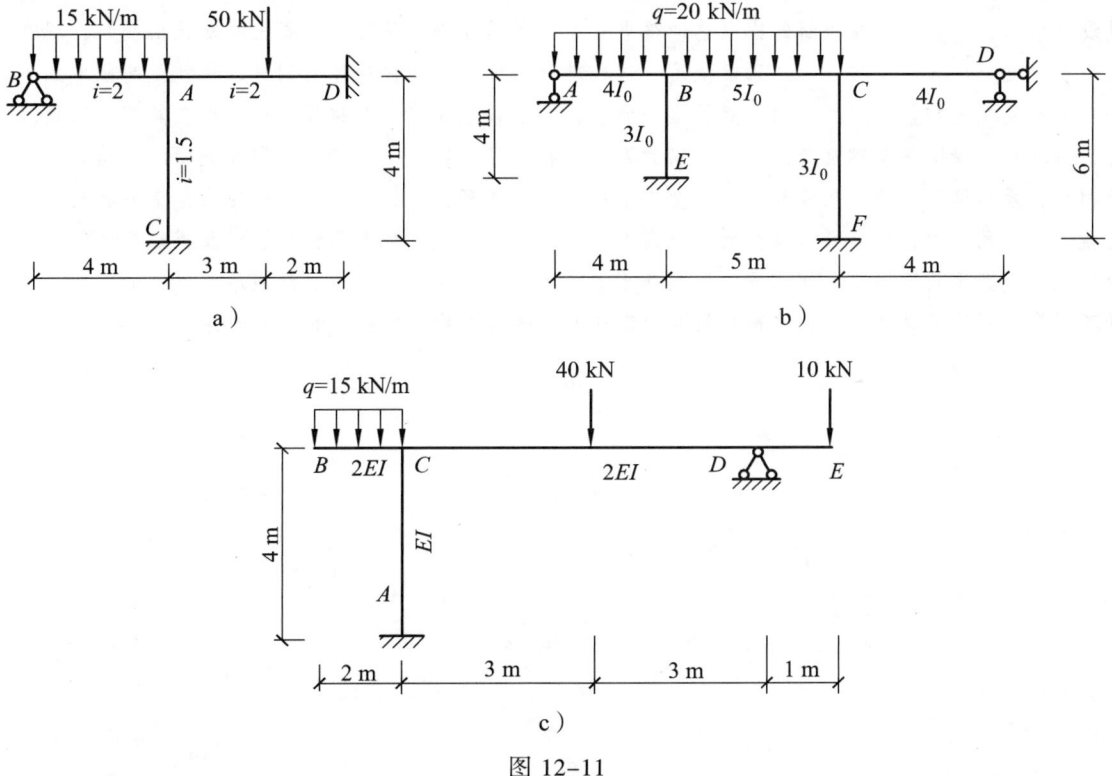

图 12-11

[辅助学习材料]

混凝土的发展与力学

人们最早利用混凝土只不过把它当作人造石材,并没有想到会有今天这样翻天覆地般的影响。今日的混凝土已经渗透到我们生活、生产的各个角落,从海港建筑到高山上的岗亭,从一般的平房到摩天大楼,从乡间小道到万人广场都能见到混凝土的足迹。那么,为什么混凝土能得到如此广泛的应用呢?

首先是混凝土找到了一个很好的伴侣——钢材。作为人造石材的混凝土与一般石材一样，虽有较好的耐压性能，但经不起受拉，除了其形状能容易地满足人们的要求外，它与石材相比并没有什么特殊的优点。但它有一个重要的性质，那就是它的膨胀系数与钢材很接近，因此它可以与钢材紧密结合起来。两种材料要永远黏合在一起，关键是要求它们的膨胀系数一样，否则热胀冷缩，彼此胀缩不同就要脱离开来，而混凝土与钢材的结合是经得起长期考验的。另外，混凝土善于受压，钢材善于受拉，两者结合起来作为梁使用时正好能够发挥彼此的长处。因为在梁里总是有一侧受压另一侧受拉的。例如简支梁在受载过程中，要产生向下的弯曲变形，这必然使上边的材料缩短，下边的材料拉长，即总是上边受压下边受拉。进一步可以说：任何承受弯曲的构件总是一边受拉，一边受压。若把钢筋放在受拉一边，将混凝土放在受压一边，正好符合梁内的受力分布。用钢筋混凝土浇筑 6 m~7 m 长的梁，可以达到很好的经济效果。它不仅价格便宜而且耐久性好。

随着科学技术的发展，新的矛盾产生了，钢材的耐拉能力随着钢材性能的改进愈来愈高，可是它的弹性模量并没有增加，弹性模量是反映材料每单位伸长所需要的力。现在抗拉能力提高了，弹性模量没有增加，说明钢材在拉断时比以前伸得更长了。黏结在钢材旁边的混凝土本来就怕受拉，现在必然会裂得更加厉害而使构件无法正常使用。这样就使得能够经受住拉伸的钢材，也就是高强度钢材无法在钢筋混凝土构件中采用。为了克服这一弱点，人们设法先将钢筋拉紧，然后再在其四周浇筑混凝土，待混凝土凝固并与钢筋产生黏结力以后再放松拉紧了的钢筋。这时靠它们彼此间的黏结力使一部分预先拉紧钢筋的力量传到混凝土上，使在钢筋周围的混凝土受到预压力，而处在与钢筋相对一侧的混凝土受到预拉力，整个梁好像受到反方向的弯曲而拱起。这种现象称作反拱。反拱起来的梁、板在使用载荷下又重新弯回来。在相同的下垂变形条件下，经反拱的梁、板当然能承受更大的载荷，使其既不开裂也更不易破坏，这种被预先拉紧的钢筋做成的构件称作预应力混凝土构件。

第十三章

结构的影响线 与 梁的内力包络图

在移动载荷的作用下，工程结构上作用的约束反力与内力会有变化。因此对于结构设计，要研究约束反力或某一截面内力的变化规律及其最大值和最小值，也就是要确定产生这些极值的最不利载荷位置。为此，本章将介绍

影响线的概念，

如何**用静力法作简支梁的影响线**，

以及简支梁的最不利载荷位置。对于**影响线的应用**，将介绍梁设计时，如何考虑在固定载荷和移动载荷共同作用下内力的最大值和最小值变化规律，

以及*梁的内力包络图*。

第一节 影响线的概念

前面各章讨论的均属于结构的静力计算，所涉及的结构承受的载荷，**其作用点位置都是固定不变的，通常称之为固定载荷或恒载**。但是在工程中，有些结构除受到固定载荷作用外，有时还要受到**作用点位置不断变化的移动载荷的作用，这种移动载荷又称为活载**。例如，桥梁上行驶的车辆的本身载荷，厂房吊车横梁受到的吊车的轮压力，等等。由于结构受到了移动载荷的作用，其构件的支座约束反力和任意一横截面的内力，都将随载荷位置的不同而变化。因此，在构件的设计计算中，对于承受移动载荷作用的情况，我们有必要了解结构构件在移动载荷作用

时的支座约束反力和横截面内力的变化规律，以便求出移动载荷作用下构件支座约束反力和横截面内力变化的最大值。当然更重要的，也就是必须先确定产生这一最大值时的位置在哪里，而这一移动载荷的作用位置，通常就被称为**结构的最不利载荷的位置**。

工程实际中的移动载荷类型有多种，今又不可能去逐一进行研究。鉴于此，一般都是先研究一个具有代表性的也是最简单的移动载荷，亦即研究以一个无量纲的竖向单位集中载荷 $F_P=1$ 在结构上移动时，对某一约束反力或某一横截面内力（在此将这些力也统称为**量值**）所产生的影响。然后，再根据叠加原理来确定多个集中力或分布力在移动时对该量值所产生的影响。

如图 13-1a 所示简支梁，当单位集中载荷 $F_P=1$ 在梁上移动到某一位置，如在点 A、1、2、3、B 时，利用平衡条件就可以求出支座 A 的约束反力 F_{Ay} 这一量值的大小。譬如，由平衡方程 $\sum M_B = 0$，可以求得支座约束反力 F_{Ay} 的大小，它的数值分别为 1、3/4、1/2、1/4、0。可以看出，当载荷由支座 A 逐渐向支座 B 移动时，F_{Ay} 逐渐减小；而载荷一旦作用在支座 A 时，F_{Ay} 达到最大。所以，一个竖直向下的集中力 F_P 作用在 A 点位置时，就是简支梁的最不利约束反力 F_{Ay} 的位置。

现以横坐标 x 表示单位载荷 $F_P=1$ 移动位置的数值，以纵坐标 F_{Ay} 表示约束反力的数值。然后在水平基线上画出各约束反力的竖标，再将竖标顶点以光滑的曲线连接起来，即得到图 13-1b 所示的图形。这一图形就表示了单位载荷 $F_P=1$ 在简支梁上移动时支座约束反力 F_{Ay} 的变化规律，称为**支座约束反力 F_{Ay} 的影响线**。

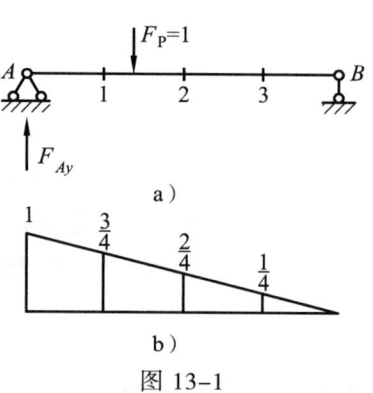

图 13-1

由此给出影响线的定义，**就是当一个方向不变的单位集中载荷 $F_P=1$ 沿结构构件上移动时，用以表示构件上某一指定量值 S 随单位移动载荷位置 x 不同而变化的图形，即称为该量值 S 的影响线**。

第二节 用静力法作简支梁的影响线

所谓静力法，就是以横坐标 x 表示单位载荷 $F_P=1$ 移动的位置，用静力平衡条件得到该量值与载荷 $F_P=1$ 的移动位置 x 之间的函数关系，由此求出的表示这种函数关系的方程，即称为该**量值的影响线方程**。最后根据影响线方程，就可作出简支梁的影响线。

一、支座约束反力影响线

如图 13-2a 所示简支梁，取左支座 A 为坐标原点，建立横坐标 x，以指向向右为正。将单位集中载荷 $F_P=1$ 置于距支座 A 为 x 之处，并设支座约束反力 F_{Ay} 方向向上为正，列平衡方程，即

$$\sum M_B = 0, \quad -F_{Ay}l + F_P(l-x) = 0$$

由此可得

$$F_{Ay} = \frac{l-x}{l} \quad (0 \leqslant x \leqslant l)$$

此即为简支梁支座约束反力 F_{Ay} 的影响线方程。可以看出，约束反力 F_{Ay} 是 x 的一次函数，当 $x=0$ 时，得 $F_{Ay}=1$；当 $x=l$ 时，得 $F_{Ay}=0$。今在对应左支座 A 处的横坐标 x 上，取等于1的竖标，然后再将坐标顶点和对应右支座 B 处的等于零的竖标零点相连接，即可作出支座约束反力 F_{Ay} 的影响线（图 13-2b）。

同理，列平衡方程 $\sum M_A = 0$，也可得到简支梁支座约束反力 F_{By} 的影响线如图 13-2c 所示，

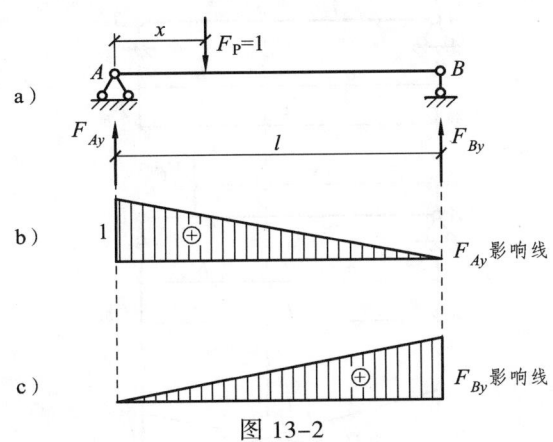

图 13-2

读者也可自行列方程，设定特征值而求出该影响线。

二、弯矩影响线

在作出简支梁的某一指定横截面 C 的弯矩影响线时，单位集中载荷 $F_P=1$ 有作用在截面 C 左侧或右侧两种不同位置的情况，而采用静力平衡条件得到的弯矩 M，相应地会有两种不同的影响线方程表达式，因此要依据横截面 C 而分为左右两段予以考虑。

（1）当单位集中载荷 $F_P=1$ 在简支梁的某一指定横截面 C 以左的 AC 段上移动时，如图 13-4a 所示，并设 $0 \leqslant x \leqslant a$。截取横截面 C 以右的梁段为分离体，并且规定使梁下侧的纤维受拉时的弯矩为正。由平衡方程 $\sum M_C = 0$，即得

$$M_C = F_{By} b = \frac{x}{l} b \quad (0 \leqslant x \leqslant a)$$

可见，弯矩 M_C 的影响线在对应横截面 C 以左的梁段为一直线。当 $x=0$ 时，得 $M_C=0$；当 $x=a$ 时，得 $M_C = ab/l$。将对应支座 A 处的等于零的竖标零点和对应横截面 C 处的竖标顶点相连接，即得出单位载荷在梁 AC 段上移动时的影响线，也就是图 13-3c 中所示的对应于梁 AC 段的**左直线**。

（2）当单位集中载荷 $F_P=1$ 在简支梁的某一指定横截面 C 以右的 CA 段上移动时，如图 13-3b 所示，并设 $a \leqslant x \leqslant l$。截取横截面 C 以左的梁段为分离体，横截面 C 的弯矩正负规定同前。由平衡方程 $\sum M_C = 0$，即得

$$M_C = F_{Ay} a = \frac{l-x}{l} a \quad (a \leqslant x \leqslant l)$$

可见，弯矩 M_C 的影响线在对应横截面 C 以右的梁段也是一直线。当 $x = a$ 时，得 $M_C = ab/l$；当 $x = l$ 时，得 $M_C = 0$。连接对应横截面 C 处的竖标顶点和对应支座 B 处的等于零的竖标零点，即得出单位集中载荷在梁 CB 段上移动时的影响线，也就是图 13-3c 中所示的对应于梁 CB 段的**右直线**。

至此，所得出的某一指定横截面 C 的弯矩影响线由两段直线所组成，这两段直线的交点对应于指定的横截面 C（图 13-3d），横截面 C 以左和以右的直线也就是以上所说的左直线和右直

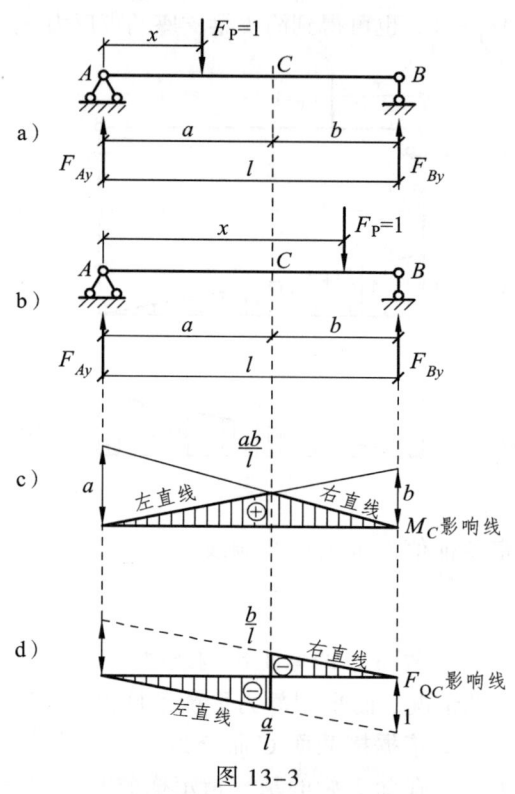

图 13-3

线。由以上的弯矩 M_C 的影响线方程还可以看出，左直线可通过支座约束反力 F_{By} 的影响线竖标放大 b 倍得到，而右直线则可通过支座约束反力 F_{Ay} 的影响线竖标放大 a 倍得到。这说明支座约束反力 F_{Ay} 和 F_{By} 的影响线也可来绘制弯矩 M_C 的影响线，其做法是：将左支座约束反力 F_{Ay} 的影响线竖标乘以指定横截面 C 到左支座 A 的距离 a，而保留横截面 C 以右 CB 段所对应的部分影响线；将右支座约束反力 F_{By} 的影响线竖标乘以指定横截面 C 到右支座 B 的距离 b，而保留横截面 C 以左 AC 段所对应的部分影响线。指定横截面 C 处对应的竖标为 ab/l。由于前面已假设了移动单位集中载荷 $F_P = 1$ 是量纲为 1 的量，因此弯矩影响的量纲为长度单位。

三、剪力影响线

对于作出简支梁某一指定横截面 C 的剪力影响线，仍可将单位集中载荷 $F_P = 1$ 在简支梁上移动的位置 x 分为两种情况而予以考虑：

（1）当单位集中载荷 $F_P = 1$ 在梁的横截面 C 以左的 AC 段上移动时，如图 13-3a 所示，并设 $0 \leqslant x \leqslant a$。取截面 C 以右的梁段为分离体，并且规定使所取梁段有顺时针转动趋势时的剪

力为正。由平衡方程 $\sum F_y = 0$，即得

$$F_{QC} = -F_{By} = -\frac{x}{l} \quad (0 \leqslant x \leqslant a)$$

（2）当单位集中载荷 $F_P = 1$ 在梁的横截面 C 以右的 CB 段上移动时，如图 13-3b 所示，并设 $a \leqslant x \leqslant l$。取横截面 C 以左的梁段为分离体，横截面 C 上的剪力正负规定同前。由平衡方程 $\sum F_y = 0$，即得

$$F_{QC} = F_{Ay} = \frac{l-x}{l} \quad (a \leqslant x \leqslant 1)$$

由以上的前后两方程可以看出，剪力 F_{QC} 的影响线分成了相互平行的，并分别对应于梁 AC 段和 CB 段的两斜直线。其中对应于 AC 段的，只要将 F_{By} 的影响线反号而画在基线下方即可；而对应于 CB 段的则与 F_{Ay} 的影响线相同。给出横坐标 x 的特征值，可分别得出相应的剪力竖标值，即剪力竖标值在 AC 段有 0 和 $-a/l$，在 CB 段有 $+b/l$ 和 0，由此便可画出影响线了。另由 F_{QC} 的影响线还可以看出，在对应于梁的横截面 C 处的影响线图形有突变，当单位集中载荷 $F_P = 1$ 由截面 C 处左侧移到右侧时，横截面 C 上的剪力将从 $-a/l$ 跳跃为 $+b/l$，其突变值恰好等于 1。

【例 13-1】 试作出图 13-4a 所示外伸梁的 F_{Ay}、F_{By}、M_K、F_{QK}、M_E、F_{QE} 的影响线。

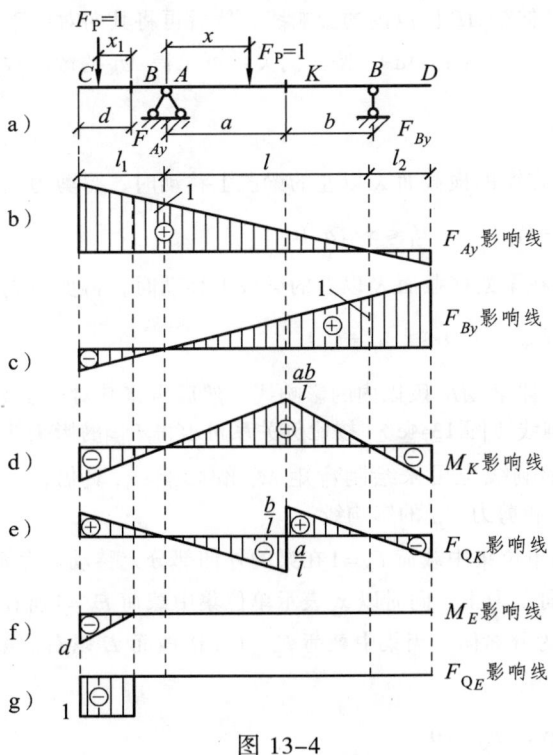

图 13-4

【解】 （1）支座约束反力 F_{Ay}、F_{By} 的影响线。

取左支座 A 为坐标原点，坐标 x 以向右指向为正。当单位集中载荷 $F_P = 1$ 作用于梁上距支座 A 为 x 的任意一点时，列平衡方程，即可求得支座约束反力 F_{Ay}、F_{By} 分别为

$$F_{Ay} = \frac{l-x}{l} \quad (-l_1 \leq x \leq l+l_2)$$

$$F_{By} = \frac{x}{l} \quad (-l_1 \leq x \leq l+l_2)$$

这两个支座约束反力的影响线方程与简支梁支座约束反力的影响线方程相同，只是单位集中载荷 $F_P=1$ 的移动范围会有所扩大。在此外伸梁的 AB 段以内，其影响线与简支梁的影响线完全相同，约束反力 F_{Ay} 的影响线对应于支座 A 处的竖标为 1，对应于支座 B 处的竖标为 0；约束反力 F_{By} 的影响线对应于支座 B 处的竖标为 1，对应于支座 A 处的竖标为 0。由方程的连续性可知，若将简支梁的影响线向对应于梁的两端外伸的部分延长，则可得到外伸梁 AB 段以外的影响线。整个影响线如图 13-4b、c 所示。按比例关系可求得 F_{Ay} 的影响线在两端点 C 和 D 对应的竖标分别为 $1+l_1/l$ 和 $-l_2/l$；F_{By} 的影响线在两端点 C 和 D 对应的竖标分别为 $-l_1/l$ 和 $1+l_2/l$。

（2）弯矩 M_K 的影响线。

当单位集中载荷 $F_P=1$ 在梁的横截面 K 以左的梁段上移动时，得弯矩 M_K 的影响线方程为

$$M_K = F_{By}b \quad (-l_1 \leq x \leq a)$$

当单位集中载荷 $F_P=1$ 在梁的横截面 K 以右的梁段上移动时，得弯矩 M_K 的影响线方程为

$$M_K = F_{Ay}a \quad (a \leq x \leq l+l_2)$$

由以上方程首先作出外伸梁 AB 段以内的影响线，然后再将其向对应于梁的两端外伸的部分延长，即可得到整个外伸梁的影响线（图 13-4d）。按比例关系可求得 M_K 的影响线在对应两端点 C 和 D 的竖标分别为 $-bl_1/l$ 和 $-al_2/l$。

（3）剪力 F_{QK} 的影响线。

当单位集中载荷 $F_P=1$ 在梁的横截面 K 以左的梁段上移动时，得剪力 F_{QK} 的影响线方程为

$$F_{QK} = -F_{By} \quad (-l_1 \leq x \leq a)$$

当单位集中载荷 $F_P=1$ 在梁的横截面 K 以右的梁段上移动时，得剪力 F_{QK} 的影响线方程为

$$F_{QK} = F_{Ay} \quad (a \leq x \leq l+l_2)$$

由以上方程首先作出外伸梁 AB 段以内的影响线，然后再将其对应于梁的两端外伸的部分延长，即可得到整个外伸梁的影响线（图 13-4e）。按比例关系可求得 F_{QK} 的影响线在对应两端点 C 和 D 的竖标分别为 l_1/l 和 $-l_2/l$。

（4）弯矩 M_E 的影响线和剪力 F_{QE} 的影响线。

如图 13-4a 所示，已知单位集中载荷 $F_P=1$ 在梁的外伸部分上移动。为简便计算，这时取截面 E 为坐标原点，令坐标 x_1 指向向左为正，同时以 x_1 表示单位集中载荷 $F_P=1$ 所在位置到原点 E 的坐标值。今取横截面 E 以左的梁段为分离体。当集中载荷 $F_P=1$ 在横截面 E 以右的梁段上移动时，即得梁的横截面 E 的内力显然是

$$M_E = 0, \quad F_{QE} = 0$$

当单位集中载荷 $F_P=1$ 在横截面 E 以左的梁段上移动时，也可得梁的横截面 E 的内力为

$$M_E = -x_1, \quad F_{QE} = -1$$

以此内力作为影响线的竖标值，即可分别作出 M_E 的影响线和 F_{QE} 的影响线如图 13-4f、g 所示。

由该例可以看出，对外伸梁来说，在作出任意一约束反力或者任意一横截面的内力影响线时，只要先作出无外伸臂简支梁的影响线，然后再将影响线斜直线向对应梁的外伸部分方向延长即可；在作出梁的外伸段上任意一横截面上某内力的影响线时，只需在该横截面以外对应的外伸部分作出相应的影响线，而在该横截面以内对应的其他部分上，其影响线竖值标均是等于零的。

第三节 影响线的应用

在工程结构设计中，时常要借助影响线关注某一量值（约束反力或横截面内力）的最大值 S_{max} 和最小值 S_{min}，以此作为设计的依据。对于影响线的应用，主要在两个方面：第一，如何利用量值的影响线来求出该量值 S 的数值；第二，如何利用量值的影响线，来确定在产生量值的最大值 S_{max} 时实际移动载荷的所在位置。而这时的实际移动载荷的所在位置，通常称为**量值 S 的最不利载荷位置**。

一、利用影响线求量值

第一种情况，即在集中载荷的作用下，已知一简支梁横截面 C（图 13-5a）的剪力影响线如图 13-5b 所示。设有一组固定集中载荷 F_{P1}、F_{P2}、F_{P3} 作用于此简支梁上，今欲求横截面 C

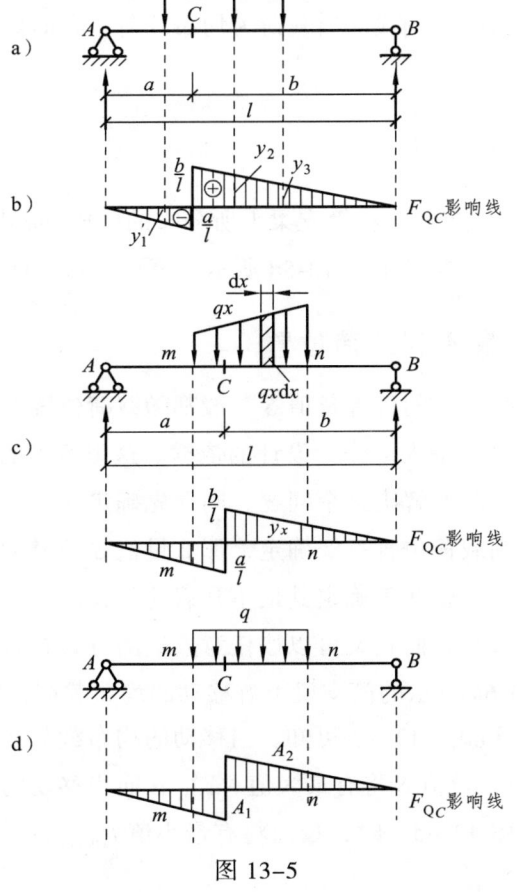

图 13-5

上的剪力，就可利用已作出的简支横梁截面 C 的剪力 F_{QC} 的影响线。在该影响线上，各个集中载荷作用点处对应的竖标为 y_1、y_2、y_3，由叠加原理可知，在这组集中载荷作用下产生的剪力 F_{QC} 即为

$$F_{QC} = F_{P1} y_1 + F_{P2} y_2 + F_{P3} y_3$$

一般说来，只要作出结构某一量值的影响线后，就可以求得在一组集中载荷作用下的该量值 S，亦即为

$$S = F_{P1} y_1 + F_{P2} y_2 + \cdots + F_{Pn} y_n = \sum F_{Pi} y_i \tag{13-1}$$

式中，y_i 为 F_{Pi} 作用点处对应量值 S 的影响线竖标。

第二种情况，即在分布载荷作用下，已知一简支梁（图 13-5c）上作用有集度为 $q(x)$ 的分布载荷。今将此分布载荷沿梁的分布长度分为许多无限小的微段 dx，这样每一微段上的载荷 $q(x)dx$ 即可作为一个集中载荷。于是，梁上的分布载荷在 mn 的分布区段内作用后，而产生的剪力 F_{QC} 就可用下式进行计算，即

$$F_{QC} = \int_{x_m}^{x_n} q(x) y dx \tag{13-2}$$

上式也适用于一般量值的影响线。当载荷为均布载荷，亦即集度 $q(x) = q$ 时（图 13-5d），上式即为

$$S = q \int_{x_m}^{x_n} dx = qA \tag{13-3}$$

式中，A 表示影响线对应于均布载荷在简支梁上所分布的区段 mn 内的面积。但在计算面积 A 时，要注意影响线的正负号。如对于图 13-5d 所示的情形，这一面积应为 $A = A_2 - A_1$。

二、利用影响线求最不利载荷位置

在移动载荷作用下，结构上的各种量值 S 一般都随载荷位置的变化而变化。因此，在结构设计中，需要求出量值 S 的最大值作为设计的依据。这里所说的最大值包括最大正值 S_{max} 和最大负值或最小值 S_{min}。若要解决这个问题，则须先确定使其发生最大值的最不利载荷位置。只要所求量值的最不利载荷位置一经确定，那么量值 S 的最大值就不难求得。可见，寻求一量值 S 的最大值的关键，就在于确定其最不利载荷位置。

若移动的载荷为均布载荷，而它又可以按任意连续的方式布置，则最不利载荷位置是容易确定的。例如，在图 13-6a 所示的简支梁上有移动的均布载荷作用时，由梁横截面 K 的剪力 F_{QK} 影响线（图 13-6b）和式（13-3）可知，当移动的均布载荷在布满对应影响线正号部分面积的梁段（图 13-6c）时，量值 S 将有最大值 $F_{QK \, max}$；而当移动的均布载荷在布满对应影响线负号部分面积的梁段（图 13-6d）时，量值将有最小值 $F_{QK \, min}$。

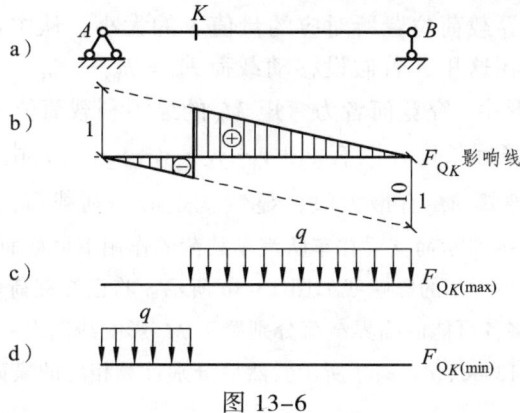

图 13-6

若移动的集中载荷只是单个移动的集中载荷，当载荷对应于影响线的最大竖标处时，则为最不利载荷位置；而对于移动的集中载荷是数值与间距都不变的多个集中载荷组成的载荷组时，由式（13-1）可知，当量值的叠加值 $\sum F_{Pi}y_i$ 为最大值时，则与此相应的载荷位置即为量值 S 的最不利载荷位置。于是，在此可以推断，对于图 13-7a 所示简支梁在吊车载荷作用下横截面 K 的最大弯矩，应该就是在载荷移动至对应于影响线的较大竖标处（图 13-7b、c、d）时，即为最不利载荷位置。这种**使某一量值 S 产生最大值的载荷组位置，通常又称为载荷**

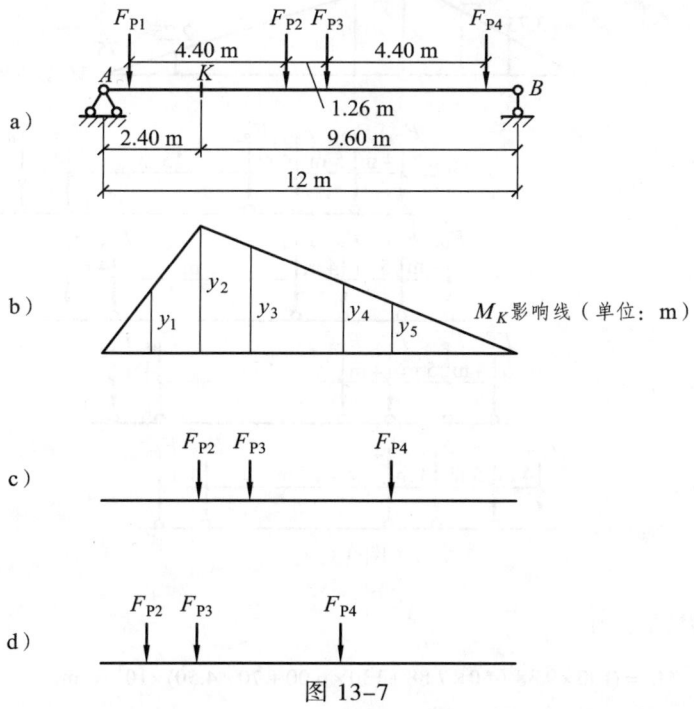

图 13-7

组的临界位置。可以证明，载荷组的每一临界位置，必有一个是集中载荷位于影响线的顶点处，而此时的这一集中载荷即为临界载荷。因为最不利载荷位置总是发生在载荷密集分布于影响线竖标的最大处，所以又可将载荷组中间距较小、数值较大的各载荷分别视为可能的临界载荷，然后再将各可能的临界载荷分别置于影响线的顶点，以确定载荷组的各载荷位置。

亦即：计算出各可能的临界载荷位置所对应的量值 S 的大小，从中选出最大值，进而得到载荷组的最不利载荷位置。在这里，若假设移动载荷 $F_{P1}=F_{P2}=F_{P3}=F_{P4}$，则要问：在图 13-7c 和图 13-7d 所示的两种情形中，究竟何者为弯矩 M_K 的最不利载荷位置呢？答曰：根据图 13-7b 中所示弯矩 M_K 影响线的竖标长度，因有 $y_2+y_3+y_5 > y_1+y_2+y_4$，由 $M_K=\sum F_P y_i$ 计算比较，故可得出图 13-7c 所示的弯矩 M_K 有最大值，显然就是最不利载荷位置。

【例 13-2】 试求图 13-8a 所示简支梁在车队汽车载荷的作用下横截面 C 上的最大弯矩。

【解】 作出简支梁的弯矩 M_C 的影响线如图 13-8b 所示。将已知载荷表示为 F_{P1}、F_{P2}、F_{P3}、F_{P4}，而且又都可能是临界载荷。将各可能的临界载荷分别置于 M_C 影响线图形的顶点处，于是得出四种可能的载荷组的临界位置，如图 13-8c、d、e、f 所示。然后分别计算相应的横截面 C 的弯矩 M_C 的最大值。

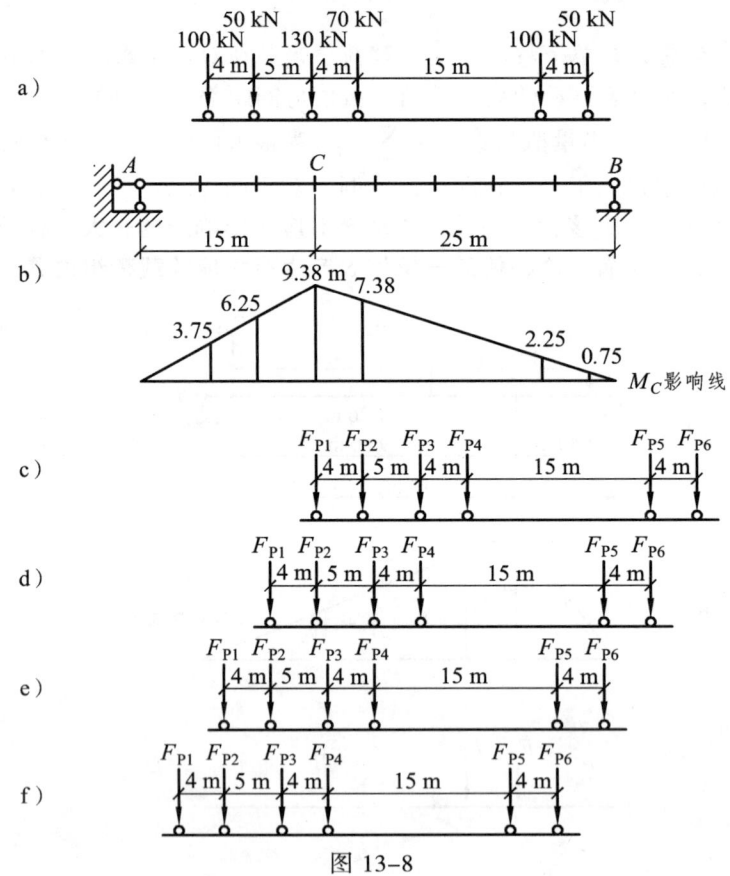

图 13-8

对于图 13-8c 所示的情形，有

$$M_C = (100 \times 9.38 + 50 \times 7.88 + 130 \times 6.00 + 70 \times 4.50) \times 10^3 \text{ N} \cdot \text{m}$$
$$= 2\,427 \times 10^3 \text{ N} \cdot \text{m} = 2\,427 \text{ kN} \cdot \text{m}$$

对于图 13-8d 所示的情形，有

$$M_C = (100 \times 6.88 + 50 \times 9.38 + 130 \times 7.5 + 70 \times 6.00 + 100 \times 0.38) \times 10^3 \text{ N} \cdot \text{m}$$
$$= 2\,590 \times 10^3 \text{ N} \cdot \text{m} = 2\,590 \text{ kN} \cdot \text{m}$$

对于图 13-8e 所示的情形，在弯矩 M_C 影响线上也标出了各个集中载荷作用点处对应的竖标数值，显然这时就有

$$M_C = (100 \times 3.75 + 50 \times 6.25 + 130 \times 9.38 + 70 \times 7.88 + 100 \times 2.25 + 50 \times 0.75) \times 10^3 \, \text{N} \cdot \text{m}$$
$$= 2\,730 \times 10^3 \, \text{N} \cdot \text{m} = 2\,730 \, \text{kN} \cdot \text{m}$$

对于图 13-8f 所示的情形，有

$$M_C = (100 \times 1.25 + 50 \times 3.75 + 130 \times 6.88 + 70 \times 9.38 + 100 \times 3.75 + 50 \times 2.25) \times 10^3 \, \text{N} \cdot \text{m}$$
$$= 2\,351 \times 10^3 \, \text{N} \cdot \text{m} = 2\,351 \, \text{kN} \cdot \text{m}$$

比较以上四种情形，可知图 13-8e 所示的情形是弯矩 M_C 的最不利载荷位置，其 $M_{C\max} = 2\,730 \, \text{kN} \cdot \text{m}$。

第四节　梁的内力包络图

一、简支梁的内力包络图

设计承受移动载荷的结构时，必须求出它在恒载与活载共同作用下各横截面内力的最大值和最小值，以此作为构件横截面设计的依据。如在设计移动载荷作用下的简支梁时，就得先计算出在恒载与活载共同作用下各横截面上的最大内力值。然后将简支梁某种内力在各横截面上的最大值，按一定比例用竖标标出，最后再把竖标顶点连成一光滑的曲线，由此所得到的图形即称为该**内力的包络图**。简支梁的内力包络图有弯矩包络图和剪力包络图，分别表示了不论移动载荷处于什么位置时，各横截面上的弯矩和剪力都不会超出相应包络图所示的数值范围。也就是说，梁的内力图必然为梁的内力包络图所包含。

在吊车梁的设计中，通常用到内力包络图的绘制。下面介绍的就是吊车梁在移动载荷作用下的内力包络图的绘制方法。图 13-9a 所示为一吊车梁，其跨度为 12 m，承受如图 13-9b 所示的两台桥式吊车移动载荷的作用。在绘制吊车梁的弯矩包络图时，一般将吊车梁沿跨度分成若干等份（如分为 10 等份），先作出各等份点处横截面的弯矩影响线，并判定其弯矩最不利载荷位置，同时求出各等分点处横截面的最大弯矩值，然后按同一比例标出各个对应于等分点处的竖标，最后将各竖标顶点连成一光滑的曲线，即得到如图 13-9c 所示的弯矩包络图。

弯矩包络图中的各横截面最大弯矩的最大值，称为**绝对最大弯矩**。但它并非一定发生在跨中的横截面上，而往往是发生在跨中附近的横截面上。而绝对最大弯矩与跨中横截面最大弯矩的差距，一般在 2% 左右。因此在设计结构时，常用跨中截面的最大弯矩来代替绝对最大弯矩。

另外，在绘制吊车梁的剪力包络图时，也是先作出梁的各等分点处横截面的剪力影响线，并判定各横截面剪力的最不利载荷位置，同时求出各等分点处横截面的最大正剪力和最大负剪力。然后按同一比例标出各个对应于等分点处的竖标，最后将各横截面的最大正剪力竖标顶点和最大负剪力竖标顶点分别连成两条光滑的曲线，即得如图 13-9d 所示的剪力包络图。

但在实际设计中，用到的主要是梁支座附近处横截面的剪力值。因此，在通常情况下，只是将梁两端支座处横截面的最大正剪力和最大负剪力求出，用直线分别将两端对应的竖标顶点相连，近似作为要绘制的剪力包络图，如图 13-9e 所示。

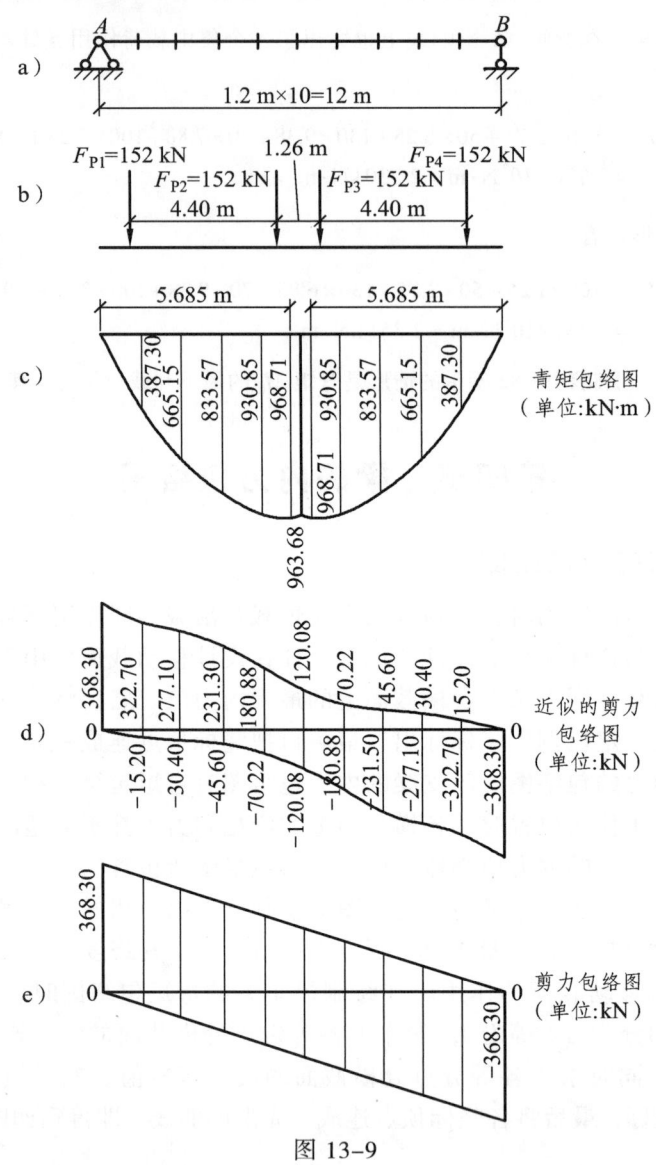

图 13-9

二、连续梁的内力包络图

简支梁的内力包络图的绘制方法,也适用于连续梁的内力包络图的绘制。连续梁受固定载荷和移动载荷的共同作用时,在设计时应当考虑两者的共同影响,并求出各横截面内力可能产生的最大值和最小值,以此作为选择梁横截面尺寸的依据。固定载荷作用于梁上,它所产生的内力是固定不变的,而移动载荷作用于梁上所产生的内力,则随移动载荷分布的不同而变化。因此,只需将移动载荷作用下各横截面上的最大内力和最小内力求出,然后叠加上固定载荷产生的内力,用图形的形式表示出来,即得到连续梁的内力包络图。连续梁的内力包络图是表示各种可能载荷作用下梁内各横截面上内力最大值和最小值的曲线。与简支梁单根曲线形式的内力包络图有所不同,连续梁内力包络图要反映出各横截面上内力的最大值和最小值范围,它的图形并非是单根曲线。

当连续梁受均布移动载荷作用时，各横截面上弯矩的最不利位置是在若干跨内布满载荷。这只需将每一跨单独布满活载的情况逐一绘出其弯矩图，然后对于任意一横截面，将这些弯矩图中对应的所有正弯矩值相加，便得到该横截面在移动载荷作用下的最大正弯矩；同样，将对应的所有的负弯矩值相加，便得到该横截面在移动载荷作用下的最大负弯矩值。因此，对于均布移动载荷作用下的连续梁，其弯矩包络图可按如下步骤进行绘制：

（1）先绘出固定载荷作用下的弯矩图。

（2）由于要通过控制连续梁的横截面弯矩，而对移动载荷最不利位置予以布置，可以将其分解为只有单独一跨布满移动载荷的几种简单情况相叠加，因此也就可以依次按每一跨上单独布满移动载荷的情况，逐一绘出其弯矩图。

（3）将各跨分为若干等份，对于每一等分点处的横截面，将梁固定载荷弯矩图中各横截面上的竖标值与所有各个移动载荷弯矩图中对应的正负竖标值相叠加，便得到各横截面上的最大弯矩值和最小弯矩值。

（4）将上述各最大弯矩值和最小弯矩值按同一比例用竖标表示，将各竖标顶点以曲线相连接，即得到连续梁的弯矩包络图。

（5）连续梁剪力包络图绘制的步骤，与其弯矩包络图绘制的步骤相同，由于在均布移动载荷作用下，剪力的最大值和剪力的最小值都发生在支座两侧的横截面上，因此通常只将各跨两端靠近支座处横截面上的最大剪力值和最小剪力值求出，在各跨相应的剪力竖标顶点用直线相连接，即得到连续梁的近似的剪力包络图。

连续梁的内力包络图反映了梁上各横截面内力变化的极值情况，可以用它作为合理选择截面、准确布置钢筋的重要依据。

【例 13-3】 试绘制图 13-10a 所示三跨等截面连续梁的弯矩包络图和剪力包络图。已知梁上承受的恒载为 $q_1 = 16\,\text{kN/m}$，活载为 $q_2 = 30\,\text{kN/m}$。

【解】 （1）首先，用力矩分配法绘出恒载作用下的弯矩图（图 13-10b）和各跨单独布满活载时的弯矩图（图 13-10c、d、e）。然后，将梁的每跨分为 4 等分，求出弯矩图中各等分点的竖标值。再把恒载弯矩图 13-10b 中各横截面处的竖标值和各活载弯矩图 13-10c、d、e 中对应的正（负）竖标值相加，即得各横截面的最大弯矩值和最小弯矩值。接着，将它们在同一图中按同一比例给出的竖标画出，最后将各竖标顶点以光滑的曲线相连接。

例如，在等分点 2 处的横截面上，使图 13-10b 中的竖标值与图 13-10c、d、e 中对应的正竖标值相加，即得到最大弯矩值，而与对应的负竖标值相加，即得到最小弯矩值，也就是

$$M_{2\max} = (19.2 \times 10^3 + 44.01 \times 10^3 + 4.00 \times 10^3)\,\text{N} \cdot \text{m} = 67.21 \times 10^3\,\text{N} \cdot \text{m} = 67.21\,\text{kN} \cdot \text{m}$$

$$M_{2\min} = [19.20 \times 10^3 + (-12.01 \times 10^3)]\,\text{N} \cdot \text{m} = 7.19 \times 10^3\,\text{N} \cdot \text{m} = 7.19\,\text{kN} \cdot \text{m}$$

又如，在支座 B 处的横截面上，同样可得

$$M_{B\max} = [(-25.60 \times 10^3) + 8.00 \times 10^3]\,\text{N} \cdot \text{m} = -17.6 \times 10^3\,\text{N} \cdot \text{m} = -17.60\,\text{kN} \cdot \text{m}$$

$$M_{B\min} = [(-25.60 \times 10^3) + (-31.13 \times 10^3) + (-24.02 \times 10^3)]\,\text{N} \cdot \text{m}$$
$$= -80.75 \times 10^3\,\text{N} \cdot \text{m} = -80.75\,\text{kN} \cdot \text{m}$$

把各横截面上的最大弯矩值和最小弯矩值，于同一图中按同一比例给出的竖标标出，将竖标顶点以光滑的曲线相连接，即得弯矩包络图如图 13-10f 所示。

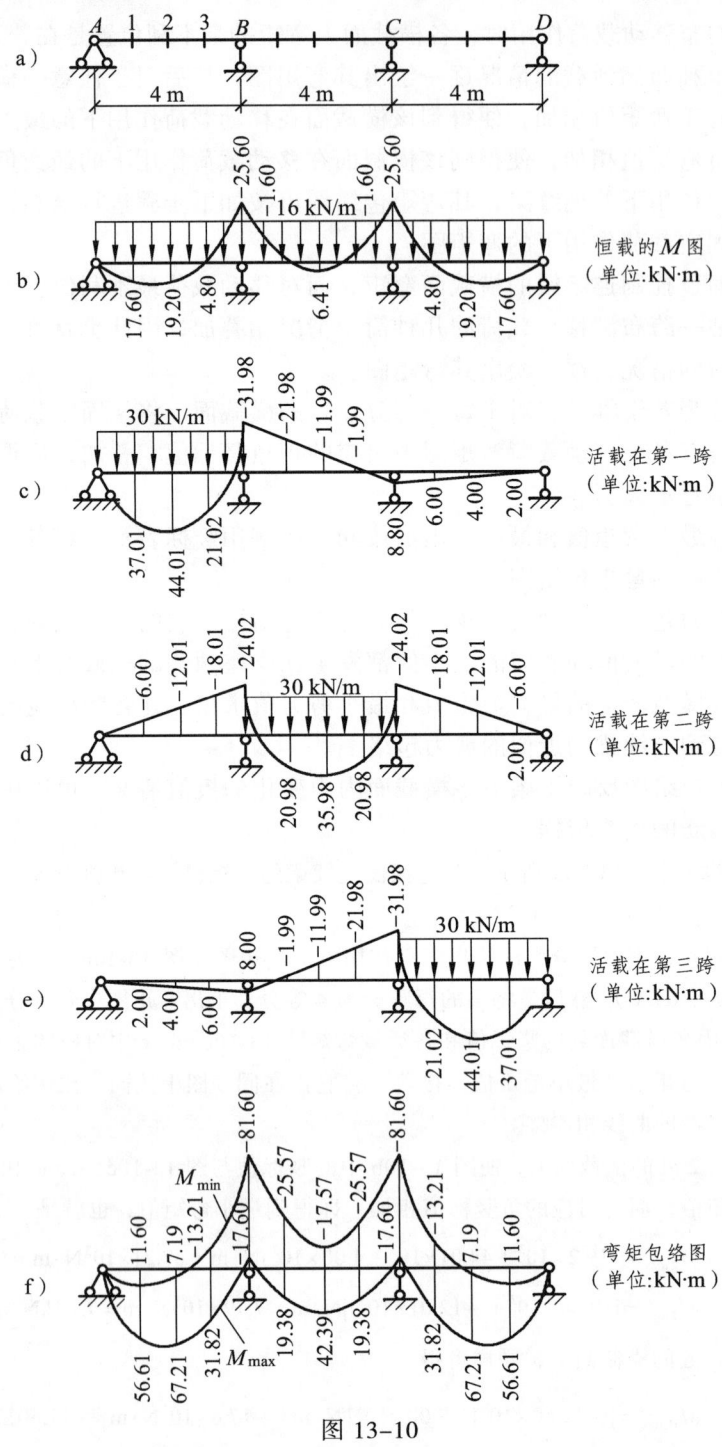

图 13-10

（2）利用连续梁承受的载荷和其弯矩图，画出恒载作用下的剪力图（图 13-11a）和各跨单独布满活载时的剪力图（图 13-11b、c、d）。将恒载剪力图 13-11a 中各支座左右两侧横截面处的剪力竖标值与各活载剪力图 13-11b、c、d 中对应的正（负）竖标值相加，即得各横截面的最大（小）剪力值。例如，在支座 B 处的右侧横截面上，有

$$F_{QB\max} = (32.00 + 9.99 + 60.00) \times 10^3 \text{ N} = 101.99 \times 10^3 \text{ N} = 101.99 \text{ kN}$$

$$F_{QB\min} = [32.00 \times 10^3 + (-9.99 \times 10^3)] \text{ N} = 22.01 \times 10^3 \text{ N} = 22.01 \text{ kN}$$

把各跨两端横截面上的最大剪力和最小剪力分别用直线相连接，即得剪力包络图如图 13-11e 所示。

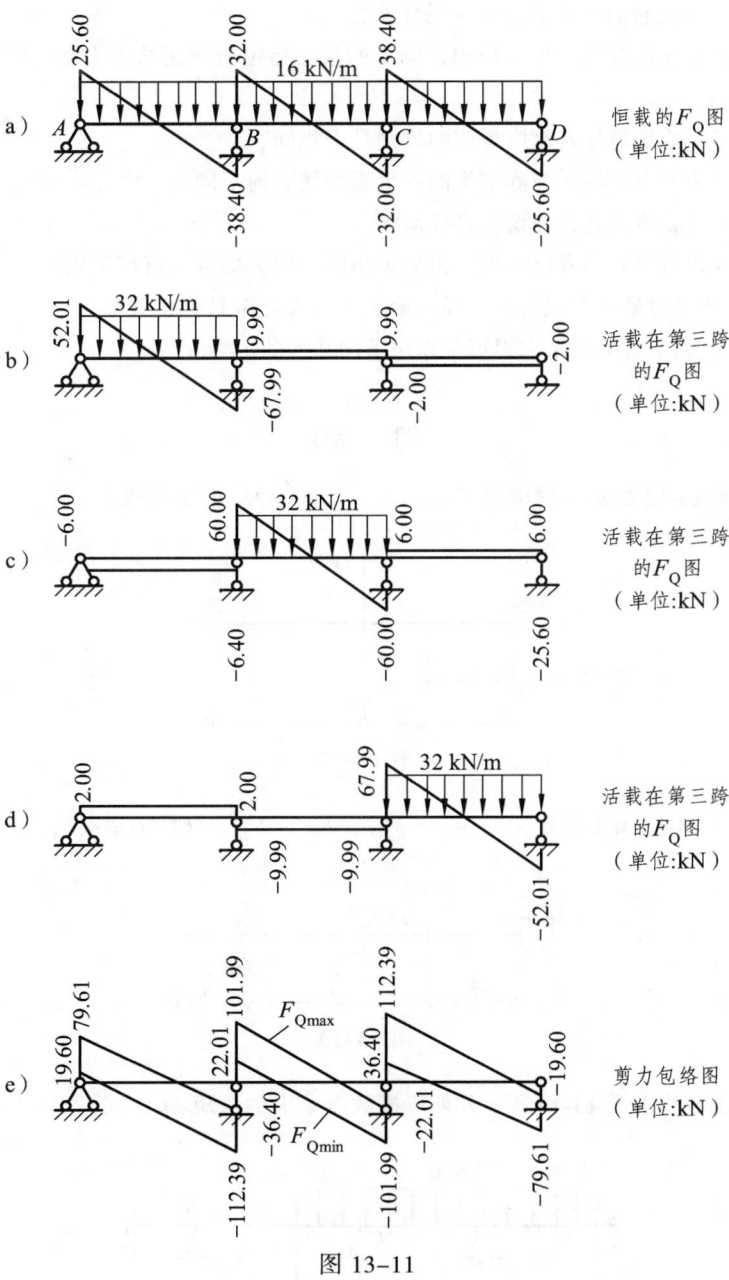

图 13-11

思 考 题

13-1 影响线的概念是什么？它与内力图的区别有哪些？

13-2 简支梁某一指定横截面的弯矩影响线与梁在该横截面处有一集中力作用时的弯矩图有何区别？试举例说明之。

13-3 试问影响线上任意一点对应的横坐标代表什么意义？

13-4 简支梁的某一横截面剪力影响线在其横截面两侧的左直线和右直线是平行的，而在对应的横截面处则有突变，试问它们代表的意义又是什么？

13-5 为什么在简支伸臂梁的伸臂段内，画出的某一指定横截面的内力影响线在横截面处到自由端之间才会有影响线？

13-6 影响线竖标的量纲与其对应量值的量纲是否相同？

13-7 超静定梁的内力影响线与静定梁的内力影响线有何不同？

13-8 何谓最不利载荷位置？何谓临界载荷？

13-9 内力包络图与内力图有何区别？内力包络图与内力影响线有何区别？

13-10 简支梁的绝对最大弯矩与跨中横截面上的最大弯矩是否相等？

13-11 为何可以利用影响线来求得恒载作用下的结构的内力？

习 题

13-1 试作出图 13-12 所示悬臂梁的 F_{Ay}、M_A、F_{QC}、M_C 的影响线。

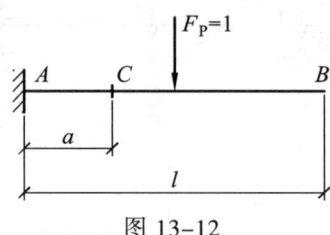

图 13-12

13-2 试作出图 13-13 所示静定梁的 M_A、M_D、F_{By}、$F_{QB}^{左}$、$F_{QB}^{右}$ 的影响线。

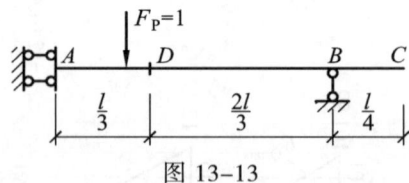

图 13-13

13-3 试利用影响线求图 13-14 所示外伸梁横截面 C 上的弯矩 M_C。（答：$M_C = 4 \text{ kN·m}$）

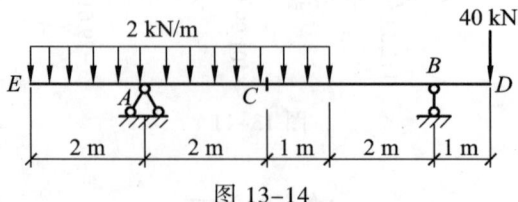

图 13-14

13-4 试利用影响线求出图 13-15 所示伸臂梁横截面 C 上的剪力 F_{QC}。（答：$F_{QC} = 70 \text{ kN}$）

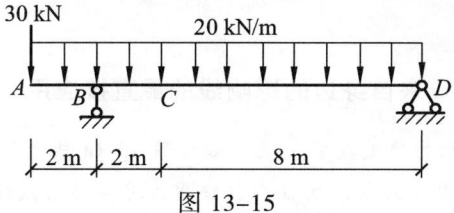

图 13-15

13-5 试利用影响线求出图 13-16 所示简支梁在移动载荷作用下的 M_K 的最大值。假设各载荷的大小都等于 152 kN。（答：$M_{K\max} = 665.15 \text{ kN} \cdot \text{m}$）

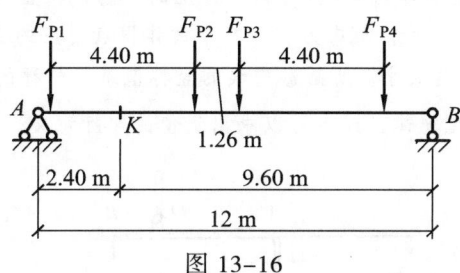

图 13-16

13-6 求出图 13-17 所示简支梁在移动载荷作用下的 F_{Ay}、F_{QC} 的最大值。（答：$F_{Ay\max} = 157.2 \text{ kN}$，$F_{QC\max} = 61.5 \text{ kN}$）

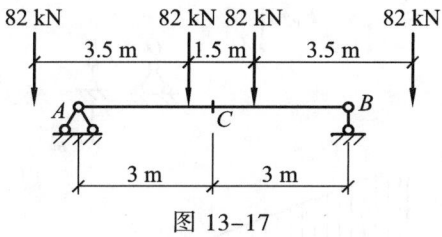

图 13-17

13-7 图 13-18 所示简支梁在移动载荷作用下，试求 F_{Ay}、F_{QC}、M_C 的最大值，以及相对应的最不利载荷位置。（答：$F_{Ay\max} = 134.5 \text{ kN}$，$F_{QC\max} = 12.5 \text{ kN}$，$M_{C\max} = 287.5 \text{ kN.m}$）

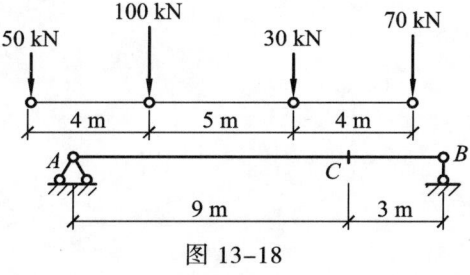

图 13-18

13-8 图 13-19 所示连续梁中各跨除承受均布恒载 $q_1 = 10 \text{ kN/m}$ 外，还承受有均布活载 $q_2 = 20 \text{ kN/m}$ 的作用。试绘制此连续梁的弯矩包络图和剪力包络图。（答：$M_{C\max} = -22.94 \text{ kN} \cdot \text{m}$，$F_{QC\max} = 98.23 \text{ kN}$）

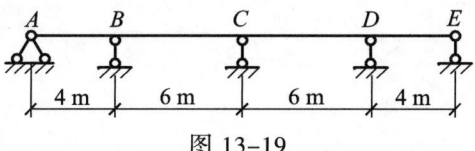

图 13-19

[辅助学习材料]

来自身边的影响线的最直接应用

杆秤是人们日常生活中用来称重的度量工具，如图辅 13-1a 所示。其中，位于秤杆上的点 O 为秤的提纽，点 B 为秤钩挂物的重力作用点，点 A 为秤锤重力亦即移动载荷的作用点。秤杆在提纽的左侧上标有刻度，表示称重物体重量的斤两数。可以看出，称杆在称重时的受力，恰似一简支伸臂梁的受力（图辅 13-1b），画出其支座约束力的 F_{By} 影响线，即如图辅 13-1c 所示。在这里，秤锤与单位集中力 $F_P=1$ 相对应。当秤锤或单位集中力 $F_P=1$ 移动到秤杆上的任意一位置时，单位集中力 $F_P=1$ 就与支座约束力 F_{By} 保持平衡。于是，这一单位集中力在秤杆上的作用点对应的 F_{By} 影响线的竖标值，即为支座约束力 F_{By} 的大小，也就是称重的大小。所画影响线的竖标值就是杆秤的刻度值。这也就表明，影响线这种图形可以用来表达量值变化规律，或者可以求出量值的实际意义。

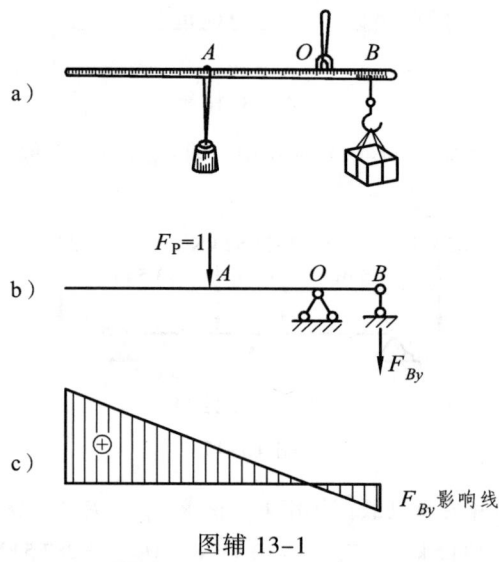

图辅 13-1

尾声

《力学与实践》2007 年 6 期教育研究栏目摘文

力学教本图文编撰的严谨与规范

穆能伶

(成都航空职业技术学院,成都,610021)

摘　要　教本乃教学之本。教本承载的基本知识,任何时候都应在理论结构与实际运用上,以及在认知规律上真实、易学、易掌握。这就要求教本于图文的编撰做到严谨、规范。高职工科院校技能型人才的培养,也正须通过这样的力学教本而使之智力和能力获得提升。

关键词　力学　教本　知识　标准　编撰　学习

教学中时常要听到学生说"力学课难学",究其原因,一方面是力学知识本身具有较多的形象思维向抽象思维迁移、转换的特征;另一方面则是很多力学教本在知识的阐述上不太注意自身的特征,并使之融入学生学习行为的认知过程中。常言道,教本教本,教学之本。对于教本,教师向学生教授知识要用到它,学生为了自身成材而学习知识也要用到它。特别是当今培养高职技能型人才,更需要有一本同时有利于教与学的力学教科书,这就无疑要求教本编撰者在形成知识的图文编撰上做到严谨与规范。但在这里,本文并不就力学教本编辑的严谨与规范展开讨论,而只对现行工程力学教材普遍不曾注意的几个问题提出几点意见。

1. 注重学科知识的理论规则

在力学教本中,首要阐述的基本概念是力矢量及其三要素,而量的符号于力学教本中使用也很广泛。对于力矢量,按印刷规则必须用斜体(GB 3101-93),因矢量是既有大小又有方向的量,故又必须是黑体(GB 3102.11-93),如拉力 F,约束力 F_A,其中量的下标或上标,也有相应的印刷规则;对于矢量的模或大小则须用斜体、白体,如前述的拉力 F、约束力 F_A 等等。另外,像力学中 SI 单位的量的符号在印刷时则要求用正体、白体;还有 SI 单位倍数、并用等,也有许多具体的印刷规则，在此不赘述。正是因为矢量是既有大又有方向的量，所以对力矢量的文字叙述，无论是下定义或投入运算等，任何时候都应与它的图示符号相呼应。力矢量的图示规则，是一带方向意义的箭头。因此，结合图示在阐述力学的一些基本原理和方法时，就应注意到彼此的谐调一致。例如，对于一个受力的三角架中杆 ABC 和杆 BD 的受力分析，不少教本给出的受力图是图 1（a）所示的情形。这一图示，从力的定义看，显然有懈可击。图中杆 ABC 和杆 BD 在结点 B 处具有作用与反作用的关系，故用了同一个表示力矢量的黑体字符 F_{BD} 来表示。因为要遵循静力学公理，即作用力与反作用力总是等值、反向的，并沿同一直线。就此看来，用一个字符表示这二力似乎无可厚非。但眼前位于同一作用点的力矢量字符 F_{BD} 放在图中，就意示这二力不但等值，而且同向，这显然就和作用与反作用定理的整个含义相违。若要避讳这一缺陷，那么在该处就应用表示标量的白体字符 F_{BD} 示之，如图 1（b）所示。这就是说，同一字符 F_{BD} 表示二力，说明二力的大小是相等的，而二力方向则由图示的力箭头来显示。当然，由黑体字符来表示受力图中的力矢量并非不可以，但每一个力都得单独用一个无法雷同的字符来表示，如结点 B 处的二力就要用 F_{BD}、F'_{BD} 示之，这未免太烦琐，也谈不上有利学生读书心理和思维的优化。

由此看来，在力学教本的插图或受力图中，凡力矢量符号均用白体表示，不能不是英明之举。而这一观点，在 1997 年 8 月庆祝中国力学学会成立 40 周年的学术交流会上，曾取得与会很多力学教师的共识。

2. 讲究国家标准的引用准确

在工程力学教本中，少不了要阐述工程常用金属材料的力学性能。当在介绍低碳钢的拉伸力学性能而述及屈服极限或屈服点的测取时，不少乃至进入 21 世纪后出版的教本在指出屈服极限 σ_s 的测取方法时，基本上是模糊不清的。也就是或曰"屈服阶段的最低点对应的应力"，或曰"屈服现象时的最低应力值"，等等。对于这一技能型的知识，用这样的语句来描述，学生感到无所适从。而这些种种不一的说法，很多都是源于 GB 228-53 或 GB 228-63 或 GB 228-76。而这些标准，对有明显屈服现象的金属材料屈服点的测取指出用指针法或图示法，其中指针法规定，先得到"测力度盘的指针停止摆动的恒定负荷或第一次回转的最小负荷即为所求的屈服负荷"，然后再由屈服负荷和试样的原始横截面面积，借助轴向拉压杆正应力计算公式而得出屈服极限之值。同时，还配合其拉伸图（图 2a）来说明这一点。然而，金属拉力试验法 GB 228 已于 1987 年作了重大修订，这当中对屈服极限的测取明显不同于此前的任何一个标准。GB 228-87 规定，对于有明显屈服现象的金属材料，一般不把上屈服点而把下屈服点作为材料的屈服极限。所谓下屈服点就是不计材料初始瞬时效应，亦即不计测力指针首次下降到最低点位置时所对应的应力（图 2b）。这一规定基本上与 ISO 所给出的国际标准相符合。纵看这些年出版的力学教本，能按此国

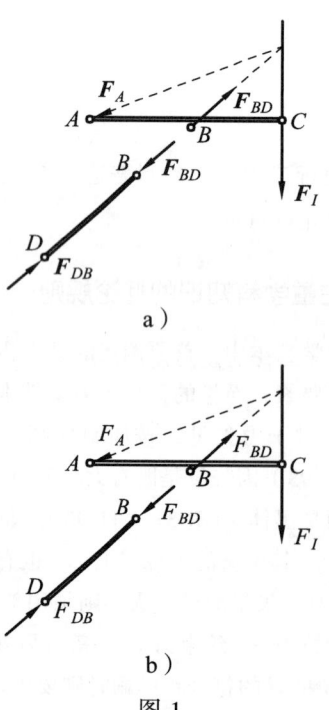

图 1

际标准表述的极少,到目前仅有浙江大学刘鸿文编的《材料力学实验》和本人编著的《材料力学实验指导实验报告》二书,是采用了 GB 228-87 的标准。

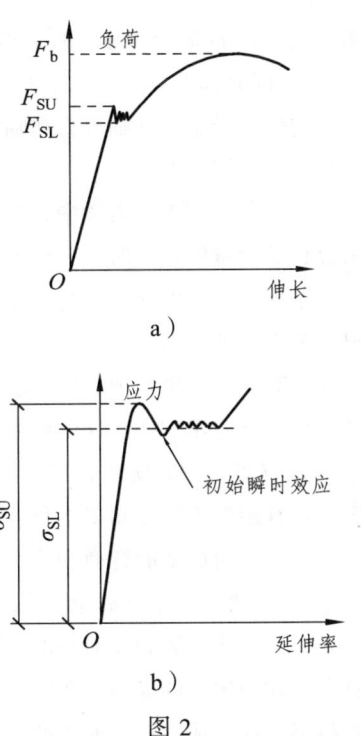

图 2

在 GB 228-87 的基础上,前几年又再次对其进行了修订。修订后的标准 GB/T 228-2002,明确规定屈服极限分为上屈服强度和下屈服强度,所谓下屈服强度,就是"在屈服期间,不计初始瞬时效应时的最低应力"。这在实质上与 GB 228-87 的规定并无二致。

对于屈服极限测量的推陈出新,其实也不单是对这一标准的人为条件的更迭。研究表明,屈服极限并不能认为是金属材料开始塑性变形时的应力。在实际工程中,对多晶体来说,因晶体位向的差别,故使得各个晶体不可能同时发生塑性变形。在刚开始仅少数晶粒开始塑性变形,在客观上根本无法显示出材料屈服。而只有当较多的晶粒发生塑性变形时,才有可能出现屈服。由此可见,在 GB228-87 以后的不计初始瞬时效应

而测取的屈服极限 σ_s 要更多地符合实际一些。

现代社会,科学技术的快速发展,亟需要高职应用型技艺人才,也就是需要有较强标准化理念的人才。因此,著作者给出的教本,是更不能有伪知识、伪标准的。

3. 追求学科知识的学习规律

书是知识的载体,然而供学生阅读的教科书,不能仅仅是单纯地将知识开诚公布于学生就为止。或许有很多教本的著作者还没有更多和深入细致地思考过,什么是一本教科书的因材施教?什么样的教科书才能将学生引入高水平的学习?如今的高职工科教育,所要推出的人才,着重是要使之能较快适应生产第一线的技能型专门人才。于是,教学中强调学生智力和能力的培养就成了首要的问题。为了解决好这一问题,在优化课程教学内容的同时,具体要做的就是使承载这些内容的教本,能切切实实地适应学生智力和能力增长的规律,尽可能削弱学生机械式的学习法。对于长期从事传统力学教学的老师要编写一本力学教科书并不太难,但是要编写出一本能让众多学生既喜欢又容易阅读的教科书就不那么容易了。笔者认为,一本在当今较适新的力学教科书,除了在传统力学知识结构体系上作一些时势或时尚的改革性工作外,另外还应在知识构成的细节上进行符合学生学习规律的科学探讨。也就是使你所给出的材料能很好地适应学生的认知层次,能促成学生有意义的学习,活跃学生思维,并且具有较好的保持性。最终做到所传达的知识易学、易记、易理解、易掌握,而不是使知识简单地在大脑中"登记一下"了事。其结果是学生获得了最大最完善的智力和能力的提升。

近两年来,笔者在新主编的土建类高职力学教材《新编力学教程》(已申报并公示为国家级"十一五"规划教材)中,就采用了一种贴近知识点并及时提出问题的一种知识构成形式。法国大文豪巴尔扎克说过,打开一切科学的钥匙无异

议的是问号,我们的大部分发现都应归功于"如何"。而生活的智慧大概就在于逢事都应该问个"为什么"。本人所主编的年内将出版的此书的一个重要特点,就采用了这种较多设问的方式来阐述力学知识,从而达到培养和发展学生独立思考与善提问题的能力。善学善疑,长善救失。如果求知者使用的是这样一本教科书,无疑有利学生积极、主动地学习。反过来说,如果著作者给出的是一本无法吸引学生,且文字艰涩难懂,乃至出现差错的书,岂不误人子弟?例如,有些材料力学书在讨论压杆的稳定时,对于提高压杆稳定性的措施,所下结论是"增大临界应力"或者是"增大临界力(或临界应力)",等等。学生读书,最基本的需求是获取新概念新信息。而如上结论的提高压杆稳定性的措施就欠推敲。关于压杆稳定性的界定,起始至终都是立足于使压杆产生弯曲变形的轴向力临界值——临界力。而临界应力的作用不过用于表达欧拉公式的适用范围而已。例如,一细长空心圆截面压杆,其外径为 D,内径为 d,欲提高此压杆的稳定性,由欧拉临界力公式可以看出,从合理选择截面入手,亦即由公式

$$F_{Pcr} = \frac{\pi^2 EI}{(\mu l)^2} = \frac{\pi^2 E}{(\mu l)^2} \cdot \frac{\pi(D^4-d^4)}{64}$$

考虑改变压杆的直径:若外径 D 不变,当内径 d 减小时,临界力 F_{Pcr} 增大;反之,F_{Pcr} 减小。临界力 F_{Pcr} 的大小因截面尺寸的改变而变化,显示了稳定性的增强与减弱。然而,正是在此种情况下,由欧拉临界应力公式,即

$$\sigma_{cr} = \frac{F_{Pcr}}{A} = \frac{\pi^2 EI}{(\mu l)^2 A} = \frac{\pi^2 E}{(\mu l)^2} \cdot \frac{(D^2+d^2)}{16}$$

可以看出,若外径 D 同样不变,当内径 d 减小时,临界应力 σ_{cr} 减小;反之,临界应力 σ_{cr} 增大。可见,临界应力的变化无法显示压杆稳定性强弱的改变。也就是压杆在这时改变临界力或改变临界应力来显示压杆的稳定性是不等价的。当然,对于一个细长实心圆截面压杆,设

其直径为 D,由其欧拉临界力和临界应力公式,即由式

$$F_{Pcr} = \frac{\pi^3 ED^4}{64(\mu l)^2} \quad 和 \quad \sigma_{cr} = \frac{\pi^2 ED^2}{16(\mu l)^2}$$

可以看出,当直径 D 增大或减小时,临界力 F_{Pcr} 和临界应力 σ_{cr} 同时具有增大或减小的趋势。此时要提高杆稳定性的措施,从临界力和临界应力分析入手,可以说是同步的。

由此应意识到,在工程力学中,类似这种借用公式来分析所含量的关系时,一定要注意确立公式的前提条件,不要因此公式含义而形成的一种定式思维去定论彼公式。

在当前,高职教育蓬勃地发展,说明社会确实急需技能型综合应用人才。这就要求高职学生在学校学知识应当"学有所用,用有所学"。对学生而言,最有用的不只是知识本身,而更是在经历知识的学习后所成就的智商和能力。这一人才培养的特征也就告之了著作者所给书本知识的独特之处应是立竿见影和少而精的。既如此,就要注意书本知识用语的准确、严密。现行的有些力学教科书,在阐述力对点的矩的定义时,就指出"力对点的矩简称力矩",较早决断了一个带广义的结论,下一步遇到力对轴之矩的定义又该怎么说呢?这样就很难保障学生学习思维的顺畅,显然难于强化学生的认知能力。考虑到两种力矩的存在,以及二者所隐含的共性与个性,在此改为"力对点的矩或称力矩"的说法,其结果所酿成的学习心理效果自然要好些。当然这一不起眼的一字之差,留给学生将要提升的思维空间也就大不一样。

还有,一些工程力学教科书用词或用字也太随意。或者是没有领会中文词、字的含义,或者是将语句中相关的字无端简化。如有的书中写道"这两个力互称等效力系",这一"互称"之说,就给予了学生对概念认识、理解的很大思维难度。

另外,在工程力学中的插图中,或将拉杆的

拉力箭头画成相向而指，或将已规定的图形符号任意变更大小比例，等等。力学中一幅简图往往要替代上百个字符的叙述，这些不经意的小差错，无疑会干扰或延误学生的智力开发和能力训练，直接影响到的也就是高职学生的可操作思维力的提高。

说到这里，在力学教本中，对于一些通用性词语的应用，多少也应考虑它对学生学习心理成长和学习思维联结、迁移的作用。如在相应章节中所归纳的解题步骤，在举例时，尽可能使解题的相关用语与前面归纳的解题步骤用语一致；还有一些频繁出现的名称，如"杆 AB"、"力 F 作用线"等，一旦确定之后，在以后就始终如一，也不要变为"AB 杆"或"杆件 AB"、"F 作用线"或"力 F 的作用线"等；另有一些词意相似的，如"联结""结点法""约束反力"等，也是在明确了叫法后，就不再用"连接""节点法""约束力"等。对这种用词上的千篇一律，实际上适应了人的大脑的信息传递并存储的规律。桥梁专家茅以升在有人问起他的惊人记忆力时，他给出的诀窍就是"重复！重复！再重复！"

再就是，力学教本中的一些专有名词，由于所赋予的含义在一定的范围内才成立，因此这类名词在这一定的范围内出现时，应始终坚持一个说法。如在静力学中，物体已定义刚体，就始终如一地使用刚体，最好不要无节制地混用物体与刚体二词。物体是一广义的概念，在不同的条件下，它可以是刚体，也可以是弹性体、塑性体等。对于高职学生来说，尤其要增强所用名词或名称的专有性意识。力学学科起源于西方，一百多年来，力学教本的不断翻译、引进并发展，难免不会出现一个专有名词或名称会有几种叫法。但这些年来，力学工作者及标准技术委员会等，已逐步规范了许多专有名词或名称，以及相关的量和单位。所以，凡力学教本所用到的名词或名称，应做到有据可查。目前可供查的文献主要有力学词典编辑部编写的《力学词典》（中国大百科全书出版社版），全国自然科学名词审订委员会公布的《力学名词》（科学出版社版），中华人民共和国标准 GB 3102-93 力学的量和单位，等等。另外，对一些因行业与力学密切相关而自造的一些词如"建筑力学""地质力学"等，或者是根据自身成文方便而随意简化的一些词，如"运动力学"（运动学和动力学）等这类不规范的词最好不用。在某种意义上，这也是提高图书质量而使然。

最后，要指出的是，在力学教本中的标点符号，以及大量出现在语句中的连词如"和、与、因为、所以、如果、而且"等，也尽可能地合理或恰当地使用。如在"主矢与主矩与简化中心的相关上"一语中，用两个相同的连词"与"不能显示所连接三词的轻重地位和隶属关系。为此，将语中前二词的连接结果改为"主矢、主矩"或"主矢和主矩"则为佳；与此相应，如"力的三要素，即力的大小、方向和作用点"一语，就是通过妙用标点符号和连词完成了最佳的语句结构。就人的学习和受教育的心理状态而言，一本书的文字贴近其学习行为中的联结、反应、认知、综合、联想、转换等规律，无疑最有利于学生学习的成功。如果我们的力学教本能在编撰细节上把握住这一点，追求词语、字符或标点符号等形成最上策的组合，那么学生也就不再多言力学难学了。

4. 未结束的结束语

总之，力学教本的编撰，只要在以上几个方面做到了严谨与规范，那么教师和学生使用起来都觉得容易、轻松了。阅读一本力学书，很少有人会给出引人入胜、脍炙人口的评语。但编书人任何时侯都希望或努力希望自己的书能达到这一效果。力学教本对学生来说，毕竟是要不断地推出新知识，但只要能吸引住学生，最大地满足学生的读书欲望，且没有过多无意义的思维障碍，那就能唤起学生的联想而使之领会新知识的真谛。若能走到这一步，则也算是力学教本著作者最大的成功。当然，也少不了要进行艰苦、认真的研究过程。

参考文献

1 孙训方等编. 材料力学. 北京：高等教育出版社，1994

2 穆能伶主编. 工程力学. 北京：机械工业出版社，2002

3 穆能伶编著. 材料力学实验指导与实验报告. 成都：成都科技大学出版社，1996

4 石德珂，金志浩编著. 材料力学性能. 西安：西安交通大学出版社，1998

5 新闻出版署图书管理局，中国标准出版社编. 作者编辑常用标准及规范. 北京：中国标准出版社，1997

参考文献

[1] 哈尔滨工业大学理论力学教研室. 理论力学[M]. 5版. 北京：高等教育出版社，1997.

[2] 谢传峰. 静力学[M]. 北京：高等教育出版社，1999.

[3] 重庆建筑大学. 理论力学[M]. 北京：高等教育出版社，1999.

[4] 谢传峰. 理论力学[M]. 北京：高等教育出版社，1988.

[5] 范钦珊. 工程力学教程（Ⅰ）[M]. 北京：高等教育出版社，1998.

[6] 单辉祖. 材料力学（Ⅰ）[M]. 北京：高等教育出版社，1999.

[7] 刘鸿文. 简明材料力学[M]. 北京：高等教育出版社，1997.

[8] 刘鸿文. 材料力学[M]. 3版. 北京：高等教育出版社，1992.

[9] 孙训方，等. 材料力学[M]. 北京：高等教育出版社，1994.

[10] 千光瑜，秦惠民. 材料力学[M]. 北京：高等教育出版社，1999.

[11] 龙驭球，包世华. 结构力学教程[M]. 北京：高等教育出版社，1988.

[12] 杨茀康，李家宝. 结构力学[M]. 北京：高等教育出版社，1985.

[13] 李家宝. 结构力学[M]. 北京：高等教育出版社，1999.

[14] 俞茂宏. 强度理论新体系[M]. 西安：西安交通大学出版社，1992.

[15] 《力学词典》编辑部. 力学词典[M]. 北京：中国大百科全书出版社，1990.

[16] 全国自然科学名词审定委员会. 力学名词[M]. 北京：科学出版社，1993.

[17] 老亮. 材料力学史漫话[M]. 北京：高等教育出版社，1993.

[18] 老亮. 中国古代材料力学史[M]. 长沙：国防科技大学出版社，1991.

[19] 徐秉业. 身边的力学[M]. 北京：北京大学出版社，1997.

[20] 穆能伶. 材料力学客观性概念题集[M]. 成都：西南交通大学出版社，1995.

[21] 穆能伶. 材料力学实验指导与实验报告[M]. 成都：成教科技大学出版社，1996.

[22] 穆能伶. 理论力学客观性概念题集[M]. 成都：西南交通大学出版社，1997.

[23] 穆能伶. 工程力学[M]. 北京：机械工业出版社，2002.

[24] 穆能伶，陈栩. 新编力学教程[M]. 北京：机械工业出版社，2009.

[25] 赵春玲，尹析明. 工程力学[M]. 成都：西南交通大学出版社，2009.

[26] 沈养中. 建筑力学[M]. 北京：中国建筑工业出版社，2010.

附录 A 常见截面几何性质

表 A.1 常见截面几何性质

序号	截面形状	形心位置	惯 性 矩
1	矩形（宽 b，高 h）	截面中心	$I_z = \dfrac{bh^3}{12}$
2	平行四边形（宽 b，高 h）	截面中心	$I_z = \dfrac{bh^3}{12}$
3	三角形（底 b，高 h）	$y_C = \dfrac{h}{3}$	$I_z = \dfrac{bh^3}{36}$
4	梯形（上底 a，下底 b，高 h）	$y_C = \dfrac{h(2a+b)}{3(a+b)}$	$I_z = \dfrac{h^3(a^2+4ab+b^2)}{36(a+b)}$
5	圆形（直径 d）	圆心处	$I_z = \dfrac{\pi d^4}{64}$

续表

序号	截面形状	形心位置	惯 性 矩
6		圆心处	$I_z = \dfrac{\pi(D^4 - d^4)}{64} = \dfrac{\pi D^4}{64}(1 - \alpha^4)$
7		圆心处	$I_z = \pi R_0^3 \delta$
8		$y_C = \dfrac{4R}{3\pi}$	$I_z = \dfrac{(9\pi^2 - 64)R^4}{72\pi} = 0.1098 R^4$
9		$y_C = \dfrac{2R\sin\alpha}{3\alpha}$	$I_z = \dfrac{R^4}{4}\left(\alpha + \sin\alpha\cos\alpha - \dfrac{16\sin^2\alpha}{9\alpha}\right)$
10		椭圆中心	$I_z = \dfrac{\pi a b^3}{4}$

附录 B 型钢表

表 B.1 热轧等边角钢的规格及截面特性（按 GB/T 9788—1988 计算）

1. 表中双线的左侧为一个角钢的截面特性
2. 趾尖圆弧半径 $r_1 \approx t/3$
3. $I_a = Ai_a^2$，$I_v = Ai_v^2$

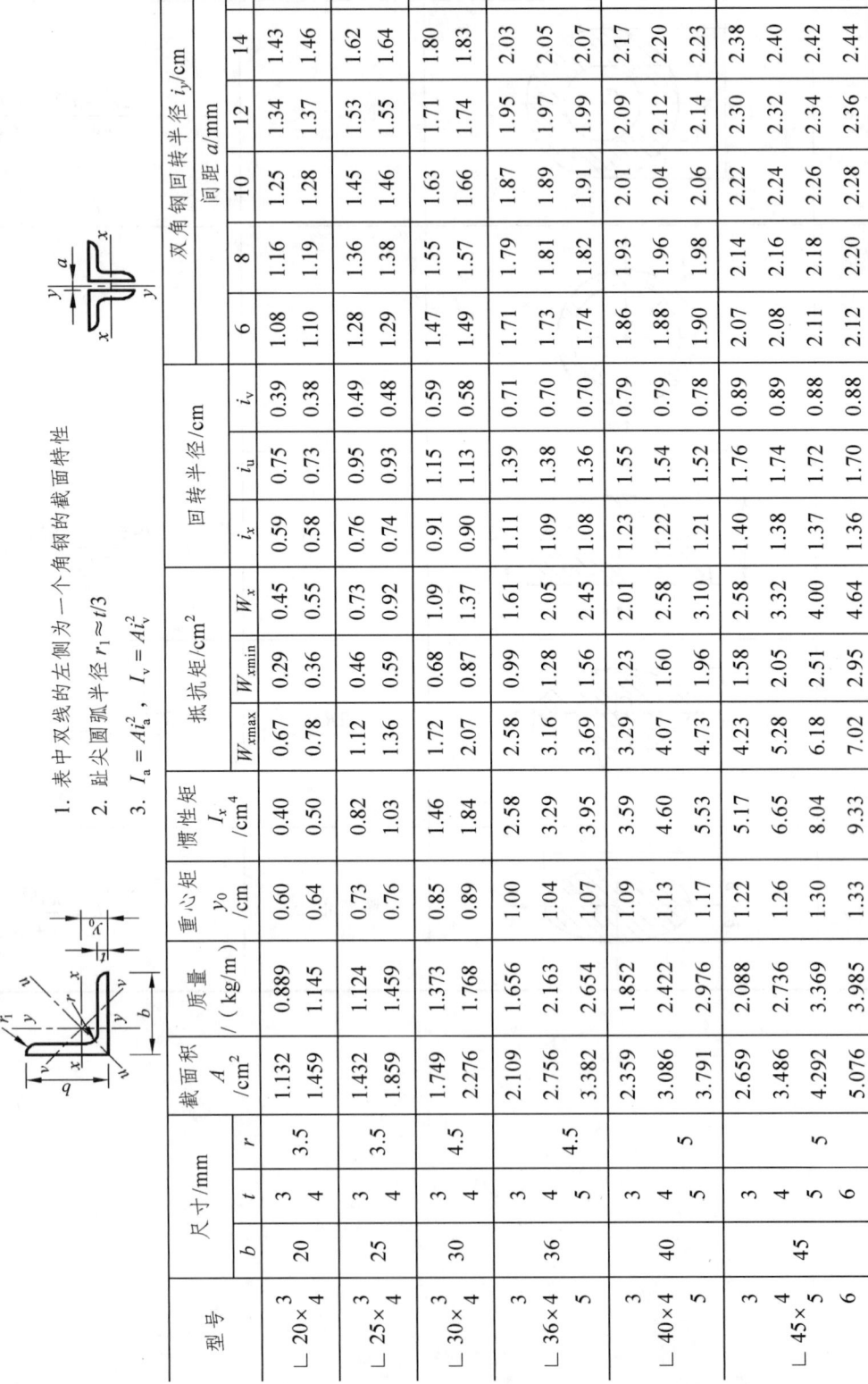

型号	尺寸/mm			截面积 A/cm²	质量/(kg/m)	重心距 y_0/cm	惯性矩 I_x/cm⁴	抵抗矩/cm²			回转半径/cm			双角钢回转半径 i_y/cm 间距 a/mm						
	b	t	r					W_{xmax}	W_{xmin}	W_x	i_x	i_u	i_v	6	8	10	12	14	16
∟20×3	20	3	3.5	1.132	0.889	0.60	0.40	0.67	0.29	0.45	0.59	0.75	0.39	1.08	1.16	1.25	1.34	1.43	1.52
∟20×4		4		1.459	1.145	0.64	0.50	0.78	0.36	0.55	0.58	0.73	0.38	1.10	1.19	1.28	1.37	1.46	1.55
∟25×3	25	3	3.5	1.432	1.124	0.73	0.82	1.12	0.46	0.73	0.76	0.95	0.49	1.28	1.36	1.45	1.53	1.62	1.71
∟25×4		4		1.859	1.459	0.76	1.03	1.36	0.59	0.92	0.74	0.93	0.48	1.29	1.38	1.46	1.55	1.64	1.73
∟30×3	30	3	4.5	1.749	1.373	0.85	1.46	1.72	0.68	1.09	0.91	1.15	0.59	1.47	1.55	1.63	1.71	1.80	1.88
∟30×4		4		2.276	1.768	0.89	1.84	2.07	0.87	1.37	0.90	1.13	0.58	1.49	1.57	1.66	1.74	1.83	1.91
∟36×3	36	3	4.5	2.109	1.656	1.00	2.58	2.58	0.99	1.61	1.11	1.39	0.71	1.71	1.79	1.87	1.95	2.03	2.11
∟36×4		4		2.756	2.163	1.04	3.29	3.16	1.28	2.05	1.09	1.38	0.70	1.73	1.81	1.89	1.97	2.05	2.14
∟36×5		5		3.382	2.654	1.07	3.95	3.69	1.56	2.45	1.08	1.36	0.70	1.74	1.82	1.91	1.99	2.07	2.16
∟40×3	40	3	5	2.359	1.852	1.09	3.59	3.29	1.23	2.01	1.23	1.55	0.79	1.86	1.93	2.01	2.09	2.17	2.25
∟40×4		4		3.086	2.422	1.13	4.60	4.07	1.60	2.58	1.22	1.54	0.79	1.88	1.96	2.04	2.12	2.20	2.28
∟40×5		5		3.791	2.976	1.17	5.53	4.73	1.96	3.10	1.21	1.52	0.78	1.90	1.98	2.06	2.14	2.23	2.31
∟45×3	45	3	5	2.659	2.088	1.22	5.17	4.23	1.58	2.58	1.40	1.76	0.89	2.07	2.14	2.22	2.30	2.38	2.46
∟45×4		4		3.486	2.736	1.26	6.65	5.28	2.05	3.32	1.38	1.74	0.89	2.08	2.16	2.24	2.32	2.40	2.48
∟45×5		5		4.292	3.369	1.30	8.04	6.18	2.51	4.00	1.37	1.72	0.88	2.11	2.18	2.26	2.34	2.42	2.51
∟45×6		6		5.076	3.985	1.33	9.33	7.02	2.95	4.64	1.36	1.70	0.88	2.12	2.20	2.28	2.36	2.44	2.53

附录 B 型钢表

续表

型号	尺寸/mm				截面积 A/cm²	质量 /(kg/m)	重心矩 y_0/cm	惯性矩 I_x/cm⁴	抵抗矩/cm²			回转半径/cm			双角钢回转半径 i_y/cm 间距 a/mm						
	b	t		r					W_{xmax}	W_{xmin}	W_x	i_x	i_u	i_v	6	8	10	12	14	16
∟50×3	50	3		5.5	2.971	2.332	1.31	7.18	5.36	1.96	3.22	1.55	1.96	1.00	2.26	2.33	2.41	2.48	2.56	2.61
4		4			3.897	3.059	1.38	9.26	6.71	2.56	4.16	1.54	1.94	0.99	2.28	2.35	2.43	2.51	2.59	2.67
5		5			4.803	3.770	1.42	11.21	7.89	3.13	5.03	1.53	1.92	0.98	2.30	2.38	2.46	2.53	2.61	2.70
6		6			5.688	4.465	1.46	13.05	8.94	3.68	5.85	1.52	1.91	0.98	2.33	2.40	2.48	2.56	2.64	2.72
∟56×3	56	3		6	3.343	2.624	1.48	10.19	6.89	2.48	4.08	1.75	2.20	1.13	2.50	2.57	2.64	2.72	2.80	2.87
4		4			4.390	3.446	1.53	13.18	8.61	3.24	5.28	1.73	2.18	1.11	2.52	2.59	2.67	2.74	2.82	2.90
5		5			5.415	4.251	1.57	16.02	10.20	3.97	6.42	1.72	2.17	1.10	2.54	2.62	2.69	2.77	2.85	2.93
8		8			8.367	6.568	1.68	23.63	14.07	6.03	9.44	1.68	2.11	1.09	2.60	2.67	2.75	2.83	2.91	3.00
∟63×4	63	4		7	4.978	3.907	1.70	19.03	11.19	4.13	6.78	1.96	2.46	1.26	2.80	2.87	2.95	3.02	3.10	3.18
5		5			6.143	4.822	1.74	23.17	13.32	5.08	8.25	1.94	2.45	1.25	2.82	2.89	2.96	3.04	3.12	3.20
6		6			7.288	5.721	1.78	27.12	15.24	6.00	9.66	1.93	2.43	1.24	2.84	2.91	2.99	3.06	3.14	3.22
8		8			9.515	7.469	1.85	34.46	18.63	7.75	12.25	1.90	2.40	1.23	2.87	2.94	3.02	3.10	3.18	3.26
10		10			11.657	9.151	1.93	41.09	21.29	9.39	14.56	1.88	2.36	1.22	2.92	2.99	3.07	3.15	3.23	3.31
∟70×4	70	4		8	5.570	4.372	1.86	26.39	14.19	5.14	8.44	2.18	2.74	1.40	3.07	3.14	3.21	3.29	3.36	3.44
5		5			6.875	5.397	1.91	32.21	16.86	6.32	10.32	2.16	2.73	1.39	3.09	3.16	3.24	3.31	3.39	3.47
6		6			8.160	6.406	1.95	37.77	19.37	7.48	12.11	2.15	2.71	1.38	3.11	3.19	3.26	3.34	3.41	3.49
7		7			9.424	7.398	1.99	43.09	21.65	8.59	13.81	2.14	2.69	1.38	3.13	3.21	3.28	3.36	3.46	3.52
8		8			10.667	8.373	2.03	48.17	23.73	9.68	15.43	2.12	2.68	1.37	3.15	3.22	3.30	3.38	3.46	3.54
∟75×5	75	5		9	7.412	5.818	2.04	39.97	19.59	7.32	11.94	2.33	2.92	1.50	3.30	3.37	3.45	3.52	3.60	3.67
6		6			8.797	6.905	2.97	46.95	22.68	8.64	14.02	2.31	2.90	1.49	3.31	3.38	3.46	3.53	3.61	3.68
7		7			10.160	7.976	2.11	53.57	25.39	9.93	16.02	2.30	2.89	1.48	3.33	3.40	3.48	3.55	3.63	3.71
8		8			11.503	9.030	2.15	59.96	27.89	11.20	17.93	2.28	2.88	1.47	3.35	3.42	3.50	3.57	3.65	3.73
10		10			14.126	11.089	2.22	71.98	32.42	13.64	21.48	2.26	2.84	1.46	3.38	3.46	3.54	3.61	3.69	3.77

续表

型号	尺寸/mm				截面积 A/cm²	质量/(kg/m)	重心矩 y_0/cm	惯性矩 I_x/cm⁴	抵抗矩/cm²			回转半径/cm			双角钢回转半径 i_y/cm 间距 a/mm						
	b	t		r					W_{xmax}	W_{xmin}	W_x	i_x	i_u	i_v	6	8	10	12	14	16
∟80×7 5	80	5		9	7.912	6.211	2.15	48.79	22.69	8.34	13.67	2.48	3.13	1.60	3.49	3.56	3.63	3.70	3.78	3.85
6		6			9.397	7.376	2.19	57.35	26.19	9.87	16.08	2.47	3.11	1.59	3.51	3.58	3.65	3.73	3.80	3.88
7		7			10.860	8.525	2.24	65.58	29.41	11.37	18.40	2.46	3.10	1.58	3.53	3.60	3.67	3.75	3.83	3.90
8		8			12.303	9.658	2.27	73.49	32.37	12.83	20.61	2.44	3.08	1.57	3.54	3.62	3.69	3.77	3.84	3.92
10		10			15.126	11.874	2.35	88.43	37.63	15.64	24.76	2.42	3.04	1.56	3.59	3.66	3.74	3.82	3.89	3.97
∟90×8 6	90	6		10	10.637	8.350	2.44	82.77	33.92	12.61	20.63	2.79	3.51	1.80	3.91	3.98	4.05	4.13	4.20	4.28
7		7			12.301	9.656	2.48	94.88	38.24	14.54	23.64	2.78	3.50	1.78	3.93	4.00	4.08	4.15	4.22	4.30
8		8			13.944	10.946	2.52	106.47	42.25	16.42	26.55	2.76	3.48	1.78	3.95	4.02	4.09	4.17	4.24	4.32
10		10			17.167	13.476	2.59	128.58	49.64	20.07	32.04	2.74	3.45	1.76	3.98	4.06	4.13	4.21	4.28	4.36
12		12			20.306	15.940	2.67	149.22	55.89	23.57	37.12	2.71	3.41	1.75	4.02	4.09	4.17	4.25	4.32	4.40
∟100×10 6	100	6		12	11.932	9.366	2.67	114.95	43.05	15.68	25.74	3.10	3.90	2.00	4.29	4.36	4.43	4.51	4.58	4.65
7		7			13.796	10.830	2.71	131.86	48.66	18.10	29.55	3.09	3.89	1.99	4.31	4.38	4.46	4.53	4.60	4.68
8		8			15.638	12.276	2.76	148.24	53.71	20.47	33.24	3.08	3.88	1.98	4.34	4.41	4.48	4.56	4.63	4.71
10		10			19.261	15.120	2.84	179.51	53.21	25.06	40.26	3.05	3.84	1.96	4.38	4.45	4.52	4.60	4.67	4.75
12		12			22.800	17.898	2.91	208.90	71.79	29.48	46.80	3.03	3.81	1.95	4.41	4.49	4.56	4.64	4.71	4.79
14		14			26.256	20.611	2.99	236.53	79.11	33.73	52.90	3.00	3.77	1.94	4.45	4.53	4.60	4.68	4.76	4.83
16		16			29.627	23.257	3.06	262.53	85.79	37.82	58.57	2.98	3.74	1.94	4.49	4.57	4.64	4.72	4.80	4.88
∟110×10 7	110	7		12	15.196	11.928	2.96	177.16	59.85	22.05	36.12	3.41	4.30	2.20	4.72	4.79	4.86	4.93	5.00	5.08
8		8			17.238	13.532	3.01	199.46	66.27	24.95	40.69	3.40	4.28	2.19	4.75	4.82	4.89	4.96	5.03	5.11
10		10			21.261	16.690	3.09	242.16	78.38	30.60	49.42	3.38	4.25	2.17	4.79	4.86	4.93	5.00	5.08	5.15
12		12			25.200	19.782	3.16	282.55	89.41	36.05	57.62	3.35	4.22	2.15	4.82	4.89	4.96	5.04	5.11	5.19
14		14			29.056	22.809	3.24	320.71	98.98	41.31	65.31	3.32	4.18	2.14	4.85	4.93	5.00	5.08	5.15	5.23

附录B 型钢表

续表

型号	尺寸/mm				截面积 A/cm²	质量/(kg/m)	重心矩 y_0/cm	惯性矩 I_x/cm⁴	抵抗矩/cm²			回转半径/cm			双角钢回转半径 i_y/cm 间距 a/mm						
	b	t	r						$W_{x\max}$	$W_{x\min}$	W_x	i_x	i_u	i_v	6	8	10	12	14	16
L125×8	125	8	14		19.750	15.504	3.37	297.03	88.14	32.52	53.28	3.88	4.88	2.50	5.34	5.41	5.48	5.55	5.62	5.70
10		10			24.373	19.133	3.45	361.67	104.83	39.97	64.93	3.85	4.85	2.48	5.37	5.44	5.52	5.59	5.66	5.73
12		12			28.912	22.696	3.53	423.16	119.88	47.1①	75.96	3.83	4.82	2.46	5.42	5.49	5.56	5.63	5.71	5.78
14		14			33.367	26.193	3.61	481.65	133.42	54.16	86.41	3.80	4.78	2.45	5.45	5.52	5.60	5.67	5.75	5.82
L140×10	140	10	14		27.373	21.488	3.82	514.65	134.73	50.58	82.56	4.34	5.46	2.78	5.98	6.05	6.12	6.19	6.27	6.34
12		12			32.512	25.522	3.90	603.68	154.79	59.80	96.85	4.31	5.43	2.77	6.02	6.09	6.16	6.23	6.30	6.38
14		14			37.567	29.490	3.98	688.81	173.07	68.75	110.47	4.28	5.40	2.75	6.05	6.12	6.20	6.27	6.34	6.42
16		16			42.539	33.393	4.06	770.24	189.71	77.46	123.42	4.26	5.36	2.74	6.10	6.17	6.24	6.31	6.39	6.46
L160×10	160	10	16		31.502	24.729	4.31	779.53	180.87	66.70	109.36	4.98	6.27	3.20	6.79	6.85	6.92	6.99	7.06	7.14
12		12			37.441	29.391	4.39	916.58	208.79	78.98	128.67	4.95	6.24	3.18	6.82	6.89	6.96	7.03	7.10	7.17
14		14			43.296	33.987	4.47	1048.36	234.53	90.95	147.17	4.92	6.20	3.16	6.85	6.92	6.99	7.06	7.14	7.21
16		16			49.067	38.518	4.55	1175.08	258.26	102.63	164.89	4.89	6.17	3.14	6.89	6.96	7.03	7.10	7.17	7.25
L180×12	180	12	16		42.241	33.159	4.89	1321.35	270.21	100.82	165.00	5.59	7.05	3.58	7.63	7.70	7.77	7.84	7.91	7.98
14		14			48.896	38.383	4.97	1514.48	304.72	116.25	189.14	5.56	7.02	3.56	7.66	7.73	7.80	7.87	7.94	8.01
16		16			55.467	43.542	5.05	1700.99	336.83	131.35①	212.40	5.54	6.96	3.55	7.70	7.77	7.84	7.91	7.98	8.06
18		18			61.955	48.635	5.13	1875.12	365.52	145.64	234.78	5.50	6.94	3.51	7.73	7.80	7.87	7.94	8.01	8.09
L200×14	200	14	18		54.642	42.894	5.46	2103.55	385.27	144.70	236.40	6.20	7.82	3.98	8.46	8.53	8.60	8.67	8.74	8.81
16		16			62.013	48.680	5.54	2366.15	427.10	163.65	265.93	6.18	7.79	3.96	8.50	8.57	8.64	8.71	8.78	8.85
18		18			69.301	54.401	5.62	2620.64	466.31	182.22	294.48	6.15	7.75	3.94	8.54	8.61	8.68	8.75	8.82	8.89
20		20			76.505	60.056	5.69	2867.30	503.92	200.42	322.06	6.12	7.72	3.93	8.56	8.63	8.70	8.78	8.85	8.92
24		24			90.661	71.168	5.87	3338.25	568.70	236.17	374.41	6.07	7.64	3.90	8.66	8.73	8.80	8.87	8.94	9.02

表 B.2 热轧不等边角钢的规格及截面特性（按 GB/T 9788—1988 计算）

1. 趾尖圆弧半径 $r_1 \approx t/3$
2. $I_u = I_x + I_y - I_v$

规格	尺寸/mm				截面积 A/cm²	质量/(kg/m)	重心矩/cm		惯性矩/cm⁴				抵抗矩/cm³				回转半径/cm			$\tan\theta$ (θ 为 y 轴与 v 轴夹角)
	B	b	t	r			x_0	y_0	I_x	I_u	I_v		$W_{x\max}$	$W_{x\min}$	$W_{y\max}$	$W_{y\min}$	i_x	i_u	i_v	
L25×16×3	25	16	3	3.5	1.162	0912	0.42	0.86	0.70	0.22	0.14	0.81	0.43	0.52	0.19	0.78	0.44	0.34	0.392
L25×16×4			4		1.499	1.176	0.46	0.90	0.88	0.27	0.17	0.98	0.55	0.59	0.24	0.77	0.43	0.34	0.381
L32×20×3	32	20	3	3.5	1.492	1.171	0.49	1.08	1.53	0.46	0.28	1.42	0.72	0.94	0.30	1.01	0.55	0.43	0.382
L32×20×4			4		1.939	1.522	0.53	1.12	1.93	0.57	0.35	1.72	0.93	1.08	0.39	1.00	0.54	0.42	0.374
L45×25×3	4	25	3	4	1.890	1.484	0.59	1.32	3.08	0.93	0.56	2.33	1.15	1.58	0.49	1.28	0.70	0.54	0.385
L45×25×4			4		2.467	1.936	0.63	1.37	3.93	1.18	0.71	2.87	1.49	1.87	0.63	1.26[①]	0.69	0.54	0.381
L45×28×3		28	3	5	2.149	1.687	0.64	1.47	4.45	1.34	0.80	3.03	1.47	2.09	0.62	1.44	0.79	0.61	0.383
L45×28×4			4		2.806	2.203	0.68	1.51	5.69	1.70	1.02	3.77	1.91	2.50	0.80	1.42	0.78	0.60	0.380
L45×32×3	50	32	3	5.5	2.431	1.908	0.73	1.60	6.24	2.02	1.20	3.90	1.84	2.77	0.82	1.60	0.91	0.70	0.404
L45×32×4			4		3.177	2.494	0.77	1.65	8.02	2.58	1.53	4.86	2.39	3.35	1.06	1.59	0.90	0.69	0.402
L56×36×3	56	36	3	6	2.743	2.153	0.80	1.78	8.88	2.92	1.73	4.99	2.32	3.65	1.05	1.80	1.03	0.79	0.408
L56×36×4			4		3.590	2.818	0.85	1.82	11.45	3.76	2.23	6.29	3.03	4.42	1.37	1.79	1.02	0.79	0.408
L56×36×5			5		4.415	3.466	0.88	1.87	13.86	4.49	2.67	7.41	3.71	5.10	1.65	1.77	1.01	0.78	0.408

续表

规格	尺寸/mm				截面积 A/cm²	质量/(kg/m)	重心矩/cm		惯性矩/cm⁴				抵抗矩/cm³				回转半径/cm			$\tan\theta$ (θ 为 y 轴与 v 轴夹角)
	B	b	t	r			x_0	y_0	I_x	I_u	I_v	$W_{x\max}$	$W_{x\min}$	$W_{y\max}$	$W_{y\min}$		i_x	i_u	i_v	
∟63×40× 4	63	40	4	7	4.058	3.185	0.92	2.04	16.49	5.23	3.12	8.08	3.87	5.68	1.70	2.02	1.14	0.88	0.398
∟63×40× 5			5		4.993	3.920	0.95	2.08	20.02	6.31	3.76	9.62	4.74	6.64	2.07②	2.00	1.12	0.87	0.396
∟63×40× 6			6		5.908	4.638	0.99	2.12	23.36	7.29	4.34	11.02	5.59	7.36	2.43	1.99③	1.11	0.86	0.393
∟63×40× 7			7		6.802	5.339	1.03	2.15	26.53	8.24	4.97	12.34	6.40	8.00	2.78	1.98	1.10	0.86	0.389
∟70×45× 4	70	45	4	7.5	4.547	3.570	1.02	2.24	23.17	7.55	4.40	10.34	4.86	7.40	2.17	2.26	1.29	0.98	0.410
∟70×45× 5			5		5.609	4.403	1.06	2.28	27.95	9.13	5.40	12.26	5.92	8.61	2.65	2.23	1.28	0.98	0.407
∟70×45× 6			6		6.647	5.218	1.09	2.32	32.54	10.62	6.35	14.03	6.95	9.74	3.12	2.21	1.26	0.98	0.404
∟70×45× 7			7		7.657	6.011	1.13	2.36	37.22	12.01	7.16	15.77	8.03	10.63	3.57	2.20	1.25	0.97	0.402
∟75×50× 5	70	50	5	8	6.125	4.808	1.17	2.40	34.86	12.61	7.41	14.53	6.83	10.78	3.30	2.39	1.44	1.10	0.435
∟75×50× 6			6		7.260	5.699	1.21	2.44	41.12	14.70	8.54	16.85	8.12	12.15	3.38	2.38	1.42	1.08	0.435
∟75×50× 8			8		9.467	7.431	1.29	2.52	52.39	17.53	10.87	20.79	10.52	14.36	4.99	2.35	1.40	1.07	0.429
∟75×50× 10			10		11.590	9.098	1.36	2.60	62.71	21.96	13.10	24.12	12.79	16.15	6.04	2.33	1.38	1.06	0.423
∟80×50× 5	80	50	5	8	6.375	5.005	1.14	2.60	41.96	12.82	7.66	16.14	7.78	12.25	3.32	2.56	1.42	1.10	0.388
∟80×50× 6			6		7.560	5.935	1.18	2.65	49.49	14.95	8.85	18.68	9.25	12.67	3.91	2.56	1.41	1.08	0.387
∟80×50× 7			7		8.724	6.848	1.21	2.69	56.16	16.96	10.18	20.88	10.58	14.02	4.48	2.54	1.39	1.08	0.384
∟80×50× 8			8		9.867	7.745	1.25	2.73	62.83	18.85	11.38	23.01	11.92	15.08	5.03	2.52	1.38	1.07	0.381
∟90×56× 5	90	56	5	9	7.212	5.661	1.25	2.91	60.45	18.33	10.98	20.77	9.92	14.66	4.21	2.90	1.59	1.23	0.385
∟90×56× 6			6		8.557	6.717	1.29	2.95	71.03	21.42	12.90	24.08	11.74	16.60	4.96	2.88	1.58	1.23	0.384
∟90×56× 7			7		9.880	7.756	1.33	3.00	81.01	24.36	14.67	27.00	13.49	18.32	5.70	2.86	1.57	1.22	0.382
∟90×56× 8			8		11.183	8.779	1.36	3.04	91.03	27.15	16.31	29.91	15.27	19.96	6.41	2.85	1.56	1.21	0.380

续表

规格	尺寸/mm				截面积 A/cm²	质量/(kg/m)	重心矩/cm		惯性矩/cm⁴				抵抗矩/cm³				回转半径/cm			$\tan\theta$ (θ为y轴与v轴夹角)
	B	b	t	r			x_0	y_0	I_x	I_u	I_v		W_{xmax}	W_{xmin}	W_{ymax}	W_{ymin}	i_x	i_u	i_v	
∟100×63×6	100	63	6	10	9.617	7.550	1.43	3.24	99.06	30.94	18.42		30.57	14.64	21.64	6.35	3.21	1.79	1.38	0.394
∟100×63×7			7		11.111	8.722	1.47	3.28	113.45	35.26	21.00		34.59	16.88	23.99	7.29	3.20	1.78	1.38	0.394
∟100×63×8			8		12.584	9.878	1.50	3.32	127.37	39.39	23.50		38.36	19.08	26.26	8.21	3.18	1.77	1.37	0.391
∟100×63×10			10		15.467	12.142	1.58	3.40	153.81	47.12	28.33		45.24	23.32	29.82	9.98	3.15	1.74	1.35	0.387
∟100×80×6	100	80	6	10	10.637	8.350	1.97	2.95	107.04	61.24	31.65		36.28	15.19	31.09	10.16	3.17	2.40	1.72	0.627
∟100×80×7			7		12.301	9.656	2.01	3.00	122.73	70.08	36.17		40.91	17.52	34.87	11.71	3.16	2.39	1.72	0.626
∟100×80×8			8		13.944	10.946	2.05	3.04	137.92	78.58	40.58		45.37	19.81	38.33	13.21	3.14	2.37	1.71	0.625
∟100×80×10			10		19.167	13.476	2.13	3.12	166.87	94.65	49.10		53.48	24.24	44.44	16.12	3.12	2.35	1.69	0.622
∟110×70×6	110	70	6	10	10.637	8.35	1.57	3.53	133.37	42.92	25.36		37.78	17.85	27.34	7.90	3.54	2.01	1.54	0.403
∟110×70×7			7		12.301	9.656	1.61	3.57	153.00	49.01	28.95		42.86	20.6	30.44	9.09	3.53	2.00	1.53	0.402
∟110×70×8			8		13.944	10.946	1.65	3.62	172.04	54.87	32.45		47.52	23.30	33.25	10.25	3.51	1.98	1.53	0.401
∟110×70×10			10		17.167	13.476	1.72	3.70	208.39	65.88	39.20		56.32	28.54	38.30	12.48	3.48	1.96	1.51	0.397
∟125×80×7	125	80	7	11	14.096	11.066	1.80	4.01	227.98	74.42	43.81		56.85	26.86	41.34	12.01	4.02	2.30	1.76	0.408
∟125×80×8			8		15.989	12.551	1.84	4.06	256.77	83.49	49.15		63.24	30.41	45.38	13.56	4.01	2.28	1.75	0.407
∟125×80×10			10		19.712	15.474	1.92	4.14	312.04	100.67	59.45		75.37	37.33	52.43	16.56	3.98	2.26	1.74	0.404
∟125×80×12			12		23.351	18.330	2.00	4.22	364.41	116.67	69.35		86.35	44.01	58.34	19.43	3.95	2.24	1.72	0.400
∟140×90×8	140	90	8	12	18.038	14.160	2.04	4.50	365.64	120.69	70.83		81.25	38.48	59.16	17.34	4.50	2.59	1.98	0.411
∟140×90×10			10		22.261	17.475	2.12	4.58	445.50	146.03	85.82		97.27	47.31	68.88	21.22	4.47	2.56	1.96	0.409
∟140×90×12			12		26.400	20.724	2.19	4.66	521.59	169.79	100.21		111.93	55.87	77.53	24.95	4.44	2.54	1.95	0.406
∟140×90×14			14		30.456	23.908	2.27	4.74	594.10	192.10	114.13		125.34	64.18	84.63	28.54	4.42	2.51	1.94	0.403

附录 B 型钢表

续表

规 格	尺寸/mm				截面积 A /cm²	质量 /(kg/m)	重心矩/cm		惯性矩/cm⁴				抵抗矩/cm²				回转半径/cm			$\tan\theta$ (θ 为 y 轴与 v 轴夹角)
	B	b	t	r			x_0	y_0	I_x	I_u	I_v	$W_{x\max}$	$W_{x\min}$	$W_{y\max}$	$W_{y\min}$	i_x	i_u	i_v	
∟160×100×10	160	100	10	13	25.315	19.872	2.28	5.24	668.69	205.03	121.74	127.61	62.13	89.93	26.56	5.14	2.85	2.19	0.390
12			12		30.054	23.592	2.36	5.32	784.91	239.06	142.33	147.54	73.49	101.30	31.28	5.11	2.82	2.17	0.388
14			14		34.709	27.247	2.43	5.40	896.30	271.20	162.23	165.98	84.56	111.60	35.83	5.08	2.80	2.16	0.385
16			16		39.281	30.835	2.51	5.48	1003.04	301.60	182.57	183.04	95.33	120.16	40.24	5.05	2.77	2.16	0.382
∟180×110×10	180	110	10	14	28.373	22.273	2.44	5.89	956.25	278.11	166.50	162.35	78.96	113.98	32.49	5.80	3.13	2.42	0.376
12			12		33.712	26.464	2.52	5.98	1124.72	325.03	194.87	188.08	93.53	128.98	38.32	5.78	3.10	2.40	0.374
14			14		38.967	30.589	2.59	6.06	1286.91	369.55	222.30	212.36	107.76	142.68	43.97	5.75	3.08	2.39	0.372
16			16		44.139	34.649	2.67	6.14	1443.06	411.85	248.94	235.03	121.64	154.25	49.44	5.72	3.06	2.38	0.369
∟200×125×12	200	125	12	14	37.912	29.761	2.83	6.54	1570.90	483.16	285.79	240.20	116.73	170.73	49.99	6.44	3.57	2.74	0.392
14			12		43.867	34.436	2.91	6.62	1800.97	550.83	326.58	272.05	189.29	189.29	57.44	6.41	3.54	2.73	0.390
16			14		49.739	39.045	2.99	6.70	2023.35	615.44	366.21	301.99	205.83	205.83	64.69	6.38	3.52	2.71	0.388
18			16		55.526	43.588	3.06	6.78	2238.30	677.19	404.83	330.13	221.30	221.30	71.74	6.35	3.49	2.70	0.385

表 B.3 热轧普通槽钢的规格及截面特性（按 GB/T 707—1988 计算）

I—截面惯性矩；
W—截面抵抗矩；
S—半截面面积矩；
i—截面回转半径。

通常长度：
型号 5～8，为 5～12 mm；
型号 10～18，为 5～19 mm；
型号 20～40，为 6～19 mm。

型号	尺寸/mm						截面面积 A/cm^2	质量 /(kg/m)	x-x 轴				y-y 轴				y_1-y_1 轴 I_{y1}/cm^4	重心距 x_0/cm
	h	b	t_w	t	r	r_1			I_x/cm^4	W_x/cm^3	S_x/cm^3	i_x/cm	I_y/cm^4	$W_y^{\min}/\text{cm}^3$	$W_y^{\max}/\text{cm}^3$	i_y/cm		
5	50	37	4.5	7.0	7.0	3.5	6.928	5.348	26.0	10.4	6.4	1.94	8.3	3.55	6.15	1.10	20.9	1.35
6.3	63	40	4.8	7.5	7.5	3.8	8.454	6.634	50.8	16.1	9.8	2.45	11.9	4.50	8.75	1.19	28.4	1.36
8	80	43	5.0	8.0	8.0	4.0	10.248	8.045	101	25.3	15.1	3.15	16.6	5.79	11.6	1.27	37.4	1.43
10	100	48	5.3	8.5	8.5	4.2	12.748	10.007	198	39.7	23.5	3.95	25.6	7.810	16.8	1.41	54.9	1.52
12.6	126	53	5.5	9.0	9.0	4.5	15.692	12.318	391	62.1	36.4	4.95	38.0	10.2	23.9	1.57	77.1	1.59
14a	140	58	6.0	9.5	9.5	4.8	18.516	14.535	564	80.5	47.5	5.52	53.2	13.0	31.1	1.70	107	1.71
14b	140	60	8.0	9.5	9.5	4.8	21.316	16.733	609	87.1	52.4	5.35	61.1	14.0	36.6	1.69	121	1.67
16a	160	63	6.5	10.0	10.0	5.0	21.962	17.240	866	108	63.9	6.28	73.3	16.3	40.7	1.83	144	1.80
16b	160	65	8.5	10.0	10.0	5.0	25.162	19.752	935	117	70.3	6.10	83.4	17.6	47.7	1.82	161	1.75
18a	180	68	7.0	10.5	10.5	5.2	25.699	20.174	1270	141	83.5	7.04	98.6	20.0	52.4	1.96	190	1.88
18b	180	70	9.0	10.5	10.5	5.2	29.299	23.000	1370	152	91.6	6.84	111	21.5	60.3	1.95	210	1.84

附录 B 型钢表

续表

型号	尺寸/mm						截面面积 A/cm²	质量/ (kg/m)	x—x 轴				y—y 轴				y_1—y_1 轴 I_{y1}/cm⁴	重心距 x_0/cm
	h	b	t_w	t	r	r_1			I_x/cm⁴	W_x/cm³	S_x/cm³	i_x/cm	I_y/cm⁴	$W_{y\min}$/cm³	$W_{y\max}$/cm³	i_x/cm⁴		
20a	200	73	7.0	11.0	11.0	5.5	28.837	22.637	1 780	178	104.7	7.85	128	24.2	63.7	2.11	244	2.01
20b		75	9.0	11.0	11.0		32.837	25.777	1 910	191	114.7	7.64	144	25.9	73.8	2.09	268	1.95
22a	220	77	7.0	11.5	11.5	5.8	31.846	24.999	2 390	218	127.6	8.67	158	28.2	75.1	2.23	298	2.10
22b		79	9.0	11.5	11.5		36.246	28.453	2 570	234	139.7	8.42	176	30.1	86.8	2.21	326	2.03
25a	250	78	7.0	12.0	12.0	6.0	34.917	27.410	3 370	270	157.8	9.82	176	30.6	85.0	2.24	322	2.07
25b		80	9.0	12.0	12.0		39.917	31.335	3 530	282	173.5	9.41	196	32.7	99.0	2.22	353	1.98
25c		82	11.0	12.0	12.0		44.917	35.260	3 690	295	189.1	9.07	218	34.7[②]	113	2.21	384	1.92
28a	280	82	7.5	12.5	12.5	6.2	40.034	31.427	4 760	340	200.2	10.9	218	35.7	104	2.33	388	2.10
28b		84	9.5	12.5	12.5		45.634	35.823	5 130	366	219.8	10.6	242	37.9	120	2.30	428	2.02
28c		86	11.5	12.5	12.5		51.234	40.219	5 500	393	239.4	10.4	268	40.3	137	2.29	463	1.95
32a	320	88	8.0	14.0	14.0	7.0	48.513	38.083	7 600	475	276.9	12.5	305	46.5	136	2.50	552	2.24
32b		90	10.0	14.0	14.0		54.913	43.107	8 140	509	302.5	12.2	336	49.2	156	2.47	593	2.16
32c		92	12.0	14.0	14.0		61.313	48.131	8 690	543	328.1	11.9	374	52.6	179	2.47	643	2.09
36a	360	96	9.0	16.0	16.0	8.0	60.910	47.814	11 900	660	389.9	14.0	455	63.5	186	2.73	818	2.44
36b		98	11.0	16.0	16.0		68.110	53.466	12 700	703	422.3	13.6	497	66.9	210	2.70	880	2.37
36c		100	13.0	16.0	16.0		75.310	59.118	13 400	746	454.7	13.4	536	70.0	229	2.67	948	2.34
40a	400	100	10.5	18.0	18.0	9.0	75.068	58.928	17 600	879	524.4	15.3	592	78.8	238	2.81	1 070	2.49
40b		102	12.5	18.0	18.0		83.068	65.208	18 600	932	564.4	15.0	640	82.5	262	2.78	1 140	2.44
40c		104	14.5	18.0	18.0		91.068	71.488	19 700	986	604.4	14.7	688	86.2	284	2.75	1 220	2.42

表 B.4 热轧普通工字钢的规格及截面特性（按 GB/T 706—1988 计算）

I—截面惯性矩；
W—截面抵抗矩；
S—半截面面积矩；
i—截面回转半径。

通常长度：
型号 10～18，为 5～19 mm；
型号 20～63，为 6～19 mm。

型号	尺寸/mm						截面面积 A/cm^2	质量 (kg/m)	x-x 轴				y-y 轴		
	h	b	t_w	t	r	r_1			I_x/cm^4	W_x/cm^3	S_x/cm^3	i_x/cm	I_y/cm^4	W_y/cm^3	i_y/cm
10	100	68	4.5	7.6	6.5	3.3	14.345	11.261	245	49.0	28.5	4.14	33.0	9.72	1.52
12.6	126	74	5.0	8.4	7.0	3.5	18.118	14.223	488	77.5	45.2	5.20	46.9	12.7	1.61
14	140	80	5.5	9.1	7.5	3.8	21.510	16.890	712	102	59.3	5.76	64.4	16.1	1.73
16	160	88	6.0	9.9	8.0	4.0	26.131	20.513	1 130	141	81.9	6.58	93.1	21.2	1.89
18	180	94	6.5	10.7	8.5	4.3	30.756	24.113	1 660	185	108	7.36	122	2.60	2.00
20 a	200	100	7.0	114	9.0	4.5	35.578	27.929	2 370	237	138	8.15	158	31.5	2.12
20 b	200	102	9.0	114	9.0	4.5	39.578	31.069	2 500	250	148	7.96	169	33.1	2.06
22 a	220	110	7.5	12.3	9.5	4.8	42.128	33.070	3 400	309	180	8.99	225	40.9	2.31
22 b	220	112	9.5	12.3	9.5	4.8	46.528	36.524	3 570	325	191	8.78	239	42.7	2.27
25 a	250	116	8.0	13.0	10.0	5.0	48.541	38.105	5 020	402	232	10.2	280	48.3	2.40
25 b	250	118	10.0	13.0	10.0	5.0	53.541	42.030	5 280	423	248	9.94	309	52.4	2.40
28 a	280	122	8.5	13.7	10.5	5.3	55.404	43.492	7 110	508	289	11.3	345	56.6	2.50
28 b	280	124	10.5	13.7	10.5	5.3	61.004	47.888	7 480	534	309	11.1	379	61.2	2.49

附录 B 型钢表 331

续表

型号		尺寸/mm					截面面积 A/cm^2	质量/(kg/m)	x—x 轴				y—y 轴		
	h	b	t_w	t	r	r_1			I_x/cm^4	W_x/cm^3	S_x/cm^3	i_x/cm	I_y/cm^4	W_y/cm^3	i_y/cm
32a	320	130	9.5	15.0	11.5	5.8	67.156	11 100	692	404	12.8	12.8	460	7.08	2.62
32b		132	11.5	15.0	11.5	5.8	73.556	11 600	726	428	12.6	12.6	502	76.0	2.61
c		134	13.5	15.0	11.5	5.8	79.956	12 200	760	455	12.3	12.3	544	81.2	2.61
36a	360	136	10.0	15.8	12.0	6.0	76.480	15 800	875	515	14.4	14.4	552	81.2	2.69
36b		138	12.0	15.8	12.0	6.0	83.680	16 500	919	545	14.1	14.1	582	84.3	2.64
c		140	14.0	15.8	12.0	6.0	90.880	17 300	962	579	13.8	13.8	612	87.4	2.60
40a	400	1425	10.5	16.5	12.5	6.3	86.112	21 700	1 090	636	15.9	15.9	660	93.2	2.77
40b		144	12.5	16.5	12.5	6.3	94.112	22 800	1 140	679	15.6	15.6	692	96.2	2.71
c		146	14.5	16.5	12.5	6.3	102.112	23 900	1 190	720	15.2	15.2	727	99.6	2.65
45a	450	150	11.5	18.0	13.5	6.8	102.446	32 200	1 430	834	17.7	17.7	855	114	2.89
45b		152	13.5	18.0	13.5	6.8	111.446	33 800	1 500	889	17.4	17.4	894	118	2.84
c		154	15.5	18.0	13.5	6.8	120.446	35 300	1 570	939	17.1	17.1	938	122	2.79
50a	500	158	12.0	20.0	14.0	7.0	119.304	46 500	1 860	1 086	19.7	19.7	1 120	142	3.07
50b		160	14.0	20.0	14.0	7.0	129.304	48 600	1 940	1 146	19.4	19.4	1 170	146	3.01
c		162	16.0	20.0	14.0	7.0	139.304	50 600	2 020[①]	1 221	19.0	19.0	1 220	151	2.96
56a	560	166	12.5	21.0	14.5	7.3	135.435	65 600	2 340	1 375	22.0	22.0	1 370	165	3.18
56b		168	14.5	21.0	14.5	7.3	146.635	68 500	2 450	1 451	21.6	21.6	1 490	174	3.16
c		170	16.5	21.0	14.5	7.3	157.835	71 400	2 550	1 529	21.3	21.3	1 560	183	3.16
63a	630	176	13.0	22.0	15.0	7.5	154.658	93 900	2 980	1 732	24.6	24.6	1 700	193	3.31
63b		178	15.0	22.0	15.0	7.5	167.258	98 100	3 110	1 834	24.2	24.2	1 810	204	3.29
c		180	17.0	22.0	15.0	7.5	179.858	102 000	3 240	1 928	23.8	23.8	1 920	214	3.27